中国氮素流动分析方法指南
Guidelines for Nitrogen Flow Analysis in China

蔡祖聪 等 著

科学出版社
北京

内 容 简 介

本书以国家重大科学研究计划项目"我国活性氮源及其对空气质量与气候变化的影响机理研究"（2014CB953800）的研究成果为基础著作而成，也包括联合国环境署（UNEP）全球环境基金（GEF）资助的，由国际氮素行动计划（INI）组织实施的全球协作项目 International Nitrogen Management System（INMS）东亚示范区的部分研究内容，用于指导活性氮在陆地、海洋、大气和人类系统之间的流动形态及其通量的定量分析。全书分四部分。第一部分（第 1~2 章）介绍活性氮的相关基本概念和定义及氮素形态转化的主要过程等基础知识。第二部分（第 3 章）介绍活性氮流动通量评估的不确定性和质量管理。第三部分（第 4~18 章）是全书的主体，介绍农田、草地、森林、畜禽养殖等 15 个系统的活性氮流动通量分析方法。第四部分（第 19 章）提供了全国尺度活性氮流动通量的分析案例。

本书可作为环保和相关部门开展活性氮评估的工具书，也可作为从事氮生物地球化学循环和生态环境效应研究的学者和研究生的参考书。

图书在版编目（CIP）数据

中国氮素流动分析方法指南／蔡祖聪等著．—北京：科学出版社，2018.10

ISBN 978-7-03-058915-6

Ⅰ.①中… Ⅱ.①蔡… Ⅲ.①土壤氮素–分析方法–指南 Ⅳ.①S153.6-62

中国版本图书馆 CIP 数据核字（2018）第 218602 号

责任编辑：王 运 赵丹丹／责任校对：王 瑞
责任印制：张 伟／封面设计：铭轩堂

科 学 出 版 社 出版
北京东黄城根北街 16 号
邮政编码：100717
http://www.sciencep.com

北京中石油彩色印刷有限责任公司 印刷
科学出版社发行 各地新华书店经销

*

2018 年 10 月第 一 版 开本：787×1092 1/16
2019 年 6 月第三次印刷 印张：19 3/4
字数：468 000
定价：178.00 元
（如有印装质量问题，我社负责调换）

主要撰写人员名单

第 1 章　　　蔡祖聪　　谷保静
第 2 章　　　谷保静
第 3 章　　　蔡祖聪
第 4 章　　　逯超普　　颜晓元
第 5 章　　　逯超普　　马　林　　魏志标　　颜晓元
第 6 章　　　逯超普　　颜晓元
第 7 章　　　高　兵　　崔胜辉
第 8 章　　　李彦旻　　高　兵　　崔胜辉
第 9 章　　　高　兵　　崔胜辉
第 10 章　　　高　兵　　崔胜辉
第 11 章　　　谷保静
第 12 章　　　高　兵　　崔胜辉
第 13 章　　　高　兵　　崔胜辉
第 14 章　　　谷保静
第 15 章　　　谷保静
第 16 章　　　谷保静
第 17 章　　　李彦旻　　高　兵　　崔胜辉
第 18 章　　　谷保静
第 19 章　　　谷保静

前　言

　　20 世纪初德国科学家 Fritz Haber 和 Carl Bosch 发明了将惰性的氮气与氢气合成为氨的方法，实现了惰性氮向活性氮转化的工业化生产，该方法被后人称为 Haber-Bosch 过程。自 Haber-Bosch 过程发明以来，对环境和气候惰性的氮气（N_2）被源源不断地合成为具有生物、环境和气候效应的活性氮，并输入到陆地生态系统，极大地改变了陆地生态系统氮循环。目前地球陆地生态系统氮输入超过 200 Tg N a^{-1}，比自然状态下增加 3 倍多。大量活性氮输入对粮食生产、生态环境和气候产生了深刻的影响。为了完整地认识和评估活性氮对地球系统各方面的影响，欧洲完成了《欧洲氮评估》报告。美国也对该国的氮状况进行了评估。最近，印度也完成和发表了印度的国家氮评估报告。

　　我国采用 Haber-Bosch 过程合成氨的工业化生产较迟，但改革开放以来，氮肥的生产量和施用量快速增长。随着经济的快速发展，矿质燃料的使用量同步快速增长。我国已经成为世界上年活性氮输入量最大的国家。大量活性氮的投入为我国实现粮食安全发挥了不可替代的作用，但同时也对生态环境产生了极为不利的影响，土壤酸化、土地次生盐渍化、水体富营养化和雾霾频发等，对我国的可持续发展提出了严峻的挑战。定量地评估活性氮在地球各系统中的流动及其流动的形态是科学地评估活性氮对生态环境和气候的影响，提高活性氮利用率，减少活性氮向环境泄漏的数据和信息基础。

　　科学工作者在全国尺度上对我国活性氮流动进行了大量的分析和评估。这些工作极大地提高了对我国活性氮生态环境效应的定量认识水平。但是，由于研究者采用的方法和转换系数不尽相同，得出的结果也有很大的差异，对决策者制订调控活性氮输入和流动的对策措施造成了极大的困扰。同时，也导致了大量的重复性工作。为了便于比较，我们需要统一的分析方法和依据一定原则获取的转换系数。

　　由于我国生物气候条件的多样性和经济发展的不平衡，我国活性氮输入量及其对生态环境影响的空间差异极其巨大。仅仅在全国尺度上分析我国活性氮的流动不能真实地反映我国活性氮流动的空间差异，也不能根据活性氮流动特点，在区域尺度上制订有针对性的措施，调控活性氮利用效率，从而减少活性氮的输入量。为了使不同行政单元评估的活性氮流动通量结果具有可比性，我们需要一种统一的分析方法和符合各地实际情况的转换系数。

　　基于这些考虑，依据当前的认识水平，我们编制了《中国氮素流动分析方法指南》。本指南将活性氮的流动划分为若干系统，以系统为基本单元进行氮素流动分析，并提供系统氮素流动分析涉及的转换系数。在全国尺度上，建议采用本指南提供的转换系数缺省值。如若未采用本指南提供的全部缺省值，建议研究者注明自行确定的转换系数，说明确定的依据。这样有助于避免对一些已经取得高度共识的转换系数的重复性研究，推进对一些有争议的转换系数的研究，并取得共识。在省级及其他行政单元尺度上，鼓励采用从当地获取的转换系数；若当地无可获取的转换系数，则也可采用本指南提供的缺省值。

　　按本指南分析获得的全国或区域系统间活性氮流动通量是评估活性氮利用率和环境效应的基础数据，研究者可以此为基础，产生次级数据，如估算全国或区域某一系统的氮利用效率，以及评估活性氮的环境影响程度等。

　　本指南是国家重大科学研究计划项目"我国活性氮源及其对空气质量与气候变化的影响机理研究"（2014CB953800）的成果之一，也包括联合国环境署（UNEP）全球环境基金（GEF）资助的，由国际氮素行动计划（INI）组织实施的全球协作项目 International Nitrogen Management System（INMS）东亚示范区的部分研究内容。科学技术部项目责任专家秦大河院士和丁一汇院士，项目专家组朱兆良院士、王苏民研究员、张晓山研究员、郑循华研究员、胡春胜研究员和颜晓元研究员等多次参与了本指南框架设计和书稿修改会议，为本指南成书提供了大量宝贵和建设性的建议和意见。马林研究员为本指南提供了大量的资料。巨晓棠教授和张美根研究员等部分本项目组成人员虽未直接参与本指南的撰写，但也提供了大量的建议和修改意见。王延华教授具体负责与各章作者的联系、各次会议的组织和活动安排。谨此一并致以诚挚的谢意！

　　由于认识水平的限制，本指南并非最终版本。真诚地希望指南的使用者发现和指出指南存在的不足，并提出修改意见。我们相信，随着研究工作的不断深入和积累，中国活性氮流动分析方法将会不断被完善，分析活性氮流动通量的转换系数将会更加接近真实。

蔡祖聪

2018 年 3 月 20 日于南京

目　　录

第1章 基本概念和定义

氮原子结构的外层有5个电子，是最变化多端的元素之一。它可以获得1~3个电子或失去1~5个外层电子，化学价从–3变化到+5，因获得或失去外层电子的多少而以气态、液态和固态存在于地球系统中。化学价为零的氮气（N_2）是一种"惰性"气体，占大气成分的78%~80%，并不参与大气化学过程，也不能被除固氮生物以外的生命体利用，对生态环境无不利影响，因而称为惰性氮（inert nitrogen）。与惰性氮相对应，能够被生物吸收利用、具有生态环境和气候效应的含氮化合物，其中的氮统称为活性氮（reactive nitrogen，Nr），这些氮的化学价均不为零。

不同化学价态和结合形态的氮元素具有不同的生物学和环境意义。氮是一切生命的必需元素，但不同类型的生命体需求的含氮化合物不同。植物和微生物主要利用无机态的铵态氮（NH_4^+）和硝态氮（NO_3^-），而动物，包括人类只能吸收利用氨基酸和蛋白质等有机氮。气态的 NO_x、NH_3 在大气中参与各种化学过程，不仅是气溶胶的重要组成成分，而且能促进气溶胶的形成。N_2O 则是重要的温室气体，在大气中产生的温室效应仅次于 CO_2 和 CH_4。

活性氮在地球各系统内部不断地进行着化学价态、化学组成和结合形态的变化，在地球各系统之间频繁地进行着交换。人类活动产生的活性氮，其最初的去向比较单一。例如，Haber-Bosch 过程合成的氨主要用作氮肥，施用于农田；矿质燃料燃烧释放和生成的氮氧化物气体排放进入大气。但进入到农田的氮肥，经过转化可以扩散到地球各系统：以 NH_3、NO_x 和 N_2O 等气态排放进入大气；被作物吸收而成为人类和畜禽的食物；以水溶态的有机氮和无机态的 NO_3^-、NH_4^+ 等形式进入到水体。进入到大气的气态和颗粒态的氮可以传输到远离其排放源的区域，然后沉降进入到海洋、森林、草地和荒漠等地球各子系统。因此，活性氮对地球系统的影响是全方位的，包括人类健康、粮食生产、水质量、空气质量、土壤质量、生物多样性和气候变化等。在空间尺度上，活性氮对地球各系统的影响既有全球性的，如 N_2O 的温室效应；也有区域性的，如水体富营养化、土壤酸化和生物多样性降低等。

氮素存在于地球表层各系统，是一切生物的必需元素，影响人类生产、生活的各个方面和生态环境质量。氮素不足或过量存在都不利于生物的生长和生物多样性。氮素流动涉及大量的概念和定义，为了使氮素流动分析获取的结果具有可比性，本章介绍指南涉及的基本概念及其定义。

1.1 目标区域的物理边界

目标区域指进行活性氮流动分析的三维空间。氮流动分析的目标区域在水平方向上的边界以一个国家或者地区的行政边界为准。如此设置物理边界的主要原因是人类活动数据往往是以行政边界为基础进行统计核算的，而且政策的制定和发挥作用的边界也是在行政区域内。因此，以行政边界为基础进行分析可以更加准确地解释活性氮的通量变化和根据分析结果采取不同的调控措施。所有从外界输入到目标区域（国家/地区）或者输出到目标区域外（国家/地区）的活性氮都被认为跨越了目标区域的边界，视为活性氮目标区域的外部输入或对外输出（Gu et al.，2009）。

在垂直方向上，根据氮的活跃程度和氮来源情况，我们将上边界定在地面以上1000m，因为在这个高度以上发生的大气环流往往受到周边其他地区的影响。在这种垂直方向的定义下，燃烧释放活性氮和活性氮大气沉降属于目标区域内，大气环流传输的活性氮则认为是向目标区域外的输出。对下边界，岩床以上部分的土壤和地下水到达的深度都属于目标区域，包括山地的薄层土壤及低地的深层地下水（Baker et al.，2001；Gu et al.，2009）。

1.2　功能群和系统

本指南根据活性氮对人类的服务功能和活性氮的生态环境功能，将目标区域的活性氮流动划分为五大功能群模块，即大气、陆地、人类、养殖和水体（图1-1）。陆地是人类生存的基础，为人类提供需要的粮食和纤维等植物性产品。依据植被类型和受人类的影响程度，陆地进一步划分为4个系统，即农田系统、草地系统、森林系统和城市绿地系统。

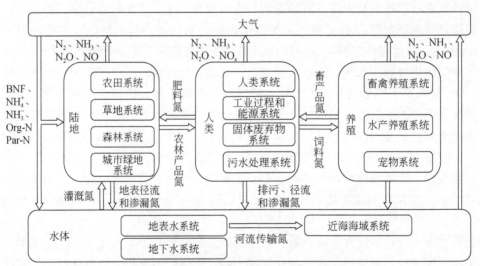

图1-1　活性氮在功能群模块之间的流动模型

BNF为生物固氮；Org-N为有机氮；Par-N为颗粒态氮

本指南所指的大气近似于近地层大气圈，它为地球上的生物提供了生长所必需的空气，为植物生长提供CO_2，使地球温度相对稳定，使生物免受太阳射线的强烈照射。

水是一切生命不可缺少的物质。根据水体的空间位置，本指南将水体划分成地表水系统、地下水系统和近海海域系统。本指南未将湿地作为一个单独的系统，并非因为湿地在氮生物地球化学循环过程中的地位不重要，而是由于数据缺乏，且与地表水系统重叠较多，湿地系统被归入地表水系统。

　　人类是以人为核心的功能群。人类是人为活性氮的生产者和活性氮流动的关键驱动因素。人类本身是一个消费动植物性食品、水产和工业产品的系统。人类功能群模块还包括工业过程和能源系统、固体废弃物系统和污水处理系统。

　　养殖是人类的一种主要活动形式。由于养殖对活性氮流动的特殊重要性，养殖从人类活动中分离，单独作为一个功能群模块。养殖功能群进一步划分为畜禽养殖系统、水产养殖系统和宠物系统。畜禽养殖和水产养殖为人类提供经济动植物，畜禽养殖是活性氮流动最为活跃的系统。随着生活水平的提高和家庭规模的缩小，宠物作为人类的伴侣，数量不断增加，在本指南中单列一个系统分析其活性氮流动。

　　土壤是活性氮形态转化的重要场所。Haber-Bosch 过程合成的氨主要以化肥形态输入到土壤中，氮肥的大量施用不仅改变了氮生物地球化学循环，而且深刻地影响了土壤质量，如土壤酸化和次生盐渍化等。但由于土壤本身与地上植物紧密结合成陆地生态系统，本指南未再将土壤作为一个单独的系统列出，分别在农田系统、草地系统、森林系统和城市绿地系统中反映其活性氮流动。土壤中活性氮的适度积累是土壤生产力提高的重要标志，但过量活性氮积累不仅导致土壤质量退化和生物多样性下降，而且导致土壤向大气和水体扩散的活性氮增加。因此，评估土壤中活性氮储量的变化是活性氮流动分析的一项重要任务，在进行陆地各系统活性氮流动通量分析时，在数据比较充分的情况下，应尽可能考虑土壤活性氮库的变化。

　　各个系统的界定由相关章节作详细的描述。

　　本指南中活性氮流动指活性氮在系统之间的流动，目的是分析系统之间活性氮流动的形态和通量，定量输入至目标区域的活性氮在各系统和功能群模块之间的分配和形态，从而为调控活性氮的分配、减少活性氮对生态环境的影响提供决策依据。输入到系统内的活性氮在系统内部发生一系列极为复杂的形态转化过程，然后以不同的形态输出到系统外。系统内部氮的形态转化过程是控制活性氮流动形态、方向和通量的重要因素，但这属于各学科（专业）领域的研究内容，本指南将系统内部的氮转化过程视为黑箱处理。

　　在系统活性氮流动分析的基础上，可根据需要将对系统的评估结果归并到功能群模块层次。随着对氮素流动研究的不断深入和基础数据的不断积累，为满足目标区域评估活性氮生态、环境和气候效应的实际需求，各功能群模块内的系统划分可以更加精细或作其他调整。

1.3　活性氮和惰性氮

　　活性氮和惰性氮是一组相对的概念，并且因使用者的目的不同而异。本指南将能够被生物吸收利用或直接影响人类健康或生态、环境质量或产生气候效应的氮或化合物中的氮统称为活性氮。氮气只能被固氮生物利用或在闪电作用下或高温燃烧过程中转化为氮氧化物，不被绝大部分生物吸收利用，不具有对人类健康和生态、环境的直接影响，也不产生气候效应，是最为典型的惰性氮。存在于地质库中的氮，如石油、煤炭含有的氮，基本不影响人类健康、生态、环境且基本不产生气候效应，所以也归为惰性氮。

活性氮可以存在于固态、液态和气态化合物中。气态的活性氮，如 NO、NO_2、N_2O_5 及其他氮氧化物气体（统称为 NO_x 或 N_xO_y）和 NH_3 等，它们在大气中形成气溶胶，影响大气化学组成，因而对空气质量有直接影响。N_2O 具有显著的气候效应，且在平流层破坏臭氧层。可溶于水的无机氮 NH_4^+、NO_3^- 和易降解的有机氮是微生物和植物生长需要的含氮化合物，但水体中过量的活性氮则使水体富营养化。在土壤中，铵态氮的硝化作用释放出 H^+，使土壤酸化，产生的硝酸根是土壤次生盐渍化中盐的主要组成成分。具有高度氧化活性的含氮自由基和硝基类化合物，NO_2^- 等影响人类健康，它们都是受到高度关注的活性氮形态。

活性氮和惰性氮之间可以互相转化。在自然条件下，惰性氮转化为活性氮的主要途径是闪电作用和生物固氮。闪电时的高温使分子氧和分子氮作用产生 NO，进一步氧化成 NO_2，后者与 H_2O 作用形成 HNO_3，再通过干湿沉降进入陆地生态系统和海洋。生物固氮指豆类等固氮植物与互生固氮菌共生或自生固氮菌将大气中的氮气转化为氨的过程。人类活动将惰性氮转化为活性氮的主要途径有两条，即矿质燃料燃烧和 Haber-Bosch 过程工业固氮。矿质燃料燃烧使长期固定于地质库中的氮转化成氮氧化物进入大气，高温也使一部分 N_2 得以活化为氮氧化物。Haber-Bosch 过程将氮气与氢气合成为氨。这一方法的建立使人类具备了自主生产活性氮的能力，极大地提高了农作物的产量，基本满足了全球人口不断增加对农产品的需求。同时，由于作为肥料的氮仅有一部分被作物吸收利用，相当大一部分残留于土壤或直接扩散进入到大气和水体。收获的农产品中的氮通过梯级流动也有部分进入到大气和水体。通过大气和水体的传输，进一步扩散到海洋、湿地、草地和森林等，产生一系列以负面影响为主的生态、环境效应。

活性氮转化为惰性氮的已知途径非常有限，而且都需要在厌氧条件下进行。在 20 世纪 90 年代以前，反硝化过程是已知的活性氮转化为惰性氮的唯一途径。90 年代在污水脱氮处理系统中发现，在厌氧条件下 NH_4^+ 以 NO_2^- 为电子受体氧化成氮气，称为厌氧氨氧化过程（anaerobic ammonium oxidation, anammox）（Mulder et al., 1995）。随后，在自然系统中也发现了这一过程的存在，如海洋沉积物（Kuypers et al., 2003）及土壤和湖泊沉积物等（Gable and Fox, 2003；Trimmer et al., 2003）。但是，反硝化过程仍然是活性氮转化为惰性氮的最重要过程。由于已知的活性氮转化为氮气的过程都需要在厌氧条件下进行，目前能进行活性氮向惰性氮转化的已知系统主要是污水处理系统、湿地、稻田、湖泊和海洋等系统，水分未饱和的陆地生态系统反硝化脱氮的能力很弱。

1.4　氮循环、转化、流动、通量

氮循环（N cycling）指大气中的 N_2 经生物或非生物过程生成含氮化合物进入大气、土壤、水和生物等地球圈层，经过地球圈层内一系列极其复杂多样的反应过程和圈层之间的交换过程，最终转化为 N_2 返回到大气的过程（图 1-2）。从氮元素的化学价变化看，氮循环是从化学价为零价的惰性氮气出发，转化为化学价不为零价的活性氮，再经过转化回到零价氮的过程，是自然界最基本的元素生物地球化学循环。氮循环过程包括大气圈、水圈、生物圈和土壤圈的氮输入、输出过程和氮形态转化过程。

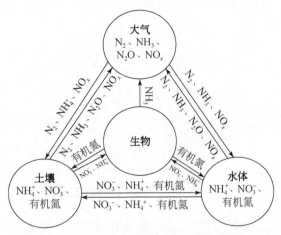

图 1-2　地球系统氮循环过程及其主要形态

　　Haber-Bosch 过程生产的氨是人为活性氮的最主要生产过程。Haber-Bosch 过程生产的氨主要用于生产氮肥，施用于农田土壤，以提高农作物的产量；另有少量部分用于生产工业产品。尽可能地提高土壤中活性氮的植物（作物）吸收利用率，抑制活性氮向其他圈层，特别是水圈和大气圈扩散，保持水圈和大气圈活性氮浓度在较低和安全的水平，是人类利用和管理活性氮的目标。

　　矿质燃料燃烧是人类活动产生活性氮的另一重要过程。矿质燃料燃烧释放的活性氮主要为氮氧化物气体，首先排放到大气，通过大气传输和沉降扩散到地球各圈层。在燃烧过程中回收氮氧化物是减少活性氮排放的主要途径。

　　氮转化（N transformation）指氮从一种化合物转化到另一种化合物的过程，主要包括生物固氮过程、氨化过程（或称矿化过程）、硝化过程、反硝化过程、厌氧氨氧化过程、硝态氮异化还原为铵和无机氮生物同化过程等（图 1-3）。生物固氮过程将惰性氮转化为可被植物和微生物利用的氨；无机氮生物同化过程由微生物和植物将无机氮转化为有机氮；氨化过程和有机氮异养硝化过程则将有机氮转化为无机氮；硝化过程将铵态氮转化为硝态氮，而硝态氮异化还原为铵过程将硝态氮还原为铵；反硝化过程和厌氧氨氧化过程将活性氮转化为惰性氮气；硝化过程、反硝化过程、厌氧氨氧化过程和硝态氮异化还原为铵过程等均可产生 N_2O。一些氮转化过程可在广泛的环境条件下进行，如有机氮的矿化过程，在厌氧和好氧条件下均可发生；而另一些氮转化过程只发生在特定的环境条件下，如硝化过程发生在好氧条件下，反硝化过程发生在厌氧条件下。绝大多数氮的转化过程需要生物的参与，特别是微生物的参与，是一类生物化学过程，如生物固氮过程需要具有固定功能的特定微生物（固氮菌）的参与。在比较极端的自然条件下，如较高的温度、酸度和光辐射等条件下，氮也可以进行化学转化，但其重要性远不能与生物参与的转化过程相比。

　　氮的转化过程决定着系统之间流动的氮素形态，而且在很大程度上决定着氮的流动方向和通量。例如，有机氮的氨化是决定土壤对植物（作物）的供氮能力的基本过程；铵态氮的硝化和反硝化过程的相对强弱，影响硝态氮的淋溶损失、氨挥发和氮氧化物的排放。虽然氮的转化过程并非本指南关注的重点，但了解和熟悉氮的转化过程对分析地球圈层或

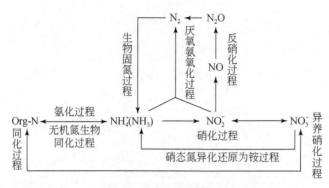

图 1-3　氮素主要转化过程

系统之间的氮流动通量及其流动的氮形态是极为有意义的。关于氮的主要转化和迁移过程的详细介绍见第 2 章。

氮流动（N flow）指含氮物质从一个系统（或功能群）向另一个系统（或功能群）的迁移过程，它是物理过程。单位时间内通过系统界面的氮流通量称为氮流动通量（N flux）。系统之间流动的氮形态各异，氮流动通量可以是通过系统界面的各形态氮的总量，也可以是通过系统界面的特定形态的氮量。

本指南旨在定量分析系统和功能群之间氮流动通量及其流动的形态，为评估和调控活性氮对人类健康、生态、环境安全和气候影响提供基础数据。

本指南表征氮流动通量的基本时间单位是年，这是因为政府统计资料大多以年为单位，而且可以简化评估过程。对一些系统，如农田系统，虽然活性氮流动通量的季节变化很大，但并不在本指南考虑范围内。所以，根据本指南分析获取的氮流动通量，不能用以分析年内的季节变化。当以年为时间单元时，一些系统的氮流动通量很大，但系统本身的氮库变化量很小，如农田系统和畜禽养殖系统等，在短时间内很难检测系统氮库的变化量。对这类系统，检测或验证其系统氮库的变化，必须有长期的时间积累。

1.5　氮质量平衡

一个系统中氮的总量，称为氮库（N pool），系统的氮库还可进一步划分成不同形态氮的氮库，如有机氮库和无机氮库等。有机氮库和无机氮库还可进一步细分，如易矿化有机氮库和难矿化有机氮库，以及硝态氮库和铵态氮库等。

本指南遵从质量平衡原则进行氮流动分析。应该特别注意，对用 ^{15}N 同位素标记的系统，质量平衡指氮原子数的总量平衡，而不是氮原子质量的平衡。质量平衡原则体现在各个层面上。对一个被分析的系统，氮输入、输出和系统总氮库变化量在质量上必须是平衡的，用公式表达，即为

$$N_{\text{IN}} = N_{\text{OUT}} + \Delta N \tag{1-1}$$

式中，N_{IN} 表示系统氮输入量；N_{OUT} 表示系统氮输出量；ΔN 表示系统氮库变化量。在本指南中，系统氮库变化量统称为积累，积累为正值时表示系统氮库增大，积累为负值时表示系统氮库减小。

质量平衡原则也贯彻于被分析系统内的某一种形态氮库或含氮物质的氮质量平衡中。一种含氮物质可以输出到不同系统，但输出到各系统的氮总量必须与该含氮物质的氮总量相等。例如，农田系统的收获物，可以用作粮食输出到人类系统，作为饲料输出到畜禽养殖系统，以及作为工业原料输出到工业和能源系统等。进行氮流动分析时，目标区域内输出到各系统的收获物氮总量必须与农田系统收获物氮总量相等。在工业过程和能源系统中，生产的合成氨必须与输出到农田系统的化肥氮及由合成氨制成的各种工业品氮总量相等。氮流动分析中会遇到很多这一类的氮转化和流动，用公式表示如下：

$$M_{\text{N}} = \sum_{i=1}^{n} S_{i,\text{N}} \tag{1-2}$$

式中，M_{N} 表示 M 物质的氮总量；$S_{i,\text{N}}$ 表示 M 物质输出到第 i 系统的氮量，i 包括 M 物质输出到目标区域的各系统和输出到目标区域外的系统。

遵循质量平衡原则是减少氮流动分析结果不确定性和避免重复计算的重要保障。在实际操作中，由于统计资料缺失和直接测定上存在技术问题等，无论在系统还是在氮库层面上，清晰地、精确地定量活性氮的所有去向，实现质量平衡往往会遇到很大的挑战。出现这样的情形时，为了达到质量平衡的要求，建议将不能平衡的活性氮部分分配至无法定量或已知定量不确定性较大的氮流动通量，不改变有确切数据支撑的氮流动通量。例如，进入到农田系统的氮，除作物吸收、淋溶和径流进入水体和以气体形态进入大气的氮外，不可回收部分可认为残留于土壤中。

1.6　氮转换系数

氮转换系数方法是本指南估算氮流动通量的主要方法。例如，陆地系统的淋溶和径流、氨挥发、N_2O 和 N_2 排放等，均采用转换系数估算。本指南中，将氮从一个系统输出到另一个系统的特定形态氮占系统中某一氮输入量的比值，定义为氮转换系数，用公式表示为

$$f_i = \frac{N_{\text{OUT},i}}{N_{\text{IN}}} \tag{1-3}$$

式中，f_i 表示系统以 i 形态输出的氮转换系数；$N_{\text{OUT},i}$ 表示以 i 形态输出到另一个系统的量；N_{IN} 表示输入到系统的氮量。氮转换系数指示系统之间的氮交换程度。对氮转换系数，在不同的研究领域有不同的术语。例如，作物吸收的肥料氮占氮肥施用量的比值称为作物氮素利用率；以 N_2O 形态排放到大气的氮占氮肥施用量的百分数，称为 N_2O 排放系数。本指南中，这些不同的术语统一称为氮转换系数。从一个系统输出到另一个系统的氮的形态可以与系统中氮的形态相同，也可以转化为另一种氮形态后输出到另一个系统。

氮转换系数是系统之间氮素流动分析的关键参数。在不同的条件下和不同的目标区域，氮转换系数可以有很大的差异。本指南提供全国尺度的氮转换系数缺省值，对一些有较多研究积累的氮转换系数还给出了变化范围。在地区尺度进行氮素流动分析时，鼓励分析人员采用通过在当地进行的研究获取的本地化的氮转换系数。

氮生物地球化学循环模型是估算活性氮系统之间流动通量的有效手段。当前包括五大功

能群模块，15 个系统（图 1-1）的氮生物地球化学循环模型，即使存在也还非常不成熟，不足以用于系统之间氮流动通量的估算。建立氮生物地球化学循环模型估算全系统的氮流动通量是氮生物地球化学循环研究的努力方向。但是，包括部分功能群或系统的氮生物地球化学循环模型已有相当的发展，如 DNDC（反硝化–分解，denitrification-decomposition）模型（Gilhespy et al.，2014），可以较好地模拟输入到陆地生态系统的氮在植物、大气和水体中的分配。因此，在有条件的目标区域，本指南鼓励采用氮生物地球化学循环模型估算系统之间的氮流动通量。

1.7　活动水平数据

活动水平数据（简称活动数据）指人类活动水平数据，表征人类活动的水平，如耕地面积、畜禽养殖量、化肥生产和施用量、废弃物产生和处理量与能源消耗量等。活动数据是估算氮流动通量的基础数据。国家或地区的大部分人为活动数据可从各级政府或社会组织或企业发布的统计数据中获取。有些涉及氮流动分析的活动数据未列入统计，不能从统计资料中获取，分析者可通过实地调研或抽样调查等途径获取。

在进行氮流动通量估算时，通常需要知道活动水平中的氮量。但除化肥氮以外，其他的活动数据一般不以氮量统计，因此，首先需要将统计资料中的活动数据转换成氮的活动数据，然后才能进行氮流动通量的估算。例如，统计资料可能提供了目标区域动物性和植物性食品的生产量或消耗量，进行氮流动通量分析时，首先需要将动物性食品和植物性食品的生产量或消耗量转换成氮的量。为此，需要知道各种动物性食品和植物性食品的氮含量，然后计算动物性食品和植物性食品的氮量。

1.8　氮循环过程术语

化学循环（chemical cycle）：指物质通过化学反应改变形态在系统内循环的过程。例如，城市中汽车汽油燃烧会促进 N_2 和 O_2 反应生成 NO，NO 与 O_2 快速反应生成 NO_2，随后 NO_2 在光照条件下分解再次生成 NO 和活性 O，形成循环。

地球化学循环（geochemical cycle）：在地球尺度上经由物理的搬运及化学反应转化而驱动物质或元素在岩石圈、水圈和大气圈等各个圈层之间循环的过程。例如，沉积岩中的氮经由风蚀和水蚀释放到环境中，可能随溪流排入海洋，再次沉积形成岩石。

生物地球化学循环（biogeochemical cycle）：由生物活动介导的物质或者元素的地球化学循环过程。例如，生物介导的硝化、反硝化作用可以形成地球化学循环路径。

经济生物地球化学循环（econ-biogeochemical cycle）：由人类活动介导驱动的生物地球化学循环过程。例如，工业氮肥的施用、农作物的种植、化石燃料的燃烧及工业含氮产品的生产和消费。

生态循环（ecological cycle）：在生态系统尺度上的物质和能量的循环过程，如森林的氮循环过程。

氮源（N source）：一个系统氮输入小于氮输出则认为该系统为氮源。例如，固氮菌的氮释放、工业合成氨系统。

氮汇（N sink）：一个系统氮输入大于氮输出则认为该系统为氮汇。例如，城市的食物、产品输入后会部分积累在城市，导致氮汇产生。

氮库（N pool）：系统中储存的氮量。城市、土壤和植被等都有氮库。

氮流（N flow）：从一个节点到另一个节点的氮转移。例如，农田收获产生从农田到人类消费的氮流，这种转移一般不改变氮形态。而反硝化过程也会产生氮流，从 NO_3^- 到 N_2，不同的是，这个过程会改变氮形态。

氮通量（N flux）：氮流的大小。例如，陆地生态系统生物固氮的通量约为 58 Tg N a^{-1}。

周转（turnover）：库的置换，系统中 Nr 的更新过程。例如，人体蛋白质代谢会用新吸收的氨基酸来合成蛋白质，从而替换旧的蛋白质，并导致其被分解再利用，或者直接排出体外。

氮周转率（turnover rate of N cycle）：氮在系统中的周转速率，其值为通量与库的大小之比。例如，陆地生态系统中的氮周转率为 0.1% ~ 0.2% a^{-1}。

氮周转时间（turnover time of N cycle）：氮在系统中平均的停留时间。例如，陆地生态系统中的氮周转时间为 500 ~ 1000 年。

生物固氮（biological N fixation）：分子态氮在生物的参与下转化成 NH_4^+ 的过程。固氮菌在厌氧条件下，利用固氮酶催化、有机碳提供能量将 N_2 转化为 NH_4^+。如果由共生体提供有机碳则为共生固氮，由土壤有机质提供有机碳则为非共生固氮。有机碳的供应［往往来自净初级生产力（net primary productivity, NPP）］是限制固氮作用的关键因素之一，同时由于固氮酶的高度保守和严格厌氧，氧气环境、Fe、S 和 Mo 等辅助因子的含量也影响固氮速率。

氮同化（N assimilation）：指生物体把从外界环境中获取的活性氮转变成自身的组成物质，并且储存能量的过程。

氮矿化［N mineralization (ammonification)］：有机氮被分解为无机氮，一般是 NH_4^+ 的过程。微生物利用分解有机氮中的碳骨架来获得能量，同时释放 NH_4^+ 到环境，一般为好氧过程，受到有机碳供应、温度和湿度等因素的影响。

硝化（nitrification）：NH_4^+ 转化为 NO_3^- 的过程。硝化细菌在有氧的条件下氧化 NH_4^+ 来获得能量进行固碳，同时释放出 H^+ 到环境中，造成土壤酸化。NH_4^+ 首先被转化为 NO_2^-，转化期间会释放出 NO 和 N_2O，再进一步被转化为 NO_3^-。

反硝化（denitrification）：NO_3^- 在微生物介导下向气体形式（N_2、NO 和 N_2O）转化的过程。反硝化菌在低氧/无氧的条件下，利用 NO_3^- 作为电子受体氧化有机碳获得能量，NO_3^- 被依次还原为 NO_2^-、NO、N_2O 和 N_2。

厌氧氨氧化（anammox）：NH_4^+ 和 NO_2^- 被细菌同时利用转化为 N_2 的过程。在厌氧条件下，微生物先将 NO_2^- 转化为 NO，然后以 NO 为电子受体将 NH_4^+ 氧化为肼（N_2H_4），再转变为 N_2，转化期间产生 358 kJ 的能量进行固碳。

异化（N dissimilation）：NO_3^- 转化为 NH_4^+ 的过程。

参 考 文 献

Baker L A, Hope D, Xu Y, et al. 2001. Nitrogen balance for the Central Arizona-Phoenix (CAP) ecosystem. Ecosystems, 4 (6): 582-602.

Gable J, Fox P. 2003. Measurement of anaerobic ammonium oxidation activity in soil systems and identification of *Planctomycetes*. Proceedings of the Water Environment Federation, (10): 636-645.

Gilhespy S L, Anthony S, Cardenas L, et al. 2014. First 20 years of DNDC (DeNitrification-DeComposition): Model evolution. Ecological Modelling, 292: 51-62.

Gu B, Chang J, Ge Y, et al. 2009. Anthropogenic modification of the nitrogen cycling within the Greater Hangzhou Area system, China. Ecological Applications, 19 (4): 974-988.

Kuypers M M M, Sliekers A O, Lavik G, et al. 2003. Anaerobic ammonium oxidation by anammox bacteria in the Black Sea. Nature, 422: 608-611.

Mulder A, van de Graaf A A, Robertson L A, et al. 1995. Anaerobic ammonium oxidation discovered in a denitrifying fluidized bed reactor. Fems Microbiology Ecology, 16 (3): 177-183.

Trimmer M, Nicholls J C, Deflandre B. 2003. Anaerobic ammonium oxidation measured in sediments along the Thames estuary, United Kingdom. Applied and Environmental Microbiology, 69 (11): 6447-6454.

第2章 陆地生态系统氮素流动基本过程分析

陆地生态系统氮素流动的基本过程指氮素通过物理位置的改变或者价态的转化在陆地生态系统内部或者之间发生的循环过程。为了统一认识，本章将对这些氮素流动的基本过程进行描述，明确陆地生态系统氮素流动的来龙去脉。这里仅介绍氮素流动的基本过程，这些过程往往会在多个子系统中发生。其他一些较少发生的氮素流动过程会在后续的子系统章节中另作介绍。

2.1 生物固氮

生物固氮（biological N fixation）是分子态氮气（N_2）被生物转化成氨（NH_4^+）的过程，可以分为共生固氮和非共生固氮。共生固氮一般发生在豆科植物的根瘤中，在根瘤的厌氧环境下，固氮菌（根瘤菌）利用固氮酶催化的作用将 N_2 转化为 NH_4^+，该过程依赖豆科植物的有机碳供给来提供能量。非共生固氮一般发生在土壤中，由自由生长的非共生固氮微生物（主要包括光合固氮微生物、化能自养固氮微生物、异养固氮微生物）利用土壤有机碳提供的能量将 N_2 转化为 NH_4^+。有机碳的供应（往往来自光合作用的能量固定）是限制固氮作用速率的关键因素之一，同时由于固氮酶的高度保守和严格厌氧，氧气环境、P、Fe、S 和 Mo 等辅助因子的含量也影响固氮速率。固氮酶发挥作用需要一个适宜的温度，大约在 25℃，高温或者低温都会抑制固氮酶的活性，从而降低生物固氮速率（Houlton et al.，2008）。

生物固氮在自然界中广泛存在。在人类发明 Haber-Bosch 固氮法之前，生物固氮是陆地生态系统最主要的活性氮来源，通过活性氮的供应来支撑陆地生态系统的生物量增长。陆地生态系统的植被、土壤及其他自然条件的不同会导致生物固氮在不同生态系统和区域间的差异很大。由于共生固氮的速率往往远高于非共生固氮，豆科植物比例高的生态系统或者地区拥有相对较高的生物固氮速率。这些差异一般通过陆地生态系统的不同类型来体现，而自然生态系统中生物固氮的速率也往往根据生态系统的类型来估算。

自然状态下，陆地生态系统的年生物固氮量大概在 58 Tg N a^{-1}，主要分布在热带地区，这些地区仅占全球陆地的 10%，但是，可以获得全球约 3/4 的生物固氮量（Townsend et al.，2011；Vitousek et al.，2013）。在人类-自然耦合系统的氮流分析中，生物固氮仍是自然类生态系统（包括森林和草地子系统）的主要氮输入来源，固氮速率一般利用这些生态系统的净初级生产力（NPP）或者单位面积的固氮速率来估算，不同生态系统类型下的生物固氮速率差异很大。与此同时，生物固氮在人类主导的子系统中也发挥着重要的作用，主要包括农田和人工草地。人类活动通过豆科作物的种植和其他作物种类的管理每年可以利用生物固氮过程输入 50~70 Tg N a^{-1} 到农业生态系统，称为人类介导的生物固氮过程（Herridge et al. , 2008）。

人类–自然耦合系统中生物固氮量的估算采用以下公式进行：

$$IN_{BNF} = \sum_i Area_i \times Rate_{BNF,i} \qquad (2\text{-}1)$$

式中，IN_{BNF} 表示一个子系统中的生物固氮总量；$Area_i$ 表示该系统中第 i 类植物的种植面积，如农田子系统中的大豆种植面积或森林子系统中的常绿阔叶林面积；$Rate_{BNF,i}$ 表示第 i 类植物所对应的单位面积年生物固氮量。不同植物种类对应的生物固氮量存在很大的差异，这种差异主要是由植物本身的特性决定的，一般来说，具有根瘤的共生固氮植物的 $Rate_{BNF,i}$ 比其他植物类型要高。由式（2-1）可知，生物固氮量主要取决于作物种植面积以及单位面积上的固氮速率。作物种植面积的数据主要来自统计部门，不确定性较小。单位面积的固氮速率本指南采用基于作物种类的推荐值，但是，这些推荐值在不同地区由于气候和管理的差异可能存在较大的变幅。因此，在选取单位面积的固氮速率时，可以结合当地情况的研究进行调整，以降低不确定性。具体的固氮速率详见 4.4.3 节、5.4.4 节、6.4.2 节和 9.4.4 节。

2.2　大气氮沉降

大气氮沉降（nitrogen deposition）指活性氮在空气中以固态或者液态的形式沉降到地表，是陆地生态系统的重要氮素输入过程，包括湿沉降和干沉降两种主要的方式。湿沉降指水溶性或颗粒态氮被雨雪雾溶解或冲刷沉降至地面的过程，氮的形态包括铵氮（NH_4-N）、硝氮（NO_3-N）与溶解态有机氮（DON）。干沉降指在未发生降水时，大气中的活性氮通过重力、颗粒物吸附和植物气孔直接吸收等方式沉降到地面的过程，包括扩散（气态与蒸气态）、布朗运动（$<2\mu m$）和重力沉降（$>2\mu m$）。干沉降中的氮形态主要包括颗粒态（气溶胶态）NH_4^+、NO_3^- 和气态 NH_3、HNO_3、HNO_2 与 NO_x 等。

大气氮沉降一般不改变活性氮的形态，只是发生物理位置的转移，从空气中转移到地面，是陆地生态系统氮素重新分配的一个重要过程。大气氮沉降发生之前，陆地生态系统通过 NH_3 和 NO_x 挥发，或者空气中直接的闪电固氮过程，为空气中提供活性氮源，这些活性氮在空气中通过酸碱反应或者光化学反应进一步形成气溶胶或者含氮的颗粒物，当浓度达到一定的临界时就会发生本地沉降或者远距离传输沉降。一般来讲，干沉降多半发生在活性氮挥发的附近或者较近的下风区，特别是 NH_3 挥发形成的颗粒物，如农田或者养殖场附近容易发生 NH_3 沉降；而湿沉降则通过大气环流传输得较远，特别是 NO_x 挥发之后形成的气溶胶，由于 NO_x 质量相对 NH_3 来说较大，容易发生相对远距离传输。

大气氮沉降对陆地生态系统具有重要的影响，是重要的活性氮输入来源，特别是对相对缺氮的一些系统，如湿地生态系统。氮沉降的发生往往是在区域的尺度上，一个区域一般具有接近的氮沉降速率，但是，不同区域之间的氮沉降速率差异很大。这主要受制于不同区域向空气中挥发的活性氮量不同，以及大气传输的差异。由于大气氮沉降一般发生在距离活性氮挥发源较近的地区，农业和城市是氮沉降的热点地区，农业是 NH_3 挥发的主要贡献者，而城市则是 NO_x 挥发的主要来源。尽管如此，人类源的活性氮挥发还是会传送到自然生态系统发生氮沉降，如在森林和天然草地，甚至在沙漠地区，但是，这些生态系统的氮沉降速率往往仅为农田和城市地区氮沉降速率的 1/10~1/5（Xu et al.，2015）。

自然状态下，陆地生态系统的氮沉降总量大概为 20 Tg N a^{-1}，主要形态为 NH$_x$（NH$_3$ 和 NH$_4^+$）。人类活动通过 Haber-Bosch 固氮、化石燃料燃烧及固氮作物种植增加了陆地生态系统的活性氮输入之后，全球的氮沉降总量增加至近 100 Tg N a^{-1}，其中，有近 30 Tg N a^{-1} 的沉降发生在海洋上，而这些海洋上的氮沉降也多半来自陆地生态系统的活性氮挥发之后形成的气溶胶传输（Fowler et al.，2013）。这些活性氮挥发会造成空气质量问题，如能够产生严重人类健康问题的 PM$_{2.5}$ 污染，特别是在人类居住比较密集的农业和城市地区。所以在人类-自然耦合系统中，氮沉降速率较高的几个子系统主要是农田、城市绿地和水产养殖等。虽然偏向自然的森林、草地、湿地和水体的氮沉降速率不高，但是，由于其面积较大，其氮沉降总量也不小。

人类-自然耦合系统中氮沉降量的估算采用以下公式进行：

$$IN_{DEP} = Area \times Rate_{DEP} \tag{2-2}$$

式中，IN$_{DEP}$ 表示一个子系统中的氮沉降总量；Area 表示该系统的陆地/水体总面积，如农田/森林面积或地表水子系统中的水体面积；Rate$_{DEP}$ 表示该系统单位面积每年平均氮沉降量（氮沉降速率）。不同子系统氮沉降速率的差异主要受该系统及其上风地区是否存在活性氮挥发源头的影响，如牲畜养殖场的 NH$_3$ 挥发，或者城市地区的 NO$_x$ 挥发等。由式（2-2）可知，氮沉降总量主要取决于目标系统的面积及其发生氮沉降的速率。面积一般来自统计数据或者遥感测算，不确定性相对较小，而氮沉降速率的不确定性则较大。目前氮沉降速率主要通过大气氮沉降监测获得，增加目标区域的监测点数量，基于下垫面和活性氮排放源合理布局监测点可以有效降低氮沉降速率的不确定性。大气氮沉降详见 4.4.2 节、5.4.3 节、6.4.1 节、8.4.3 节和 9.4.3 节。

2.3　脱氮作用

脱氮作用包括两个主要的过程，即反硝化（denitrification）和厌氧氨氧化（anammox）。反硝化作用指 NO$_3^-$ 在微生物的介导下向气体形式（N$_2$、NO 和 N$_2$O）转化的过程。反硝化菌在低氧/无氧的条件下，利用 NO$_3^-$ 作为电子受体氧化有机碳获得能量，NO$_3^-$ 被依次还原为 NO$_2^-$、NO、N$_2$O 和 N$_2$。某些化学的还原过程在低 pH 的情况下也可能将 NO$_3^-$ 还原为低价态的 N，但是，相对于微生物介导的反硝化过程贡献很小。控制反硝化作用的三个关键因素是 NO$_3^-$、有机碳和氧气含量。NO$_3^-$ 往往来自硝化作用，是一个好氧的过程，因此，NO$_3^-$ 的可利用性与低氧状态往往难以同步存在，这使得反硝化作用往往发生在干湿交替的环境下，特别是湿地生态系统中，或者通过水平/垂直输入 NO$_3^-$ 来为反硝化作用提供底物。反硝化作用的最终产物一般是 N$_2$ 和 N$_2$O，NO 的产生量较少且不稳定，容易在挥发的过程中进一步被转化为 N$_2$ 或者 N$_2$O。最终产物中 N$_2$ 和 N$_2$O 的比例取决于 NO$_3^-$ 和有机碳的比例，当有机碳较少时，N$_2$O 的比例相对较高，反之则 N$_2$ 的比例较高。平均而言，反硝化作用中 N$_2$ 的产量往往远高于 N$_2$O。

反硝化作用是陆地生态系统中维持氮平衡的重要过程。由于过量的活性氮输入会对陆地生态系统带来负面的影响，如容易引起土壤酸化、生物多样性丧失、水体和大气污染等，反硝化作用很大程度上扮演着一个氮平衡机制维持者的角色。当底物 NO_3^- 较多时，反硝化作用在合适的条件下启动，减少 NO_3^- 的积累，当减少到一定程度时会停止并保持系统的生产力。在自然生态系统中，特别是海洋，生物固氮和反硝化是一对微妙的平衡过程，维持着生态系统的健康发展。全球陆地生态系统氮输入中的一半左右通过反硝化作用离开系统 (Galloway et al.，2008)，反硝化作用的速率呈现出高度的时空可变性，景观尺度上影响因素水平的非均匀性导致了反硝化作用速率的巨大变异。在米级别的小区域实验中，反硝化速率变异系数可达 100%~150%；在时间尺度上，冬春季反硝化速率变幅为 12~70 g N hm^{-2}·d^{-1}。处理反硝化作用极端可变性的方法是考虑反硝化作用发生的 "热点" (hot spot) 和 "热时" (hot moment)，其定义为当条件对反硝化作用最佳并产生高反硝化速率时的相关小区域或短暂时段 (Vidon et al.，2010)。

厌氧氨氧化是厌氧微生物在缺氧情况下将 NH_4^+ 和 NO_2^- 转化为 N_2 的过程。1977 年首次由奥地利物理化学家 Engelbert Broda 理论证明厌氧氨氧化过程应该存在。随后，Mulder 等 (1995) 使用流化床反应器研究生物反硝化时，发现了厌氧氨氧化的存在，从而证实了 Engelbert Broda 的预言。这是除反硝化作用之外一条重要的活性氮移除途径，然而，关于厌氧氨氧化的工作主要集中在海洋，虽然在陆地生态系统的实验中也有厌氧氨氧化工作的开展，但是，目前缺乏大尺度的研究工作。同时厌氧氨氧化的产物与完全反硝化作用的产物相同，难以单独估算其量值。

人类–自然耦合系统中脱氮总量（特指 N_2 挥发）的估算采用以下公式进行：

$$OUT_{N_2} = \sum_i IN_i \times Ratio_{N_2,i} \qquad (2\text{-}3)$$

式中，OUT_{N_2} 表示一个子系统中的 N_2 挥发总量；IN_i 表示该系统中第 i 类活性氮输入的总量，如农田子系统中的氮肥或者有机肥施用总量，或森林子系统中的氮沉降总量；$Ratio_{N_2,i}$ 表示第 i 类活性氮输入所对应的 N_2 挥发比例。不同活性氮输入类型对应 N_2 挥发比例存在很大的差异，这种差异受活性氮本身的属性（如 NO_3^- 类型的氮输入易发生反硝化）、子系统的土地利用类型（如旱田和水田的反硝化发生比例不同）和温度等自然气候条件（如年均温较高的地区反硝化比例较高）的影响。脱氮过程中的 N_2 挥发计算主要取决于输入的活性氮及挥发比例，输入的活性氮量相对较为准确，不确定性较小，而 N_2 挥发的比例由于受到上述多种因素的影响则变幅很大。目前的研究进展还较难准确量化这些因素对 N_2 挥发的贡献，因此，增加目标区域的 N_2 挥发比例测定样点可以降低区域总体的 N_2 挥发量估计的不确定性。具体的 N_2 挥发比例详见 4.5.4 节、5.5.4 节、6.5.3 节、7.5.5 节、8.5.3 节、10.5.2 节、14.5.6 节、15.5.4 节和 17.5.1 节。

2.4　氨　挥　发

氨挥发（又称 "氨排放"）指输入到陆地生态系统的活性氮以 NH_3 的形式离开陆地/水体进入大气的过程。氨挥发往往涉及活性氮的形态和价态改变，受到微生物和物理化学过程的双重驱动。自然界中的氨挥发主要是有机氮的矿化分解产生 NH_4^+，当其浓度积累到一定的程度后形成 NH_3 分子挥发到大气中。有机氮矿化的环节有微生物参与，主要是将有机氮（往往存在于氨基酸和碱基中）经氨基化作用逐步分解为 NH_4^+，而随后的 NH_4^+ 浓度积累后转化为 NH_3 的过程则主要是物理化学过程，主要受温度和 pH 的影响，高温和高 pH 可以促进 NH_3 的挥发过程。NH_3 分子可以直接从土壤或者植物的叶片中散发到大气中。

　　自然生态系统中氨挥发的有机氮来源主要是动植物的尸体分解，以及动物特别是草原动物通过对植物的采食排泄产生的粪便。这决定了在人类活动干扰之前，全球氨挥发主要发生在生物量较大同时周转率较高的地区，如年均温较高的热带和亚热带地区。一方面，相对较高的生物固氮速率为这些地区输入了相对较多的活性氮量；另一方面，高温是促进氨挥发重要的自然条件。人类活动对氮循环的干扰改变了氨挥发的全球格局，主要是增加了氨挥发的活性氮来源，特别是氮肥的大量施用，如碳酸氢铵（NH_4HCO_3）和尿素 $[CO(NH_2)_2]$ 施用后可以快速水解产生大量的 NH_4^+，进而发生 NH_3 挥发，直接导致全球大量施用氮肥的农田成为氨挥发的热点区。畜禽养殖业的快速发展也导致畜禽粪尿排泄成为与氮肥施用同等重要的氨挥发来源。

　　氨挥发对陆地生态系统的氮循环具有重要的影响，是驱动活性氮在大尺度上进行循环的主要动力之一。氨挥发后会直接沉降到下风区或者结合其他物质形成气溶胶发生远距离传输，对陆地生态系统的活性氮源进行重新分配。参与气体活性氮循环的氮种类主要是 NH_x 和 NO_x，在自然状态下以 NH_x 为主，全球挥发通量约为 20 Tg N a^{-1}。人类活动通过 Haber-Bosch 固氮和豆科作物的种植为氨挥发提供了氮源，目前全球人类源 NH_3 挥发量超过 40 Tg N a^{-1}，主要发生在农田施肥和牲畜养殖过程中（Fowler et al.，2013）。有机质和化石燃料在不充分燃烧时也会产生部分的 NH_3，但是，其量值远小于农业源挥发。

　　人类–自然耦合系统中 NH_3 挥发总量的估算采用以下公式进行：

$$OUT_{NH_3} = \begin{cases} \sum_i IN_i \times Ratio_{NH_3,i}, & \text{非动物型系统} \\ \sum_j POP_j \times Rate_{NH_3,j}, & \text{动物型系统} \end{cases} \tag{2-4}$$

式中，OUT_{NH_3} 表示一个子系统中的 NH_3 挥发总量；在非动物型系统中，如农田、森林、水产养殖（水体主导型的系统，算在非动物型系统中）中，IN_i 表示该系统中第 i 类活性氮输入的总量，如农田子系统中的氮肥或者有机肥施用总量，或森林子系统中的氮沉降总量；$Ratio_{NH_3,i}$ 表示第 i 类活性氮输入所对应的 NH_3 挥发比例。不同活性氮输入类型对应 NH_3 挥发比例存在很大的差异，这种差异受活性氮本身的属性（如 NH_4^+ 类型的氮输入易发生 NH_3 挥发）、子系统的土地利用类型（如旱田和水田的 NH_3 挥发发生比例不同）和温度等自然气候条件（如年均温较高的地区 NH_3 挥发比例较高）的影响。在动物型系统中，如牲畜养殖和人类等，POP_j 表示该系统中第 j 类动物的年存活总量（养殖期小于 1 年的按出栏量算，养殖期大于 1 年的按存栏量算），如生猪养殖量和城市人口等；$Rate_{NH_3,j}$ 表示第 j 类动物的每年每头或每人 NH_3 挥发量（NH_3 挥发率）。不同动物或者城乡人口之间的 NH_3 挥发率差异很大，主要是由于动物本身的年蛋白摄入量存在差异，或者生活方式不同（城市的水冲厕所和农村的旱厕之间的差异），一般同一类型的动物认为其 NH_3 挥发率相同。非动物系统的氮输入及动物系统的养殖数量相对较为准确，对最终 NH_3 挥发总量的估算影响不大。但是，非动物系统的 NH_3 挥发比例及动物系统的 NH_3 挥发率则不确定性很大。NH_3 挥发比例与氮输入量和气候条件及管理方式之间关系的研究已经取得很好的进展，估算时可以考

虑这些因素对 NH_3 挥发比例的影响。动物系统的 NH_3 挥发率由于受饲养情况、动物体重、气候条件和管理方式等多种因素的影响，这些因素的量化研究还相对缺乏，降低动物系统的 NH_3 挥发率的不确定性只能通过增加区域内 NH_3 挥发的测定数量来实现。各系统具体的 NH_3 挥发计算方法详见 4.5.3 节、5.5.3 节、6.5.1 节、7.5.4 节、8.5.2 节、10.5.1 节、12.5.8 节、13.5.5 节和 14.5.3 节。

2.5 淋溶和径流输出

氮素淋溶（leaching）和径流（runoff）损失指土壤/肥料/废弃物中的氮素随降雨或灌溉水向地表下迁移，未被作物根系吸收利用而直接输出到地下水或者地表水系统的过程。淋溶往往发生在没有地表径流或者地表径流较弱的地区，这些地区的水流主要向下移动通过潜流补充土壤/地下水，氮素则随之被运送至地下水或者深层土壤。径流损失则是发生了水平流动，通过这种流动氮素进入了地表水系统。水平径流往往是先通过淋溶到土层，然后再发生水平流动输出到地表水，除非出现较大的降雨或者灌溉直接出现了表层的径流损失。淋溶和径流损失的活性氮种类以 NO_3^- 和有机氮为主，NH_4^+ 相对较少。这种差异主要是由于 NH_4^+ 带正电荷，与主要带负电荷的土壤胶体容易发生吸附作用，不易随水流发生流失；而 NO_3^- 的负电荷与土壤胶体的负电荷形成相互排斥，容易发生流失；有机氮也往往还有负电荷或者电中性，容易发生流失。

由于淋溶和径流损失不发生氮的形态和价态转变，只是物理位置转移，主要是物理过程驱动，在自然状态下主要发生在氮通量及降雨量较大的热带地区，特别是在成熟的森林生态系统中。成熟的森林生态系统中有充足的死亡有机质，伴随着森林的活力下降，森林的活性氮固持能力下降，出现氮饱和（N saturation）现象，随后会有大量的活性氮输出到地表水系统，成为水生生态系统的重要活性氮来源。人类活动增加陆地生态系统氮通量后，淋溶和径流则主要发生在农业和人类居住区，氮肥的大量施用、牲畜养殖废弃物堆放的降雨冲刷，以及工业和人类生活污水的排放给地表水和地下水系统带来了大量的活性氮。除了人类源的活性氮输入影响外，气候条件如降雨和气温也会影响淋溶和径流带来活性氮损失的分布格局。在气温较高的地区，更多的活性氮通过气体的形式损失，而通过淋溶和径流损失的比例相对较低。

活性氮的淋溶和径流损失对水生生态系统和水环境具有重要的影响。自然状态下低浓度的活性氮输入对维持水生生态系统的生产力具有一定的促进作用。然而，伴随着人类活动带来的大量活性氮输入，地表水发生严重的富营养化，甚至出现"死亡区域"，威胁水生生态系统以及人类的饮用水安全。淋溶和径流也是近海活性氮的主要来源途径，每年有 40~70 Tg N 通过这种方式输入到海洋系统（Fowler et al., 2013）。地下水系统的硝酸积累难以清除，对依靠浅层地下水作为饮用水源的居民带来健康威胁，目前全球每年积累在地下水中的硝酸盐量大约为 15 Tg N（Schlesinger, 2009）。

人类–自然耦合系统中淋溶和径流总量的估算采用以下公式进行：

$$OUT_{LEA,RUN} = \sum_i IN_i \times Ratio_{LEA,RUN,i} \tag{2-5}$$

式中，$OUT_{LEA,RUN}$ 表示一个子系统中的淋溶或者径流总量；IN_i 表示该系统中第 i 类活性氮输入的总量，如农田子系统中的氮肥或者有机肥施用总量，或森林子系统中的氮沉降总量；$Ratio_{LEA,RUN,i}$ 表示第 i 类活性氮输入所对应的淋溶和径流比例。不同活性氮输入类型对应的淋溶和径流比例存在很大差异，这种差异受活性氮本身的属性（如 NO_3^- 类型的氮输入易发生淋溶和径流）、子系统的土地利用类型（如旱田和水田的淋溶和径流比例不同）和降水等自然气候条件（如年降水量较大的地区径流比例较高）的影响。基于这些影响因素，增加在目前区域的样本点测定，提高对淋溶和径流比例的估算精度可以降低总体淋溶和径流发生量估算的不确定性。具体的淋溶和径流比例详见 4.5.2 节、5.5.2 节、6.5.2 节、7.5.7 节、7.5.8 节和 8.5.5 节。

2.6　N_2O 和 NO 排放

N_2O 和 NO 排放是硝化和反硝化过程中 NO_3^- 和 NO_2^- 被微生物逐步还原然后以气体的形式排放的过程，还原过程中首先产生 NO，由于 NO 不稳定，容易在挥发过程中进一步被还原为 N_2O。NO 是一种重要的大气化学反应底物，容易在空气中与 OH 结合生成 HONO，即气态亚硝酸，是一种典型的空气污染物。N_2O 在大气中的寿命超过 100 年，作为温室气体其单分子增温潜势为 CO_2 的近 300 倍。因此，准确估算出 N_2O 和 NO 的通量对氮循环、空气质量以及全球变化具有重要意义。N_2O 和 NO 的排放过程还伴随着大量的 N_2 排放，详见 2.3 节关于反硝化过程中 N_2 排放的描述。

由于 N_2O 和 NO 的排放涉及硝化和反硝化作用，在自然界中分布广泛，森林、草地和湿地是主要的自然 N_2O 和 NO 排放源，其中，湿地以反硝化过程排放为主，草地以硝化过程排放为主，而森林则为硝化和反硝化排放均有。自然源的 N_2O 和 NO 全球通量分别约为 6 Tg N a^{-1} 和 4 Tg N a^{-1}（Fowler et al.，2013）。人类活动增加活性氮输入之后，N_2O 和 NO 的排放迅速增加，特别是 N_2O 排放增长了近一倍达到 13 Tg N a^{-1}，主要是农业活动的相关过程带来的 N_2O 排放增加，如农田施肥和牲畜养殖中的废弃物处理。NO 排放增加了约 1/4，主要是因为 NO 不稳定，在氮通量增加之后，微生物群落增加，更多的 NO 被转变为 N_2O 或者 N_2 排放。

人类-自然耦合系统中 N_2O 和 NO 挥发总量的估算采用以下公式进行：

$$OUT_{N_2O,NO} = \sum_i IN_i \times Ratio_{N_2O,NO,i} \tag{2-6}$$

式中，$OUT_{N_2O,NO}$ 表示一个子系统中的 N_2O 或 NO 挥发总量；IN_i 表示该系统中第 i 类活性氮输入的总量，如农田子系统中的氮肥或者有机肥施用总量，或森林子系统中的氮沉降总量；$Ratio_{N_2O,NO,i}$ 表示第 i 类活性氮输入所对应的 N_2O 或 NO 挥发比例。不同活性氮输入类型对应 N_2O 或 NO 挥发比例存在很大的差异，这种差异受活性氮本身的属性（如 NO_3^- 类型的氮输入易发生 N_2O 挥发）、子系统的土地利用类型（如旱田和水田的 N_2O 和 NO 挥发比例不同）的影响。基于这些影响因素，增加在目前区域的样点测定，提高对 N_2O 和 NO 挥发比例的估算精度可以降低总体 N_2O 和 NO 挥发量估算的不确定性。具体的 N_2O 和 NO 挥发（排放）比例详见 4.5.5 节、5.5.5 节、6.5.4 节和 8.5.4 节。

2.7　氮　积　累

氮积累指活性氮以固态或者液态的形式储存在陆地生态系统中，这些积累的活性氮一般既不参与到氮循环过程中去，也不被反硝化变为 N_2 退出氮循环过程。但是，当环境条件发生改变时，这些积累的活性氮还是有可能参与到氮循环中去。常见的储存媒介主要是土壤、生物质和水体，而积累的氮素价态则各式各样，在不同区域和系统中差异很大。生物圈中的氮主要以有机氮的形式积累在陆地生物量（如森林）或者土壤有机质（森林或者草地土壤）中，其中，土壤有机质持有大部分的有机氮，陆地生物量仅储存有少部分活性氮。除了有机质的积累，无机态的活性氮也可以大量积累在系统中。例如，在干旱半干旱区域的农田中，由于地下水位下降造成几十米深的土壤不饱和层，硝酸盐会大量积累在不饱和层中，这些硝酸盐积累区因超过了根系的可达深度不能被根系吸收利用，同时由于存在充足的氧气及较少的有机碳，难以发生反硝化作用来移除，积累量能超过 1000 kg N hm^{-2}。类似的情况在沙漠地区也存在，Walvoord 等（2003）发现，北美部分干旱半干旱沙漠地区的地下 10 m 深度内的土壤中积累了大量的 NO_3^-，其量值可以达到 10 000 kg N hm^{-2}，这些积累与当地历史时期的氮沉降及当地干旱的地理和气候条件有一定的关系。

硝酸盐除了在深层土壤中可以大量积累，也可以大量积累在水体中。自然状态下，硝酸盐很少积累在地下水中，而人类活动带来的活性氮输入增加之后，过量的活性氮投入可以使得硝酸盐随着土壤潜流进入地下水系统，由于地下水中缺少有机碳，难以发生反硝化作用，大量的硝酸盐积累在地下水中。Schlesinger（2009）对全球每年约 150 Tg N 的人类源活性氮的最终命运进行追踪，结果发现，每年会有约 15 Tg N 积累在地下水中。

本指南认为，大气和地表水系统也会积累活性氮。如果将大气和地表水系统中所有的活性氮看成一个巨大的氮库，那么这个氮库会发生变化，如果氮库变大则认为积累增加，如果氮库变小则认为积累减少。可以用大气中的年均氮浓度变化来指征氮库的变化。例如，如果地表水中的氮浓度持续增加，则认为地表水系统在积累活性氮。但是，由于活性氮在地表水和大气中的寿命往往较短（几天至几周），可以将这个积累过程看成是一个动态的过程。虽然排入大气和水体的活性氮会快速发生沉降或者反硝化而被清除，但是，持续性地排放，造成大气和水体中会持续性地有活性氮存在，而且其量值也在不断发生变化。

人类主导的氮循环过程也会导致大量的活性氮积累，主要是垃圾填埋过程。垃圾填埋会将大量的有机氮储存在垃圾填埋场，如废弃的家具、衣服和其他工业用品。活性氮在这些材料中的形态复杂，多半属于结构性工业氮，很多属于杂环型的含氮物质，分解困难，寿命较长，在一些稳定的垃圾填埋场可以存在几十年至上百年。

人类–自然耦合系统中氮积累的估算采用以下公式进行：

$$ACC = \begin{cases} IN - OUT, & \text{非动物型系统} \\ \sum_j \Delta POP_j \times Content_{N,j}, & \text{动物型系统} \end{cases} \tag{2-7}$$

式中，ACC 表示一个子系统的氮积累总量；在非动物型系统中，如农田、森林、水产养殖（水体主导型的系统，算在非动物型系统中），IN 和 OUT 分别表示该系统活性氮输入和输出总量；在动物型系统中，如牲畜养殖系统和人类系统等，ΔPOP_j 表示该系统中第 j 类动物的年存活总量变化，如生猪养殖量和城市人口等；$Content_{N,j}$ 为第 j 类动物的平均鲜重含氮量。一般同一类型的动物认为其含氮量相同。对动物型系统的氮积累来说，数量的变化基本上决定了氮的积累总量，不确定性较小。而对非动物型系统来说，输入往往是相对较为准确的，但是，输出部分，特别是氮流失到环境中的部分存在很大的不确定性，这造成氮积累的估算往往积累了输入和输出计算中的所有误差，不确定性较大。可以通过提高系统输出特别是流失到环境部分的估算精度来降低系统氮积累估算的不确定性。具体的动物含氮量详见 4.6 节、5.6 节、6.6 节、8.5.6 节、11.6 节、15.6 节、16.6 节和 18.6 节。

2.8　有机质燃烧

有机质燃烧指含有有机氮的生物质燃烧排放出含氮物质的过程，如秸秆焚烧、风干动物粪便燃烧、垃圾焚烧和含氮炸药爆炸（里面可能含有非有机态的氮）等。有机氮的主要化合价是 -3 价，可以是铵及其衍生物，也可以参与构成杂环。燃烧过程中 -3 价的氮在氧气的氧化下，会逐步从 -3 价氧化到 0 价、$+1$ 价、$+2$ 价、$+4$ 价及 $+5$ 价，分别释放出 NH_3、N_2、N_2O、NO、NO_2 及 NO_3^-。目前对有机氮燃烧的理解仍很缺乏，大量的研究集中在有机质燃烧过程中的污染物排放，如 NH_3、$PM_{2.5}$ 和 NO_x 等，缺乏系统的质量平衡分析，如对 N_2 的排放量未知，而且燃烧测定时往往以有机质（如秸秆）的总质量为基准进行核算，并不关注秸秆的含氮量。

有机质的含氮量及燃烧的方式都会影响燃烧过程中的含氮物质排放，然而，具体的量化结果目前还十分缺乏，而且燃烧过程中 N_2 的排放应该占含氮产物的大部分。估算时可以先分别计算其他含氮物质的排放量，然后用差值法估计 N_2 的排放量，但是，这个前提是需要有准确的其他含氮物质排放量的数据。目前大部分研究会给出生物质燃烧过程中的 NH_3、NO_x 和 N_2O 的排放量，但是，不同的研究结果差异很大。究其原因主要是对有机氮燃烧过程的理解不清楚、对关键的参数（如生物质含氮量等）缺乏测定，以及燃烧的方式不同（如是野外开放燃烧还是家庭炉灶燃烧）。在估算目标区域的有机氮燃烧排放时，应调查当地的主要焚烧方式、有机质的含氮情况，构建适应当地的一套排放系数，NH_3、NO_x 和 N_2O 的排放量可以直接测定，而 N_2 的排放量可以用总的含氮量减去 NH_3、NO_x 和 N_2O 的排放量来估算。具体排放系数详见 7.5.10 节和 13.5 节。

参 考 文 献

Fowler D, Coyle M, Skiba U, et al. 2013. The global nitrogen cycle in the twenty-first century. Philosophical Transactions of the Royal Society B: Biological Sciences, 368 (1621): 20130164.

Galloway J N, Townsend A R, Erisman J W, et al. 2008. Transformation of the nitrogen cycle: Recent trends, questions, and potential solutions. Science, 320 (5878): 889-892.

Herridge D F, Peoples M B, Boddey R M. 2008. Global inputs of biological nitrogen fixation in agricultural systems. Plant and Soil, 311 (1-2): 1-18.

Houlton B Z, Wang Y P, Vitousek P M, et al. 2008. A unifying framework for dinitrogen fixation in the terrestrial biosphere. Nature, 454 (7202): 327-330.

Mulder A, van de Graaf A A, Robertson L A, et al. 1995. Anaerobic ammonium oxidation discovered in a denitrifying fluidized bed reactor. FEMS Microbiology Ecology, 16 (13): 177-183.

Schlesinger W H. 2009. On the fate of anthropogenic nitrogen. Proceedings of the National Academy of Sciences, 106 (1): 203-208.

Townsend A R, Cleveland C C, Houlton B Z, et al. 2011. Multi-element regulation of the tropical forest carbon cycle. Frontiers in Ecology and the Environment, 9 (1): 9-17.

Vidon P, Allan C, Burns D, et al. 2010. Hot spots and hot moments in riparian zones: Potential for improved water quality management. Journal of the American Water Resources Association, 46 (2): 278-298.

Vitousek P M, Menge D N L, Reed S C, et al. 2013. Biological nitrogen fixation: Rates, patterns and ecological controls in terrestrial ecosystems. Philosophical Transactions of the Royal Society: Biological Sciences, 368 (1621): 20130119.

Walvoord M A, Phillips F M, Stonestrom D A, et al. 2003. A reservoir of nitrate beneath desert soils. Science, 302 (5647): 1021-1024.

Xu W, Luo X S, Pan Y P, et al. 2015. Quantifying atmospheric nitrogen deposition through a nationwide monitoring network across China. Atmospheric Chemistry and Physics Discussions, 15 (21): 18365-18405.

第3章　不确定性和质量管理

客观、真实的氮流动通量分析结果是制订相应措施提高氮素利用率，减少活性氮对大气、水、土壤、生物多样性和气候影响的基础。分析结果的客观性和真实性是氮流动通量分析的生命。氮是生命的必需元素，从病毒、细菌、真菌、植物到动物（包括人类）都需要足够的氮进行生命活动和完成生命周期。氮广泛存在于地球各圈层，自然和人类合成的含氮物质不计其数。自然系统及其与人为系统之间的氮流动通量分析需要掌握完整的活动数据、丰富多样的含氮物质的氮含量数据和系统间氮交换的转换系统。由于人类认识水平的局限性和掌握数据的不完整性及不确定性，氮流动通量分析不可避免地存在不确定性，在特定的条件下，甚至可能出现非常大的不确定性。氮流动通量分析结果的不确定性主要来自对氮流动过程认知的局限性和基础数据的不确定性。

3.1　对氮流动过程认知的局限性

氮的生物地球化学循环是一个极其复杂的过程，人类对此的认知还有相当大的局限性。在现有的认知水平上，研究者根据自己的目的，建立了各具特色的氮流动体系和评估方法。本指南并非直接用于评估人为产生的活性氮对大气、水体、土壤、生物多样性和气候的影响，而是为评估这些影响提供活性氮在功能群和系统间流动通量的基础数据。应用本指南获取的基础数据是多用途的，既可用于评估活性氮的影响程度，也可用于不同层次上的决策和制订具体的活性氮调控措施。因此，对功能群和系统的分类力求全面、客观、可操作是本指南的目标。但是，对氮流动过程认知的局限性则对达成这样的目标提出了挑战。

3.1.1　活性氮来源

活性氮来源相对比较简单，通常划分为自然来源和人为来源两类（图3-1）。自然来源的活性氮包括雷电作用下将大气中的氮气氧化为 NO_x 的过程和生物固氮过程。生物固氮则区分为豆科植物共生固氮和不依赖于共存关系的微生物非共生固氮。人为来源包括人类为提高农作物产量，满足人口不断增长而增加的农产品需求而采用 Haber-Bosch 过程合成的氮，引种豆科作物而增加的生物固氮，以及使用矿质燃料燃烧而产生的副产品 NO_x。采用 Haber-Bosch 过程合成氮和引种豆科作物增加生物固氮都是人类活动产生活性氮的主动行为，而矿质燃料燃烧释放 NO_x 则是人类活动产生活性氮的被动行为。

虽然在全球尺度上，人类已经很好地分辨出了活性氮来源，但对活性氮来源的量化仍然存在大量的认知局限性。认知局限性导致人类估算的活性氮来源具有不确定性。研究者和有关组织估算的全球雷电生成的活性氮量差异很大，估计值为 $2 \sim 20 \ \text{Tg N a}^{-1}$（Lee et al.，

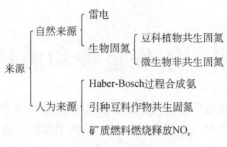

图 3-1　地球系统活性氮来源

1997），最小值是最大值的 1/10。天气状况极大地影响雷电作用下产生的 NO_x。由于天气状况的年际和空间差异，雷电产生 NO_x 量的不确定性还来自年际和空间变化。

同样地，生物固氮量的估算也存在很大的不确定性。早期的研究利用单位面积的固氮速率估算全球共生和非共生固氮量为 $100 \sim 290 \ \mathrm{Tg \ N \ a^{-1}}$，最有可能的生物固氮量约为 $195 \ \mathrm{Tg \ N \ a^{-1}}$（Cleveland et al.，1999）。近来，通过 ^{15}N 稳定同位素和质量平衡法对全球生物固氮量进行了重新评估，发现之前的研究可能高估了 $2 \sim 3$ 倍，修订的生物固氮量为 $40 \sim 100 \ \mathrm{Tg \ N \ a^{-1}}$，最有可能的生物固氮量约为 $58 \ \mathrm{Tg \ N \ a^{-1}}$（Vitousek et al.，2013）。自然生物固氮量不仅存在年际和空间变化，而且由于对自然植被的人为破坏，还存在因自然植被面积变化而产生的变化。

不同于活性氮的自然来源，在全球尺度上，人为来源的活性氮产生量不确定性较小，特别是 Haber-Bosch 过程合成氨的产生量，有很好的统计量。在联合国粮食及农业组织（Food and Agriculture Organization，FAO）的数据库（http://www.fao.org/statistics/en/）中，可以查阅全球各国自 1961 年以来合成氨的产量和施用量。矿质燃料燃烧释放的 NO_x 量也有较好的统计数据，不确定性较小，在 20 世纪 90 年代学者和有关组织估算的排放量为 $21 \sim 24 \ \mathrm{Tg \ N \ a^{-1}}$。但是，未来随着矿质燃料消费量的变化，以及燃烧方式和燃烧过程中的脱氮过程变化，NO_x 的排放量可能会出现较大的变幅。如同自然生物固氮，人为扩种豆科作物增加的生物固氮量的估算值也存在很大的不确定性。同时，非豆科作物种植时的非共生固氮量与作物种类有关，不同作物种植面积的变化则会引起非共生固氮量的变化，带来不确定性。

自然来源活性氮估算的不确定性首先在于其具有非常大的时间和空间变异性。雷电作用下生成的 NO_x 只在发生雷电的空间和时间产生，生物固氮量在很大程度上取决于豆科植物的生长状况。人类对自然来源活性氮产生的时间和空间分布规律的认知还存在很大的局限性。其次，缺少直接、原位测定自然来源活性氮产生量的方法和技术。目前自然来源活性氮产生量的获取主要仍然依赖于间接测定方法和模型模拟，获取的数据具有较大的不确定性。Fowler 等（2015）给出了 2010 年全球尺度的活性氮源不确定性，雷电和自然生物固氮的不确定性最高，均为 50%；投入到农业生产的肥料氮和矿质燃料燃烧释放的活性氮的不确定性最小，为 10%；豆科农作物生物固氮的不确定性居中，为 30%。

应该特别注意，以相对变异作为不确定性的指标，活性氮源估算值的不确定性一般随着空间尺度的缩小而增大，相对于全球尺度估算量的不确定性，国家或区域的活性氮源估算的不确定性则更大。

3.1.2　活性氮转化过程

活性氮进入地球系统后，发生一系列极为复杂，且尚未被人类完全认知的结合形态和化学价态的转化。即使是已经被确认的活性氮转化过程，对其中间过程、发生的条件及其转化速率的认识也还存在很多不足。虽然活性氮结合形态和化学价态的转化是各学科的研究领域，在本指南中将系统内的活性氮转化作为黑箱处理，但因为氮的转化过程是流动通量的关键调节因素，对活性氮转化认知的不足会严重地影响氮流动通量的估算。氮生物地球化学循环模型是估算氮流动通量最有效的工具，对氮转化过程认知的局限性制约了氮生物地球化学循环模型的建立和模型对氮流动通量的模拟精度。

保障生态环境安全的首要条件之一是环境中活性氮的零积累，即以年为时间单位，当年或在一定时间段内活性氮的生产量与活性氮转化为惰性氮的量相等。活性氮转化为惰性氮的途径有两条，一是被相对固化不再被生物利用或对生态环境和气候产生直接的影响，如长寿命工业产品固定的氮、以难矿化有机氮形态积累于沉积物的氮和木材等寿命较长的生物质氮等，它们不再被生物利用，不再对生态环境和气候产生直接的影响，但在一定的条件下又易转化为活性氮；二是完全转化为惰性氮。相对固化活性氮的过程和途径不计其数，无论在全球还是在区域尺度上，相对固化活性氮的速率仍有很大的不确定性。

活性氮完全转化为惰性氮气的过程极为简单，如图 1-3 所示，目前已知的活性氮彻底转化为惰性氮气的途径仅有两条，即反硝化过程和厌氧氨氧化过程，前者在厌氧条件下将硝酸根（NO_3^-）渐次还原为 NO_2^-、NO、N_2O 和 N_2，后者由 NH_4^+ 与 NO_2^- 反应生成 N_2，它们的最终产物都是 N_2。由于消耗反应基质 NO_3^- 和 NH_4^+ 的不仅有反硝化和厌氧氨氧化途径，而且还有不断补充 NO_3^- 和 NH_4^+ 的过程存在（图 1-3），不能通过测定反应基质 NH_4^+ 和 NO_3^-（或 NO_2^-）的变化得出反硝化和厌氧氨氧化的速率。由于 N_2 占大气组成的 78%，在这样高 N_2 浓度背景条件下，尚无原位直接测定反硝化和厌氧氨氧化过程的产物 N_2 产生量的方法。所以，即使是已知途径的活性氮转化为惰性氮气的过程，迄今尚无可以直接原位测定其速率的方法和技术。研究者采用不同的方法，估算得出的全球反硝化产生 N_2 量有非常大的范围。例如，Bai 等（2012）采用同位素识别方法，估算全球自然陆地生态系统反硝化过程产生的 N_2 为（21.0±6.1）Tg N a^{-1}，而 Bouwman 等（2013）采用全球氮循环概念模型，估算 2000 年全球陆地生态系统反硝化过程产生的 N_2 达 96 Tg N a^{-1}。后者虽然包括了农田系统，但即使扣除农田系统反硝化过程产生的 N_2，仍然显著高于前者。由于广阔的面积，海洋中进行的反硝化过程占有较陆地生态系统更大的比例。同样，海洋反硝化过程产生 N_2 的估算值也存在很大的不确定性，在已有的估算值中，最小值为 120 Tg N a^{-1}，最大值则达 400 Tg N a^{-1}（DeVries et al.，2012）。

本指南的氮流动通量分析遵循质量平衡原则，活性氮转化为惰性氮速率的不确定性对独立估算的氮流动过程影响较小，但有可能传递到依据输入和输出差值估算的氮流动过程的通量。

3.1.3　活性氮流动模型

活性氮的流动过程极为多样，任何一种分类方法也难以涵盖全部活性氮的流动过程。本指南根据我国氮流动的实际和研究积累，同时考虑操作的方便，将活性氮流动区分为五大功能群模块和15个系统（图1-1）。在这一氮流动模型中，由于与地表水多有重叠，在空间上难以截然区分湿地和地表水，湿地未单独列为一个系统。这样，湿地除氮的功能有可能被弱化。

土壤是人为活性氮最主要的初始输入系统，是活性氮扩散至其他系统的最主要起点。活性氮输入对土壤质量产生深刻的影响，如酸化和次生盐渍化等。在《欧洲氮评估报告》中，将受活性氮影响的地球系统归纳为WAGES，即水（water）、空气（air）、温室气体平衡（greenhouse balance）、生物系统（ecosystems）和土壤（soil）（Sutton et al., 2011），可见土壤对活性氮流动分析的重要性。由于土壤与地上的植被形成一个整体，本指南未将土壤单独作为一个系统。这样，将分析结果用于评估对土壤质量的影响程度时，可能产生较大的不确定性。

如前文所述，海洋是活性氮转化为惰性氮气的最主要场所。我国是海洋大国，海洋系统在我国活性氮循环中发挥着重要作用。但囿于知识背景，本指南编制者对我国海洋氮输入、转化和输出的认知甚少，不足以提供具有参考价值的海洋氮输入/输出模型及相关的转换系统，本指南只将近海海域作为一个系统列出，未列入海洋系统。若本指南有再版的机会，真诚地希望从事海洋氮循环研究的科学工作者为本指南弥补这一不足。

野生动物是森林、草地和湿地等陆地生态系统氮循环的直接参与者，食物供应水平是野生动物种群数量的重要影响因素。由于野生动物种类繁多，食物结构殊异，而人类对野生动物在活性氮流动中的定量化作用知之甚少，因此，本指南未将野生动物单独作为一个系统。

3.2　基础数据的不确定性

基础数据的不确定性是氮流动分析结果不确定性的重要因素。氮流动分析涉及三类数据，即活动数据、氮含量和氮转换系数。这三类数据都存在不确定性，总体而言，氮转换系数的不确定性更大。

3.2.1　活动水平数据

氮流动分析需要的活动数据几乎囊括全部官方统计数据，人口、土地面积、森林、草地、工业、能源、运输、畜禽和水产养殖及废弃物处理等的官方统计数据都是氮流动分析所需要的活动数据。通常认为，官方统计数据的不确定性最小，变异系数为10%。因此，若存在官方统计数据，首先应使用官方统计数据。

活性数据的另一来源是各类协会和企业报告。相较于官方统计数据，这一来源的活动水平数据的不确定性略大，但是，仍有很大的可信度。各类协会和企业报告是缺乏官方统计数据时的重要补充。

　　当既无官方统计数据，又无各类协会和企业报告时，活性水平数据也可以通过抽样调研的方法获取。由此获取的数据的不确定性往往较大，取决于调研样本量的大小和调研方案的设计。所以，制订完善的调研方案和争取尽可能多的调研样本是减少调研数据不确定性的重要途径。

3.2.2　氮含量数据

　　无论是官方统计数据还是各类协会和企业报告，除氮肥生产和施用常以氮为基准统计外，一般都以实物为基准统计。氮流动分析的基准是氮量，所以，统计数据用于氮流动分析时必须将以实物为基准的统计数据转换为以氮为基准的统计数据，即实物量乘以氮含量。实物的氮含量数据基本上只能从文献资料中收集。

　　一般地说，同一实物的氮含量相对比较稳定，不确定性较小。但是，在特定的条件下，同一实物的氮含量仍可有较大的差异，因此，以平均氮含量作为缺省值时可以产生较大的不确定性。以农作物为例，同一作物的氮含量因不同的生长空间、品种、管理方式和气候的年际变化而有较大的变异。华娟（2014）分析了福建省 11 个水稻品种在福州、泉州、三明和南平 4 市种植的糙米蛋白质含量（氮含量为 14% ~ 18%，平均为 16%）的变异情况，结果显示（表 3-1），同一品种种植于不同地点，糙米蛋白质含量的变异系数为 3.8% ~ 15.7%；同一地点不同品种的糙米蛋白质含量的变异系数变化范围较小，为 7.7% ~ 9.5%。赵广才等（2000）分析我国 8 个小麦品种籽粒的蛋白质含量平均为 12.12%，变异系数较小，为 4.3%。

表 3-1　福建省 11 个水稻品种糙米蛋白质含量（华娟，2014）　　　　单位:%

品种编号	蛋白质含量					变异系数
	福州市	泉州市	三明市	南平市	均值	
1	8.33	8.15	8.22	9.07	8.44	5.0
2	7.88	7.37	7.90	8.29	7.86	4.8
3	7.38	6.85	7.20	7.92	7.34	6.1
4	7.50	6.95	6.99	8.12	7.39	7.4
5	7.87	6.39	7.11	8.36	7.43	11.6
6	7.88	7.44	8.09	8.34	7.94	4.8
7	7.79	6.43	6.39	8.77	7.35	15.7
8	7.75	6.66	8.22	7.67	7.58	8.7
9	7.44	6.52	7.37	7.37	7.18	6.1
10	9.44	7.61	8.44	7.98	8.37	9.5
11	7.04	6.51	6.56	6.87	6.75	3.8
均值	7.85	6.99	7.50	8.07		
变异系数	8.0	8.3	9.5	7.7		

肥料管理可以对农作物产品的氮含量产生很大的影响。蔡祖聪和钦绳武（2006）对封丘长期肥料试验的小麦和玉米籽粒及秸秆氮含量的分析结果整理见表3-2。从表中可以看出，施肥对小麦和玉米氮含量的影响很大，不同肥料配比的肥料处理间，小麦籽粒氮含量的变异系数可达21.2%，玉米籽粒氮含量的变异系数可达18.8%。秸秆氮含量的变异更大，小麦和玉米秸秆氮含量的变异系数分别高达31.8%和27.6%。同一肥料处理，小麦和玉米籽粒及秸秆氮含量均存在较大的年际变化。

表3-2　肥料配比对小麦和玉米籽粒及秸秆氮含量的影响（蔡祖聪和钦绳武，2006）

肥料处理 *	小麦				玉米			
	氮含量/(g·kg^{-1})		年际变异系数/%		氮含量/(g·kg^{-1})		年际变异系数/%	
	籽粒	秸秆	籽粒	秸秆	籽粒	秸秆	籽粒	秸秆
NPK	20.4	3.98	5.8	10.4	12.1	6.31	6.4	12.7
NP	21.1	3.96	5.8	13.1	12.4	7.00	9.8	15.0
1/2OM	18.3	3.47	6.8	11.4	11.5	6.18	7.1	10.5
OM	17.1	3.15	9.1	11.1	10.0	5.56	8.2	13.6
PK	16.8	3.15	7.6	16.5	9.9	4.40	17.3	12.6
NK	29.2	6.96	7.9	16.9	16.7	10.10	18.3	12.2
CK	24.4	4.46	10.1	16.4	13.3	5.80	13.6	17.6
均值	21.0	4.16			12.3	6.48		
变异系数/%	21.2	31.8			18.8	27.6		

　* NPK 为 N、P、K 三要素施肥；NP 为不施 K；1/2OM 为 1/2 氮用有机肥替代；OM 为全部氮用有机肥；PK 为不施 N；NK 为不施 P；CK 为不施肥对照。小麦和玉米的氮施用量均为 150 kg N hm^{-2}

上述举例说明，农作物氮含量的变异系数大多小于20%，在特殊情况下可达30%以上。

畜禽和水产品的氮含量还因部位不同而有很大的差异，以畜禽和水产品某一部位的氮含量替代整体的氮含量时可能产生更大的不确定性。对多种成分混合的物质，如餐厨垃圾和污水等的氮含量因其组成及其来源而变化，不确定性更大，但是，目前尚无系统的分析结果。

3.2.3　氮转换系数

依据系统的氮输入和氮转换系数计算系统的氮输出是本指南氮流动分析的主要方法，如陆地功能群模块中，氨挥发、反硝化脱氮、N$_2$O 排放、淋溶和径流氮流动等都采用氮转换系数法计算，涉及上述氮流动的其他系统，其通量也都采用氮转换系数计算。所以，氮转换系数是氮流动分析的关键性参数。氮转换系数也是氮流动分析最大的不确定性来源。

氮转换系数的不确定性主要来自氮转换系数本身因时空环境不同而变化的本性和认知的局限性。例如，以农田系统氨挥发损失为例，氨挥发损失占施氮量的比例受温度、空气流动速率、氮的形态、施氮深度、土壤 pH 和作物吸收等因素的影响，文献报道的农田系统氨挥发损失率从施氮量的<1%（董文旭等，2011）到接近40%（宋勇生等，2004）。氨挥发在时间上往往是不连续的，如农田系统中，氨挥发主要发生在施用氮肥后的较短时间内，持续时间往往不超过2周。高度的时间和空间变异性决定了以某一取值估算氨挥发时得到的数值有很大的不确定性。农田系统的氨挥发还来自作物衰老过程中的直接氨排放，但对此的测定和认知都还非常有限。

对氮转换系数认知上的局限性导致的不确定性体现在两个方面。一是测定数据的不确定性。例如，氨挥发、N_2O 和 NO 排放及反硝化脱氮等，由于方法和技术不够完善，测定数据本身有很大的不确定性。反硝化脱氮迄今尚无原位测定方法（见3.1.2节），目前多用差减法估算。虽然发展了若干原位直接测定氨挥发损失、N_2O 和 NO 排放等的方法，但不同方法测定结果的可比性较差。二是氮转换系数时空变异定量化的不确定性。虽然已经发展出了若干可模拟氮转换系数的氮循环模型，它们可以估算出时间和空间分辨率较高的氮转换系数值，但是，检验这些模型模拟结果精度的往往是点位测定数据，而不是区域的测定数据。在点位上有很高的模型模拟精度并不能代表在区域上同样具有很高的模型模拟精度。

本指南提供的氮转换系数缺省值来自对文献报道数据的分析、综合结果。文献的数量、文献涉及的空间分布范围和抽样点的分布等对氮转换系数缺省值的不确定性也有很大的影响。一般而言，文献少、空间分布不均匀，提供的缺省值的不确定性较大；反之，不确定性较小。由于氮转换系数的高度空间变异性，进行特定区域的氮流动分析时，本指南鼓励采用文献报道的该目标区域内的氮转换系数；若无文献报道的该目标区域内的氮转换系数，也可采用专家判断的方法。由于氮流动分析是以年为时间单位进行的，所以，虽然实施氮流动分析时再开始进行直接测定并非完全不可能，但获取完整数据的困难很大。

3.3　质量管理

质量保证与控制（quality assurance/quality control，QA/QC）是降低氮流动分析结果不确定性、提高准确性不可缺少的措施。质量保证需要通过氮流动分析全过程中每一步骤的质量控制来实现。质量控制一般包括对数据采集和计算进行准确性检验及对测量、测定与分析方法的不确定性进行估算。同时还包括对类别、活动数据、其他估算参数及方法的技术评审。氮流动分析数据来源包括官方、协会和企业的统计数据及抽样调查的活动数据，文献报道、专家判断和直接测定的氮含量数据和氮转换系数。活动数据来源的优先序列应该是官方统计数据、抽样调研数据、协会和企业统计数据；氮含量及氮转换系数的优先序列应该是直接分析测定数据、文献报道数据和专家判断数据。由于氮流动的高度时空变异性，当采用文献报道数据时，在空间上的优先序列应该是实施氮流动分析目标区域内产生的数据，接近于目标区域气候、人类生产和经济活动的区域产生的数据，全国平均值和全球平均值；在时间上的优先序列应该是氮流动分析当年采集的数据和接近氮流动分析当年采集的数据。

内部评审和外部评审是质量保证不可缺少的过程。内部评审应由负责清查的机构进行。内部评审应定期和不定期地进行，检验数据采集、录入、计算方法的准确性。外部评审可由未直接涉足清单编制/制定过程的人员进行。在执行质量控制程序后,最好由独立的第三方对完成的清单进行评审确认,认可分析目标已实现并确保分析方法代表目前科学知识水平,按优先序列获取活动数据、氮含量数据和氮转换系数,同时支持质量控制计划的有效性。在执行质量保证/质量控制(QA/QC)与检验活动之前,必须确定应该使用哪种技术方法,以及要使用的时间和范围。QA/QC 的结果可能会引起对参数、计算方法或不确定性估算的重新评估及后续的改进。质量控制可由通量分析人员执行,目的在于通过定期检验以确保数据的内在一致性、正确性和完整性,确认和解决误差及疏漏问题。外部评审需要考虑分析方法的可靠性、文件的彻底性、方法的说明和整体的透明性。

参 考 文 献

蔡祖聪, 钦绳武. 2006. 作物 N、P、K 含量对于平衡施肥的诊断意义. 植物营养与肥料学报, 12 (4): 473-478.

董文旭, 吴电明, 胡春胜, 等. 2011. 华北山前平原农田氨挥发速率与调控研究. 中国生态农业学报, 19 (5): 1115-1121.

华娟. 2014. 福建省早稻主要功能品质的分析. 福州: 福建农林大学.

宋勇生, 范晓晖, 林德喜, 等. 2004. 太湖地区稻田氨挥发及影响因素的研究. 土壤学报, 41 (2): 265-269.

赵广才, 张保明, 王崇义. 2000. 高产小麦氮素积累及其与产量和蛋白质含量的关系. 麦类作物学报, 20 (4): 90-93.

Bai E, Houlton B Z, Wang Y. 2012. Isotopic identification of nitrogen hotspots across natural terrestrial ecosystems. Biogeosciences Discussions, 9: 3287-3304.

Bouwman A F, Beusen A H W, Griffioen J, et al. 2013. Global trends and uncertainties in terrestrial denitrification and N_2O emissions. Philosophical Transactions of the Royal Society: Biological Sciences, 368 (1621): 20130112.

Cleveland C C, Townsend A R, Schimel D S, et al. 1999. Global patterns of terrestrial biological nitrogen (N_2) fixation in natural ecosystems. Global Biogeochemical Cycles, 13 (2): 623-645.

DeVries T, Deutsch C, Rafter P A, et al. 2012. Marine denitrification rates determined from a global 3-dimensional inverse model. Biogeosciences Discussions, 9 (10): 14013-14052.

Fowler D, Steadman C E, Stevenson D, et al. 2015. Effects of global change during the 21st century on the nitrogen cycle. Atmospheric Chemistry and Physics, 15 (24): 13849-13893.

Lee D S, Köhler I, Grobler E, et al. 1997. Estimations of global NO_x emissions and their uncertainties. Atmospheric Environment, 31 (12): 1735-1749.

Sutton M A, Howard C M, Erisman J W, et al. 2011. The European Nitrogen Assessment. Cambridge: Cambridge University Press.

Vitousek P M, Menge D N L, Reed S C, et al. 2013. Biological nitrogen fixation: Rates, patterns and ecological controls in terrestrial ecosystems. Philosophical Transactions of the Royal Society: Biological Sciences, 368 (1621): 20130119.

第4章 农田系统

4.1 导　言

农田系统是人类生存最为重要的系统之一，在全球氮营养的初级转化中起重要的作用（Cassman et al.，2002）。占全球陆地总面积11%的耕地，承载了全球陆地一半以上的活性氮（Nr）负荷（Fowler et al.，2013）。农田大量未被利用的氮素残留在土壤中，通过淋洗和氨挥发等进入到水体、大气和其他陆地生态系统，导致大气温室气体浓度增加、水体富营养化、土壤酸化及生物多样性下降等，对全球陆地生态系统的氮循环和生态环境有着极其重要的影响（Reay et al.，2012；Erisman et al.，2013）。

我国是世界上Nr生产量最大、氮肥施用量最高的国家。氮肥在保障我国粮食安全方面具有不可替代的作用，而且高产品种对氮肥的依赖性更强（王敬国等，2016）。有研究显示，2010年我国农田系统总氮投入量高达42 Tg（Yan et al.，2014）。即使考虑氮肥的残留效果，我国高氮肥投入下氮肥被作物吸收利用的比例仅略高于40%。仍有大量未被利用的氮积累在土壤和流入到环境，从而引起严重的环境问题（Ju et al.，2009；Guo et al.，2010；Liu et al.，2013；Yan et al.，2014）。因此，全面评估我国农田系统氮素的流动，对我国粮食生产与环境友好协调发展具有重要的指导意义。

尽管近年来关于我国农田系统氮素平衡、氮素循环、氮素流动和氮素收支等的研究越来越多，如王激清等（2007）借助物质流分析中"输入＝输出＋盈余"的物质守恒原理，建立了我国农田系统氮素平衡模型，不过，该研究中大气氮干沉降的计算通过化学氮肥和有机肥的用量推导获取，且并未给出氮素各个来源去向计算的详细参数。方玉东等（2007）基于统计数据、调查数据、图形数据及已经公开发表的文献资料中的数据，研究了我国2000多个县域单元农田氮素养分的收支平衡状况，而其研究中并未考虑大气氮干沉降通量。Ti等（2012）、Cui等（2013）及Gu等（2015）相对全面地研究了我国包括农田在内的陆地生态系统氮循环，但这些研究无论在氮循环模型还是参数选取上都存在较大差异；即使方法相同，数据源也大相径庭。由于缺乏一套科学、准确、统一的技术方法和相应的技术指南，较难反映我国农田系统氮素流动的自身特点，给全国和区域农田氮素的来源/去向估算带来了很大的不确定性，同时也对环境管理部门进行相关政策和措施的制定造成了很大的困扰。

以往的研究显示，农田系统氮素流动对氨挥发、径流和淋溶、化学氮肥投入和农产品收获等过程的研究相对较为清晰，但对个别过程的研究也存在一定的问题。其中，大气氮沉降，尤其是大气氮干沉降方面的数据收集存在较多问题。尽管目前我国大气氮干沉降已有一些野外监测结果，但是，对区域层面的大气氮干沉降计算，仍相差甚远。农田系统有机肥的施用，相关有机肥的氮含量、有机肥的施用量、种类及有机肥的施用方式等数据，相对较为缺乏。这部分数据的缺乏，直接影响整个农田系统氮素流动分析结果的精度。农田氮素的输出项中，脱氮过程往往受 O_2 浓度、有机质、NO_3^- 浓度和温度等因素的影响，且脱氮过程的主要产物 N_2 在大气中的背景值很高，很难进行直接测定（Groffman et al.，2006），以往的研究大多采用固定的参数，不确定性较大。对土壤的氮储存，则采用差减法获取，误差积累在土壤氮储存项。因此，系统、完整的农田系统氮素流动分析，有助于客观评估农田系统氮循环对生态环境的影响。

4.2　系 统 描 述

农田系统指人工种植的粮食、纤维作物、糖类作物、蔬菜、瓜果、花卉和其他经济作物等所有陆地生态系统。粮食作物包括水稻、小麦、玉米和土豆等，纤维作物包括棉和麻等，糖类作物包括甘蔗和甜菜等，蔬菜包括露天蔬菜和大棚蔬菜，瓜果包括苹果、桃、李和橘等。农田系统氮流动分析需要的基础数据包括耕地面积、农作物播种面积、化肥氮施用量、作物产量和氮含量等。

农田系统活性氮输出交换的系统包括：①以农田系统粮食等输出作为输入的畜禽养殖系统、人类系统、宠物系统和水产养殖系统；②以农产品原料输出作为输入的工业过程和能源系统；③以农田系统生物质燃烧、氨挥发和脱氮等产生的气态 N 输出作为输入的大气系统；④以农田系统氮素的径流和淋溶输出作为输入的地表水和地下水系统。农田系统活性氮输入交换的系统包括：①通过灌溉将活性氮输入农田系统的地表水和地下水系统；②通过废弃物农田利用将活性氮输入农田系统的人类系统、禽畜养殖系统、宠物系统、固体废弃物系统和污水处理系统；③通过大气氮沉降将活性氮输入农田系统的大气系统。工业过程和能源系统生产的化肥氮，则是农田系统最重要的活性氮输入源。

耕地面积和作物播种面积是农田系统活性氮流动分析的重要活动数据。耕地面积指行政区域内用于种植各种农作物的土地面积，作物播种面积则是行政区内播种的各种作物的总面积。由于在一年内同一耕地上可以播种几次作物或部分耕地休耕，作物播种面积往往不等于耕地面积。行政区内作物播种面积与耕地面积之比，称为复种指数。行政区内耕地面积占陆地面积的百分数及其复种指数是土地利用强度的重要指标，对氮素利用率和生态环境具有重要的影响。需要特别注意的是，统计资料中的耕地面积往往是种植粮食作物的面积，不包括果树等。因此，在使用统计资料时需要仔细辨别，如果统计资料中耕地面积未包括栽培果树等面积，则应补上。

4.3　农田系统氮素流动模型

本指南中的农田系统氮素流动模型在氮素的投入和输出基础上建立，其中，氮素输入包括化学氮肥和大气氮沉降等在内的 8 项来源，氮素输出包括氨挥发和作物收获等六大去向（图4-1）。模型中氮素投入与氮素支出的差值作为系统氮素的储存。作物收获包括秸秆和收获物（籽粒和块根等），本指南中对收获物和秸秆的去向也进行了详细的划分。作为氮素循环的一个重要部分，农田系统有大量的氮素损失，包括通过氨挥发和 N_2O 排放等以气态氮形态进入大气的部分，以及通过径流、淋溶途径进入水体的部分。

我国幅员辽阔，资源、能源分布不均，农田管理制度、耕作制度差别较大，在确定农田氮素流动模型时，应紧密结合所在地域的具体情况，可根据当地氮素输入/输出和活动数据水平特征，在本指南的基础上因地制宜地选择科学、适当的氮素流动模型。另外，随着经济、技术的发展与信息资料的逐步完善，可根据实际情况不断完善和更新农田系统氮流动模型。

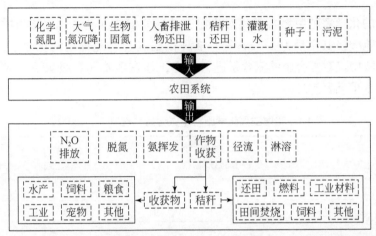

图 4-1 农田系统氮素流动模型

4.4 氮 素 输 入

根据农田系统氮素流动模型，农田系统氮素输入指化学氮肥、大气氮沉降、生物固氮、人畜排泄物还田、秸秆还田、灌溉水、种子和污泥等 8 项来源的氮输入。本节详细描述各个输入项的计算方法、系数选取及活动数据的选择。农田系统氮素输入可通过以下公式计算：

$$CL_{IN} = CLIN_{Fer} + CLIN_{Dep} + CLIN_{Fix} + CLIN_{Man} + CLIN_{Str} + CLIN_{Irr} + CLIN_{See} + CLIN_{Slu} \qquad (4-1)$$

式中，CL_{IN} 为农田系统氮素输入总量；$CLIN_{Fer}$ 为化学氮肥用量；$CLIN_{Dep}$ 为大气氮沉降量；$CLIN_{Fix}$ 为生物固氮量；$CLIN_{Man}$ 为人畜排泄物还田量；$CLIN_{Str}$ 为秸秆还田量；$CLIN_{Irr}$ 为灌溉水氮输入量；$CLIN_{See}$ 为种子氮输入量；$CLIN_{Slu}$ 为污泥还田氮输入量。

4.4.1 化学氮肥

化学氮肥是农田系统最重要的活性氮输入，也是氮流动分析中最受关注的输入项。由于化学氮肥有较完整的政府统计数据，农田系统化肥氮输入的估算相对比较精确。

4.4.1.1 计算方法

化学氮肥指包括复合肥在内的施入到农田的含氮化学肥料量的加和。可以用以下公式

计算:

$$CLIN_{Fer} = \sum_{i=1}^{n} Fer_i \times Ncon_i \tag{4-2}$$

式中, $CLIN_{Fer}$ 为化学氮肥用量; Fer_i 为第 i 种化学肥料的用量; $Ncon_i$ 为第 i 种化学肥料的氮含量 (%)。

4.4.1.2 肥料中氮含量

单一组成的化学氮肥中氮含量相对稳定,如尿素氮含量为 46%, 碳酸氢铵氮含量为 17.7%, 以及硫酸铵氮含量为 21.2% 等。多种化肥混合 (复合) 的化肥中, 氮含量变化较大, 缺省方法中仅对复合肥的氮含量进行规定, 即在区域 (省级水平) 及国家尺度下, 混合肥料的氮含量见表 4-1。

表 4-1　我国主要化学肥料中氮含量 (沈其荣, 2001)　　　　　　单位:%

养分浓度 N+P$_2$O$_5$+K$_2$O	三元复混肥料 N-P$_2$O$_5$-K$_2$O				二元复混肥料 N-P$_2$O$_5$-K$_2$O
低浓度	11-7-7	13-8-4	14-6-8	15-5-5	12-8-0
	9-9-7	11-10-4	10-5-10		10-0-10
	11-8-6				
中浓度	5-15-12	16-10-4	16-4-10	16-7-7	15-10-0
	8-8-16	18-8-4	18-4-8	18-8-8	12-0-8
	10-8-20				
	15-15-15	22-12-6	18-8-18	20-10-9	23-12-0
高浓度	12-12-24		20-9-13		10-40-0
					13-32-0

4.4.1.3 活动水平数据

计算化学氮肥输入量的活动数据指某种化学肥料的用量。活动数据可采用以下两种方法进行获取。

(1) 方法 1

基于相应年份的污染源普查数据、农村年鉴报告、《中国农业年鉴》和《中国统计年鉴》等统计数据, 掌握农田系统化学氮肥施用量, 建立农田系统化学氮肥施用量数据库。

(2) 方法 2

采用年度或定期实地调查获取化学肥料施用量和品种, 计算农田系统化学氮肥施用量。

方法 2 可作为推荐方法。根据地区实际情况, 通过野外实地调研的方法确定农田系统中化学氮肥施用量, 进而进一步分析化学氮肥的种类、施肥结构、单位面积施用量和合理施肥措施等。

4.4.2 大气氮沉降

大气氮沉降发生在地球表面的各个部分，即使无人为活性氮输入时，也存在大气中雷电作用下生成的活性氮的沉降。由于人为生成的活性氮不断增加，而且部分扩散至大气，所以，大气氮沉降已经成为农田系统重要的氮输入源。

4.4.2.1 计算方法

大气氮沉降主要包括湿沉降和干沉降。农田系统大气氮沉降可通过以下公式计算：

$$CLIN_{Dep} = F(D_{Dep} + D_{Wet}) \times CL_{Are} \tag{4-3}$$

式中，$CLIN_{Dep}$ 为大气氮沉降量；$F(D_{Dep}+D_{Wet})$ 为单位面积氮沉降通量；D_{Dep} 为单位面积大气氮干沉降量；D_{Wet} 为单位面积大气氮湿沉降量；CL_{Are} 为耕地面积。

4.4.2.2 大气氮沉降通量

大气氮沉降通量计算方法参阅 18.5.1 节。

4.4.2.3 活动水平数据

农田系统大气氮沉降中的活动数据指耕地面积，耕地面积有两种选取方法。

（1）方法 1

同农田化学肥料数据的获取途径，耕地面积的获取可基于相应年份的污染源普查数据、农村年鉴报告、《中国农业年鉴》和《中国统计年鉴》等统计数据及《中国国土资源公报》等官方发布的数据。对国家尺度时间序列耕地面积数据，可参考 Yan 等（2014）的研究。

（2）方法 2

传统的耕地面积估算主要采用统计方法或常规的地面调查，不仅费时费力且受人为因素影响较大，难以适应现势信息的需求。遥感信息具有覆盖面积大、探测周期短、资料丰富、现势性强和费用低等特点，为耕地面积的提取提供了新的技术手段。因此，在数据充足的条件下，可采用遥感解译与地理信息系统（geographic information system，GIS）空间运算相结合的方法获取耕地面积。

4.4.3 生物固氮

生物固氮指通过固氮植物的共生固氮或者土壤中微生物的非共生固氮将大气中的 N_2 直接固定为生物可利用态氮的过程（Chapin et al., 2002）。农田系统的生物固氮指农田系统内发生的生物固氮，包括共生和非共生固氮。不同的作物类型固氮速率不同，对栽种豆科作物（包括间作或套种豆科作物）的农田系统，生物固氮是农田系统重要的活性氮来源，在农田系统活性氮输入中占有相当重要的地位，估算农田系统的氮输入时不可或缺。由于普遍存在非共生固氮，即使栽种非固氮作物的农田系统，也应考虑生物固氮对农田系统的氮输入。

4.4.3.1　计算方法

根据作物播种面积和其固氮速率可计算其生物固氮量，农田系统生物固氮总量即为所有农田生物固氮量的加和：

$$CLIN_{Fix} = \sum_{i=1}^{n} Care_i \times f_{Fix_i} \qquad (4\text{-}4)$$

式中，$CLIN_{Fix}$ 为生物固氮量；$Care_i$ 为第 i 种作物播种面积；f_{Fix_i} 为该作物系统的固氮速率。

4.4.3.2　作物固氮速率

不同条件下测得的作物系统固氮速率差别很大。对豆科作物的共生固氮，生物固氮量受产量和氮肥施用量等因素的影响，一般情况下，随豆科作物产量的增加而增加，随氮肥施用量的增加而减少。Smil（1999）研究认为，大豆、花生固氮速率为 15 ~ 450 kg N hm^{-2}，平均为 80 kg N hm^{-2}。1995 年之前，我国还种植大面积的绿肥，按照 Yan 等（2003）的研究，绿肥的平均固氮速率为 150 kg N hm^{-2}。目前我国普遍不重视对绿肥生产的管理，产量较低，固氮量可能低于这一平均值。无论是旱地还是水田，都存在一定的非共生固氮能力，但非共生固氮量的测定较共生固氮量的测定更加困难，目前非共生固氮量的直接测定数据极为有限，一般采用缺省值，旱地作物的固氮速率采用 15 kg N hm^{-2}（Burns and Hardy, 1975），我国稻田氮素固氮速率采用 30 kg N hm^{-2}（朱兆良和文启孝, 1992）。根据以上文献资料，本指南总结的我国农田系统不同作物固氮速率缺省值见表 4-2。

表 4-2　我国农田系统作物固氮速率　　　　　　单位：kg N hm^{-2}

作物类型	水稻	绿肥	豆类	花生	旱地
固氮速率	30	150	80	80	15

注：其他旱地作物，如蔬菜和茶树、果树等在没有可用数据的情况下，固氮速率可采用 15 kg N hm^{-2}

4.4.3.3　活动水平数据

不同于大气氮沉降以耕地面积为活动数据，由于不同作物的固氮速率不同，农田系统生物固氮的活动数据为播种面积，而且需区分作物。对不同作物的播种面积可通过统计资料和野外调研等方式获取。通过高分辨率的卫星图像解译等客观数据也可以获取某段时间内的某种作物种植面积。两者结合，相互验证可以获得不同作物播种面积更加可靠的数据。

4.4.4　人畜排泄物还田

人畜排泄物还田率是系统氮素循环利用率的重要指标。在大量生产和施用化学氮肥之前，人畜排泄物还田曾经是我国农田系统最主要的氮输入源。根据刘更令（1991）的研究，曾经有 50% 的农村人类粪便作为有机肥还田。随着化肥生产的快速发展，人畜排泄物还田率呈下降趋势。提高人畜排泄物还田率是保持农田土壤肥力和减小氮素环境负荷的关键途径之一。

4.4.4.1 计算方法

农田系统来自人畜排泄物还田的部分包括直接还田和制成有机肥后还田，可通过式（4-5）计算。

$$\text{CLIN}_{\text{Man}} = \sum_{i=1}^{n} N_{\text{liv}_i} \times f_{\text{liv}_i} \times R_{\text{liv}_i} + (N_{\text{urb}} \times f_{\text{urb}} \times R_{\text{urb}} + N_{\text{rul}} \times f_{\text{rul}} \times R_{\text{rul}}) \times 0.85 \quad (4\text{-}5)$$

式中，CLIN_{Man} 为人畜排泄物还田量；N_{liv_i} 为第 i 种畜禽的养殖数量；f_{liv_i} 为该畜禽的粪便排泄量；R_{liv_i} 为该畜禽的粪便还田率；N_{urb} 为城镇人口数量；f_{urb} 为城镇人口粪便排泄量；R_{urb} 为城镇人口粪便还田率；N_{rul} 为农村人口数量；f_{rul} 为农村人口粪便排泄量；R_{rul} 为农村人口粪便还田率；0.85 为假定总人口中成年人口的比例（Xing and Zhu，2002）。

4.4.4.2 人畜粪便排泄量与还田率

不同畜禽养殖类型排泄量有较大差异，对人畜粪便排泄量及其去向我国已有较多的研究成果，归纳为以下两种计算方法。

（1）方法1

缺省的方法是根据总畜禽数量、人口数量和年均每头/每人排泄量计算人畜总粪便氮排泄量。根据 Xing 和 Yan（1999）的研究，城镇和农村人口粪便排泄量 f_{urb} 和 f_{rul} 为 5 kg N 人$^{-1}$·a^{-1}。不同时期，城镇和农村人口粪便还田率不同，具体还田率可参考表4-3。另外，一些动物粪便还田率可参考本指南第7章畜禽养殖系统的有关表格。

表 4-3 不同时期城镇和农村人口粪便还田率（Cui et al.，2013） 单位：%

城镇和农村人口粪便还田率	20 世纪 80 年代	20 世纪 90 年代	21 世纪
城镇人口	30	15	10
农村人口	60	53	30

不同畜禽粪便排泄量差别较大，式（4-5）中 f_{liv_i}，畜禽的排泄量可采用表4-4作为缺省值。另外，因肉牛和奶牛的养殖目的不同，肉牛的总排泄量应该按照年出栏数计算，而奶牛应该按照年末存栏数计算，肉鸡按照出栏数计算总排泄量，蛋鸡按照年末存栏数计算，而猪的粪便量应该按照年出栏数计算（刘晓利等，2006）。在计算动物年排泄量中，根据刘更令（1991）的早期研究，畜禽粪便还田率 R_{liv_i} 为 50%。

表 4-4 不同畜禽粪便排泄量（Gu et al.，2015） 单位：kg N 头$^{-1}$·a^{-1}

畜禽类别	奶牛	役用牛	肉牛	马/驴/骡	羊	猪	蛋鸡	兔子	鸭/鹅	肉鸡	骆驼	水牛
排泄量	74.4	50.0	45.9	68.6	11.2	4.9	0.8	0.5	0.5	0.1	55.0	45.0

（2）方法2

除文献资料外，《第一次全国污染源普查畜禽养殖业源产排污系数手册》（中国农业科学院农业环境与可持续发展研究所和环境保护部南京环境科学研究所，2009）根据不同畜禽在特定的饲养阶段和体重下的实测数据，针对不同区域、不同畜种、不同饲养阶段、不同参考体重给出了全国范围内规模化饲养的猪、奶牛、肉牛、蛋鸡、肉鸡5种畜禽在不同区域的氮排放系数。可在相应区域内查到相应畜种相对应的饲养阶段，并根据相应注意事项，确定粪便排泄量。

如果可以获得充足的实验数据，方法2可作为推荐方法，也可以根据实际情况，选择适合的参数。

（3）方法3

本指南第7章详细阐述了禽畜粪尿排泄的其他计算方法。

4.4.4.3　活动水平数据

城镇人口与农村人口的数量、不同种类禽畜养殖的数量是计算人畜排泄物还田量的活动数据，该部分数据可通过相应年份的污染源普查数据、农村年鉴报告、《中国农业年鉴》和《中国统计年鉴》等统计数据及采用年度或定期实地调查获取。

4.4.5　秸秆还田

我国是农业生产大国，秸秆资源十分丰富。农作物秸秆曾经是我国重要的饲料、燃料和生产原料，直接还田的比例不高。随着经济的发展和生活方式的改变，秸秆的传统利用途径不断萎缩，秸秆还田成为解决秸秆田间焚烧和弃置乱堆、环境污染问题的重要途径。因此，我国秸秆还田率的年际变化很大，在氮流动分析时应注明年份。秸秆直接还田本质上属于农田系统氮的内部循环。由于秸秆氮通常作为农田系统的氮输出项，所以，还田到农田系统的秸秆氮也是农田系统的氮输入源。

4.4.5.1　计算方法

目前秸秆还田量的通用计算方法是利用国家统计部门或农业部门公布的作物籽粒产量、秸秆籽粒比和不同作物秸秆还田率得到。因此，通过秸秆还田输入到农田系统的氮素可以用式（4-6）计算：

$$CLIN_{Str} = \sum_{i=1}^{n} Str_i \times f_{Str_i} \times R_{Str_i} \tag{4-6}$$

式中，$CLIN_{Str}$为秸秆还田量；Str_i为第i种作物秸秆产量；f_{Str_i}为该种作物秸秆氮含量；R_{Str_i}为该种作物秸秆还田率。

4.4.5.2　秸秆产量与氮含量

通常秸秆产量无直接的统计数据。由于各种作物的籽粒与秸秆之比相对稳定，所以秸秆产量常通过作物籽粒产量、籽粒与秸秆比例计算。计算公式为

$$Str_i = See_i \times R_{Str/See} \tag{4-7}$$

式中，Str_i为第i种作物秸秆产量；See_i为该种作物收获物产量；$R_{Str/See}$为该种作物秸秆籽

粒比。

（1）方法 1

参考 Yan 等（2014）的研究结果，表 4-5 列出的作物秸秆籽粒比 $R_{Str/See}$ 和秸秆氮含量 f_{Str_i} 可作为缺省值。

表 4-5   我国农田系统不同作物秸秆籽粒比与秸秆氮含量

作物类型	秸秆籽粒比	秸秆氮含量/%
水稻	1.0	0.91
玉米	1.2	0.75
小麦	1.2	0.65
豆类	1.0	2.1
薯类	0.5	2.5
花生	0.8	1.8
油菜	2.5	0.87
芝麻	1.0	0.68
棉花	3.0	1.2
甘蔗	0.3	1.1
甜菜	0.5	0.25
烟叶	1.0	1.4

（2）方法 2

随着时间的变化，施肥水平、田间管理方式和作物品种等的改进和进步，作物秸秆籽粒比与作物秸秆氮含量变化较大，在条件允许和数据充足的条件下，应通过实际采样分析秸秆籽粒比和秸秆氮含量作为估算农田系统秸秆还田氮输入量的依据。

4.4.5.3   活动水平数据

秸秆还田量计算过程中需要两组数据，即用于计算秸秆产量的作物籽粒产量数据和秸秆还田率数据。其中，作物籽粒产量数据可通过各类来源的统计年鉴、公报、实测数据等获取。秸秆还田率则可以通过文献资料和野外调研等手段获取。本指南给出了如下两种不同方法的秸秆还田率结果。

（1）方法 1

不同作物的秸秆还田率不同。按照前人的研究，小麦、水稻和其他类作物的秸秆 40% 以上以各种方式还田用作肥料，而杂粮和花生秸秆作饲料的比例较高；棉花和豆类秸秆多用作燃料。我国不同作物秸秆的还田率（高祥照等，2002）见表 4-6。

表 4-6　我国农田系统不同作物秸秆去向　　　　单位:%

作物	肥料/还田	饲料	燃料	原料	焚烧	弃乱堆置	合计
小麦	40.2	14.3	20.3	8.3	9.0	7.9	100
玉米	32.2	27.1	24.7	1.8	5.4	8.9	100
水稻	41.7	16.2	25.5	5.6	7.8	3.1	100
杂粮	11.5	67.8	10.5	2.8	1.0	6.4	100
油菜	34.1	20.4	26.6	1.0	12.5	5.4	100
棉花	16.0	15.5	56.6	4.4	2.3	5.3	100
花生	26.0	41.5	23.0	1.0	0.7	7.7	100
豆类	16.8	34.4	41.6	1.2	1.9	4.1	100
其他	47.6	27.5	14.6	1.1	3.7	5.5	100
综合	36.6	22.6	23.7	4.4	6.6	6.1	100

注：表中综合指全部秸秆，合计数据保留整数位

（2）方法 2

方法 2 中的秸秆还田率是总秸秆的还田率，并没有对作物种类进行区分。但该方法充分考虑了秸秆还田率的时间变化情况。随着化学氮肥的施用和新耕作技术的推广等，秸秆还田的比率随着时间的推移有所变化，根据 Gu 等（2015）的研究，不同年份秸秆总还田率分别为：1980 年 7%、1990 年 13%、2000 年 22% 和 2010 年 28%。在没有充足与合适的数据时，推荐方法 1 为计算农田系统秸秆还田率的优先方法。

4.4.6　灌溉水

当前我国存在两种灌溉类型的农田系统，一种是雨养型的，无人为灌溉；另一种是人为灌溉型的。由于雨水带入农田系统的氮已经归入到大气氮沉降，所以，对雨养农田系统，无须估算灌溉对农田系统的氮输入，但是，有灌溉的农田系统则必须分析灌溉对农田系统的氮输入。进行灌溉水氮输入分析前，需要判断农田系统是雨养型的还是人为灌溉型的。

4.4.6.1　计算方法

灌溉水带入的氮取决于灌溉水的氮含量及灌溉水用量。不同区域或地区，不同作物灌溉水带入的氮养分量差别很大。可根据实际灌溉用水量与灌溉水中的氮浓度分别计算不同区域灌溉水带入的氮养分量 [式（4-8）]。

$$CLIN_{Irr} = Irr_{vol} \times f_{irr} \times Care \tag{4-8}$$

式中，$CLIN_{Irr}$ 为灌溉水氮输入量；Irr_{vol} 为单位面积农田灌溉水的体积；f_{irr} 为灌溉水中的氮含量；$Care$ 为作物播种面积。

4.4.6.2 单位面积农田灌溉水引入的氮

根据式（4-8），分析灌溉农田系统灌溉输入的氮量，需要获取单位面积农田系统灌溉水量和灌溉水氮含量。但由于实际可获取数据的限制，精确获取灌溉水量和灌溉水氮含量有一定困难。为此，本指南提供两种分析方法。

（1）方法1

不分别分析灌溉水量和灌溉水氮含量，直接给出灌溉水的氮输入量。刘晓利（2005）研究认为，我国北方农田系统灌溉水每年的氮输入量平均为 $4.7 \ \text{kg N hm}^{-2}$，而我国南方农田系统灌溉水每年带入的氮量为 $6.0 \ \text{kg N hm}^{-2}$。按照我国北方和南方耕地面积比例为3：2估算，在全国尺度上，我国农田系统中每年灌溉水的氮输入量为 $5.2 \ \text{kg N hm}^{-2}$。

（2）方法2

以实际观测的单位面积农田灌溉水用量及其氮浓度来计算单位面积农田灌溉水的氮输入量。在有观测条件的基础上，推荐方法2为优先方法。

4.4.6.3 活动水平数据

计算农田系统灌溉水输入的氮，活动数据是作物播种面积，可通过统计资料和野外调研等方式获取，也可通过卫星图像解译等客观数据获取某段时间内的某种作物种植面积。

4.4.7 种子

种子也可以向农田土壤输入一定的养分。由于从农田系统收获种子时，种子带走的氮已经归为农田系统的氮输出，所以，当种子再回到农田系统时，种子带入的氮归于农田系统的氮输入。种子还可能来自于被分析的农田系统外，所以将种子带入的氮归于农田系统氮输入项更为合理。

4.4.7.1 计算方法

各类种子向农田输入的氮，可以根据式（4-9）计算。

$$\text{CLIN}_{\text{See}} = \sum_{i=1}^{n} \text{Care}_i \times \text{See}_{\text{iin}} \times f_{\text{See}_i} \tag{4-9}$$

式中，CLIN_{See} 为种子氮输入量；Care_i 为第 i 种作物播种面积；See_{iin} 为该种作物播种量；f_{See_i} 为该种作物的种子氮含量。

4.4.7.2 播种量与种子氮含量

本指南提供两种获取播种量的方法。方法1可使用《农业经济技术手册》（农业技术经济手册编委会，1983）提供的播种量数据。该手册中我国农田系统不同作物播种量见表4-7。方法2可通过调查、实际测量来获得不同作物的播种量数据。在数据充足条件允许的情况下，方法2作为推荐方法使用。瓜果蔬菜的种子用量可根据实际情况计算。

表 4-7　我国农田系统不同作物播种量　　　　　单位：kg·hm^{-2}

作物类型	水稻	小麦	玉米	其他谷物	大豆	花生	油菜	芝麻	棉花	亚麻	马铃薯	甜菜
播种量	10	225	30	30	67.5	180	1.125	5.25	52.5	202.5	1312.5	41.25

种子氮含量也有两种获取方法。

（1）方法 1

假设种子氮含量随着时间的变化没有发生改变，以文献资料中种子氮含量为缺省值，部分作物籽粒/收获物氮含量见表4-8。对表4-8中未列出的其他作物种子氮含量，可参考由中国疾病预防控制中心营养与食品安全研究所每年更新的《中国食物成分表》，或通过 USDA Food Composition Databases（https：//ndb.nal.usda.gov/ndb/search/list）进行查询。

表 4-8　我国农田系统不同作物籽粒/收获物氮含量　　　　　单位：%

农产品类型	作物籽粒/收获物氮含量
水稻	1.3
玉米	1.5
小麦	2.3
豆类	6.3
薯类	0.26
花生	4.2
油菜	3.9
芝麻	3
棉花	3.9
甘蔗	0.22
甜菜	0.25
烟叶	2.6
茶叶	3.5
苹果	0.03
柑橘	0.11
梨	0.06
葡萄	0.08
香蕉	0.22
柿子	0.01
菠萝	0.22
西瓜	0.16
蔬菜	0.24

（2）方法 2

对分析区内实际使用的作物种子进行氮含量测定，用实际测定的含氮量作为作物种子氮含量计算种子氮输入。凯氏定氮法是测定种子氮含量常用的分析方法，随着分析技术的不断进步，元素分析技术有了长足的进展，采用 C/N/S 元素分析仪也可以快速、精确地测定种子氮含量。本指南推荐方法 2 作为获取种子氮含量的方法。

4.4.7.3 活动水平数据

农田系统种子氮投入量活动数据是不同作物播种面积。播种面积可通过各类来源的统计年鉴、公报和实地调查数据等获取，也可通过卫星图像解译等客观数据获取某段时间内的某种作物种植面积。

4.4.8 污泥

污泥是污水处理后的附属品，是由有机残片、细菌菌体、无机颗粒和胶体等组成的极其复杂的非均质体（陈桂梅等，2010）。因富含有机质、N、P 和 K 等营养元素，在保证污泥重金属及抗生素等有害物质含量不超标的前提下，污泥是非常值得利用的肥源。近年来做堆肥原料已逐渐成为人们处理污泥的主要方式，我国农用污泥约占总污泥量的 45%（彭琦和孙志坚，2008）。

4.4.8.1 计算方法

农田通过污泥输入的氮可通过以下公式计算：

$$CLIN_{Slu} = Amou_{Slu} \times f_{Nslu} \tag{4-10}$$

式中，$CLIN_{Slu}$ 为污泥还田氮输入量；$Amou_{Slu}$ 为输入农田的污泥量；f_{Nslu} 为输入污泥中的氮含量。

4.4.8.2 农田污泥用量与污泥氮含量

我国农田污泥用量具体的比例目前缺乏明确的统计数据，彭琦和孙志坚（2008）指出，我国农用污泥约占总污泥量的 45%。根据郭广慧等（2009）的研究，2006 年我国 96 个城市污泥样品中氮含量为 $8.4 \sim 50.3$ g N kg^{-1}，平均值为 29.6 g N kg^{-1}。不同地区城市污泥中氮含量差别较大，经济欠发达地区城市污泥中氮含量普遍偏低，而经济发达地区城市污泥中氮含量普遍偏高（李艳霞等，2003）。

4.4.8.3 活动水平数据

农田污泥用量可以通过调查研究、实地监测获取，污泥中的氮含量可以通过资料查阅、室内实验获取，其中，凯氏定氮法可应用于污泥氮含量的测定。

4.5 氮 素 输 出

农田系统氮输出包括作物收获、淋溶和径流、氨挥发与脱氮等。本指南中除了进行各个输出项的计算方法选取、系数选取及活动数据的选择外，同时提出了农田系统与其他系统的交互部分，如秸秆燃烧进入大气系统部分的氮分析方法。农田系统氮素输出可通过式（4-11）计算：

$$CL_{OUT} = CLOUT_{Har} + CLOUT_{Lea+Run} + CLOUT_{Amm} + CLOUT_{Rev} + CLOUT_{N_2O} \qquad (4-11)$$

式中，CL_{OUT} 为农田系统氮输出量；$CLOUT_{Har}$ 为作物收获氮输出量；$CLOUT_{Lea+Run}$ 为淋溶和径流氮输出量；$CLOUT_{Amm}$ 为氨挥发氮输出量；$CLOUT_{Rev}$ 为脱氮氮输出量；$CLOUT_{N_2O}$ 为农田 N_2O 排放氮输出量。

4.5.1　作物收获

我国是人口大国，我国的粮食不仅关乎居民日常生活，更对国家可持续发展乃至世界粮食市场的稳定起着至关重要的作用，保障粮食安全始终是我国的一项长期而艰巨的战略任务。农田系统氮输入的根本目的是提高作物产量和改善农产品品质。农田系统作物收获输出的氮量与氮输入总量或肥料氮输入量之比是农田系统氮利用效率的主要指标。实现作物高产与环境协调必须提高作物收获输出的氮占氮输入总量或肥料氮输入量的比值，降低农田系统向环境输出氮的占比。

4.5.1.1　计算方法

作物收获指移出农田系统的全部作物体，包括秸秆（含留高茬还田的部分）和种子。作物收获部分根据其利用价值，可以分为可利用部分和不可利用部分，前者统称为"籽粒"，包括瓜、果、蔬菜等作物可食用部分，棉花和烟草等作为工业原料的部分等。后者统称为"秸秆"。作物收获输出的氮量可通过式（4-12）计算。

$$CLOUT_{Har} = \sum_{i=1}^{n} See_i \times f_{See_i} + Str_i \times f_{Str_i} \qquad (4-12)$$

式中，$CLOUT_{Har}$ 为作物收获氮输出量；See_i 为第 i 种作物籽粒产量；f_{See_i} 为该种作物籽粒氮含量；Str_i 为该种作物秸秆产量；f_{Str_i} 为该种作物秸秆氮含量。

4.5.1.2　作物籽粒、秸秆氮含量与收获量

秸秆部分氮产量参照4.4.5节提供的方法计算。籽粒中的氮含量参考4.4.7节提供的方法计算。

作物籽粒和秸秆产量可通过以下3种方法获取。

（1）方法1

在有实验条件的情况下进行分小区收割全部收获物，统一带回烘干、脱粒和称重，获得平均每平方米收获物重，折合成每公顷产量。

（2）方法2

各地区和国家尺度下的统计年鉴均包括各类作物的产量，可根据产量数据及作物秸秆/籽粒比获取秸秆产量。

（3）方法3

遥感技术凭借其宏观、及时和动态等特点已在农作物产量估算中占据极为重要的地

位，运用遥感信息建模估算作物产量已成为区域作物估产的有效手段。基于遥感信息构建作物产量估测模型的方法多种多样。其他基于过程的生物地球化学模型如 DNDC 模型等具有强大的模拟功能，也被广泛应用于作物产量的估测。

推荐方法 1 作为作物收获量计算的优先方法。

4.5.1.3 作物收获与其他系统的交互

农田系统作物收获与其他系统存在一定的交互，作物收获物是人类系统、宠物系统、水产养殖系统及畜禽养殖系统的重要粮食和饲料来源，也是工业过程和能源系统的重要输入源。作物收获物的去向，可参考 7.4.4.3 节。作物收获物中的秸秆，有相当部分通过田间焚烧直接释放 N_2 和含氮气体 N_2O、NO_x 及 NH_3 等进入大气。指南设定秸秆燃烧排放到大气的氮量可通过式（4-13）计算：

$$CLOUT_{Sbur} = \sum_{i=1}^{n} Str_i \times f(NO_x + N_2O + NH_3 + N_2) \times R_{Str_i} \quad (4-13)$$

式中，$CLOUT_{Sbur}$ 为农田作物秸秆田间焚烧排放的氮量；Str_i 为第 i 种作物秸秆产量；$f(NO_x+N_2O+NH_3+N_2)$ 为该种作物秸秆燃烧排放的氮系数；R_{Str_i} 为该种作物秸秆田间焚烧率。根据 Andreae 和 Merlet（2001）的研究结果，以化合物计，农田秸秆焚烧排放的氮分别为：N_2O 为 0.07 $g \cdot kg^{-1}$，NO_x（以 NO 计）为（2.5±1.0）$g \cdot kg^{-1}$，NH_3 为 1.30 $g \cdot kg^{-1}$，N_2 为 3.1 $g \cdot kg^{-1}$。

农田系统秸秆还可用作畜禽系统饲料，也是工业过程和能源系统的燃料和原料。由于秸秆的经济价值较低，且收获量大，为了便于农田操作，一部分秸秆还被丢弃田边、路旁或水沟等。我国全国尺度的秸秆资源的去向可参考表 4-6，省级尺度的秸秆去向可参考表 4-9。我国不同时期的秸秆去向并不相同，表 4-10 给出了 20 世纪 80 年代、90 年代及 2000 年、2008 年我国秸秆全国尺度的秸秆去向。使用本指南时，可根据实际情况选择相应表中的数据估算秸秆氮的去向。

表 4-9 我国部分省份作物秸秆资源利用方式比例 单位：%

省份	肥料/还田	饲料	燃料	工业原料	焚烧	弃乱堆置	合计
安徽	30.3	31.8	17.5	2.9	14.6	2.9	100
福建	35.5	32.7	4.2	12.0	11.2	4.3	100
甘肃	26.8	42.8	20.4	0.9	1.7	7.4	100
广东	41.4	22.5	21.0	3.8	7.6	3.8	100
贵州	15.0	20.0	20.0	5.0	30.0	10.0	100
海南	38.0	18.0	10.0	4.0	25.0	5.0	100
河北	47.3	14.3	11.3	5.2	8.1	13.9	100
河南	34.6	23.3	22.4	8.4	5.2	6.1	100
黑龙江	35.1	31.8	22.1	3.8	2.9	4.2	100
湖北	38.0	11.8	46.4	2.8	0.0	0.9	100
湖南	71.0	7.7	6.8	0.3	12.2	2.0	100

続表

省份	肥料/还田	饲料	燃料	工业原料	焚烧	弃乱堆置	合计
江苏	31.9	13.2	33.9	5.8	7.2	8.0	100
江西	65.1	17.7	11.8	1.4	2.0	2.0	100
辽宁	31.1	23.3	34.6	5.4	1.4	4.1	100
宁夏	7.0	39.5	27.6	14.8	7.5	3.5	100
山东	23.6	31.0	19.6	6.3	5.8	13.7	100
山西	55.7	28.1	5.9	2.7	3.5	4.2	100
陕西	32.0	22.0	25.4	3.5	6.4	10.7	100
上海	47.8	3.6	29.8	8.0	7.5	3.3	100
四川	14.3	22.8	53.6	2.7	3.1	3.6	100
浙江	23.9	35.5	16.7	5.8	12.0	6.1	100

表 4-10　不同时期我国秸秆资源利用方式比例　　　　　　单位:%

秸秆用途	秸秆各项用途比例			
	20 世纪 80 年代	20 世纪 90 年代	2000 年	2008 年
秸秆还田	0.07	0.13	0.22	0.28
秸秆饲料	0.27	0.25	0.23	0.22
秸秆能源	0.56	0.39	0.31	0.28
工业原料	0.01	0.02	0.04	0.06
秸秆焚烧	0.10	0.21	0.19	0.15

4.5.2　淋溶和径流

　　淋溶和径流是农田系统与水系统氮交换的途径。氮素淋溶损失指土壤和肥料中的氮素随降雨或灌溉水向下迁移至作物根系活动层以下,不能被作物根系吸收导致的农田氮素输出。对土层深厚、地下水位很低的农田系统,淋溶损失的氮不一定进入地下水系统。本指南将向下移出作物根系活动层以下的氮都归为淋溶损失的氮。径流氮素损失则指溶解或悬浮于径流水中的氮,随径流移出农田系统。对一些分布于坡地且有不透水基岩的土壤,如紫色土,径流不仅发生在土壤表面,而且也发生在土壤内部,称为壤中流。常见的淋溶和径流通常发生在降雨或灌溉之后。淋溶是水分的垂直迁移,水分所携带的氮素最终进入地下水系统;径流则是水分的水平迁移,水分所携带的氮素进入地表水系统。因此,淋溶和径流损失需要分开计算。农田系统的氮素淋溶和径流损失是地表水和地下水系统的重要输入源之一。

4.5.2.1　计算方法

　　农田系统的氮素淋溶和径流通常用淋溶和径流系数与化学氮肥用量来计算:

$$CLOUT_{Lea+Run} = CLIN_{Fer} \times f_{Lea+Run} \qquad (4-14)$$

式中，$CLOUT_{Lea+Run}$ 为淋溶和径流氮输出量；$CLIN_{Fer}$ 为化学氮肥用量；$f_{Lea+Run}$ 为农田系统氮肥淋溶和径流系数。

4.5.2.2　淋溶和径流系数

农田氮素的淋溶和径流系数受土壤基本性质，特别是质地和坚实度的影响，此外，还受地形、植被、降雨、施肥和灌溉等的影响，变异较大，确定农田系统氮素淋溶和径流系数有以下两种方法。

（1）方法 1

以文献数据为缺省值。通过搜索相关文献，筛选、整理得到农田系统土壤中氮素淋溶和径流系数，见表 4-11 和表 4-12。

表 4-11　我国农田系统土壤中氮素淋溶系数

淋失值	土地利用方式	均值	标准误差	95% 置信区间	
				下限	上限
NO_3^--N 淋失量/(kg·hm^{-2})	农田	8.96	0.79	7.41	10.51
NO_3^--N 淋失率/%		4.36	0.38	3.61	5.11
NO_3^--N 表观淋失率/%	水田	2.03	0.46	1.10	2.96
	旱地	3.99	0.57	2.84	5.13
TN 淋失量/(kg·hm^{-2})	水田	7.29	0.84	5.62	8.96
	旱地	16.00	1.75	12.51	19.50
TN 淋失率/%	水田	3.39	0.38	2.63	4.15
	旱地	9.97	1.17	7.63	12.32
TN 表观淋失率/%	水田	2.19	0.31	1.56	2.82
	旱地	4.35	0.65	2.88	5.82

表 4-12　我国农田系统土壤中氮素径流系数

损失值	土地利用方式	均值	标准误差	95% 置信区间	
				下限	上限
NH_4^+-N 径流损失量/(kg·hm^{-2})	水田	6.90	1.49	3.92	9.89
	旱地	0.57	0.09	0.38	0.75
NO_3^--N 径流损失量/(kg·hm^{-2})		3.28	0.62	2.04	4.51
NO_3^--N 径流损失率/%		1.33	0.34	0.66	2.01
NH_4^+-N 径流损失率/%	农田	0.38	0.10	0.18	0.59
TN 径流损失量/(kg·hm^{-2})		15.53	1.70	12.18	18.88
TN 径流损失率/%		5.15	0.43	4.30	6.00
TN 表观径流损失率/%		3.19	0.56	2.02	4.37

《第一次全国污染源普查——农业污染源肥料流失系数手册》提供了更为详细的氮肥流失系数，分析者也可利用该手册提供的氮肥流失系数估算农田系统氮淋溶和径流损失量。我国第一次全国污染源普查时，以我国农业种植区划和优势农产品区划为依据，在主要农作物种植区域选择典型种植制度和具有代表性地形地貌的农田，实地监测，获取了涵盖我国主要种植区域、种植方式、耕作方式、农田类型、土壤类型、地形地貌和主要作物的农田肥料流失系数，构建了农田肥料流失负荷测算方法。根据肥料流失的监测类型可在查询目录里找到当地所归属的地域分区和对应氮肥流失系数。

（2）方法2

直接测定。设置野外观测试验，通过对径流和渗漏水量及其氮含量的测定，获取当地农田淋溶和径流损失的总氮、硝态氮及铵态氮等，结合氮肥用量计算农田系统氮素淋溶和径流系数。农田系统淋溶和径流损失的测定方法并不复杂，但耗时，操作不当时，误差较大，淋溶水采集和量化在技术上更难掌握。如果采用直接测定方法获取农田系统氮素淋溶和径流系数，需选择代表性的农田、地形、种植制度和肥料用量等。

4.5.2.3　活动水平数据

农田类型、种植模式、土壤类型和氮肥用量等是涉及农田系统氮素淋溶和径流损失的活动数据。其中，农田类型可通过野外调研、包括统计年鉴在内的公开发表的文献资料数据和遥感解译等手段获取。氮肥用量可参考氮输入项活动数据。

4.5.3　氨挥发

氨（NH_3）作为大气中唯一的碱性气体，在雾霾形成中起着关键性作用。从源头上控制 NH_3 排放，对控制雾霾污染、提高空气质量尤为重要。农田系统 NH_3 挥发是大气 NH_3 的重要来源，也是氮肥向邻近系统扩散的主要途径之一。

4.5.3.1　计算方法

农田系统氨挥发可通过以下公式计算：

$$CLOUT_{Amm} = （CLIN_{Fer}+CLIN_{Dep}）\times f_{Fam}+CLIN_{Man}\times f_{Mam}+ Care\times f_{Bam}+Car_{Leg}\times f_{Lam}+Str_{Ber}\times f_{Sam}$$

$$(4-15)$$

式中，$CLOUT_{Amm}$ 为氨挥发氮输出量；$CLIN_{Fer}$、$CLIN_{Dep}$、$CLIN_{Man}$、$Care$、Car_{Leg}、Str_{Ber} 为农田系统氮肥、大气氮沉降、有机肥、作物播种面积、固氮作物播种面积及秸秆燃烧；f_{Fam} 为农田系统化学氮肥氨挥发系数；f_{Mam} 为农田系统有机肥氮输入氨挥发系数；f_{Bam} 为土壤背景氨挥发系数；f_{Lam} 为农田系统固氮作物种植而引起的氨挥发系数；f_{Sam} 为农田系统秸秆焚烧氨挥发系数。

4.5.3.2　氨挥发系数

农田系统氨挥发是一个受土壤性质、气象因素和农业管理措施等多重因素影响的过程，而且这些因素之间通常还存在着相互影响。在土壤性质中，土壤 pH、铵态氮硝化能力是关键因素；在气象因素中，温度和风速是最主要的因素；在农业管理措施中，氮肥品种、氮肥施入的深度和时间都是重要的因素。目前获取农田氨挥发系数可参考以下方法。

（1）方法 1

区域尺度上，根据 Gu 等（2015）的研究，我国北方、南方旱地化学氮肥的氨挥发系数分别为化学氮肥总量的 21.3% 和 11.0%；水田化学氮肥的氨挥发系数为化学氮肥总量的 16.0%，而农田有机肥氨挥发系数为有机肥总量的 23.0%。他们对大气氮沉降的氨挥发系数取与化学氮肥相同的挥发系数。

根据 Yan 等（2003）对东亚、南亚区域的农田氨挥发评估，化学氮肥氨挥发约占化学氮肥输入总量的 17%；有机肥氨挥发中家禽、猪、牛的氨挥发系数为有机肥施用的 20%，其他畜禽粪便有机肥氨挥发系数为其施用总量的 10%；土壤背景值为 1.5kg N hm^{-2}·a^{-1}；豆科作物固氮产生的氨挥发系数为固氮量的 1%。分析者可根据所处的区域、作物和肥料类型等选择相应的氨挥发系数。

（2）方法 2

农田氨挥发系数可以通过直接法和间接法获取。直接法是基于某一特定理论，结合氨气采集、测定技术直接测定氨挥发速率。目前常用的直接测定方法大致可分为两类，即箱式法和微气象法。箱式法包括静态箱法和动态箱法。静态箱法完全依赖于氨浓度梯度驱动的扩散作用，动态箱法则保持箱内气体一定的流速，驱动氨扩散。由于氨挥发速率随风速的增大而增大，静态箱法测定的氨挥发系数一般低于动态箱法测定的结果。测定农田氨挥发的间接法主要指土壤平衡法，该方法基于质量守恒原理，由施肥量与作物吸收量、土壤残留量、淋失量的差值估算氨挥发，忽略脱氮损失。因此，间接法只适用于以气态损失氨挥发为主，脱氮损失可忽略不计的农田系统，由于需要测定的项目多、耗时长，氨挥发损失测定的误差较大。

4.5.3.3 活动水平数据

涉及农田系统氨挥发计算的活动数据包括化学氮肥施用量、大气氮沉降通量，可参考 4.4.1.3 节和 4.4.2.3 节；畜禽养殖量、畜禽粪便有机肥氮施用量，可参考 4.4.4.3 节；固氮作物种植面积、固氮作物固氮量，可参考 4.4.3.3 节；以及耕地面积等，可参考 4.4.2.3 节。

4.5.4 脱氮

农田脱氮过程是活性氮转化为惰性氮的最主要自然途径，因而是氮循环的关键环节之一。其中，脱氮过程是在厌氧环境下由异养微生物参与发生的反应，因此，速率受 O$_2$ 浓度、有机质、NO$_3^-$ 浓度和温度等因素的影响。在旱地土壤中，O$_2$ 浓度往往是抑制脱氮过程的主要因素，而在淹水的稻田系统中，NO$_3^-$ 的供应速率是关键因素。脱氮过程排放的含氮气体是大气氮的输入之一。

4.5.4.1 计算方法

农田系统的脱氮可以通过以下公式计算：

$$\mathrm{CLOUT_{Rev}} = \sum_{i=1}^{n} \mathrm{CLIN_{Fer}} \times f_{\mathrm{Rev}} + \mathrm{CLIN_{Man}} \times m_{\mathrm{Rev}} \tag{4-16}$$

式中，$\mathrm{CLOUT_{Rev}}$ 为脱氮氮输出量；$\mathrm{CLIN_{Fer}}$ 为化学氮肥施用量；f_{Rev} 为化学氮肥脱氮比例（%）；$\mathrm{CLIN_{Man}}$ 为有机肥施用量；m_{Rev} 为有机肥脱氮比例（%）。

4.5.4.2　脱氮比例

因为脱氮的主要产物 N_2 在大气中的背景值很高，因此，很难直接测定。针对农田系统脱氮速率，本指南提供以下两种计算方法。

（1）方法 1

缺省值法。区域尺度上，根据 Gu 等（2015）的研究，北方和南方的旱地化学氮肥的脱氮量分别占总化学氮肥施用量的 3.2% 和 25.3%，而北方和南方的水田化学氮肥的脱氮量分别占总化学氮肥施用量的 33.0% 和 36.4%。有机肥脱氮量则占有机肥施用量的 15%。

（2）方法 2

直接测定法。目前脱氮损失的测定方法研究已经取得了很大进展，但是，田间原位的直接测定仍然存在很大的困难。这些方法主要有 ^{15}N 示踪法、乙炔抑制法、平衡气室法和质量平衡法等。乙炔抑制法利用乙炔对微生物还原 N_2O 为 N_2 过程的抑制作用，通过测定 N_2O 的产生量计算脱氮率。这一方法简单便捷，成本低，可以进行大批量样品测定，适用于旱地，但是，测定精度较低。质量平衡法包括农田系统氮总量平衡法和 ^{15}N 标记平衡法。前者一般应用在大尺度的农田系统，将氮肥施用量中不能被作物吸收、氨挥发、淋溶和径流损失等回收的部分归为脱氮损失，假设农田土壤氮含量保持不变。^{15}N 标记平衡法则在田块尺度，采用质量平衡法估算脱氮损失。该方法将标记 ^{15}N 不能被作物吸收、氨挥发、淋溶和径流及土壤残留回收的部分归为脱氮损失。膜进样质谱法可直接测定土柱的脱氮速率。分析者可根据实验室的实际条件，选择适合于实验室条件的测定方法。上述方法的详细操作步骤及其条件，可参阅有关文献。

4.5.4.3　活动水平数据

氮肥施用量、农田面积和播种面积是涉及农田系统脱氮的活动数据，可参考 4.4.1.3 节、4.4.2.3 节和 4.4.3.3 节。

4.5.5　N_2O 排放

N_2O 是农田土壤的脱氮过程产生的重要气体，也是重要的温室气体。农田系统是大气 N_2O 最重要的人为排放源。关于农田 N_2O 排放量的估算，《省级温室气体清单编制指南（试行）》中已有详细的说明，本节只作简略介绍。

4.5.5.1　计算方法

农田系统的 N_2O 排放可以通过以下公式计算：

$$\mathrm{CLOUT_{N_2O}} = \mathrm{CLIN_{Fer}} \times f_{\mathrm{N_2O}} + \mathrm{CLIN_{Man}} \times m_{\mathrm{N_2O}} \tag{4-17}$$

式中，$CLOUT_{N_2O}$为农田 N_2O 排放氮输出量；$CLIN_{Fer}$为化学氮肥施用量；f_{N_2O}为化学氮肥 N_2O 排放比例（%）；$CLIN_{Man}$为有机肥施用量；m_{N_2O}是农田有机肥 N_2O 排放比例（%）。

4.5.5.2 N₂O排放比例

本指南提供以下两种计算农田系统 N_2O 排放比例的方法。

（1）方法1

缺省值法。区域尺度上，根据 Gu 等（2015）的研究，旱地和水田化学氮肥的 N_2O 排放量分别占总化学氮肥施用量的 1.1% 和 0.4%，有机肥 N_2O 排放量占有机肥施用量的 1.0%。

（2）方法2

直接测定法。农田系统脱氮过程产生的 N_2O 可以直接测定，直接测定法过去多采用箱式法。箱体通常由两部分组成，即上部箱体为透明的圆柱体有机玻璃箱，箱体顶部设一个气密性气体取样口，下部开口可以罩在底座，测定前将底座插入水/土中测定时，水封槽内注满水，然后将气密室密封罩罩上，形成一个密闭性气体空间，然后从箱体顶端取样。

4.5.5.3 活动水平数据

有机和无机氮肥施用量、农田面积和播种面积等涉及农田系统氮素 N_2O 排放的活动数据，具体可参考 4.4.2.3 节和 4.4.3.3 节。

4.6 土 壤 储 存

土壤氮库的容量很大，由于其具有较大的空间变异性，采样代表性不足带来的分析误差较大。以年为时间尺度，施用氮肥引起的土壤全氮含量变化量往往小于分析误差，因此，施肥引起的土壤氮储存量很难直接测定。目前短时间尺度的土壤氮储存估算通常采用差减法，即所有的氮素投入项与可估算的输出项，包括作物收获、淋溶和径流及氨挥发等的差值。显然，这一方法累积了所有可测定项的误差，不确定性很大。扩大时间尺度是降低土壤氮储存估算不确定性的有效途径。根据 Ti 等（2012）的研究，在较大时间尺度上，农田系统土壤氮储存量变化可以通过碳储量的变化进行粗略的估算。Piao 等（2009）的研究显示，20 世纪 80~90 年代我国陆地生态系统碳的存储量每年增加 75 Tg C，而 80 年代到 2007 年我国农田土壤碳氮比并没有明显的变化（Yan et al.，2011）。假设土壤中的 C/N 为 10，可以粗略地估算 1980~2007 年我国农田系统的土壤氮储存量每年增加 7.5 Tg N。

4.7 质量控制与保证

4.7.1 农田系统氮输入和输出的不确定性

农田系统氮输入包括化学氮肥、大气氮沉降、生物固氮、人畜排泄物还田、秸秆还田、灌溉水的氮输入及种子和污泥的氮输入。农田系统氮输出包括作物收获、淋溶和径流、氨挥发与脱氮。输入与输出之间的差值即为土壤储存。由于数据来源的影响及一些参数难以获取，或者获取的数据缺乏代表性及随机取样存在的误差，农田系统氮素流动分析中存在一定的不确定性。另外，在氮素流动分析过程中，如漏算或重复计算、概念误差或不完全理解等均可能会引起估算的不准确性。不确定性估算是完整的农田系统氮素流动分析的基本要素之一。因此，本指南逐个分析该系统氮素流动的不确定性来源及不确定性范围的设定标准或方法，具体如下：

1）化学氮肥。化学氮肥输入的不确定性包括化学氮肥氮含量及化学氮肥施用量两方面的不确定性。化学氮肥包含复合肥、复混肥。尽管本指南给出表 4-1 所示的不同氮肥氮含量，但事实上我国不同厂家不同品牌的复合肥/复混肥氮含量有一定的差别。因此，复合肥/复混肥氮含量系数的选取，存在一定的不确定性。根据《复混肥料（复合肥料）》（GB/T 15063—2009），我国复合肥中 $N+P_2O_5+K_2O$ 的质量分数在 25% ~ 40%。在国家及省市尺度下可通过相关统计年鉴获取化学氮肥施用量，而小尺度下的农田氮素流动在考虑化学氮肥施用量时，可通过野外调研或者文献资料查阅获取，这些数据在获取的过程当中，因调查时间和调查对象等不同，会存在极大的不确定性。

2）大气氮沉降。大气氮沉降的不确定性分析主要取决于沉降通量和农田面积，其中，沉降通量的不确定性分析详见 18.7 节。而农田面积多通过统计年鉴、实地调研和遥感解译等手段获取。对遥感解译和实地调研数据，本指南中认为可取±5% 作为其不确定性范围。

3）生物固氮。由于生物固氮体系、固氮微生物类型不同，农田系统不同作物的固氮系数存在很大的变异，如不同豆类作物的固氮量有很大的变幅（表 4-13）。本指南中采用农田系统某种作物生物固氮率的平均值计算该作物的生物固氮量，因此，在计算农田生物固氮输入时存在一定的不确定性。

表 4-13　农田系统豆类作物固氮量　　　　　　单位：$kg\ N\ hm^{-2}$

作物类型	Smil（1999）			Herridge 等（2008）
	最小值	平均值	最大值	
鹰嘴豆	40	50	60	58
豌豆	30	40	50	86
扁豆	30	40	50	51
蚕豆	80	100	120	107
花生	60	80	100	88
黄豆	60	80	100	176
其他	40	60	80	41

4）人畜排泄物还田。人畜排泄物还田量中最大的不确定性在于排泄物的还田比率及排泄物中的氮含量。根据 Gu 等（2015）、Cui 等（2013）和 Ti 等（2012）的研究，本指南中给出了不同的参考系数，但随着城镇化的不断发展、科技水平及环境保护意识的提高，人畜排泄物的处理率和还田率也将发生变化。不同饲养畜禽粪尿排泄氮输出量的算法

是通过某些畜禽年出栏或存栏数量及其饲养周期内的粪尿排泄量计算，具体的不确定性分析可参考 7.6.1 节。

5）秸秆还田。秸秆还田估算的不确定性主要在于秸秆还田量和秸秆中氮含量，而根据 Gu 等（2015）的研究，不同年代秸秆还田率差别很大，同样，受施肥水平、田间管理方式和作物品种等改进和进步的影响，作物秸秆籽粒比与作物秸秆氮含量变化较大。

6）作物收获。作物收获包括收获物和秸秆两部分。其中，秸秆去向存在极大的不确定性，尽管本指南中参考高祥照等（2002）的研究给出了我国不同作物秸秆的氮去向，但由表 4-9 和表 4-10 可知，不同地区、不同时期我国农田秸秆去向差别较大，如采用固定比率计算农田系统秸秆去向，会存在较大的误差。另外，秸秆氮含量通过秸秆籽粒比及秸秆氮含量计算，尽管秸秆籽粒比相对固定，但不同农田管理、不同作物品种对秸秆氮含量有一定的影响，因此，也存在一定的不确定性。同样，作物收获量主要通过相关统计资料获取，收获物的去向、收获物中的氮含量也存在一定的不确定性。由于作物收获与其他如畜禽养殖系统、人类系统、宠物系统、水产养殖系统和以农产品原料输出作为输入的工业过程和能源系统紧密相关，各部分计算过程中存在的不确定性也会直接影响其他系统氮素流动的评估。

7）灌溉水。灌溉水氮输入基于灌溉水量、灌溉水中的氮浓度计算。如果通过实验观测，灌溉水输入到农田系统的氮相对较为容易评估，存在的不确定性范围则较小。

8）污泥。污泥输入农田系统的氮通过污泥用量及污泥氮含量计算。而目前我国关于污泥还田量、污泥氮含量的研究相对缺乏，尽管本指南参考郭广慧等（2009）、李艳霞等（2003）的研究给出了我国污泥氮含量的数值，但不同城市、不同时期、不同污水处理水平，都可能影响污泥氮含量。因此，污泥氮素输入作为新的农田氮输入源，在用量和氮含量方面都存在极大的不确定性，需引起重视。

9）淋溶和径流。结合前人研究，本指南在国家尺度下汇总了我国水田、旱地的氮素淋溶和径流系数，因此，在特定区域内应用不确定性较大。尽管淋溶和径流系数可以通过实验监测获取，但受土壤性质、气象、施肥量和土地利用方式等因素的影响，农田系统氮素的淋溶和径流输出测定结果存在一定的误差。

10）脱氮过程。本指南仅给出国家尺度数据。脱氮是农田系统脱氮的重要途径之一，然而，脱氮率的测定一直是一个世界性的难题。这是因为脱氮的主要产物 N_2 在大气中的背景值很高（78%），在高背景环境中直接测定 N_2，需要方法的精度至少达到 0.1%，而一般的方法很难达到此要求（Jenssen et al.，2002）。Galloway 等（2004）指出，脱氮是氮素循环评估中不确定性最大的环节。本指南仅根据南方和北方地域差别对水田和旱地进行了划分，存在极大的不确定性。

11）氨挥发。氨挥发引起的农田系统氮输出是通过化学氮肥投入、大气氮沉降、人畜排泄物还田、农田背景值及其氨挥发系数计算。其中，农田系统氮素的投入、播种面积及氨挥发系数的不确定性是直接导致氨挥发计算中存在一定的不确定性范围的因素。氮素投入的不确定性可参考以上相关不确定性分析。而在国家及省级尺度下，作物种植面积、豆科作物种植面积大多通过相关统计资料获取；资料缺乏的地区，该部分的计算则多通过野外调查、参考文献获取，这些过程都使获取的数据存在一定的不确定性。本指南结合参考文献列出了我国水田、旱地的化学氮肥氨挥发系数及农田土壤氨挥发背景值，然而，农田氨挥发受土壤性质、农业管理措施等多重因素的影响，而且这些因素之间通常还存在着相互影响。由于这些因素在空间和时间上存在很大的变异，所以，氨挥发系数存在很大的不确定性。

12）N_2O 排放。类似于脱氮过程，本指南仅在国家尺度上提供了农田系统 N_2O 排放数据。而实际上，受硝态氮浓度、水温、pH、溶解氧及有机碳等的影响，农田系统 N_2O 排放量差别较大，本指南仅按照化学氮肥和有机肥用量及其固定比例进行计算，存在极大的不确定性。

4.7.2　减少不确定性的途径

不确定性分析显示，农田系统氮输入和输出的不确定性主要以下方式存在：①部分参数缺乏，如大气干沉降和脱氮速率等，仅采用固定系数；②活动参数，如人畜排泄物去向和秸秆去向等数据相对陈旧；③国家尺度的参数应用到区域或地方可能会存在差异。

针对以上问题，一方面，随着经济、技术的发展及信息资料的完备，有条件的地区或部门在进行农田系统氮素流动分析时，应尽可能多地采用野外试验的方法，或者选取本指南中较适合本地情况的参数。也可根据本指南推荐的方法进行参数的获取和基础资料的收集。另一方面，根据地区的实际情况，本指南中的模型也可做适当调整以达到地区农田氮素流动分析更优化、更合理、更完整的目的。

对不确定性进行量化，也是减少不确定性的途径之一。在识别与农田氮素流动分析有关的不确定性原因后，编制者应该收集适当的信息，以制定95%置信区间进行不确定性估算。在理想情况下，不确定性范围均能从特定类别的测量数据中推导出来。量化不确定性的方法很多，其中，简单的误差传播公式可以用来估算整个分析过程中产生的不确定性。

参 考 文 献

陈桂梅，刘善江，张定媛，等 . 2010. 污泥堆肥的应用及其在农业中的发展趋势 . 中国农学通报，26（24）：301-306.

方玉东，封志明，胡业翠，等 . 2007. 基于 GIS 技术的中国农田氮素养分收支平衡研究 . 农业工程学报，23（7）：35-42.

高祥照，马文奇，马常宝，等 . 2002. 中国作物秸秆资源利用现状分析 . 华中农业大学学报，21（3）：242-247.

郭广慧，杨军，陈同斌，等 . 2009. 中国城市污泥的有机质和养分含量及其变化趋势 . 中国给水排水，25（13）：119-121.

李艳霞，陈同斌，罗维，等 . 2003. 中国城市污泥有机质及养分含量与土地利用 . 生态学报，23（11）：2464-2474.

刘更令 . 1991. 中国有机肥料 . 北京：中国农业出版社 .

刘晓利，许俊香，王方浩，等 . 2006. 畜牧系统中氮素平衡计算参数的探讨 . 应用生态学报，17（3）：417-423.

刘晓利 . 2005. 我国"农田-畜牧-营养-环境"体系氮素养分循环与平衡 . 保定：河北农业大学 .

《农业技术经济手册》编委会. 1983. 农业经济技术手册. 北京：中国农业出版社.

彭琦，孙志坚. 2008. 国内污泥处理与综合利用现状及发展. 能源工程，（5）：47-50.

沈其荣. 2001. 土壤肥料学通论. 北京：高等教育出版社.

王激清，马文奇，江荣风，等. 2007. 中国农田生态系统氮素平衡模型的建立及其应用. 农业工程学报，23（8）：210-215.

王敬国，林杉，李保国. 2016. 氮循环与中国农业氮管理. 中国农业科学，49（3）：503-517.

中国农业科学院农业环境与可持续发展研究所，环境保护部南京环境科学研究所. 2009. 第一次全国污染源普查畜禽养殖业源产排污系数手册. 农业部科技教育司，第一次全国污染源普查领导小组办公室.

朱兆良，文启孝. 1992. 中国土壤氮素. 南京：江苏科学技术出版社.

Andreae M O, Merlet P. 2001. Emission of trace gases and aerosols from biomass burning. Global Biogeochemical Cycles, 15（4）：955-966.

Burns R C, Hardy R W F. 1975. Nitrogen fixation in bacteria and higher plants. New York：Springer.

Cassman K G, Dobermann A, Walters D T. 2002. Agroecosystems, nitrogen-use efficiency, and nitrogen management. Ambio, 31（2）：132-140.

Chapin F S I, Matson P A I, Mooney H A. 2002. Principles of terrestrial ecosystem ecology. New York：Springer.

Cui S H, Shi Y L, Groffman P M, et al. 2013. Centennial-scale analysis of the creation and fate of reactive nitrogen in China（1910-2010）. Proceedings of the National Academy of Sciences of the United States of America, 110（6）：2052-2057.

Erisman J W, Galloway J N, Seitzinger S, et al. 2013. Consequences of human modification of the global nitrogen cycle. Philosophical Transactions：Biological Sciences, 368（1621）：1-9.

Fowler D, Coyle M, Skiba U, et al. 2013. The global nitrogen cycle in the twenty-first century. Philosophical Transactions of the Royal Society of London. Series B, Biological Sciences, 368（1621）：20130164.

Galloway J N, Dentener F J, Capone D G, et al. 2004. Nitrogen cycles：Past, present, and future. Biogeochemistry, 70（2）：153-226.

Groffman P M, Altabet M A, Bohlke J K, et al. 2006. Methods for measuring denitrification：Diverse approaches to a difficult problem. Ecological Applications, 16（6）：2091-2122.

Gu B, Ju X, Chang J, et al. 2015. Integrated reactive nitrogen budgets and future trends in China. Proceedings of the National Academy of Sciences of the United States of America, 112（28）：8792-8797.

Guo J H, Liu X J, Zhang Y, et al. 2010. Significant acidification in major Chinese croplands. Science, 327（5968）：1008-1010.

Herridge D F, Peoples M B, Boddey R M. 2008. Global inputs of biological nitrogen fixation in agricultural systems. Plant and Soil, 311（1-2）：1-18.

Jenssen M, Butterbach-Bahl K, Hofmann G, et al. 2002. Exchange of trace gases between soils and the atmosphere in Scots pine forest ecosystems of the northeastern German lowlands 1. Fluxes of N_2O, NO/NO_2 and CH_4 at forest sites with different N-deposition. Forest Ecology and Management, 167（1/3）：135-147.

Ju X T, Xing G X, Chen X P, et al. 2009. Reducing environmental risk by improving N management in intensive Chinese agricultural systems. Proceedings of the National Academy of Sciences of the United States of America, 106（9）：3041-3046.

Liu X, Zhang Y, Han W, et al. 2013. Enhanced nitrogen deposition over China. Nature, 494（7438）：459-462.

Piao S, Fang J, Ciais P, et al. 2009. The carbon balance of terrestrial ecosystems in China. Nature,

458 (7241): 1009-1013.

Reay D S, Davidson E A, Smith K A, et al. 2012. Global agriculture and nitrous oxide emissions. Nature Climate Change, 2 (6): 410-416.

Smil V. 1999. Nitrogen in crop production: An account of global flows. Global Biogeochemical Cycles, 13 (2): 647-662.

Ti C P, Pan J J, Xia Y Q, et al. 2012. A nitrogen budget of mainland China with spatial and temporalvariation. Biogeochemistry, 108 (1/3): 381-394.

Xing G X, Yan X Y. 1999. Direct nitrous oxide emissions from agricultural fields in China estimated by the revised 1996 IPPC guidelines for national greenhouse gases. Environmental Science and Policy, 2 (3): 355-361.

Xing G X, Zhu Z L. 2002. Regional nitrogen budgets for China and its major watersheds. Biogeochemistry, 57 (1): 405-427.

Yan W J, Zhang S, Sun P, et al. 2003. How do nitrogen inputs to the Changjiang basin impact the Changjiang River nitrate: A temporal analysis for 1968-1997. Global Biogeochemical Cycles, 17 (4): 1091-1099.

Yan X Y, Akimoto H, Ohara T. 2003. Estimation of nitrous oxide, nitric oxide and ammonia emissions from croplands in East, Southeast and South Asia. Global Change Biology, 9 (7): 1080-1096.

Yan X Y, Cai Z C, Wang S W, et al. 2011. Direct measurement of soil organic carbon content change in the croplands of China. Global Change Biology, 17 (3): 1487-1496.

Yan X Y, Ti C P, Vitousek P, et al. 2014. Fertilizer nitrogen recovery efficiencies in crop production systems of China with and without consideration of the residual effect of nitrogen. Environmental Research Letters, 9 (9): 095002.

第 5 章 草 地 系 统

5.1 导　言

　　草地系统是地球上广泛分布的陆地生态系统类型之一,约占陆地总面积的30%。不仅具有防风固沙、保持水土和涵养水源等生态功能,而且是食品安全的重要组成部分,是畜牧业发展的重要基础资源。由于其广大的分布面积,草地系统还对平衡全球温室气体浓度具有重要意义(White et al.,2000)。在草地系统中,氮素是生产力的重要限制因子。氮素循环是草地系统的重要物质循环之一,对其物质循环、能量流动及结构与功能的正常发挥都有重要的影响(Russelle,1992;Su et al.,2005;He et al.,2008)。深入理解氮素在草地系统中的流动,对认识人类活动的生态与环境效应、人类主导下的系统氮循环机制及维持草地系统的正常功能极为重要。

　　我国草地资源丰富,类型多样,主要分布在东北平原、内蒙古高原、黄土高原、青藏高原及新疆山地,是全球草地系统的重要组成部分。我国草地系统总面积达 4 亿 hm^2,占世界草地面积的13%,占全国国土面积的41.7%,大约是耕地面积的3.2倍,是我国陆地面积最大的生态系统类型(中华人民共和国农业部畜牧兽医司和全国畜牧兽医总站,1996;赵同谦等,2004)。作为草地的重要组成部分,人工草地是通过补播、施肥和排灌等措施维持的草地。人工草地可以直接放牧,也可以用于生产青饲、青贮、半干贮或干草储备草料等。近年来我国人工草地发展很快,统计资料表明,过去的 20 年间,我国人工草地面积增加了两倍以上,2013 年我国人工草地面积约为 2.09×10^7 hm^2(方精云等,2016;沈海花等,2016)。人工草地对减缓天然草地退化趋势、增加畜牧业产量均有重要的意义。然而,有研究指出,近年来由于人口与资源矛盾的加剧,草地系统正遭受着越来越严重的人为活动的影响,如过度放牧、草地开垦为农田和火烧等。人类活动的强烈影响导致原本较为封闭的草地氮循环过程逐渐开放,这些干扰行为对草地氮的内外循环过程等均产生了重要的影响(闫钟清等,2016)。

　　我国对草地系统氮素流动的研究工作相当薄弱,大部分的工作集中在草地-植被-土壤之间的氮平衡,以及牧草和畜禽之间的氮循环过程(于俊平等,2000;李玉中等,2003;周静等,2008)。而且这些研究多集中于特定类型草地,或者特定的地区。另外,这些工作仅涉及草地系统氮素流动的某个环节,对草地系统整个氮的输入输出过程缺少全面的分析。因此,研究我国草地系统在全球氮循环过程、相关环境和气候变化中的作用及在人类主导下的初级食物氮供应功能迫在眉睫。编制草地系统氮素流动通量清单可为认识我国草地系统氮循环现状、生态环境效应,揭示存在的问题提供基础资料。

5.2　系　统　描　述

本指南将以放牧或收割牧草用于饲养畜禽为目的的永久性草地均归为草地系统，包括天然草地和人工草地。草地系统与其他系统的交互作用体现在：①工业过程和能源系统、畜禽养殖系统、人类系统、宠物系统输出的化学氮肥、粪便，是草地系统的氮素输入来源；而草地系统生产的牧草，又是畜禽系统、宠物系统饲料的主要输入源，同时，草地系统生产的牧草，也是工业过程和能源系统的氮输入源。②大气系统沉降到草地系统的氮是草地系统氮的来源，而草地系统通过氨挥发、脱氮、生物质燃烧排放到大气的氮，是大气系统的氮输入源。③草地系统通过氮素的淋溶和径流输出到地表水和地下水系统，而地表水和地下水系统又通过灌溉的形式进入草地系统。

5.3　草地系统氮素流动模型

草地系统氮素流动模型基于氮素输入和输出，其中，氮素输入包括大气氮沉降、化学氮肥、畜禽粪便、灌溉水、种子和生物固氮；氮素输出包括脱氮和牧草等六大去向（图 5-1）。我国国土辽阔，各地自然条件差异极大，草地类型也各不相同，自然产草量也各有异同，在确定草地系统氮素流动模型时，应紧密结合所在地域的具体情况，根据当地氮素输入输出和活动数据特征，在本指南的基础上做因地制宜的修改。另外，随着经济、技术的发展与信息资料的完备，应根据实际情况不断完善和更新本模型。例如，我国的绝大部分天然草地系统既不施用化学氮肥，也不灌溉和播撒种子，因此，不需要考虑这几项氮素输入项。

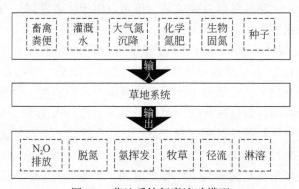

图 5-1　草地系统氮素流动模型

5.4　氮　素　输　入

根据草地系统氮素流动模型，草地系统氮输入包括畜禽粪便、化学氮肥、大气氮沉降、灌溉水、种子和生物固氮。本节详细描述各个输入项的计算方法、系数选取及活动数据的选择。草地系统氮输入可由以下公式计算：

$$GLIN_{IN} = GLIN_{Fer} + GLIN_{Dep} + GLIN_{Fix} + GLIN_{Man} + GLIN_{Irr} + CLIN_{See} \tag{5-1}$$

式中，$GLIN_{IN}$ 为草地系统氮输入总量；$GLIN_{Fer}$ 为草地系统化学氮肥输入量；$GLIN_{Dep}$ 为草地系统大气氮沉降量；$GLIN_{Fix}$ 为草地系统生物固氮量；$GLIN_{Man}$ 为草地系统畜禽粪便氮输入量；$GLIN_{Irr}$ 为草地系统灌溉水氮输入量；$CLIN_{See}$ 为草地系统种子氮输入量。

5.4.1　化学氮肥

草地系统化学氮肥输入量指以氮肥形式施用于草地系统的氮量。我国的温带干旱和半干旱地区广阔的天然草地一般不施用化学氮肥，此项氮输入可不考虑。所以，在进行化学氮肥输入量估算之前，首先必须调研清楚供分析的草地系统是否施用化学氮肥。

5.4.1.1　计算方法

草地系统中的化学氮肥指施入到人工草地系统的化学氮肥量。可由以下公式计算：

$$GLIN_{Fer} = Ave_{Fer} \times GL_{Aar} \tag{5-2}$$

式中，$GLIN_{Fer}$ 为草地系统化学氮肥输入量；Ave_{Fer} 为人工草地系统化学氮肥的单位面积输入量；GL_{Aar} 为人工草地面积。

5.4.1.2　单位面积化学氮肥施用量

本指南中按照我国不同地区，对主要人工牧草苜蓿、黑麦草和燕麦的单位面积施氮量进行了汇总（表 5-1）。其他牧草的施氮量可参照表 5-1 中的豆科牧草（苜蓿）和非豆科牧草（黑麦草和燕麦）计算。未列入表 5-1 的地区，可参照邻近地区计算。本指南鼓励分析者选取代表性人工草地，通过实地调研，获取不同类型的人工草地的化学氮肥施用量。

表 5-1　我国全国及部分地区人工草地苜蓿、黑麦草和燕麦的单位面积施氮量

单位：kg N hm^{-2}

地区	苜蓿（alfalfa）	黑麦草（ryegrass）	燕麦（oat）
全国	130	397	182
北京	61	—*	—
天津	73	—	—
河北	81	—	—
山西	154		246
内蒙古	110	—	66
辽宁	78	—	—
吉林	159	—	—
黑龙江	72	—	—
江苏	29	300	—
安徽	35	247	—
江西	91	143	—

续表

地区	苜蓿（alfalfa）	黑麦草（ryegrass）	燕麦（oat）
山东	32	210	—
河南	96	263	—
湖北	67	270	104
湖南	116	306	—
广西	262	198	—
重庆	86	120	90
四川	94	594	74
贵州	279	457	—
云南	225	395	88
西藏	323	323	323
陕西	154	263	85
甘肃	127	—	84
青海	323	—	323
宁夏	127	—	38
新疆	127	—	271
福建	—	370	—
广东	—	353	—

* 无数据

5.4.1.3 活动水平数据

活动水平数据简称活动数据，这里指各类人工草地的面积，可从农村年鉴报告、《中国畜牧业年鉴》、《中国农业年鉴》和《中国统计年鉴》等获取统计数据，也可参考 4.4.2.3 节。

5.4.2 畜禽粪便

在本指南中，无论是畜禽放牧时啃吃的牧草还是收割的牧草，均归为草地系统的氮输出。因此，草地系统内畜禽排泄的粪便和施用系统外生产的有机肥输入的氮均作为草地系统畜禽粪便输入处理。

5.4.2.1 计算方法

草地系统载畜量相对较高，动物排放的大量粪便残留到草地系统作为氮的主要输入源。草地系统畜禽粪便的投入可通过以下公式计算：

$$GLIN_{Man} = \sum_{i=1}^{n} N_{fli_i} \times f_{Ex_i} \times R_{Re_i} + O_{Man} \tag{5-3}$$

式中，$GLIN_{Man}$ 为草地系统畜禽粪便氮输入量；N_{fli_i} 为第 i 种畜禽的放牧数量；f_{Ex_i} 为第 i 种畜禽的粪便排泄氮含量；R_{Re_i} 为第 i 种畜禽的粪便排泄量；O_{Man} 为外源有机肥输入的氮量。我国的天然草地基本无外源有机肥的施用，因此，O_{Man} 可不予考虑。对人工草地，如果无放牧，则无草地系统内畜禽粪便输入。

5.4.2.2　粪便输入系数

我国草地的载畜量差异很大，不同畜禽种类个体的粪便排泄量和粪便中氮含量均有很大的差异。由于缺乏文献资料和实地调查数据，目前的数据难以满足采用式（5-3）计算草地系统畜禽粪便氮输入量的要求。Bai 等（2016）给出了我国天然草地系统单位面积畜禽粪便氮的输入量，平均为 $8.7\ kg\ N\ hm^{-2}$，不同地区天然牧草粪尿养分输入量差异很大，在不具备实际调研数据的情况下，可以将表 5-2 列出的畜禽粪便输入氮作为缺省值，估算不同省份天然草地畜禽粪便氮输入量。对人工草地，目前尚缺乏草地系统内畜禽粪便氮输入和外源有机肥氮输入量的文献资料，建议通过实地调研获取。

表 5-2　我国全国及部分地区天然草地畜禽粪便氮输入量　　单位：$kg\ N\ hm^{-2}$

地区	氮输入量	地区	氮输入量
全国	6.6	四川	16
云南	16	陕西	7.8
广西	25	甘肃	9.9
黑龙江	6.0	青海	0.78
贵州	32	内蒙古	6.1
宁夏	7.2	辽宁	26
新疆	10	吉林	29
西藏	1.5	重庆	29

5.4.2.3　活动水平数据

各种草地类型的面积和载畜量是计算草地畜禽排泄物氮输入量的活动水平数据，可通过农村年鉴报告、《中国农业年鉴》和《中国统计年鉴》等统计资料获取相关的数据，或者采用年度或定期实地调查获取。遥感技术也可为及时监测草地面积提供手段和方法。

5.4.3　大气氮沉降

大气氮沉降发生于地球表面的各个部分，是天然草地系统重要的氮来源。随着人类活动的加剧，我国草地系统的大气氮沉降也呈现出增加的趋势。精确地估算草地系统大气氮沉降是认识草地系统氮循环强度的基础。

5.4.3.1　计算方法

草地系统的大气氮沉降输入计算方法可参阅第 18 章，具体计算公式如下：

$$GLIN_{Dep} = F(D_{Dep} + D_{Wet}) \times GL_{Are} \tag{5-4}$$

式中，$GLIN_{Dep}$ 为草地系统大气氮沉降量；D_{Dep} 为单位面积大气氮干沉降量；D_{Wet} 为单位面积大气氮湿沉降量；$F(D_{Dep} + D_{Wet})$ 为单位面积大气氮沉降通量；GL_{Are} 为草地面积。

5.4.3.2　大气氮沉降通量

草地系统的大气氮沉降通量获取方法参阅第 18 章。

5.4.3.3　活动水平数据

草地系统大气氮沉降中的活动数据指草地面积，可以通过各类统计年鉴和各地区统计局等官方发布的数据获取；也可基于人工实地调查或遥感技术获取。本指南中推荐遥感技术作为获取草地面积的优先方法。

5.4.4　生物固氮

草地的牧草种类组成较复杂，其中豆科牧草具有根瘤共生固氮能力。草地系统还存在蓝绿藻及固氮细菌的自生固氮和联合固氮。我国天然草地最主要的固氮方式是豆科根瘤共生固氮。生物固氮量因豆科牧草所占比重及其生物量、豆科牧草的固氮强度和环境条件不同，在不同区域有很大的差异。

5.4.4.1　计算方法

草地系统的生物固氮可通过以下公式计算：

$$GLIN_{Fix} = \sum_{i=1}^{n} GL_{Are_i} \times f_{Fix_i} \tag{5-5}$$

式中，$GLIN_{Fix}$ 为草地系统生物固氮量；GL_{Are_i} 为第 i 种草地面积；f_{Fix_i} 为该类型草地的固氮量。

5.4.4.2　草地固氮速率

（1）方法 1

不同条件下测得的草地固氮量之间的差别很大，在国家尺度下，Gu 等（2015）和 Ti 等（2012）根据 Bouwman 等（2005）的研究结果，总结我国草地单位面积生物固氮量为 5 kg N hm^{-2}。汇总国内发表的文献资料结果，全国天然草地生物固氮量为 3.2 kg N hm^{-2}。不同区域有很大的差异，辽宁和吉林等东北地区生物固氮量比较高，两个省份的生物固氮量分别为 14 kg N hm^{-2} 和 16 kg N hm^{-2}。青藏高原区生物固氮量最少，西藏和青海两个省份的生物固氮量分别为 0.57 kg N hm^{-2} 和 0.88 kg N hm^{-2}，甘肃、新疆和宁夏等主要牧区的生物固氮量也相对较低，不足 5.0 kg N hm^{-2}。表 5-3 中列出的我国全国及部分地区天然草地系统生物固氮量可以作为天然草地系统生物固氮量的缺省值。

表 5-3　我国全国及部分地区天然草地系统生物固氮量　　　单位：kg N hm^{-2}

地区	生物固氮量	地区	生物固氮量
全国	3.2	四川	9.4
云南	6.0	陕西	7.6
广西	8.4	甘肃	4.9
黑龙江	3.9	青海	0.88
贵州	11	内蒙古	4.3
宁夏	3.0	辽宁	14
新疆	3.2	吉林	16
西藏	0.57	重庆	18

与天然草地不同，人工草地系统的生物量远高于天然草地系统，其单位面积的生物固氮量也远高于天然草地系统。根据国内发表的文献资料汇总结果，表 5-4 列出的我国全国及部分地区人工草地（苜蓿）系统生物固氮量可作为缺省值。

表 5-4　我国全国及部分地区人工草地（苜蓿）系统生物固氮量　　　单位：kg N hm^{-2}

地区	生物固氮量	地区	生物固氮量
全国	166	湖北	302
北京	130	湖南	274
天津	322	广西	227
河北	127	重庆	337
山西	228	四川	416
内蒙古	90	贵州	360
辽宁	162	云南	274
吉林	115	西藏	69
黑龙江	98	陕西	156
江苏	454	甘肃	202
安徽	260	青海	23
江西	252	宁夏	174
山东	112	新疆	162
河南	292		

（2）方法 2

选择典型草地系统，测定草地系统生物固氮量，作为计算草地系统生物固氮量的依据。随着研究的深入，生物固氮测定技术也在不断地向准确、可靠、操作简便的方向发展。生物固氮测定方法主要有乙炔还原法、^{15}N 同位素稀释法、非同位素法、全氮差值法和酰脲估测法等。乙炔还原法是应用较早的生物固氮的间接测定方法，利用固氮酶具有使乙炔还原为乙烯的特性，通过测定乙烯的生成速率，测定生物固氮能力。^{15}N 同位素稀释法的原理是将固氮系统暴露在$^{15}N_2$中，测定植物中^{15}N含量的方法。这是一种生物固氮的直接测定方法，既可定性也可定量测定。详细的测定方法及其他生物固氮量测定方法可参阅有关的文献。

5.4.4.3　活动水平数据

草地系统生物固氮活动数据包括草地面积、类型及其牧草种类。由于天然草地和人工草地的生物固氮强度相差很大，必须区分这两类草地的面积。人工草地豆科植物的比重与生物固氮量密切相关。因此，人工草地中牧草种类，特别是豆科牧草的比重也是估算草地系统生物固氮量的重要活动数据。

5.4.5　灌溉水

我国的天然草地很少灌溉，可以不考虑该项氮输入，但是，人工草地可能是有灌溉的系统。所以，本指南计算灌溉水输入氮仅限于人工草地。人工草地灌溉水输入的氮量取决于灌溉水的氮含量及灌溉用水量。

5.4.5.1　计算方法

灌溉水输入的氮量可根据实际灌溉用水量与灌溉水中的氮浓度计算。

$$GLIN_{Irr} = Irr_{vol} \times f_{irr} \times GL_{Are} \tag{5-6}$$

式中，$GLIN_{Irr}$为草地灌溉水氮输入量；Irr_{vol}为单位面积草地灌溉水的体积；f_{irr}为灌溉水中的氮含量；GL_{Are}为牧草种植面积。

5.4.5.2　单位面积人工草地灌溉水引入的氮

我国有关人工草地灌溉水量和灌溉水氮含量数据的积累很不充分，从文献资料中获取不同省份的人工草地灌溉水量和灌溉水氮含量，按式（5-6）计算灌溉水氮输入量有相当大的困难。表5-5列出了我国不同地区的灌溉水氮输入量，可作为苜蓿、黑麦草和燕麦人工草地的灌溉水氮输入量缺省值。由于我国北方气候干燥，降雨较少，灌溉水量较大，灌溉水带入的氮量较大（$25\ kg\ N\ hm^{-2}$）；南方地区雨水充足，灌溉水量较少，每年灌溉水带入草地系统的氮较少（$4.9\ kg\ N\ hm^{-2}$）。

本指南推荐调研、测定分析地区内人工草地的灌溉水量和灌溉水含氮量，按式（5-6）计算人工草地的灌溉水氮输入量。

表 5-5　我国不同地区人工草地的灌溉水氮输入量　　　　单位：$kg\ N\ hm^{-2}$

地区	省份	灌溉水氮输入量
全国		6.9
北方地区	北京、天津、河北、陕西、宁夏、甘肃、新疆、辽宁、吉林、黑龙江、山东、河南、内蒙古、山西	25
南方地区	江苏、广东、广西、福建、云南、贵州、重庆、四川、江西、湖北、湖南、安徽	4.9

5.4.5.3　活动水平数据

人工草地面积是计算灌溉水氮输入量的活动数据。人工草地面积可通过各类统计年鉴和各地区统计局等官方发布的数据获取，也可基于人工实地调查或遥感技术获取。

5.4.6　种子

由于天然草地系统一般不播撒种子，天然草地系统可不考虑种子氮输入项。所以，种子氮输入也仅发生在人工草地系统，种子氮输入量取决于种子类型、播种量和种子氮含量。

5.4.6.1　计算方法

人工草地系统种子氮输入可以根据式（5-7）计算。

$$\text{GLIN}_{\text{See}} = \sum_{i=1}^{n} \text{GL}_{\text{Ari}_i} \times \text{See}_{\text{iin}} \times f_{\text{See}_i} \tag{5-7}$$

式中，为 GLIN_{See} 为草地系统种子氮输入量；GL_{Ari_i} 为第 i 种牧草播种面积；See_{iin} 为第 i 种牧草播种量；f_{See_i} 为该种牧草种子氮含量。

5.4.6.2　播种量与种子氮含量

我国各地区的牧草播种量差异不显著，因此，各地的播种量可采用统一的数值作为缺省值。苜蓿的播种量为 20 kg·hm^{-2}，种子氮含量为 6.0%，播种输入土壤中的氮为 1.2 kg N hm^{-2}；黑麦草的播种量为 30 kg·hm^{-2}，种子氮含量分别为 2.8%，播种输入土壤中的氮为 0.85 kg N hm^{-2}；燕麦种子千粒重较大，因此，播种量较高，为 180 kg·hm^{-2}，其氮含量为 3.2%，种子输入土壤中的氮量为 5.7 kg N hm^{-2}。

本指南推荐选择典型人工草地系统，实际调研和测定苜蓿、黑麦草和燕麦的播种量、种子氮含量，按式（5-7）计算本地区人工草地系统种子氮输入量。种子氮含量可采用凯氏定氮法测定，也可采用 C/N/S 元素分析仪测定。

5.4.6.3　活动水平数据

人工草地种子氮输入活动数据包括苜蓿、黑麦草和燕麦的种植面积。活动数据可通过统计资料和野外调研等方式获取。此外，通过卫星图像解译等客观数据也可以获取某段时间内的某种草地种植面积。

5.5　氮 素 输 出

草地系统氮输出包括牧草收获、淋溶和径流等。本指南中除了制定各个输出项的计算方法、系数选取及活动数据的选择，同时对草地系统与其他系统的交互部分，如生物质燃烧进入大气系统的部分，也进行了详细描述。草地系统氮输出可依据以下公式计算：

$$GL_{OUT} = GLOUT_{Har} + GLOUT_{Lea+Run} + GLOUT_{Amm} + GLOUT_{Rev} + GLOUT_{N_2O} \quad (5-8)$$

式中，GL_{OUT} 为草地系统氮输出量；$GLOUT_{Har}$ 为草地系统牧草收获氮输出量；$GLOUT_{Lea+Run}$ 为草地系统淋溶和径流氮输出量；$GLOUT_{Amm}$ 为草地系统氨挥发氮输出量；$GLOUT_{Rev}$ 为草地系统脱氮输出量；$GLOUT_{N_2O}$ 为草地系统 N_2O 排放量。

5.5.1 牧草收获

草地系统牧草收获指收获移出草地系统的牧草量和放牧草地畜禽啃食的牧草总量。提供牧草是草地系统最主要的功能，牧草收获是草地系统最主要的氮输出途径。

5.5.1.1 计算方法

牧草氮输出量基于牧草产量（包括畜禽啃食）和牧草氮含量计算。可通过式（5-9）进行计算：

$$GLOUT_{Har} = \sum_{i=1}^{n} GL_{Amo_i} \times GL_{Ncon_i} \quad (5-9)$$

式中，$GLOUT_{Har}$ 为草地系统牧草收获氮输出量；GL_{Amo_i} 为第 i 种草地牧草产量；GL_{Ncon_i} 为该种牧草氮含量。

5.5.1.2 牧草产量与氮输出量

根据搜集的文献资料分析结果，本指南给出全国天然草地的平均产量为 1068 kg·hm^{-2}，其中，内蒙古、新疆、西藏、青海和甘肃五大牧区天然牧草产量较低，平均不足 1000 kg·hm^{-2}，西藏和青海牧区的产量仅为 381 kg·hm^{-2} 和 595 kg·hm^{-2}。中国天然牧草的氮含量平均为 1.8%，不同地区略有差异。具体参考数据见表 5-6。

表 5-6　我国天然草地系统牧草产量与氮含量

地区	牧草产量/(10^3 kg·hm^{-2})	氮含量/%	牧草氮输出量/(kg N hm^{-2})
全国	1.1	1.8	20
云南	1.6	1.8	30
广西	2.3	1.8	42
黑龙江	1.0	1.8	19
贵州	2.9	1.8	54
宁夏	0.85	1.8	15
新疆	0.82	1.9	16
西藏	0.38	1.6	6.3
四川	2.5	1.8	47
陕西	2.1	1.8	38
甘肃	1.2	2.0	25
青海	0.59	1.6	10

地区	牧草产量/(10³ kg·hm⁻²)	氮含量/%	牧草氮输出量/(kg N hm⁻²)
内蒙古	1.1	1.9	21
辽宁	3.9	1.8	72
吉林	4.3	1.8	80
重庆	4.9	1.8	91

根据搜集的文献资料分析结果，我国全国及部分地区苜蓿、黑麦草和燕麦的产量和氮素收获量见表 5-7。

表 5-7　我国全国及部分地区苜蓿、黑麦草和燕麦的产量和氮素收获量

地区	苜蓿（alfalfa）		黑麦草（ryegrass）		燕麦（oat）	
	产量/(t·hm⁻²)	N 收获/(kg N hm⁻²)	产量/(t·hm⁻²)	N 收获/(kg N hm⁻²)	产量/(t·hm⁻²)	N 收获/(kg N hm⁻²)
全国	6.9	208	16	396	8.8	149
北京	5.4	162	—	—	—	—
天津	13	402	—	—	—	—
河北	5.3	159	—	—	—	—
山西	9.5	285	—	—	6.8	116
内蒙古	3.8	114	—	—	6.9	117
辽宁	6.8	204	—	—	—	—
吉林	4.8	144	—	—	—	—
黑龙江	4.1	123	—	—	—	—
江苏	19	567	16	372	—	—
安徽	114	324	12	288	—	—
江西	10	315	15	358	—	—
山东	4.7	141	6.9	166	—	—
河南	12	366	13	319	—	—
湖北	13	378	18	425	9.0	153
湖南	11	342	27	653	—	—
广西	9.5	285	11	266	—	—
重庆	14	423	14	338	9.0	153
四川	17	522	16	377	11	182
贵州	15	450	22	526	—	—
云南	11	342	15	353	13	219
西藏	2.9	87	14	338	4.4	75
陕西	6.5	195	11	264	4.7	80
甘肃	8.4	252	—	—	6.8	116

地区	苜蓿（alfalfa）		黑麦草（ryegrass）		燕麦（oat）	
	产量/ （t·hm^{-2}）	N 收获/ （kg N hm^{-2}）	产量/ （t·hm^{-2}）	N 收获/ （kg N hm^{-2}）	产量/ （t·hm^{-2}）	N 收获/ （kg N hm^{-2}）
青海	9.7	291	—	—	11	184
宁夏	7.2	216	—	—	4.3	73
新疆	6.8	204	—	—	4.2	71
福建	—	—	12	286	—	—
广东	—	—	14	348	—	—

本指南推荐通过野外调研、采样测定本地区各类牧草的产量，分析其氮含量，根据实测数据，由式（5-9）计算牧草氮输出量。

5.5.1.3　牧草生物质燃烧

牧草生物质燃烧是牧草收获中的一部分，其产生的气体排放进入大气，而不是作为畜禽的饲料，故而单独计算。牧草生物质燃烧直接释放 N_2 和含氮化合物 N_2O、NO_x、NH_3。牧草生物质燃烧排放到大气的氮可由式（5-10）计算：

$$GLOUT_{Sbur} = GL_{Are} \times GLOUT_{Har} \times f(NO_x + N_2O + NH_3 + N_2) \times Rgr_{bur} \times R_{Bur} \qquad (5\text{-}10)$$

式中，$GLOUT_{Sbur}$ 为草地系统牧草燃烧排放的氮量；GL_{Are} 为牧草种植面积；$GLOUT_{Har}$ 为该种草地牧草产量；$f(NO_x + N_2O + NH_3 + N_2)$ 为牧草燃烧排放的氮系数（g·kg^{-1}）；Rgr_{bur} 为燃烧面积占总草地面积的比率；R_{Bur} 为牧草燃烧率。

根据 Andreae 和 Merlet（2001）的研究结果，单位重量的牧草燃烧排放的氮分别为：N_2O（0.06 g·kg^{-1}）、NO_x（1.56 g·kg^{-1}）、NH_3（1.30 g·kg^{-1}）和 N_2（3.1 g·kg^{-1}）。根据 Yan 等（2006）的研究，草地的燃烧率为生物量的 0.95。除内蒙古自治区和黑龙江省草原燃烧面积占草地面积的 0.22% 外，我国其他地区草原燃烧面积均为其草地面积的 0.06%。

5.5.2　淋溶和径流

我国天然草地主要分布于温带干旱和半干旱地区，淋溶和径流发生频次不大，总量较小。在我国南方地区，降雨量大，淋溶和径流是草地系统氮输出的重要途径。

5.5.2.1　计算方法

草地系统的氮淋溶和径流通常由单位面积淋溶和径流系数与草地面积计算：

$$GLOUT_{Lea+Run} = GL_{Are} \times f_{Lea+Run} \qquad (5\text{-}11)$$

式中，$GLOUT_{Lea+Run}$ 为草地系统淋溶和径流氮输出量；GL_{Are} 为牧草种植面积；$f_{Lea+Run}$ 为草地系统氮淋溶和径流系数。

5.5.2.2　淋溶和径流系数

（1）方法 1

不同施肥、放牧条件下，草地系统氮素的流失差别很大，如施肥量在 300 kg N hm^{-2}·a^{-1} 的放牧草地 NO$_3^-$–N 年淋溶量达 162 kg N hm^{-2}（Ryden et al.，1984）。周静等（2008）对我国南方草地的研究显示，马唐草的氮素径流损失量为 0.63~1.05 kg N hm^{-2}·a^{-1}，淋溶量为 1.23~4.09 kg N hm^{-2}·a^{-1}。根据这些研究，草地通过径流和淋溶流失到水体的氮素为 0.63~300 kg N hm^{-2}·a^{-1}，本指南选取 5 kg N hm^{-2}·a^{-1} 作为我国草地系统氮淋溶和径流输出的缺省值。Gu 等（2015）研究认为，我国草地系统的淋溶损失系数平均为氮肥投入量的 5%。若有草地系统氮肥施用量的数据，也可以此为缺省值。

（2）方法 2

文献报道的草地系统淋溶和径流输出氮量差异很大，且缺少省级尺度的缺省值。本指南推荐通过在代表性草地系统设置野外观测试验，直接测定淋溶和径流氮输出，按式（5-11）计算本地区草地系统淋溶和径流氮输出量。淋溶和径流氮输出量测定方法参阅第 4 章淋溶和径流输出测定方法。

5.5.2.3　活动水平数据

草地面积和氮肥用量等是涉及草地系统氮淋溶和径流输出的活动数据，可从统计年鉴和公开发表的文献资料数据中查获，也可通过野外调研和遥感解译等手段获取草地面积数据。

5.5.3　氨挥发

因为草地系统放牧的畜禽排泄归为氮输入，因此，畜禽排泄产生的氨挥发归为草地系统的氨挥发损失。如同农田系统，人工草地施用化肥也产生氨挥发。此外，草地系统还存在自身的背景氨挥发。

5.5.3.1　计算方法

草地系统氨挥发可由以下公式计算：

$$\text{GLOUT}_{\text{Amm}} = \left(\sum_{i=1}^{n} \text{Num}_{\text{liv}_i} \times f_{\text{liv}_i} + \text{GL}_{\text{Are}} \times f_{\text{Amo}} \right) + \text{GLIN}_{\text{Fer}} \times f_{\text{Afer}} \tag{5-12}$$

式中，GLOUT$_{\text{Amm}}$ 为草地系统氨挥发氮输出量；Num$_{\text{liv}_i}$ 为草地放牧的第 i 种动物的数量；f_{liv_i} 为第 i 种动物在放牧过程中的氨挥发排放系数；GL$_{\text{Are}}$ 为牧草种植面积；f_{Amo} 为种植牧草土壤的氨挥发排放系数；GLIN$_{\text{Fer}}$ 为草地化学氮肥输入量；f_{Afer} 为草地化学氮肥氨挥发比例（%）。

5.5.3.2　氨挥发系数

（1）方法 1

根据 Gu 等（2015）的研究，我国草地系统氨挥发系数为有机肥总量的 20%。王书伟等

(2009) 的研究显示，牛、羊、马每年因放牧 NH_3-N 排放量分别为 2.66 kg NH_3-N 头$^{-1}$ · a^{-1}、1.53 kg NH_3-N 头$^{-1}$ · a^{-1}、3.50 kg NH_3-N 头$^{-1}$ · a^{-1}。因草地系统的具体条件，如气候、利用方式和管理方式等不同，草地本身的背景氨挥发差别很大，李香真和陈佐忠（1997）及周静等（2008）的研究显示，草地本身的 NH_3-N 排放范围为 1~11 kg N hm^{-2} · a^{-1}。分析者可根据草地系统的实际情况和放牧的畜禽种类，选择上述氨挥发系数作为缺省值。因研究数据的缺乏，在草地系统施肥情况下，化学氮肥的 NH_3-N 排放可参考 4.5.3.2 节。

（2）方法 2

草地系统氨挥发系数可以通过直接法和间接法获取。测定方法同第 4 章氨挥发测定，请参考 4.5.3.2 节。

5.5.3.3　活动水平数据

涉及草地系统氨挥发计算的活动数据包括畜禽养殖量，可参考 4.4.4.3 节；草地面积和氮肥施用量可参考 5.4.3.3 节和 5.4.1.2 节。

5.5.4　脱氮

草地系统土壤在适宜的条件下，如降雨后或人工草地系统灌溉后，局部或部分处于厌氧状态时，即可发生反硝化脱氮作用，生成 NO、N_2O 和 N_2 排放进入大气。

5.5.4.1　计算方法

根据 Gu 等（2015）的研究，草地系统脱氮输出可通过以下公式计算：

$$GLOUT_{Rev} = GL_{Are} \times GLf_{Rev} \tag{5-13}$$

式中，$GLOUT_{Rev}$ 为草地系统脱氮输出量；GL_{Are} 为牧草种植面积；GLf_{Rev} 为草地系统脱氮系数（kg N hm^{-2} · a^{-1}）。另外，草地系统脱氮量也可以通过氮肥施用量与氮肥脱氮系数进行计算。

5.5.4.2　脱氮系数

（1）方法 1

草地的脱氮系数因草地的土壤类型、所处的地形部位和气候等有很大的差异。由于原位测定脱氮损失的技术方法尚不具备，文献中脱氮损失系数的报道很少。在国家尺度上，可以氮素输入的 20% 作为草地系统的脱氮损失系数（Gu et al.，2015）。在我国南方的红壤地区，草地脱氮损失系数可在 1%~18% 取值（周静等，2008）。

（2）方法 2

脱氮的测定可参考 4.5.4.2 节。

5.5.4.3　活动水平数据

草地面积是脱氮输出估算的活动数据，可参考 5.4.3.3 节。

5.5.5 N$_2$O 排放

与农田系统相同，草地系统土壤中也有 N$_2$O 的排放。

5.5.5.1 计算方法

$$GLOUT_{N_2O} = GL_{Are} \times GLf_{Rev} \qquad (5-14)$$

式中，GLOUT$_{N_2O}$ 为草地系统 N$_2$O 排放量；GL$_{Are}$ 为牧草种植面积；GLf$_{Rev}$ 为草地系统脱氮系数（kg N hm^{-2} · a^{-1}）。另外，草地系统脱氮量也可以通过氮肥施用量与氮肥脱氮系数进行计算。

5.5.5.2 N$_2$O 排放系数

草地系统 N$_2$O 排放量估算可参阅农田系统。如果资料不充分，则可按氮肥输入量的 1.3% 计算（Gu et al.，2015），对天然草地也可设定为 0.083 kg N hm^{-2} · a^{-1}（罗云鹏，2015）。另外，类似于农田系统，草地系统的 N$_2$O 排放系数可通过实地监测的方法获取。

5.5.5.3 活动水平数据

N$_2$O 计算过程中的活动数据涉及草地面积和氮肥用量等，具体可参考 5.4.1 节和 5.4.3.3 节。

5.6 土 壤 储 存

受土壤性质、温度和 pH 等的影响，土壤氮的储存很难精确计算，目前的研究通常采用差减法计算草地土壤氮的储存，即所有的氮素输入项与所有输出项的差值作为土壤氮储存量的变化。

5.7 质量控制与保证

5.7.1 草地系统氮素输入和输出的不确定性

一方面，我国草地面积广阔，主要分布在西藏、内蒙古、青海、新疆、四川、甘肃和黑龙江等温带地区及云南等亚热带地区（沈海花等，2016）。受气温、光照、降水量、土壤或地形因子的影响，我国草地资源类型繁多，天然草地可划分为草原、草甸、草丛和草本沼泽。我国人工草地种植物种则多达 70 余种（沈海花等，2016）。另一方面，我国草地系统的氮素流动研究起步较晚，研究基础相对薄弱，基础数据严重缺乏。因此，在评估我国草地系统氮素流动过程中存在极大的不确定性。草地系统氮素流动分析的不确定性分析如下：

1）相关数据缺乏。草地系统的氮输入，目前存在较大的问题是数据的缺乏，尤其是人工草地，本指南中牧草类型仅提供了苜蓿、黑麦草和燕麦3种类型。而灌溉水输入的氮，也仅按照南北方降水量不同，进行了简单划分。

2）生物固氮。草地系统的生物固氮包括天然草地和人工草地。资料汇总显示，人工草地的生物固氮量远高于天然草地。因此，影响草地固氮的准确性的关键因素为人工草地的面积及固氮强度，但是，我国人工草地面积变化较大，尽管在国家或省市尺度上可以通过相关统计资料获取，但特定区域人工草地面积存在一定的不确定性。

3）牧草面积。作为活动数据之一，牧草面积的确定也存在一定的不确定性，我国天然草地面积究竟有多大，一直是一个有争论的问题，采用不同的方法得出的结果差别较大。Ni 等（2004）利用模型模拟结果认为，我国天然草地面积为 $3.78 \times 10^8 \ hm^2$，而陈世荣等（2008）的研究结果显示，我国天然草地面积为 $2.25 \times 10^8 \ hm^2$，两者之间差别较大。受气候和人工干扰的影响，我国天然草地面积的年际变化也很大。

草地系统大气氮沉降、人工草地的化学氮肥、种子和灌溉水氮输入存在的不确定性可参考第4章和第18章。

4）牧草收获。本指南中，牧草收获输出的氮通过草地牧草产量及牧草氮含量计算。不同的计算方法显示，我国牧草收获量差别较大。草地资源清查数据、遥感和模型等方法估算显示，我国天然草地地上生物量密度分别为 $79 \sim 123 \ g \cdot m^{-2}$ 和 $544 \sim 681 \ g \cdot m^{-2}$（Li et al.，2004；Ni，2004），而利用实测生物量数据、同期 NDVI 及地上地下生物量之间的关系，沈海花等（2016）的研究结果显示，我国天然草地地上生物量密度为 $178 \ g \cdot m^{-2}$。尽管本指南按照省市对牧草产量进行了划分，但受草地类型、地理条件、气候因素的影响，不同地区和年份的牧草产量有很大的差异。

5）淋溶和径流。由于数据的缺乏，本指南采用 $5 \ kg \ N \ hm^{-2} \cdot a^{-1}$ 作为草地系统氮素淋溶和径流损失的缺省值。根据 Ryden 等（1984）、周静等（2008）的研究，我国草地淋溶和径流氮输出量变幅很大，为 $0.63 \sim 300 \ kg \ N \ hm^{-2} \cdot a^{-1}$。

6）脱氮与 N_2O。通过文献调研，在国家尺度上，Gu 等（2015）认为，我国草地系统的反硝化脱氮系数为氮素输入的20%。周静等（2008）的研究则指出，红壤地区草地反硝化脱氮量可为施入总氮量的1%～18%。因气候与地形等因素的时间和空间变异性，脱氮存在很大的时间和空间变异性，而由于数据的缺乏，草地系统 N_2O 的排放量在施肥条件下按照氮肥输入量的1.3%计算（Gu et al.，2015），未施肥的草地系统则设定为 $0.083 \ kg \ N \ hm^{-2} \cdot a^{-1}$（罗云鹏，2015）。但受人类活动与植被覆盖的影响，如放牧与刈割等，我国不同类型草地 N_2O 日通量差别较大，具体表现为贝加尔针茅草甸草原>羊草草甸草原>羊草典型草原>高寒草甸（李梓铭等，2012）。

5.7.2　减少不确定性的途径

草地系统氮输入的不确定性主要来自以下途径：①氮素输入评估中，人工草地部分数据缺乏，如仅考虑了苜蓿、黑麦草和燕麦3种类型，其他草地类型氮输入未考虑；②转换参数，尤其是草地系统氮的淋溶和径流与脱氮系数，数据较少，且变异较大。可以看出，草地系统氮的输入输出，主要的不确定性为活动数据和转换参数的缺乏。因此，有条件的地区或部门在进行草地系统氮素流动分析时，应尽可能地采用野外试验的方法，或者选取本指南中较适合本地情况的参数，也可根据本指南中推荐的方法，通过实地调研获取本地化的转换参数和基础资料。人工草地与天然草地在氮的输入输出上存在很大的差异，各地区可根据实际情况对本指南中的模型和参数进行调整，因地制宜，选取合理的评估方法。

另外，通过 QA/QC 也能够提高氮素流动分析的准确性。质量控制一般包括对数据采集和计算进行准确性检验、对排放和清除计算、测量、估算不确定性。同时还包括对类别、活动数据、其他估算参数及方法的技术评审。质量保证可由未直接涉足清单编制/制定过程的人员进行评审。在执行质量控制程序后，最好由独立的第三方对完成的清单进行评审，认可测量目标已实现并确保分析方法代表是目前科学知识水平和数据获取情况下的最佳方法，同时支持质量控制计划的有效性。在执行 QA/QC 与检验活动之前，必须确定应该使用哪种技术方法，以及要使用的时间和范围。QA/QC 的结果可能会引起对参数、计算方法或不确定性估算的重新评估及后续的改进。质量控制可由指南编制人员执行，旨在定期检验来确保数据的内在一致性、正确性和完整性，确认和解决误差及疏漏问题。

参 考 文 献

陈世荣，王世新，周艺．2008．基于遥感的中国草地生产力初步计算．农业工程学报，24（1）：208-212.

方精云，白永飞，李凌浩，等．2016．我国草原牧区可持续发展的科学基础与实践．科学通报，（2）：155-164.

李香真，陈佐忠．1997．放牧草地生态系统中氮素的损失和管理．气候与环境研究，2（3）：44-53.

李玉中，王庆锁，钟秀丽，等．2003．羊草草地植被–土壤系统氮循环研究．植物生态学报，27（2）：177-182.

李梓铭，杜睿，王亚玲，等．2012．中国草地 N_2O 通量日变化观测对比研究．中国环境科学，32（12）：2128-2133.

罗云鹏．2015．中国森林和草地氧化亚氮排放估算．杨凌：西北农林科技大学.

沈海花，朱言坤，赵霞，等．2016．中国草地资源的现状分析．科学通报，（2）：139-154.

王书伟，廖千家骅，胡玉亭，等．2009．我国 NH_3-N 排放量及空间分布变化初步研究．农业环境科学学报，28（3）：619-626.

闫钟清，齐玉春，董云社，等．2016．草地生态系统氮循环关键过程对全球变化及人类活动的响应与机制．草业学报，23（6）：279-292.

于俊平，兰云峰，乌力吉，等．2000．草地生态系统氮素在"土–草–畜"间的流程与转化．内蒙古草业，（3）：53-56.

赵同谦，欧阳志云，贾良清，等．2004．中国草地生态系统服务功能间接价值评价．生态学报，24（6）：1101-1110.

中华人民共和国农业部畜牧兽医司，全国畜牧兽医总站．1996．中国草地资源．北京：中国科学技术出版社.

周静，崔键，王国强，等．2008．我国南方牧草生态系统氮素循环与特征研究．土壤，40（3）：386-391.

Andreae M O, Merlet P. 2001. Emission of trace gases and aerosols from biomass burning. Global Biogeochemical Cycles, 15（4）：955-966.

Bai Z H, Ma L, Jin S Q, et al. 2016. Nitrogen, phosphorus, and potassium flows through the manure management chain in China. Environmental Science Technology, 50 (24): 13409-13418.

Bouwman A F, Drecht G V, Hoek K W V. 2005. Global and regional surface nitrogen balance in intensive agriculture production systems for the period 1970−2030. Pedosphere, 15 (2): 137-155.

Gu B J, Ju X T, Chang J, et al. 2015. Integrated reactive nitrogen budgets and future trends in China. Proceedings of the National Academy of Sciences of the United States of America, 112 (28): 8792-8797.

He N P, Yu Q, Wu L, et al. 2008. Carbon and nitrogen store and storage potential as affected by land-use in a Leymus chinensis grassland of northern China. Soil Biology and Biochemistry, 40 (12): 2952-2959.

Li K R, Wang S Q, Cao M K. 2004. Vegetation and soil carbon storage in China. Science in China Series D-Earth Sciences, 47 (1): 49-57.

Ni J, Sykes M T, Prentice I C, et al. 2004. Modelling the vegetation of China using the process-based equilibrium terrestrial biosphere model. Global Ecology and Biogeography, 9 (6): 463-479.

Ni J. 2004. Forage yield-based carbon storage in grasslands of China. Climatic Change, 67 (2-3): 237-246.

Russelle M P. 1992. Nitrogen Cycling in Pasture and Range. Journal of Production Agriculture, 5 (1): 13-23.

Ryden J C, Ball P R, Gardwood E A. 1984. Nitrate leaching from grassland. Nature, 311: 50-541.

Su Y Z, Li Y L, Cui J Y, et al. 2005. Influences of continuous grazing and livestock exclusion on soil properties in a degraded sandy grassland, Inner Mongolia, northern China. Catena, 59 (3): 267-278.

Ti C P, Pan J J, Xia Y Q, et al. 2012. A nitrogen budget of mainland China with spatial and temporal variation. Biogeochemistry, 108 (1/3): 381-394.

White R P, Murray S, Rohweder M, et al. 2000. Pilot analysis of global ecosystems: Grassland ecosystems. Washington: World Resource Institute.

Yan X Y, Ohara T, Akimoto H. 2006. Bottom-up estimate of biomass burning in mainland China. Atmospheric Environment, 40 (27): 5262-5273.

第6章 森林系统

6.1 导 言

森林作为陆地生态系统的主体，在全球生态系统中起着决定性作用，不仅为人类输出木材、药材及其他工业用品，而且还具有水源涵养、土壤保持、生物多样性保护和气候调节等功能。森林是人类和多种生物赖以生存和发展的基地，在维护地球生物圈生态平衡、应对全球气候变化和保护生物多样性等方面发挥着举足轻重的作用（Daisy et al.，2006）。作为森林系统的主要限制性营养元素的氮素，对森林系统的动态变化具有重要的影响。森林系统是陆地最大的氮素储存库，森林系统在维系氮素的生物地球化学循环、保持全球生态系统的稳定及缓解全球气候变化等方面起着至关重要的作用（Coleman et al.，1977）。

然而，近几十年来人口增长、工业化进程和城镇化进程加快及资源开发力度增大，导致森林系统退化，进而威胁着人类赖以生存的环境。例如，全球许多地区如北美、欧洲和东南亚，氮沉降明显增加，甚至到了"氮饱和"的程度，显著地影响森林系统的正常结构和功能（Gundersen et al.，1998；Peterjohn et al.，1999）。森林系统氮平衡对氮的生物地球化学循环起着非常重要的调节作用，评估森林系统中氮素的流动既可加深对生态系统结构与功能的认识，也可为未来评估全球气候变化的影响提供完善的基础数据。

我国森林资源丰富，从北到南大致分布有寒温带和温带山地针叶林、温带针阔混交林、温带落叶阔叶林、亚热带针阔混交林、亚热带常绿阔叶林、热带雨林和季雨林。第八次全国森林资源清查结果显示，我国森林面积为2.08亿 hm^2，森林覆盖率为21.63%，森林蓄积为151.37亿 m^3（国家林业局，2014）。

我国森林系统氮素输入输出的研究还局限于对局部地区、特定森林类型或某个环节上。例如，陈伏生等（2004）综述了我国森林土壤氮素转化与循环的研究，指出了森林系统土壤氮转化为热点研究问题。杨曦光等（2012）使用高光谱数据估算了我国黑龙江省以樟子松、落叶松、白桦和杨树为主的森林叶片与冠层尺度的森林氮含量，为高精度快速估算我国森林叶片和冠层尺度氮含量提供了参考。樊建凌等（2013）以江西省阔叶林为研究对象，采用穿透雨量法和微气象学推论法测定了阔叶林的大气氮沉降通量。储双双等（2013）研究了我国华南不同林地地表径流量及氮流失特征。然而，当前综合评估我国森林系统氮输入输出的研究较少。尽管郗金标等（2007）收集了近10余年来我国各地森林氮素循环的研究资料，通过对大气氮沉降、生物固氮、氮淋失和氨挥发等各项收支参数的分析，对我国森林系统氮平衡进行了估算，然而，其研究仅包括了脱氮过程中的气态损失，未包括森林系统氮的生物量输出。近年来 Ti（2012）、Cui 等（2013）和 Gu 等（2015）相继根据氮输入输出估算了我国森林系统的氮平衡，但是，各研究所采用的参数相差巨大。本指南结合当前森林系统氮循环的研究成果，编制了森林系统氮流动分析方法，给出了有关参数的缺省值。

6.2　系　统　描　述

森林系统包括天然林、生态型人工林、速生林、经济林木和毛竹林等。本指南中森林系统包括除城市林地外，《土地利用现状分类》（GB/T 21010—2017）中所有林地类型。本指南将城市林地归入第 9 章。与森林系统紧密相关的是森林系统向工业过程和能源系统输出木材，向畜禽养殖系统、人类系统、宠物系统和水产养殖系统输出粮食和饲料，向大气系统排放氨和氮氧化物气体，向地表水和地下水系统输出径流和淋溶氮。同时，工业过程和能源系统向森林系统输入化学氮肥，大气系统通过氮沉降向森林系统输入活性氮。

6.3　森林系统氮素流动模型

森林系统氮输入包括化学氮肥、大气氮沉降和生物固氮 3 项来源（图6-1），氮输出包括脱氮、木材输出和氨挥发等。氮输入与输出的差值为森林系统氮储存。

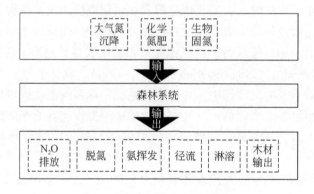

图 6-1　森林系统氮素流动模型

我国森林资源分布广泛，在确定森林系统氮素流动模型时，应紧密结合所在地域的具体情况，根据当地氮素输入输出和活动数据特征，在本指南的基础上因地制宜地选择科学、适当的氮素流动模型。此外，随着经济、技术的发展与信息资料的完备，本指南提供的森林系统氮输入输出模型也可根据实际情况进行不断完善和更新。

6.4　氮　素　输　入

森林系统氮输入包括化学氮肥、大气氮沉降和生物固氮［式（6-1）］。本节详细描述各个输入项的计算方法、系数选取及活动数据的获取。

$$FR_{IN} = FRIN_{Fer} + FRIN_{Dep} + FRIN_{Fix} \tag{6-1}$$

式中，FR_{IN} 为森林系统氮输入总量；$FRIN_{Fer}$ 为化学氮肥用量；$FRIN_{Dep}$ 为大气氮沉降量；$FRIN_{Fix}$ 为生物固氮量。

6.4.1 大气氮沉降

我国绝大部分森林不施用肥料，大气氮沉降是森林系统氮的主要来源之一。我国森林大气氮沉降量有很大的差异，随着与大气氮排放源距离的增加而下降，农田、畜禽养殖场及城市周边林地的大气氮沉降量较大，远离氮排放源的偏远地区的林地大气氮沉降量较小。

6.4.1.1 计算方法

森林系统的大气氮沉降输入计算方法可参考农田系统章节，具体计算公式如下：

$$FRIN_{Dep} = F(D_{Dep} + D_{Wet}) \times FR_{Are} \tag{6-2}$$

式中，$FRIN_{Dep}$ 为大气氮沉降量；D_{Dep} 为单位面积大气氮干沉降量；D_{Wet} 为单位面积大气氮湿沉降量；$F(D_{Dep} + D_{Wet})$ 为单位面积氮沉降通量；FR_{Are} 为森林面积。

6.4.1.2 大气氮沉降通量

森林系统大气氮沉降通量计算方法参阅18.5.1节。

6.4.1.3 活动水平数据

森林系统大气氮沉降中的活动数据指森林面积。森林面积可以通过以下途径获取。

（1）方法1

森林面积的获取可基于各类统计年鉴、各地区统计局、中国林业信息网和国家林业局等官方发布的数据。

（2）方法2

近年来遥感技术迅速发展，并越来越多地被用来获取在地球表面上遥远地区难以实地获得的信息。尤其是在森林资源调查和监测方面，遥感技术更是发挥了其他技术无可比拟的优越性。遥感技术的发展为及时监测森林资源变化提供了新的手段和方法，不仅可以避免人工实地调查中的工作量大、调查周期长，资源数据更新速度慢和精度低等缺点，还可以发挥其信息量大和检测手段先进等优点，快速、准确地完成森林面积统计。因此，本指南推荐方法2作为获取森林面积的优先方法。

6.4.2 生物固氮

森林是固氮微生物分布最为广泛的生态系统，在森林系统的土壤、凋落物、植物叶片、苔藓、地衣和豆科植物的根瘤等均可以发现固氮菌的存在，生物固氮是森林系统重要的氮素来源。

6.4.2.1 计算方法

森林系统生物固氮总量即为所有不同类型林地固氮量的加和：

$$FRIN_{Fix} = \sum_{i=1}^{n} FR_{Ar_i} \times f_{Fix_i} \tag{6-3}$$

式中，$FRIN_{Fix}$ 为生物固氮量；FR_{Ar_i} 为第 i 种林地面积（hm^2）；f_{Fix_i} 为该森林系统的固氮强度（$kg\ N\ hm^{-2}$）。

6.4.2.2　森林固氮强度

在森林系统中固氮微生物广泛分布于不同的组织层次，如地表层的土壤和凋落物、豆科植物的根瘤及冠层的附生植物等。根据固氮方式的差异，可通过以下两种方法获取森林固氮量。

（1）方法 1

我国地域宽广，不同地区的森林系统生物固氮强度有一定的差异，即使在同一地区森林系统受自然条件和社会经济状况的影响，生物固氮量也存在一定的差别。已有的研究表明，森林系统生物固氮强度与林型、生物气候和固氮方式有关（郤金标等，2007）。共生固体主要存在于豆科植物和少数双子叶植物中，其固氮能力一般变化于 12～200 $kg\ N\ hm^{-2}$；自生固氮能力一般为 4.95～19.5 $kg\ N\ hm^{-2}$。限于森林系统生物固氮强度数据的不足，本指南提供了两类缺省值。一是将我国森林系统划分成东北、华北、西北、华中、东南沿海和西南 6 个大区，以郤金标等（2007）得出的生物固氮强度为缺省值（表6-1）。

表 6-1　按地区分类的森林系统生物固氮强度（郤金标等，2007）　单位：$kg\ N\ hm^{-2}$

地区	东北	华北	西北	华中	东南沿海	西南
生物固氮	42.0	37.3	33.1	47.0	47.0	47.0

二是将森林系统划分为常绿阔叶林、落叶混交林、针叶林、灌木和竹类五大类，以 Gu 等（2015）提供的数据为各类林型的生物固氮强度的缺省值，见表6-2。

表 6-2　按林型分类的我国森林系统生物固氮强度（Gu et al., 2015）　单位：$kg\ N\ hm^{-2}$

森林类型	常绿阔叶林	落叶混交林	针叶林	灌木	竹类
生物固氮	17.0	8.5	6.6	9.9	9.9

（2）方法 2

选择分析区内典型的森林系统，直接测定生物固氮强度。生物固氮强度测定方法可参阅第 4 章的相应内容。应该特别注意，森林系统生物固氮不仅发生在土壤中，还可发生在树干和叶片等地上部分。所以，测定森林系统生物固氮强度时，必须同时考虑地上和地下部分的生物固氮作用。

6.4.2.3　活动水平数据

森林系统生物固氮活动数据指各种林型的森林面积，其中，森林面积的获取可参考 6.4.1.3 节。

6.4.3 化学氮肥输入

在我国，一般只对经济林施用化学氮肥，因此，化学氮肥输入仅考虑经济林。如果分析区内存在施用化学氮肥的经济林，则必须计算化学氮肥输入项。

6.4.3.1 计算方法

$$\mathrm{FRIN}_{\mathrm{Fer}} = \mathrm{Ave}_{\mathrm{Fer}} \times \mathrm{FR}_{\mathrm{Aar}} \tag{6-4}$$

式中，$\mathrm{FRIN}_{\mathrm{Fer}}$ 为化学氮肥用量；$\mathrm{Ave}_{\mathrm{Fer}}$ 为单位面积化学氮肥用量；$\mathrm{FR}_{\mathrm{Aar}}$ 为森林面积。

6.4.3.2 单位面积化学氮肥用量

本指南以李家康等（2001）总结的我国速生林和毛竹林的单位面积化学氮肥用量为缺省值（表6-3）。应该特别注意，并非所有这些林木都施用化学氮肥，所以，在实际应用本指南估算森林系统化肥氮输入量时，首先必须确认施用化学氮肥的森林系统面积或比例。

表6-3 我国速生林、经济林、毛竹林化学氮肥用量（李家康等，2001） 单位：$\mathrm{kg\ N\ hm}^{-2}$

林地类型	化学氮肥用量	省份
杉木	53	江西、福建、云南、广西、广东、江苏、浙江、湖南
马尾松	94	广西、贵州、四川、湖南、安徽
湿地松	39	江西、湖南、安徽、广东
其他松	76	广东、辽宁、福建、黑龙江
桉树	50	广东、广西、福建、云南
杨树	126	山东、河北、湖南、甘肃
油桐	120	浙江
毛竹林	212	浙江、四川、贵州、安徽

6.4.3.3 活动水平数据

活动数据指施用化学氮肥的林型和森林面积。施用化学氮肥的森林面积活动数据可采用以下两种方法获取。

（1）方法1

基于污染源普查数据、农村年鉴报告、《中国农业年鉴》和《中国统计年鉴》等统计数据，掌握森林系统施用化学氮肥的林型和施用量，建立森林系统化学氮肥施用数据库。

（2）方法2

进行年度或定期实地调查获取森林系统施用化学氮肥的林型、化肥用量、品种及其氮含量，计算森林系统化学氮肥用量。

6.5　氮素输出

森林系统氮输出包括氨挥发、脱氮和木材输出等。森林系统氮输出的计算如式 (6-5) 所示：

$$FR_{OUT} = FROUT_{Amm} + FROUT_{Lea+Run} + FROUT_{Rev} + FROUT_{N_2O} + FROUT_{Tim} \tag{6-5}$$

式中，FR_{OUT} 为森林系统氮输出量；$FROUT_{Amm}$ 为森林系统氨挥发量；$FROUT_{Lea+Run}$ 为森林系统淋溶和径流量；$FROUT_{Rev}$ 为森林系统脱氮量；$FROUT_{N_2O}$ 为森林系统 N_2O 排放量；$FROUT_{Tim}$ 为森林系统木材输出氮量。

6.5.1　氨挥发

与农田系统相比，当前对森林系统氨挥发的测定和影响因素研究较少。一般而言，无外源氮肥施用的森林系统，无机氮，特别是铵态氮的含量较低，不太可能发生较大的氨挥发损失。然而，对施用化学氮肥的森林系统，氨挥发则可成为重要的氮输出项。

6.5.1.1　计算方法

森林系统氨挥发可按以下公式计算：

$$FROUT_{Amm} = \sum_{i=1}^{n} GL_{Are_i} \times f_{Amo} \tag{6-6}$$

式中，$FROUT_{Amm}$ 为森林系统氨挥发量；GL_{Are_i} 为第 i 类森林面积；f_{Amo} 为该林地氨挥发系数。

6.5.1.2　氨挥发系数

（1）方法 1

由于我国森林系统氨挥发损失的实地测定数据很少，本指南未区分施用化学氮肥和未施用化学氮肥的森林系统。

未施用化学氮肥的森林系统氨挥发较低，为 $1 \sim 2$ kg N $hm^{-2} \cdot a^{-1}$ (Gundersen，1991)。根据郗金标等 (2007) 的研究结果，区域尺度下，我国东北、华北、西北地区的森林氨挥发系数为 1 kg N $hm^{-2} \cdot a^{-1}$，华中、东南沿海、西南地区的森林氨挥发系数为 1.5 kg N $hm^{-2} \cdot a^{-1}$。

林地施用化学氮肥引起的氨挥发目前研究较少，根据阮云泽等 (2014) 的研究结果，施用化学氮肥的热带人工橡胶林氨挥发损失率最高可达化学氮肥施用量的 10%。由于森林树木的屏蔽作用，化学氮肥的氨挥发系数理论上应该小于农田。森林化学氮肥的氨挥发系数可取相近农田系统氨挥发系数的下限值。

（2）方法 2

有监测结果或数据记录的地区可采用适合当地的氨挥发系数。由于森林系统冠层对挥发的氨具有拦截作用，采用箱式法测定的土壤表面氨挥发速率并不能代表森林冠层表面测定的氨挥发速率。在有条件直接测定的条件下，进行野外实地监测氨挥发速率时，应采用可测定森林冠层氨挥发的测定方法。

6.5.1.3 活动水平数据

涉及森林系统氨挥发计算的活动数据包括施用化学氮肥和不施用化学氮肥的森林面积，以上活动数据的选择可分别参考6.4.3.3节、6.4.1.3节。

6.5.2 淋溶和径流

淋溶和径流是森林系统氮素流失的主要途径之一。森林系统淋溶和径流流失的氮包括有机氮、以硝态氮为主的无机氮和颗粒态氮。不同气候带、地形和森林演化程度的森林系统，淋溶和径流损失的氮形态和损失量差异很大。土壤侵蚀可造成森林系统氮素的大量流失；硝化作用强烈且降水较大地区的森林系统，硝态氮淋溶和径流损失较大；大气氮沉降等活性氮输入量增加，使森林系统达到氮饱和时，也可增加氮素的淋溶和径流损失量。

6.5.2.1 计算方法

森林系统的氮素淋溶和径流损失量通常由淋溶和径流系数与森林面积计算：

$$FROUT_{Lea+Run} = FR_{Are} \times f_{Lea+Run} \tag{6-7}$$

式中，$FROUT_{Lea+Run}$ 为森林系统淋溶和径流量；FR_{Are} 为森林面积；$f_{Lea+Run}$ 为森林系统淋溶和径流系数，定义为单位面积森林的淋溶和径流氮输出量。根据研究和实际测定数据的积累程度，可以分别用淋溶和径流系数计算，也可将淋溶和径流合二为一计算。

6.5.2.2 淋溶和径流系数

天然森林系统保持养分的能力较强，氮的流失和淋溶系数较低（Dise and Wright，1995；Perakis and Hedin，2002）。我国森林系统氮损失的研究资料比较少。由于研究资料不足，本指南未单独列出施用化学氮肥的森林系统。参考以往研究资料，介绍确定森林系统氮素淋溶和径流系数的3种方法。

（1）方法1

通过搜索相关文献，进行文献筛选和数据整理，本指南提供了3种分类方法的森林系统淋溶和径流系数，可根据实际情况采用不同的分类方法及淋溶和径流系数。

1）按地理位置将我国森林系统区分为东北、华北、西北、华中、东南沿海和西南6个地区，分别给出森林系统氮素淋溶和径流系数（表6-4）（郜金标等，2007）。

表6-4 我国森林系统氮素淋溶和径流系数 　　　　单位：kg N hm^{-2}

地区	东北	华北	西北	华中	东南沿海	西南
氮素淋溶和径流	2.79	2.79	0.05	1.49	1.49	1.49

2）按林型，区分为常绿阔叶林、落叶混交林、针叶林、灌木、落叶林和竹类 6 类，给出森林系统氮素淋溶和径流系数（表 6-5）（Gu et al.，2015）。

表 6-5　我国森林系统氮素淋溶和径流系数　　　　单位：kg N hm⁻²

森林类型	常绿阔叶林	落叶混交林	针叶林	灌木	落叶林	竹类
氮素淋溶和径流	5.0	2.0	2.0	1.0	2.8	2.8

3）将气候带与林型结合，区分淋溶和径流系数（周才平，2000），分别计算淋溶和径流损失的氮量（表 6-6）。

表 6-6　我国森林系统土壤中氮素淋溶和径流系数　　　　单位：kg N hm⁻²

森林类型	寒性针叶林	温性针叶林	暖性针叶林	落叶阔叶林	常绿阔叶林	热带雨林/季雨林
氮素淋溶	—	—	0.86	2.88	4.21	6.47
氮素径流	0.09	0.26	0.41	0.09	1.05	2.75

（2）方法 2

运用模型估算森林系统氮素流失是一种较为有效的方法。通常相关的模型可以分为功能性模型和机制性模型。近些年"3S"（RS、GIS 和 GPS①）技术的蓬勃发展，获取模型输入参数的能力大幅度提高，使模型在森林系统氮素流失研究中的应用范围不断扩大。目前国内外在非点源污染的相关研究中运用较多的模型有 CREAM、ANSWERS、WEPP、AGNPS 和 SWAT 等模型，可根据实际情况，特别是模型输入参数的有效性，选择适当的模型估算径流损失。应该特别强调的是，在确定使用选择的模型估算森林系统氮素淋溶和径流损失之前，必须对模型进行验证。

（3）方法 3

与农田系统类似，设置野外观测试验，通过采集径流和渗漏水样，测定淋溶和径流水量及其总氮、硝态氮、铵态氮、有机氮及颗粒态氮，分别计算其总量，进而计算森林氮素淋溶和径流系数。

6.5.2.3　活动水平数据

森林面积和类型是涉及森林系统氮素淋溶和径流的活动数据。森林面积和类型的获取可参考 6.4.1.3 节。

6.5.3　脱氮

脱氮是森林系统将活性氮转化为惰性氮气（N₂）的过程，也是系统氮损失的途径之

---

① 遥感技术（remote sensing，RS），地理信息系统（geographic information system，GIS），全球定位系统（global positioning system，GPS）。

一。反硝化是森林系统最为主要的脱氮过程，但也不排除存在厌氧氨氧化等过程的脱氮作用。受土壤温度、水分、有效氮含量及土壤微生物群落等因素的影响，我国森林系统脱氮输出量及氮素形态差异较大。

6.5.3.1 计算方法

森林系统的脱氮计算公式如下：

$$\text{FROUT}_{\text{Rev}} = \sum_{i=1}^{n} \text{FR}_{\text{Are}_i} \times \text{FRf}_{\text{Rev}_i} \tag{6-8}$$

式中，$\text{FROUT}_{\text{Rev}}$ 为森林系统脱氮量；FR_{Are_i} 为第 i 种森林的面积；$\text{FRf}_{\text{Rev}_i}$ 为该类型森林系统下的脱氮强度。本指南将脱氮强度定义为单位面积的森林系统通过反硝化作用输出的氮量。

6.5.3.2 脱氮强度

类似于农田系统，本指南提供以下两种计算森林系统脱氮强度的方法。
（1）方法1
本指南中脱氮速率包含脱氮强度。区域尺度上，根据 Gu 等（2015）的研究，按照森林类型将我国森林系统划分为常绿阔叶林、落叶混交林、针叶林、灌木、落叶林和竹类 6 类，各类森林系统脱氮损失系数见表6-7。

表6-7 我国森林系统脱氮损失系数　　　单位：kg N hm^{-2}

森林类型	常绿阔叶林	落叶混交林	针叶林	落叶林	灌木	竹类
氮素脱氮损失	6.4	3.3	0.2	4.5	3.6	3.6

（2）方法2
实地测定森林系统脱氮强度。原则上，用于农田系统的脱氮测定方法均可应用于森林系统（见第4章）。但是，森林系统发生脱氮的部位可能不局限于土壤，枯枝落叶和枯死的树干都可能进行脱氮过程。所以，实际测定森林系统脱氮输出时，首先必须详细分析森林系统可能发生脱氮的部位，然后分别采样测定。

6.5.4 森林系统 N_2O 排放

森林系统脱氮产生的 N_2O 是大气 N_2O 的重要排放源。由于气候状况、土壤性质和水分状况的时空变异，森林系统的 N_2O 排放量存在巨大的时空变异性（Groffman et al.，2009）。由于森林系统 N_2O 排放有成熟的直接测定方法，文献资料中关于森林系统 N_2O 排放的直接测定数据相当丰富。

6.5.4.1 计算方法

森林系统的 N_2O 排放计算公式如下：

$$\text{FROUT}_{N_2O} = \sum_{i=1}^{n} \text{FR}_{\text{Are}_i} \times \text{FRf}_{N_2O_i} \tag{6-9}$$

式中，$FROUT_{N_2O}$ 为森林系统 N_2O 排放量；FR_{Are_i} 为第 i 种森林的面积；$FRf_{N_2O_i}$ 为该类型森林系统下的 N_2O 排放系数。

6.5.4.2　N_2O 排放系数

区域尺度下森林系统脱氮产生的 N_2O 排放量可由表 6-8 提供的缺省值计算（Gu et al., 2015）。对施用化学氮肥的森林系统，N_2O 排放系数可参照旱地土壤的 N_2O 排放系数，即 N_2O 排放量为施用化学氮肥氮的 1%。

表 6-8　我国森林系统 N_2O 排放系数　　　　　单位：$kg\ N\ hm^{-2}$

森林类型	常绿阔叶林	落叶混交林	针叶林	落叶林	灌木	竹类
N_2O 排放系数	1.2	0.5	0.3	0.8	0.7	0.7

6.5.4.3　活动水平数据

森林系统 N_2O 的排放活动数据涉及森林面积与化学氮肥用量，具体参数选择可参考 6.4.1.3 节和 6.4.3.3 节。

6.5.5　木材输出

木材输出是森林系统的重要输出之一，木材是我国国民经济建设的主要生产资料和人民生活不可缺少的生活资料，同时也是天然环保和低能耗材料，已逐渐成为保障经济健康稳定发展的重要的战略性资源（程宝栋和宋维明，2007）。

6.5.5.1　计算方法

森林系统木材氮输出计算公式如下：

$$FROUT_{Tim} = \sum_{i=1}^{n} FR_{Biom_i} \times FRf_{Ncon_i} \qquad (6\text{-}10)$$

式中，$FROUT_{Tim}$ 为森林系统木材输出氮量；FR_{Biom_i} 为第 i 类作为木材输出的总量；FRf_{Ncon_i} 为该类木材的氮含量。

6.5.5.2　木材氮含量与生物量

木材的输出总量可以通过木材蓄积量和生物量转换因子系数，将木材体积转化为质量总量计算。森林系统生物量与木材蓄积量的转换，可以根据方精云和陈安平（2001）的研究计算。我国不同种类、不同地区森林的生物量可参考方精云等（1996）的汇总结果。根据 Gu 等（2015）的总结，常见木材氮含量见表 6-9。

表 6-9　我国常见木材氮含量　　　　　　　　　　　单位:%

森林类型	木材氮含量
常绿阔叶林	0.2
落叶林	0.2
针叶混交林	0.2
针叶林	0.1
竹林	0.3
灌木	0.4

6.5.5.3　森林生物质燃烧

燃烧是森林系统经常发生的现象，燃烧可以是自然的，也可以是人为控制的。但无论是哪一种燃烧，都会将森林系统的一部分氮以气体的形式排放到大气。森林系统生物质燃烧排放的氮形态包括 N_2 和含氮化合物 N_2O、NO_x 及 NH_3 等。森林系统生物质燃烧排放到大气的氮量可由式 (6-11) 计算。

$$\text{FROUT}_{\text{Sbur}} = \text{Amou}_{\text{Bur}} \times f_{\text{Fir}}(NO_x + N_2O + NH_3 + N_2) + \text{Amou}_{\text{Wbu}} \times f_{\text{Woo}}(NO_x + N_2O + NH_3 + N_2)$$

$$(6\text{-}11)$$

式中，$\text{FROUT}_{\text{Sbur}}$ 为森林生物质燃烧排放的氮量；Amou_{Bur} 为燃烧的生物质量；$f_{\text{Fir}}(NO_x + N_2O + NH_3 + N_2)$ 为森林生物质燃烧排放的氮系数；Amou_{Wbu} 为薪柴量；$f_{\text{Woo}}(NO_x + N_2O + NH_3 + N_2)$ 为薪柴燃烧排放的氮系数。根据 Andreae 和 Merlet (2001) 的研究结果，森林生物质燃烧排放的氮系数分别为：$0.2 \ \text{g} \cdot \text{kg}^{-1} \ N_2O$、$1.6 \ \text{g} \cdot \text{kg}^{-1} \ NO_x$、$1.3 \ \text{g} \cdot \text{kg}^{-1} NH_3$ 和 $3.1 \ \text{g} \cdot \text{kg}^{-1} \ N_2$。薪柴燃烧过程中排放的氮系数分别为：$0.06 \ \text{g} \cdot \text{kg}^{-1} \ N_2O$、$1.56 \ \text{g} \cdot \text{kg}^{-1} \ NO_x$、$1.3 \ \text{g} \cdot \text{kg}^{-1} \ NH_3$ 和 $3.1 \ \text{g} \cdot \text{kg}^{-1} \ N_2$。以此为缺省值，在已知森林系统生物质燃烧量的前提下可计算出生物质燃烧排放的各种形态的氮量。

6.6　森林系统储存

进入森林系统的氮，大部分以植物吸收即森林活立木总蓄积量、土壤有机质及其养分含量增加的形式储存在森林系统的植物与土壤中。这部分的计算可以通过差减方法获取，即输入项与输出项的差值。此外，根据周才平 (2000) 的研究，我国不同类型的森林系统氮储存见表 6-10。森林系统生物量的计算，可以直接测量，也可以利用生物量模型（包括相对生长关系和生物量-蓄积量模型）、生物量估算参数及 3S 技术等方法估算，其中，生物量-蓄积量模型和生物量估算参数在大尺度森林生物量的估算中得到广泛应用 (Somogyi et al., 2007)。

表 6-10　我国森林系统氮储存　　　　　　　　　单位: kg N hm^{-2}

森林类型	地上部分	地下部分	枯落物	土壤
寒性针叶林	224.0	44.0	155.0	8 024.0

续表

森林类型	地上部分	地下部分	枯落物	土壤
温性针叶林	282.0	66.0	164.0	7 408.0
温带针阔混交林	821.0	229.0	213.0	6 425.0
落叶阔叶林	281.0	65.0	101.0	6 992.0
暖性针叶林	272.0	65.0	47.0	9 058.0
亚热带常绿阔叶林	815.0	196.0	97.0	8 670.0
季风常绿阔叶林	997.0	232.0	66.0	10 578.0
热带雨林	1 797.0	390.0	74.0	12 831.0

6.7　质量控制与保证

6.7.1　森林系统氮素输入和输出的不确定性

作为陆地生态系统的载体，森林具有丰富的生物多样性、复杂的结构和生态过程。我国复杂的地形、地貌及气候等特征孕育了丰富的森林资源。从热带雨林、季雨林到寒温带针叶林，从各类用材林到各种经济林等都有分布。我国80%以上森林系统集中在东北、西南和南方偏远山区的江河上游。而华北、西北地区则属于少林、无林区（张玉霞和白军红，2002）。我国森林系统氮素流动的综合分析较少，研究基础相对薄弱，相关数据缺乏。因此，在评估我国森林系统氮素流动过程中存在较大的不确定性。

本指南中森林系统氮素输入包括大气氮沉降、化学氮肥、生物固氮。

1）大气氮沉降。与农田类似，大气沉降评估中不确定性的来源主要为森林面积及沉降速率，其中，沉降速率的不确定性分析可参考18.7节。由于森林面积多通过相关统计年鉴等统计资料，不确定性范围可设定为±5%。

2）化学氮肥。森林系统中的化学氮肥施用，主要发生在速生林、经济林及毛竹林等。尽管本指南按照林地的区域进行了省市划分，列出了不同类型林地的化学氮肥用量，但数据相对陈旧且并未涵盖所有省份。

3）生物固氮。生物固氮是森林系统氮素主要输入源之一，对天然林而言，自生固氮对森林系统氮素输入具有更重要的意义。尽管本指南中按照不同地区、不同的森林类型列举了我国森林系统的生物固氮系数，但不同研究者报道的数据之间存在极大的变异（表6-1、表6-2）。根据郗金标等（2007）的研究，我国豆科植物和非豆科植物的共生固氮能力因植物种类和研究地点不同差异很大，我国森林系统中的豆科植物固氮量范围为12～200 kg N hm^{-2}·a^{-1}，双子叶植物固氮能力范围为8～160 kg N hm^{-2}·a^{-1}。在这之间选择不同的数值作为森林系统生物固氮量，可能产生较大的不确定性。此外，由于数据缺乏，本指南并未列出森林系统其他的氮输入源，如经济林的灌溉水及有机肥输入的氮量。

森林系统氮素输出包括氨挥发、淋溶和径流与脱氮损失等。我国森林系统氮损失的研究资料比较少。因此，针对森林系统氮素输出系统的不确定性分析如下：

1）氨挥发。森林系统氨挥发系数可能存在较大的时间和空间变异性。由于数据缺乏，本指南仅按照区域划分了森林系统氨挥发系数，且该参数主要针对天然林地，针对施肥林地的氨挥发系数并未在指南中列出。这些都可能导致森林系统氨挥发损失量估算结果的不确定性。

2）淋溶和径流。尽管指南按照地区、林地类型详细列出了我国森林系统氮素的淋溶和径流损失，然而，我国不同地区、不同树种间氮素的淋溶和径流损失差别巨大。有研究表明，我国西双版纳热带季雨林生态系统氮的径流输出量为 5.95 kg N hm^{-2}·a^{-1}，而黄土残塬沟壑区刺槐人工林生态系统氮的径流输出量仅为 0.03 kg N hm^{-2}·a^{-1}（刘增文等，1998；沙丽清等，2002）。

3）脱氮与 N$_2$O 排放。由于我国地域宽广，不同地区森林系统受自然条件和社会经济状况的影响，N$_2$O 排放量差别较大，尽管本指南中根据森林植被类型指定了森林系统 N$_2$O 排放和脱氮系数，但是，根据徐慧等（1995）和肖冬梅等（2004）对长白山地区的研究，森林系统 N$_2$O 的损失通量为 0.52~3.8 kg N hm^{-2}·a^{-1}。因此，不同气候带森林系统通过脱氮输出的氮通量存在一定的不确定性。

4）森林木材输出。作为森林系统的重要输出项，本指南中根据我国不同类型的森林系统，按照周才平（2000）的研究结果对森林活立木总蓄积量进行了划分。实际上，不同方法估算的森林生物量存在一定的差别。

6.7.2　减少不确定性的途径

不确定性分析显示，森林系统氮素输入的不确定性主要有以下几种来源：①氮素输入评估中，化学氮肥的输入量按照地区进行划分，未包括所有省市；生物固氮存在较大的差异；本指南中并未考虑其他来源的氮；②氮输出参数。森林系统氮素的淋溶和径流与脱氮系数，数据较少，且变异较大。其中，生物量的估算也存在相对较大的不确定性。

森林系统氮素的输入输出不确定性包括活动数据和转换参数的缺乏。有条件的地区或部门在进行森林系统氮素流动分析时，应尽可能多地采用野外试验获取的实际测定数据，或者选取本指南中较适合本地情况的参数。例如，针对林地生物量，可采用我国各级森林资源清查资料和生物量实测数据提出符合各地区主要森林类型的生物量估算方法与参数值。另外，天然林地系统及速生林、经济林和毛竹林等系统的氮素输入、输出存在一定的差异，各地区可根据实际情况对本指南中的模型和参数进行调整，因地制宜，选取合理的方法和评估依据。对各种来源的森林系统氮评估不确定性的量化，是减少不确定性的途径之一。同时，QA/QC 也能够提高森林系统氮素流动分析的透明性和准确性。

参 考 文 献

陈伏生，曾德慧，何兴元．2004．森林土壤氮素的转化与循环．生态学杂志，23（5）：126-133.

程宝栋，宋维明．2007．中国木材产业安全研究．北京：中国林业出版社.

储双双，刘颂颂，韩博，等．2013．华南不同林地地表径流量及氮、磷流失特征．水土保持学报，

27 (5)：99-114.

樊建凌，胡正义，周静，等 . 2013. 林地大气氮沉降通量观测对比研究 . 中国环境科学，33 (5)：786-792.

方精云，陈安平 . 2001. 中国森林植被碳库的动态变化及其意义 . 植物学报（英文版），43 (9)：967-973.

方精云，刘国华，徐嵩龄 . 1996. 我国森林植被的生物量和净生产量 . 生态学报，16 (5)：497-508.

国家林业局 . 2014. 第八次全国森林资源清查结果 . 林业资源管理，1：1-2.

李家康，林葆，梁国庆，等 . 2001. 对我国化肥施用前景的剖析 . 植物营养与肥料学报，7：1-10.

刘增文，李玉山，刘秉正，等 . 1998. 黄土残塬沟壑区刺槐人工林生态系统的养分循环与动态模拟 . 西北林学院学报，13 (2)：34-40.

阮云泽，张茂星，陈鹏，等 . 2014. 热带人工橡胶林地砖红壤中氨挥发规律的研究 . 土壤，46 (3)：466-469.

沙丽清，郑征，冯志立，等 . 2002. 西双版纳热带季节雨林生态系统氮的生物地球化学循环研究 . 植物生态学报，26 (6)：689-694.

郗金标，张福锁，有祥亮 . 2007. 中国森林生态系统 N 平衡现状 . 生态学报，27 (8)：3257-3267.

肖冬梅，王淼，姬兰柱，等 . 2004. 长白山阔叶红松林土壤 N_2O 排放通量的变化特征 . 生态学杂志，23 (5)：46-52.

徐慧，陈冠雄，马成新 . 1995. 长白山北坡不同土壤 N_2O 和 CH_4 排放的初步研究 . 应用生态学报，6 (4)：373-377.

杨曦光，于颖，黄海军，等 . 2012. 森林冠层氮含量遥感估算 . 红外与毫米波学报，31 (6)：536-543.

张玉霞，白军红 . 2002. 我国森林资源可持续开发利用的环境经济学对策 . 国土与自然资源研究，(2)：60-61.

周才平 . 2000. 中国主要类型森林生态系统及区域氮循环研究 . 北京：中国科学院地理科学与资源研究所 .

Andreae M O, Merlet P. 2001. Emission of trace gases and aerosols from biomass burning. Global Biogeochemical Cycles, 15 (4)：955-966.

Coleman D C, Anderson R V, Cole C V, et al. 1977. Trophic interactions in soils as they affect energy and nutrient dynamics. IV. Flows of metabolic and biomass carbon. Microbial Ecology, 4 (4)：373-380.

Cui S H, Shi Y L, Groffman P M, et al. 2013. Centennial- scale analysis of the creation and fate of reactive nitrogen in China (1910- 2010) . Proceedings of the National Academy of Sciences of the United States of America, 110 (6)：2052-2057.

Daisy N, Nahuehual L, Oyarzu C. 2006. Forests and water：The value of native temperate forests in supplying water for human cosumption. Ecological Economics, 58：606-616.

Dise N B, Wright R F. 1995. Nitrogen leaching from European forests in relation to nitrogen deposition. Forest Ecology and Management, 71 (1-2)：153-161.

Groffman P M, Butterbach- Bahl K, Fulweiler R W, et al. 2009. Challenges to incorporating spatially and temporally explicit phenomena (hotspots and hot moments) in denitrification models Biogeochemistry, 93 (1-2)：49-77.

Gu B J, Ju X T, Chang J, et al. 2015. Integrated reactive nitrogen budgets and future trends in China. Proceedings of the National Academy of Sciences of the United States of America, 112 (28)：8792-8797.

Gundersen P, Emmett B A, Kjønaas O J, et al. 1998. Impact of nitrogen deposition on nitrogen cycling in forests：A synthesis of NITREX data. Forest Ecology and Management, 101 (1-3)：37-55.

Gundersen P. 1991. Nitrogen deposition and the forest nitrogen cycle: Role of denitrification. Forest Ecology and Management, 44 (1): 15-28.

Núñez D, Nahuelhual L, Oyarzu C. 2006. Forests and water: The value of native temperate forests in supplying water for human consumption. Ecological Economics, 58 (3): 606-616.

Perakis S S, Hedin L O. 2002. Nitrogen loss from unpolluted South American forests mainly via dissolved organic compounds. Nature, 415 (6870): 416-419.

Peterjohn W T, Foster C J, Christ M J, et al. 1999. Patterns of nitrogen availability within a forested watershed exhibiting symptoms of nitrogen saturation. Forest Ecology and Management, 119 (1-3): 247-257.

Somogyi Z, Cienciala E, Makipaa R, et al. 2007. Indirect methods of large- scale forest biomass estimation. European Journal of Forest Research, 126 (2): 197-207.

Ti C P, Pan J J, Xia Y Q, et al. 2012. A nitrogen budget of mainland China with spatial and temporal variation. Biogeochemistry, 108 (1-3): 381-394.

第7章 畜禽养殖系统

7.1 导　言

畜禽养殖系统是人类赖以生存的重要系统，它提供了丰富的肉、蛋和奶产品，繁荣了市场，满足了人民的生活需要。同时也产生了大量的粪尿排泄物，2010 年全球总的畜禽粪尿氮排泄量与化学合成氮肥量相当，达到 107 Tg，由此带来了严重的环境污染问题（Oenema et al.，2014）。研究表明，放牧、畜禽粪尿管理和施用过程中的 N_2O 排放，占全球总 N_2O 排放的 37.3%（Oenema et al.，2014）。牲畜排泄物 NH_3 排放占全球总 NH_3 排放的 40.0%（Bouwman et al.，1997）。此外，大量的畜禽粪尿污水直接排放使地表水体含氮量显著增加（Strokal et al.，2016）。畜禽养殖系统对全球陆地生态系统氮循环和生态环境有着极其重要的影响（Galloway and Cowling，2002；Erisman et al.，2013）。无论从全球角度，还是从中国自身来看，随道收入水平的增加和城市化率的提高，食物消费结构正在从传统的植物性食物占主导的消费结构转向以脂肪和肉食等动物性食物比例更大的消费结构（FAO，2013；Tilman and Clark，2014；Gu et al.，2015；Cui et al.，2016）。有关研究表明，动物性食物生产氮的代价远超过植物性食物生产氮的代价（Galloway and Cowling，2002；Xue and Landis，2010；Tilman and Clark，2014）。从全球平均来看，每消费 1 kg 的植物性食物氮和动物性食物氮分别需要 7.1 kg 和 25.0 kg 的新氮投入，这意味着人类每消费 1 kg 植物性或动物性食物氮，分别向环境介质中排放 6.1 kg 和 24.0 kg 的氮（Galloway and Cowling，2002）。全球人口快速增长和动物性食物消费比例的增加，致使近年来全球猪、牛和家禽的饲养量每年以 0.8%、1% 和 3% 的速度快速增长（FAO，2013）。如果动物性食物的增加趋势不加控制，未来将会引起更加严重的环境污染和人类健康问题（Sutton et al.，2011；Tilman and Clark，2014）。

我国是世界上最大的畜禽饲养国和畜禽产品消费国。2014 年，猪饲养量和猪肉产量分别占全球猪饲养量和猪肉产量的 49% 和 47%，肉牛饲养量和牛肉产量分别占全球的 15% 和 10%，家禽饲养量和禽肉产量分别占全球的 17% 和 16%（FAO，2014）。1990~2014 年，我国动物食物消费驱动的新氮输入约占全国食物系统新氮输入的 33.4%~52.8%（Gao et al.，2018）。可见，畜禽养殖系统氮需求对我国总氮投入量变化起着举足轻重的作用。然而，我国畜禽饲养养殖阶段的平均氮素利用效率仅为 16%，且省份之间存在较大差异，变化范围为 9%~24%（Ma et al.，2012）。另有研究表明，2010 年我国畜禽养殖系统氮投入量高达 26.8 Tg，除 3.9 Tg N 以动物活体和产品形式被利用，高达 85% 或 22.8 Tg N 以畜禽粪尿的形式存在，这些粪尿氮最终只有 18% 被农作物吸收利用，剩余部分则通过畜禽圈舍、存储和施用等阶段的不同损失途径进入环境系统，引起一系列环境污染问题（Bai et al.，2016）。我国人口快速增长和食物消费结构的变化，将会进一步驱动动物性食物消费的增加，进而增加食物链氮素的输入和氮环境污染负荷（Hou et al.，2014；Gao et al.，2018）。相比农田系统，畜禽养殖系统氮素需求量在迅速增加，而该系统的氮素利用率较低、氮损失途径更多，因而也更难控制。因此，全面评估我国畜禽养殖系统氮素来源和去向，对提高畜禽养殖系统氮素利用效率、降低环境污染风险、协调人们日益增长的对动物产品的需求与环境友好发展具有重要的指导意义。

近年来关于我国畜禽养殖系统氮素平衡、氮素流动、氮素收支及利用效率等方面的研究越来越多。当前，由于活动数据相对容易获取及相关计算参数研究颇多，畜禽养殖系统的氮输入来源、动物活体氮存储、产品氮输出、畜禽粪便排泄量及排泄物损失途径等研究相对清晰（Wang et al.，2010；Ma et al.，2012；Gao et al.，2018）。然而，有关畜禽动物性饲料、牧草饲料、其他饲料、净进口饲料和活体进出口等方面的研究，则由于活动数据和参数的可获取性较差而相对较弱。例如，一些研究中，采用氮素平衡的方法，通过计算畜禽活体、产品及排泄物氮量减去可以明确计算的作物籽粒和秸秆饲料氮、厨余饲料氮及食品加工副产物氮等，将差值看作是从畜禽养殖系统外部输入食物系统的包含牧草和其他来源的饲料氮（Ma et al.，2014；Cui et al.，2013，2016；Gao et al.，2018）。此外，我国不同地区，畜禽养殖规模和养殖方式存在较大差异，这些因素使畜禽饲养阶段的饲料投入和粪尿排泄物的去向等存在较大差异（Ma et al.，2012；Huang et al.，2012；环境保护部科技标准司，2014；柏兆海，2015）。而多数研究中将畜禽养殖系统简单地看作一个"黑箱"，只考虑系统外部输入畜禽养殖系统的各种来源饲料氮，对粪尿排泄物氮的去向也未进行不同饲养方式的区分（Gu et al.，2015；Cui et al.，2016；Gao et al.，2018）。饲料氮投入、动物活体及产品氮输出、畜禽出栏和粪尿排泄物氮的去向是畜禽养殖系统氮素重要的流动。此外，畜禽活体进出口、死淘动物所包含的氮及局部地区畜禽粪便作能源燃烧引起的氮损失也应被考虑在氮素流动分析过程内。然而，不同的研究方法难以反映我国不同地区畜禽养殖系统氮素流动的自身特点，对全国和区域畜禽养殖系统氮素的来源和去向估算带来了很大的不确定性，同时也对环境管理部门进行相关政策和措施的制定造成很大的困扰。

本章基于分析畜禽养殖系统氮的输入与输出，通过资料调研收集、整理，分析国内外的研究成果，对现阶段畜禽养殖系统氮流动分析方法在我国的适用性进行系统整理与评估，在建立本土评估因子数据库和畜禽养殖系统氮素流动分析数据库的基础上，建立了一套统一的技术方法和相应的技术指南，用于全面准确地分析和评估畜禽养殖系统氮素流动过程及其对环境的影响。

7.2　系 统 描 述

7.2.1　系统的定义、内涵及其外延

畜禽养殖系统指包括猪（育肥猪、能繁母猪）、肉牛、役牛、奶牛、羊、马、驴、骡、骆驼、肉鸡、蛋鸡、其他家禽和兔子等动物的养殖系统，不包括另立系统的宠物。畜禽养

殖系统即以生产人们日常生活需要的动物产品（肉、蛋、奶和皮毛）为目的的生产系统。
该系统的运转包括来自饲料加工业和贸易进口的饲料氮投入，畜禽粪便的存储、管理和施
用，畜禽粪便作能源使用及动物产品的输出和出口等。

7.2.2　畜禽养殖系统与其他系统之间的氮交换

　　畜禽养殖系统与其他多个系统之间存在氮的输入和输出交换关系。该系统氮的输入包
括来自农田系统的籽粒和秸秆饲料氮、食品加工业系统副产物作饲料、食物消费系统厨余
垃圾作饲料和草地系统的牧草饲料，以及来自系统外部的贸易中的净进口饲料氮及动物活
体进出口所包含的氮。氮输出包括肉蛋奶产品输出到食品加工业和食物消费系统，淘汰动
物宰杀后进入食物消费系统、死亡畜禽进入废弃物处理系统，畜禽粪尿排泄物通过还田方
式进入农田系统、通过氨挥发和反硝化形式进入大气系统、通过淋洗和直接排放进入水体
系统及畜禽粪便作能源燃烧后进入大气系统。

7.3　畜禽养殖系统氮素流动模型

　　本指南中畜禽养殖系统氮素流动模型建立在氮输入和输出基础上。其中，氮输入包括
籽粒饲料、秸秆饲料、动物性饲料、食品加工副产物、餐厨饲料、牧草饲料、其他饲料、
净进口饲料和活体进口 8 个来源（图 7-1），氮输出包括动物活体存栏、出栏宰杀、动物产
品（蛋、奶）、粪尿排泄和死淘畜禽五大去向。畜禽出栏宰杀后又可分为肉、骨头和皮毛
副产物，粪尿排泄后可分为粪尿反硝化、粪尿氨挥发、粪尿直接排放、粪便堆置、粪便还
田五大去向。需要特别指出的是，模型中把畜禽活体氮素的储存也作为输出项。作为氮素
循环的一个重要部分，畜禽养殖系统中的氮素，一部分通过粪尿氨挥发、反硝化的形式进
入大气，一部分又通过粪尿直接排放形式进入水体，一部分则以堆置和还田形式进入
土壤。

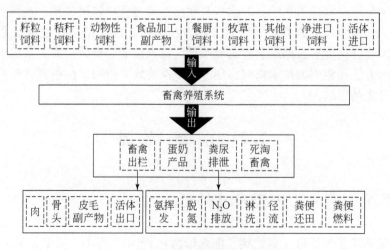

图 7-1　畜禽养殖系统氮素流动模型

　　畜禽养殖系统的氮输入可能是其他系统的氮输出，同时该系统的氮输出可能是另一个系统的氮输入。为了避免重复计算和数据不统一，本系统输入端作物籽粒饲料和秸秆饲料部分氮直接来自农田系统的计算结果，餐厨饲料直接来自家庭消费系统厨余作饲料的计算结果，天然草地牧草量直接来自草地系统的计算结果；对一些研究尺度因缺少相关统计数据无法计算的饲料氮，则通过产品饲料转化效率或单位畜禽饲养周期养分需求量在本系统内计算。输出端按照畜禽产品（蛋、奶），畜禽出栏宰杀后的肉、骨头和皮毛副产物和粪尿排泄氮的不同去向进行计算，以作为后续食品加工业系统、家庭消费系统和大气、水体及土壤系统的氮输入。

　　我国不同地区畜禽种类、规模大小、饲养方式和环境条件等存在较大差别，在确定畜禽养殖系统氮素流动模型时，应紧密结合所在地域的具体情况，根据当地氮输入输出和活动数据水平特征，在本指南的基础上因地制宜地选择科学、适当的氮素流动模型，并根据经济、技术的发展与信息资料的完备程度不断地完善和更新。

7.4　氮 素 输 入

　　根据畜禽养殖系统氮素流动模型，该系统氮输入包括作物籽粒和秸秆饲料、动物性饲料、食品加工副产物、餐厨饲料、牧草饲料、其他饲料、净进口饲料和动物活体进口，由以下公式计算：

$$LS_{IN} = LSIN_{Crop} + LSIN_{Str+Fer} + LSIN_{Ani} + LSIN_{FoPr} + LSIN_{KW} + LSIN_{Past} + LSIN_{Other} + LSIN_{NetImp} + LSIN_{AniImp}$$

$$(7\text{-}1)$$

式中，LS_{IN} 表示畜禽养殖系统总氮输入量；$LSIN_{Crop}$ 表示畜禽养殖系统作物籽粒饲料氮输入；$LSIN_{Str+Fer}$ 表示秸秆饲料及其氨化氮输入量；$LSIN_{Ani}$ 表示动物性饲料氮量；$LSIN_{FoPr}$ 表示食品加工副产物作饲料，包括植物性食品和动物性食品加工副产物；$LSIN_{KW}$ 表示餐厨饲料；$LSIN_{Past}$ 表示来自草地系统的牧草饲料氮；$LSIN_{Other}$ 表示其他饲料氮量；$LSIN_{NetImp}$ 表示净进口饲料氮量；$LSIN_{AniImp}$ 表示活体进口氮量。国家尺度上，不同来源的氮输入可通过相关统计数据采用"自上而下"的方法计算，但在省级和地市级尺度上，个别来源饲料氮输入量因缺少相关统计数据，无法进行计算，这种情况下可结合畜禽产品产量、饲料转化效率或单位畜禽饲养周期内养分摄入量，采用"自下而上"的方法来计算饲料氮输入量。本节详细描述各来源饲料氮的计算方法、系数选取及活动数据的选择标准与获取方法。

7.4.1　作物籽粒饲料

　　作物籽粒饲料氮输入以 $LSIN_{Crop}$ 表示，由 4.5.1.2 节作物产量和 7.4.4.3 节籽粒产量作饲料比例计算。

7.4.2　秸秆饲料及氨化

　　秸秆饲料氮量以 $LSIN_{Str}$ 表示，可由 4.5.1.1 节作物秸秆产量和秸秆作饲料的比例

（表4-6、表4-9和表4-10）计算。此外，在作物秸秆作饲料的实际喂养过程中，为促进反刍畜瘤胃内微生物的大量繁殖，提高秸秆的可消化性，作物秸秆一般需要经过氨化处理后再用来饲喂牲畜，起到"过腹还田"的作用。秸秆氨化指在秸秆饲料中添加一定量的氨氮，添加量约为秸秆饲料氮输入量的 1.5 倍（陈继富等，2005；李日强等，2006；Gu et al.，2015）。因此，秸秆饲料及其氨化饲料氮等于秸秆饲料氮和氨化秸秆的氮肥投入量之和。可用以下计算公式：

$$\text{LSIN}_{\text{Str+Fer}} = \text{LSIN}_{\text{Str}} + \text{LSIN}_{\text{Str}} \times 1.5 \tag{7-2}$$

式中，$\text{LSIN}_{\text{Str+Fer}}$表示秸秆饲料及其氨化氮输入量；$\text{LSIN}_{\text{Str}}$表示秸秆饲料氮量。

7.4.3 动物性饲料

7.4.3.1 计算方法

根据文献报道，动物性饲料氮（LSIN_{Ani}）包含畜禽养殖系统所消耗的来自本系统内部的用于喂养和哺乳畜禽的肉、奶，畜禽出栏宰杀后骨头和皮毛副产物等作饲料及来自水产养殖系统的鱼粉蛋白等。目前，根据活动数据和参数的可获取性，以上几种动物性饲料氮的计算主要有以下几种方法。

（1）方法1

在国家尺度上，动物性饲料氮可由 FAO 食物平衡表中统计的不同动物性饲料氮加和计算（施亚岚，2014；Cui et al.，2016）。可用以下计算公式：

$$\text{LSIN}_{\text{Ani}} = \sum_{i=1}^{n} \text{AF}_i \times N_i \tag{7-3}$$

式中，LSIN_{Ani}表示动物性饲料氮量；AF_i表示第 i 种动物性饲料量；N_i表示第 i 种动物饲料氮含量。但该方法数据来源为全国尺度的统计数据，省级、市级及其以下研究尺度则无法进行相关计算。在此情况下，可采用国家尺度肉、奶和水产品作饲料的比例作为下级研究尺度的计算参数，该做法未考虑地区之间差异。

（2）方法2

有研究采用作物系统籽粒和秸秆作饲料的计算方式，根据出栏畜禽宰杀后骨头和皮毛副产物作饲料的比例来计算动物性饲料氮量（高利伟，2009；Ma et al.，2012，2014）。该部分计算方法见7.4.4节中食品加工副产物作饲料氮的计算。

（3）方法3

将动物性饲料氮作为系统内部循环，仅计算来自水产养殖系统的鱼粉蛋白饲料氮量（Gu et al.，2015），其量值通过总的水产品氮产量减去人类消费量以及水产品出口量计算得到。可用以下计算公式：

$$\text{LSIN}_{\text{Aqu}} = (\text{Aqu}_{\text{Total}} - \text{Aqu}_{\text{House}} - \text{Aqu}_{\text{Exp}}) \times N_{\text{Aqu}} \tag{7-4}$$

式中，LSIN_{Aqu}表示畜禽养殖系统鱼粉蛋白饲料氮输入量；$\text{Aqu}_{\text{Total}}$、$\text{Aqu}_{\text{House}}$ 和 Aqu_{Exp}表示水产品氮总产量、人类家庭消费水产品氮量和水产品出口氮量；N_{Aqu}表示水产品氮含量。本指南推荐将方法1、方法2和方法3相结合作为不同尺度计算动物性饲料氮的缺省方法。

（4）方法 4

以上 3 种动物性饲料氮的计算方法均是基于统计数据的"自上而下"计算方式。此外，在活动数据难以获取的情况下，也可通过基于不同畜禽种类、饲养方式及其饲料配方和饲养数量的"自下而上"的方法计算。例如，相关研究报道了我国肉牛、奶牛、猪、肉鸡和蛋鸡不同饲养规模下的日粮配方，根据日粮配方和喂养数量不仅可以计算不同畜禽的总饲料消费量，还可以计算其中的动物性饲料氮量（Gao et al.，2011；柏兆海，2015）。该方法也适用于分析和评价某种单一畜禽养殖系统的动物性饲料氮投入情况。本指南将该方法推荐为动物性饲料氮计算相关活动数据较难获取情况下的估算方法。

7.4.3.2　动物性饲料氮含量

方法 1 计算动物性饲料氮需要不同动物饲料的含氮量参数。施亚岚（2014）通过 FAO 食物平衡表中动物性饲料供应量及动物性饲料供应蛋白量，计算了不同动物性饲料氮含量（表 7-1）。不同年份之间动物性食物氮含量参数受动物性饲料及其蛋白质供应量的影响略有变化，实际氮含量可根据 FAO 食物平衡表计算获得。

表 7-1　不同动物性饲料氮含量　　　　　单位:%

种类	氮含量
肉	1.88
蛋	1.83
奶	0.55
鱼/海产品	1.41

7.4.3.3　活动水平数据

针对不同的动物性饲料氮的计算方法，活动数据的选择也有所差别。方法 1，以 FAO 食物平衡表为活动数据来源（施亚岚，2014；Cui et al.，2016）。对国家级以下尺度的相关研究可采用国家肉、奶和水产品作动物饲料的比例结合来自《中国统计年鉴》《中国农业年鉴》中的肉、奶和水产品的产量进行相关的计算。方法 2，以畜禽出栏宰杀后骨头及皮毛副产物的产生量为活动数据。方法 3，以不同尺度的水产品氮总产量、家庭水产品消费量及水产品出口量为活动数据。该类数据来自《中国统计年鉴》、《中国农业年鉴》、各省级统计年鉴及《中国海关统计年鉴》。方法 4，以不同养殖方式和规模下的畜禽养殖数量为活动数据。国家尺度上该数据来源于《中国畜牧业年鉴》，获取其他尺度的该类数据需要进行部门咨询和实地调研。

7.4.4　食品加工副产物

食品加工副产物指食品加工业系统的动植物性食品生产加工过程中产生的用于畜禽

养殖饲料的副产物，如小麦加工面粉产生的麸皮、大豆产品加工产生的豆粕和牲畜宰杀后的骨头等作饲料。本节对植物性食品加工副产物和动物性食品加工副产物作饲料单独计算。

7.4.4.1　植物性食品加工副产物饲料氮计算方法

Ma 等（2012）和 Gao 等（2018）采用不同籽粒作口粮氮的用途（表7-2）计算了口粮氮作动物饲料氮量。可通过以下计算公式：

$$\text{LSIN}_{\text{PFBP}} = \sum_{i=1}^{n} \text{See}_i \times R_i \times r_i \times N_{\text{See}_i} \qquad (7\text{-}5)$$

式中，$\text{LSIN}_{\text{PFBP}}$ 表示畜禽养殖系统植物性食品加工副产物作饲料氮输入量；See_i 表示第 i 种作物籽粒产量；R_i 表示第 i 种籽粒作口粮的比例；r_i 表示第 i 种籽粒作口粮后饲料去向比例；N_{See_i} 表示第 i 种作物籽粒氮含量。

7.4.4.2　动物性食品加工副产物饲料氮计算方法

畜禽出栏宰杀后一定比例的骨头和皮毛副产物可用于生产畜禽养殖用的骨粉等饲料。高利伟（2009）采用畜禽出栏宰杀后骨头和皮毛副产物乘以骨头和皮毛副产物的比例，计算了动物性食物加工副产物作饲料氮量。可以采用以下计算方法：

$$\text{LSIN}_{\text{AFBP}} = \sum_{i=1}^{n} A_i \times A_{i,\text{Weig}} \times R_{i,\text{Part}j} \times r_{i,\text{Feed}} \times N_{i,\text{Part}j} \qquad (7\text{-}6)$$

式中，$\text{LSIN}_{\text{AFBP}}$ 表示畜禽养殖系统动物性食品加工副产物作饲料氮输入量；A_i 表示第 i 种畜禽出栏量；$A_{i,\text{Weig}}$ 表示第 i 种畜禽出栏的个体重量；$R_{i,\text{Part}j}$ 表示第 i 种出栏畜禽不同部位 j 的比重，此处指骨头和皮毛副产物的比重（表7-3）；$r_{i,\text{Feed}}$ 表示第 i 种畜禽出栏骨头和皮毛副产物作饲料的比例，分别为骨头和皮毛副产物产生量的 50% 和 30%（高利伟，2009）；$N_{i,\text{Part}j}$ 表示畜禽出栏骨头和皮毛副产物的含氮量。

7.4.4.3　作物籽粒口粮氮比例及其去向

估算植物性食品加工副产物作饲料氮，首先需弄清不同年代作物收获物的不同用途比例。国内相关研究基于大量的社会调研数据分析，得出了我国 20 世纪 90 年代和 21 世纪初的作物收获物去向比例参数，并给出了 80 年代的估计值，用于国家尺度的食物系统活性氮梯级流动通量、效率和环境影响相关方面的研究（高利伟，2009；马林，2009；Ma et al.，2010，2012；Gao et al.，2018）。但这些研究给出的棉花、麻类和烟叶的收获物作口粮去向比例可能存在较大的争议。相关文献在国家尺度活性氮负荷研究中，将棉花、麻类和烟叶等看作生物合成的工业原料，认为其全部收获物输入工业过程和能源系统（谷保静，2011；Gu et al.，2015），见 12.4.2 节。基于以上文献研究，本指南将棉花、麻类和烟叶等看作工业原料输入工业过程和能源系统。剩余部分收获物作口粮的比例及作口粮后的去向比例见表7-2。

表 7-2　作物籽粒去向及作口粮籽粒去向　　　　单位:%

作物	口粮			饲料			其他			作口粮籽粒去向			
	20 世纪 80 年代	20 世纪 90 年代	21 世纪初	20 世纪 80 年代	20 世纪 90 年代	21 世纪初	20 世纪 80 年代	20 世纪 90 年代	21 世纪初	食物	肥料	饲料	非食物
水稻	100	96	86	0	3	6	0	1	8	85	0	13	2
小麦	100	94	88	0	1	2	0	5	10	70	0	28	2
玉米	100	40	7	0	50	74	0	10	19	25	0	73	2
谷子	100	100	100	0	0	0	0	0	0	75	0	23	2
高粱	100	40	20	0	60	80	0	0	0	25	0	73	2
其他谷物	100	70	50	0	30	50	0	0	0	40	0	58	2
豆类	100	100	100	0	0	0	0	0	0	23	20	55	2
薯类	100	90	80	0	10	20	0	0	0	10	0	88	2
花生	100	100	100	0	0	0	0	0	0	10	20	68	2
油菜籽	100	100	100	0	0	0	0	0	0	5	20	73	2
甘蔗	100	100	100	0	0	0	0	0	0	10	0	88	2
甜菜	100	90	80	0	10	20	0	0	0	10	0	88	2
蔬菜	100	60	5	0	10	30	0	30	65	60	0	38	2
果树	100	80	57	0	10	30	0	10	30	60	0	38	2

7.4.4.4　畜禽活体重量、各部分占活体的比重及其氮素含量

估算动物性食品加工副产物作饲料氮时,需弄清不同种类畜禽活体重量、各部分占活体的比重及其氮含量等参数,具体见表 7-3（高利伟,2009；马林,2009；Ma et al.,2012）。

表 7-3　各种畜禽活体重量、各部分占活体的比重及其氮含量

种类	活体重量/（kg·头⁻¹）	占活体的比重			各部分氮含量			活体氮含量/%
		可食部分	骨头	皮毛副产物	可食部分	骨头	皮毛副产物	
猪	100.0	50	13	37	2.1	1.9	2.2	1.8
肉牛	477.3	45	20	35	3.2	1.8	2.2	2.4
羊	45.0	55	24	21	3.2	1.9	2.2	2.1
家禽	2.1	65	20	15	2.7	2.6	1.5	2.5
兔子	2.1	65	20	15	3.4	2.6	2.2	3.2
蛋	—	100	—	—	2.1	—	—	2.1
奶	—	100	—	—	0.5	—	—	0.5
水产品	—	53		47	2.7		2.2	2.5

注:"—"代表无数据,下同。

7.4.4.5　活动水平数据

植物性食品加工副产物作饲料氮计算的活动数据为作物籽粒产量，主要来源于《中国统计年鉴》、《中国农业年鉴》和各省市级统计年鉴。动物性食品加工副产物作饲料氮计算的活动数据为年畜禽出栏量，该数据可根据研究尺度或区域，通过《中国统计年鉴》、《中国农业年鉴》、《中国畜牧业统计年鉴》和各省市级统计年鉴来获取。部分缺少统计数据的研究区域，可采用部门咨询或实地调研的方式来获取该类数据。

7.4.5　餐厨饲料

餐厨饲料氮包括两部分，一是居民家庭厨余垃圾作饲料，二是城市餐饮业、机关、企事业单位或高校食堂的在外饮食所产生的餐厨垃圾加工而成的动物饲料部分。以往多数研究估算来自居民家庭厨余垃圾作饲料的氮量（魏静等，2008；Ma et al.，2012；Gao et al.，2018），但因文献资料所限，未将第二种来源的饲料氮纳入其中。随着垃圾分类政策推行和国家对餐厨垃圾管理工作的重视，一些城市和地区已可获取在外饮食餐厨垃圾的产生量和去向比例。因此，应将在外饮食餐厨垃圾作饲料氮考虑在畜禽养殖氮素基本流动过程中。有条件的研究区域，可对其进行估算。

7.4.5.1　计算方法

本指南将以上两部分来源饲料氮单独计算加和求取餐厨饲料氮（$LSIN_{KW}$）。厨余垃圾饲料氮一般由居民家庭厨余垃圾产生量、厨余垃圾作饲料的比例和氮含量计算（高利伟，2009；Ma et al.，2012；Gu et al.，2015；Cui et al.，2016；Gao et al.，2018）。计算过程见10.5.9节。在外饮食垃圾可由城市居民在外饮食消费比例乘以厨余垃圾产生比例及含氮量计算，也可由城市人均餐厨垃圾产生量乘以城市人口数量计算，详见10.5.9.2节。

7.4.5.2　厨余垃圾作饲料比例

通过第10章估算出居民家庭就餐厨余垃圾产生量，其去向可分为动物饲料、堆置、堆肥、填埋和焚烧处理。通过文献数据收集了不同时期厨余垃圾用途比例（表7-4）（魏静等，2008；Gao et al.，2018）。

表7-4　不同时期厨余垃圾用途比例　　　　　　单位:%

城乡差别	时期	动物饲料	堆置	填埋	焚烧	堆肥
农村	20 世纪 80 年代	50	25	—	—	25
	20 世纪 90 年代	50	25	—	—	25
	2000 ~ 2009 年	50	25	—	—	25
	2010 年后	50	25	—	—	25

续表

城乡差别	时期	动物饲料	堆置	填埋	焚烧	堆肥
城市	20 世纪 80 年代	5	93	2	0	0
	20 世纪 90 年代	5	67	27	0	2
	2000~2009 年	7	55	30	3	5
	2010 年后	7	55	30	3	5

7.4.5.3 活动水平数据

该部分计算的活动数据是居民家庭厨余垃圾产生量，见 10.5.9 节。

7.4.6 牧草饲料

牧草饲料氮指从草地系统输入到畜禽养殖系统的牧草中所包含的氮量。具体计算见5.5.1 节。

7.4.7 其他饲料

（1）方法 1

其他饲料氮一般指传统养殖体系或养殖小区中食草家畜直接觅食绿叶或落叶、野生植物，或人工采集鲜叶和收集落叶直接饲喂，或经过粗加工，与秸秆、精料调制后饲喂畜禽所包含的氮量（马林，2009；Ma et al.，2012；柏兆海，2015）。Ma 等（2012）对 1980~2005 年国家尺度食物系统氮磷利用效率和损失的研究中，基于全国尺度的农户调查数据计算了畜禽养殖系统其他饲料氮的输入，但未提供某一养殖体系或单位畜禽的其他饲料氮投入量。柏兆海（2015）在我国主要畜禽养殖系统资源需求、氮磷利用和损失研究中，报道了我国奶牛及其相关肉牛不同养殖体系饲料配方，其中，传统奶牛养殖、奶牛养殖小区、肉牛中的役用牛和规模化养殖肉牛不同养殖阶段的饲料配方中包含了来自树叶和绿叶等形式的其他饲料氮。因此，可根据不同养殖体系和养殖阶段的牲畜数量及单位畜禽的其他饲料氮投入量来计算畜禽养殖系统其他饲料氮的输入量。有关不同奶牛、肉牛养殖体系特征及不同养殖体系下牲畜的数量确定方式可参照柏兆海（2015）的相关介绍。该方法是将不同的养殖体系、养殖阶段进行详细的划分和单独的计算来获得其他饲料氮的输入量，适用于区域某种畜禽养殖体系氮输入的核算，但对一些相对复杂的畜禽养殖体系，采用这一方法会增加计算的工作量和难度。

（2）方法 2

其他饲料氮也可看作作物籽粒和秸秆饲料、动物性饲料、食品加工副产物、餐厨饲料、牧草饲料和净进口饲料等可估算的输入畜禽养殖系统的氮除外的其他饲料的总称（Cui et al.，2013，2016；Gao et al.，2018）。一般采用畜禽养殖体系氮平衡的原则计算，即首先计算畜禽养殖体系输出端的畜禽活体氮、畜禽产品氮（主要指蛋奶及其产品）、粪尿排泄物和死淘动物氮，再计算输入端能够获取数据计算的饲料输入来源氮，剩余无法计算的输入项统归到其他饲料，通过输出减输入的方式计算出其他饲料氮。该方法能够简化其他饲料氮的计算过程，同时也使同一系统内部的氮量遵循物质平衡原理（Ma et al.，2012；Gu et al.，2015；Cui et al.，2016）。可以采用以下计算公式：

$$LSIN_{Other} = \sum_{i=1}^{n} LSOUTP_i - \sum_{i=1}^{n} LSINP_i \tag{7-7}$$

式中，$LSIN_{Other}$ 表示其他饲料氮量；$LSOUTP_i$ 和 $LSINP_i$ 分别表示畜禽养殖系统第 i 种形式氮输出和输入量；有关作物籽粒和秸秆饲料、畜禽出栏和粪尿排泄等输入和输出氮的具体计算过程详见 7.4.1 节、7.4.2 节、7.5.1 节和 7.5.3 节。

7.4.8　净进口饲料

7.4.8.1　计算方法

（1）方法 1

净进口饲料氮指进/出口贸易中所包含的与饲料生产直接或间接有关的氮之间的差值。国家尺度上，进口饲料氮包含进口玉米饲料粮、其他进口动植物产品在食品加工阶段产生的副产物作饲料部分和直接进口的动物饲料产品；但直接进口动物饲料产品量较低，最高的历史数据仅为 2012 年的 29.2 万 t，且进口动物饲料产品多样化，无法获取其具体氮含量，因此，本指南中未统计直接进口动物饲料产品氮量；在贸易统计数据中出口的粮食仅玉米与饲料有关，因此，本指南中出口饲料氮的计算主要考虑玉米出口所包含的氮量。可以用以下计算公式：

$$LSIN_{NetImp} = \sum_{i=1}^{n} \left(AgriProd_{Imp,i} \times r_i \times N_i \right) - Exp_{Maize} \times N_{Maize} \tag{7-8}$$

式中，$LSIN_{NetImp}$ 表示净进口饲料氮量；$AgriProd_{Imp,i}$ 表示第 i 种进口农产品量；r_i 表示第 i 种进口农产品作口粮后又成为饲料的比例（表 7-2）；N_i 表示第 i 种进口农产品氮含量；Exp_{Maize} 表示玉米出口量；N_{Maize} 表示玉米氮含量。

（2）方法 2

省、市级和地区尺度缺少贸易进出口方面的统计数据，故无法采用方法 1 进行净进口饲料氮输入量的计算。该情况下，将净进口饲料氮的计算也归并到其他饲料氮的计算，根据质量平衡法进行计算（Ma et al.，2012；Gu et al.，2015；Cui et al.，2013，2016）。本方法推荐为缺少贸易统计数据，无法直接进行进出口饲料氮计算的缺省方法。

7.4.8.2　农产品氮含量和饲料比例

农产品氮含量可能由于不同国家和地区农田投入、管理方式和作物产量不同而存在一定的差异。但本指南未区分进/出口农产品氮含量之间的差异，均以国内农产品氮含量进行计算，农产品氮含量见表 4-8；农产品作饲料比例见表 7-2。

7.4.8.3　活动水平数据

国家尺度上，进出口贸易产品量可通过《中国统计年鉴》《中国农业年鉴》获得。20 世纪 90 年代初期，《中国农业年鉴》未统计农产品进出口量，该阶段数据可通过《中国海关统计年鉴》农产品进出口贸易部分获取。对一些有条件的省份或地区，可以通过部门咨询或调研的方式获取该地区农产品贸易情况。

7.4.9　活体进口

从《中国统计年鉴》、《中国农业年鉴》和《中国海关统计年鉴》的数据来看，我国进出口贸易中存在一些动物活体，如活猪、活牛、活家禽和活羊等的进口和出口。20 世纪 90 年代初期，活猪、活牛和活家禽的出口量约占当年猪、肉牛和家禽出栏量的 1%、2% 和 1.5%。在国家尺度上，这些活体的进出口应被考虑进畜禽养殖系统氮素基本流动过程中，以完善和闭合畜禽养殖系统的氮素流动过程。在国家级以下尺度上，因缺少相应的统计数据，可暂时不考虑活体进出口氮的计算。

7.4.9.1　计算方法

进口活体氮指所有进口动物隐含氮量的总和。根据中国贸易进口统计数据，进口活体主要包括家禽、牛、羊和马等。可以用以下计算公式：

$$LSIN_{AniImp} = \sum_{i=1}^{n} Ani_i \times N_{i,Ani} \qquad (7-9)$$

式中，$LSIN_{AniImp}$ 表示活体进口氮量；Ani_i 表示第 i 种活体进口数量；$N_{i,Ani}$ 表示第 i 种进口活体氮含量。

7.4.9.2　动物活体氮含量

本指南暂不考虑国内外动物活体氮含量差异，可参照国内动物活体氮含量进行相关计算。动物活体氮含量见表 7-3。

7.4.9.3　活动水平数据

活体进口活动数据可从《中国统计年鉴》、《中国农业年鉴》和《中国海关统计年鉴》等获取。

7.4.10　畜禽养殖系统氮素输入的其他算法

以上畜禽养殖系统不同来源的氮输入均是通过相关统计数据，采用"自上而下"的方法来计算。但在省级、地市级或某区域尺度上，个别来源饲料氮输入量因缺少相关统计数据，无法进行计算，这种情况下除采用如前所述其他饲料计算方法 2 的方式计算外（Cui et al., 2013, 2016; Gao et al., 2018), 也可结合畜禽产品产量、生产比例、饲料转化效率及饲料构成 (Bouwman et al., 2005; 施亚岚, 2014), 或不同养殖体系单位畜禽饲养周期内养分摄入量和畜禽饲养量 (Bai et al., 2014; 柏兆海, 2015), 采用"自下而上"的方法计算畜禽养殖系统的饲料氮输入量。

7.4.10.1 计算方法

(1) 方法1

根据饲料转化效率, 即每生产单位质量的动物产品需要投入多少单位的饲料量, 结合畜禽产品产量, 可计算出动物产品生产的总饲料氮投入, 再根据饲料配方组成计算出每种饲料氮量, 加和计算出畜禽养殖系统氮输入量 (施亚岚, 2014)。可由以下公式计算:

$$LSIN_{Prod} = \sum_{i=1}^{n} A_{i,Prod} \times R_{i,Prod} \times Feed_{i,Cov} \times R_{i,F} \times N_i \tag{7-10}$$

式中, $LSIN_{Prod}$表示基于产品尺度畜禽养殖系统氮输入量; $A_{i,Prod}$表示第i种动物产品产量; $R_{i,Prod}$表示第i种动物产品不同生产方式下的生产比例, 主要考虑放牧和混合两种生产方式 (表7-5); $Feed_{i,Cov}$表示第i种动物产品饲料转化效率; $R_{i,F}$表示第i种动物产品不同生产体系下的动物饲料组成比例 (表7-6); N_i表示不同饲料成分氮含量。该方法能够直接计算出畜禽养殖系统的饲料氮投入量。但目前存在的困难是国内对不同畜禽种类及饲养方式下的饲料转化效率的研究相对薄弱, 相关研究中采用东亚地区的数值来代表中国的平均情况 (施亚岚, 2014)。

表7-5　畜禽养殖系统生产比例、饲料转化率

产品种类	生产比例/%		饲料转化率/ (kg 饲料·kg^{-1}产品)	
	放牧生产	混合生产	放牧生产	混合生产
牛肉	0.11	0.89	79	55
羊肉	0.21	0.79	29	16
猪肉	0	1	14.5	7
鸡肉	0	1	9.8	4.2
其他	0.5	0.5	50	50
蛋制品	0	1	8	3.1
奶制品	0.16	0.84	4.5	2.2

表7-6　不同生产体系动物饲料组成比例　　　　　　　　单位:%

产品种类	生产体系	食物饲料	秸秆和青饲料	牧草饲料	厨余垃圾饲料
牛肉	放牧生产	0	0	0.95	0.05
	混合生产	0.170	0.23	0.55	0.05

产品种类	生产体系	食物饲料	秸秆和青饲料	牧草饲料	厨余垃圾饲料
羊肉	放牧生产	0	0	0.95	0.05
	混合生产	0.02	0.03	0.9	0.05
猪肉	放牧生产	0	0	0	0
	混合生产	0.35	0.65	0	0
鸡肉	放牧生产	0	0	0	0
	混合生产	0.42	0.58	0	0
其他	放牧生产	0	0	0.95	0.05
	混合生产	0.17	0.23	0.55	0
蛋制品	放牧生产	0	0	0	0
	混合生产	0.35	0.65	0	0
奶制品	放牧生产	0	0	0.95	0.05
	混合生产	0.21	0.29	0.45	0.05

（2）方法 2

随着研究的不断深入，越来越多的文献报道了我国不同养殖体系中单位畜禽饲养周期内养分的摄入量（Bai et al.，2014；柏兆海，2015）。在此基础上，结合每种体系的畜禽饲养量，计算出每种畜禽的饲料消费量，最终加和获取全国或某地区的畜禽养殖的饲料氮总投入量。可由以下公式计算：

$$\text{LSIN}_{\text{PerAni}} = \sum_{i=1}^{n} A_i \times R_{i,\text{feed}} \times \text{Feed}_{i,j} \times N_{i,j} \tag{7-11}$$

式中，$\text{LSIN}_{\text{PerAni}}$ 表示基于单位畜禽养分摄入的畜禽养殖系统氮输入量；A_i 表示第 i 种养殖方式下的畜禽饲养数量；$R_{i,\text{feed}}$ 表示第 i 种畜禽不同饲养方式比例；$\text{Feed}_{i,j}$ 表示第 i 种畜禽饲料配方中的第 j 种饲料量；$N_{i,j}$ 表示第 i 种畜禽饲料配方中第 j 种饲料的氮含量。本指南将该方法推荐为不同养殖体系及养殖数量清晰情况下，计算畜禽养殖系统饲料氮投入量的缺省方法。有关我国奶牛、肉牛、蛋鸡、肉鸡和生猪不同养殖体系的划分标准及相应的养殖数量计算方法详见柏兆海（2015）。

7.4.10.2　生产比例、饲料转化系数、饲料构成及饲料氮含量

基于产品尺度的饲料氮估算，首先要明确畜禽放牧和混合系统生产比例。世界不同地区放牧生产和混合生产系统的产量构成比例不同，本指南以我国现有文献报道的放牧和混合生产比例及东亚地区的数值来代表中国的平均情况（表 7-5）（Bouwman et al.，2005；柏兆海，2015）。不同生产方式下的饲料转化率和饲料构成分别见表 7-5 和表 7-6（施亚

岚，2014）。通过文献查询方式来获取不同饲料构成的氮含量，食物饲料的平均氮含量通过各种植物性食物和动物性食物作饲料量与食物平均氮含量的加权平均值计算（施亚岚，2014）。秸秆和青饲料氮含量为0.31%，牧草饲料为2.1%，厨余垃圾饲料为2.5%（刘晓利，2006；高利伟，2009；Ma et al.，2012；柏兆海，2015）。有条件的地区，可以对当地畜禽的饲养方式比例、饲料配方和饲料转化系数等进行部门咨询、实地调研和试验测定，以获取本土化的饲养方式比例、饲料配方和饲料转化系数。

7.4.10.3　单位畜禽饲养周期养分摄入量

国家尺度单位畜禽饲养周期养分摄入量是根据动物对维持净能、增重净能及生长净能需求，以及饲料质量估算不同阶段动物营养需求量；同时根据饲料配方和经验数据将不同饲料种类分配到不同养殖体系。不同种类饲料消费量则是通过文献收集的饲料配方和饲料消费总量，采用"自下而上"的方法计算；同时通过计算国家尺度所有动物种类饲料消费量，以及对照NUFER模型（Ma et al.，2012）饲料供应量，采用"自上而下"的方法对计算过程和参数进行校正（柏兆海，2015）。国家尺度不同畜禽养殖体系单位畜禽饲养周期养分摄入量和饲料配方见表7-7～表7-10（柏兆海，2015）。该方法适用于相对单一养殖体系饲料氮输入量和梯级流动分析与环境评估等方面的研究。缺少该参数的国家级以下尺度，可以借鉴该参数用于相关畜禽养殖体系饲料氮输入量的计算。有条件的地区，可通过对当地畜禽饲养方式比例和饲料配方等数据进行部门咨询、实地调研和试验测定，获取本土化的饲养方式比例和饲料配方，以完善省级及地区尺度畜禽养殖系统饲料氮流动分析过程计算。

7.4.10.4　活动水平数据

基于畜禽产品氮输出量及饲料转化系数计算饲料需求量涉及的活动数据主要是各种畜禽肉、蛋和奶产品的产量。畜禽肉、蛋和奶产品的统计数据来源于《中国统计年鉴》、《中国农业年鉴》、《中国畜牧业统计年鉴》及各省、市级统计年鉴。

基于不同畜禽养殖体系和养殖方式及单位畜禽饲养周期内的饲料氮需求量计算畜禽养殖体系总饲料氮输入量涉及的活动数据是不同养殖体系和养殖方式下的畜禽饲养量。国家和省级尺度不同畜禽养殖体系和养殖方式下的畜禽饲养量来自《中国畜牧业统计年鉴》，并通过养殖数量或规模划分为不同的养殖体系。例如，将肉鸡根据饲养量划分为传统散养体系（1～1999只/户）、专业养殖户养殖体系（2000～49 999只/户）和大型规模化养殖体系（>50 000只/户）3种；肉牛、奶牛、蛋鸡和生猪体系也可根据饲养规模进行不同年代饲养体系的划分，详见柏兆海（2015）。省级以下尺度缺少不同规模下的饲养数量统计数据，因此，无法进行养殖体系的划分，在此情况下可以采用部门调研的方式获取地区养殖体系和不同养殖方式下的畜禽饲养量。

表 7-7　中国奶牛不同养殖体系饲养周期内氮摄入量

养殖种类	养殖体系	养殖阶段	养殖阶段比例/%	饲料配方/(kg·头⁻¹·a⁻¹)							
				玉米	豆粕	食品加工副产物	秸秆	牧草	树叶/绿叶	牛奶	其他
奶牛	传统养殖	犊牛	35	73	11	256	876	365	365	365	113
		青年牛	15	146	22	292	1935	730	548	329	—*
		泌乳牛	51	219	37	402	3285	1825	1278	734	—
	放牧	犊牛	32	73	15	183	—	1278	—	365	168
		青年牛	13	110	22	292	—	2555	—	—	307
		泌乳牛	55	219	55	584	—	5475	—	—	657
	养殖小区	犊牛	33	292	58	365	548	—	0	365	288
		青年牛	13	584	117	402	1095	—	365	—	726
		泌乳牛	54	803	256	730	3285	—	2190	—	529
	规模化	犊牛	31	365	91	292	183	256	—	365	123
		青年牛	12	730	183	548	292	1022	—	—	123
		泌乳牛	57	1168	365	1460	1095	3176	—	—	393
肉牛	役用牛	犊牛	72	37	4	329	329	365	420	0	365
		青年牛	14	44	7	329	876	1095	438	0	0
		育肥牛	14	37	7	402	803	1460	584	420	0
	放牧	犊牛	33	37	7	183	0	1387	—	—	365
		青年牛	33	—	—	—	—	2929	—	—	
		育肥牛	33	—	—	—	—	2946	—	—	
	规模化	犊牛	0	110	29	365	292	1095	73	73	365
		青年牛	50	146	22	913	365	1825	0	183	0
		育肥牛	50	—	—	—	—	—	—	—	
含氮量/%	—	—	—	1.9	7.0	0.3	1.5	1.1	2.1	1.0	0.5

* 无数据

表 7-8　中国蛋鸡不同养殖体系饲养周期内氮摄入量

养殖体系	养殖阶段	养殖阶段比例/%	育成期/产蛋期/d	饲养周期养分摄入量/kg	饲养周期氮摄入量/kg	饲料配方/%							
						玉米	豆粕	水稻	小麦	食品加工副产物	骨粉	作物残茬	其他
传统养殖	新鸡育成期	50*	150	6.9	0.05	5	2	1	1	30	0	25	37
	新产蛋鸡	50	215	17.8	0.13	5	2	1	1	30	0	25	37
	老产蛋鸡	50	365	25.8	0.19	5	2	1	1	30	0	25	37
专业养殖户	新鸡育成期	—	140	6.5	0.14	28	15	4	3	40	2	0	6
	新产蛋鸡	—	225	19.7	0.38	24	13	3	3	50	1	0	3
	老产蛋鸡	—	365	30.9	0.59	20	9	3	2	60	1	0	4
	种鸡	—	365	37.8	0.79	17	11	2	2	60	1	0	6
规模化	新鸡育成期	—	133	6.2	0.19	36	22	5	4	28	2	0	1
	新产蛋鸡	—	232	19.1	0.55	34	22	5	4	30	1	0	2
	老产蛋鸡	—	365	29.8	0.81	34	22	5	4	30	1	0	3
	种鸡	—	365	38.2	1.10	21	15	3	2	50	1	0	6

* 50 是假设新鸡和老产蛋鸡的比例是 1 : 1（柏兆海，2015）

表 7-9　中国肉鸡不同养殖体系饲养周期内氮摄入量

养殖体系	养殖阶段	出栏时间/d	饲养周期养分摄入量/kg	饲养周期氮摄入量/kg	饲料配方/%							
					玉米	豆粕	水稻	小麦	食品加工副产物	骨粉	作物残茬	其他
传统养殖	仔鸡	—	1.1	0.008	5	3	1	1	30	0	20	41
	雏鸡	—	3.1	0.022	5	3	1	1	30	0	20	41
	育肥鸡	180	4.6	0.033	5	3	1	1	30	0	20	41
专业养殖户	仔鸡	—	0.8	0.019	38	19	6	5	25	2	0	3
	雏鸡	—	2.2	0.043	30	13	4	4	40	1	0	7
	育肥鸡	126	3.2	0.062	21	9	3	2	55	1	0	8
	种鸡	365	41	0.850	17	9	2	2	60	1	0	8

续表

养殖体系	养殖阶段	出栏时间/d	饲养周期养分摄入量/kg	饲养周期氮摄入量/kg	饲料配方/%							
					玉米	豆粕	水稻	小麦	食品加工副产物	骨粉	作物残茬	其他
规模化	仔鸡	—	0.7	0.021	40	25	6	5	15	2	0	6
	雏鸡	—	1.5	0.041	35	20	5	4	30	1	0	3
	育肥鸡	69	2.0	0.047	28	19	4	3	40	1	0	3
	种鸡	365	41	1.150	21	15	3	2	50	1	0	6

表 7-10　中国生猪不同养殖体系及养殖阶段饲料配方

单位：%

养殖体系	养殖阶段	玉米	大豆	蔬菜	食品加工副产物	块根类	动物性饲料	厨余垃圾	绿叶及秸秆	作物残茬	其他
后院式	—	—	—	28	6	25	0	4	14	20	3
传统养殖	仔猪	6	1	0	6	0	3	0	0	0	84
	保育猪	9	2	15	34	0	0	4	0	16	21
	育肥猪	7	1	15	28	0	0	5	0	19	25
	后备母猪	6	2	11	31	11	0	5	11	17	7
	空怀母猪	6	2	18	25	9	0	4	7	10	20
	妊娠母猪	11	2	18	29	6	1	2	5	9	18
	哺乳母猪	14	4	14	32	8	2	2	2	5	18
	后备公猪	6	2	14	19	5	0	5	14	23	13
	公猪	7	2	12	17	5	0	5	16	23	13
专业养殖户	仔猪	11	3	—	0	0	1	—	—	—	84
	保育猪	18	4	—	53	0	1	—	—	—	13
	育肥猪	14	7	—	53	11	1	—	—	—	14
	后备母猪	9	5	—	65	12	0	—	—	—	14
	空怀母猪	14	5	—	64	3	0	—	—	—	14

续表

养殖体系	养殖阶段	玉米	大豆	蔬菜	食品加工副产物	块根类	动物性饲料	厨余垃圾	绿叶及秸秆	作物残茬	其他
专业养殖户	妊娠母猪	15	4	—	58	8	1	—	—	—	15
	哺乳母猪	22	9	—	47	6	1	—	—	—	0
	后备公猪	9	5	—	54	10	1	—	—	—	0
	公猪	12	6	—	53	12	1	—	—	—	14
	仔猪	7	3	0	0	—	2	—	—	—	87
	保育猪	28	9	0	40	—	1	—	—	—	22
	育肥猪	26	12	0	45	—	1	—	—	—	20
大型规模化	后备母猪	24	10	0	49	—	1	—	—	—	23
	空怀母猪	23	8	0	45	—	1	—	—	—	22
	妊娠母猪	29	9	0	40	—	3	—	—	—	23
	哺乳母猪	40	17	0	15	—	1	—	—	—	0
	后备公猪	21	10	0	45	—	2	—	—	—	0
	公猪	25	12	0	38	—	3	—	—	—	0
含氮量/%		1.9	7.0	0.3	1.0	0.8	1.1	1.0	1.2	0.6	

7.5 氮 素 输 出

畜禽养殖系统氮输出主要包括畜禽出栏、蛋奶产品、粪尿排泄和死淘动物等。可以采用以下计算公式：

$$LS_{OUT} = LSOUT_{LPS} + LSOUT_{E\&M} + LSOUT_{Exc} + LSOUT_{Dea\&Cul} \tag{7-12}$$

式中，LS_{OUT} 表示畜禽养殖系统氮输出量；$LSOUT_{LPS}$ 表示畜禽养殖系统畜禽出栏氮输出量；$LSOUT_{E\&M}$ 表示畜禽养殖系统蛋奶产品氮输出量；$LSOUT_{Exc}$ 表示畜禽养殖系统畜禽粪尿氮排泄量；$LSOUT_{Dea\&Cul}$ 表示死淘畜禽所包含的氮输出量。本指南中描述了各个输出项的计算方法、系数选取及活动数据的选择方法，同时对畜禽养殖系统与其他系统的交互部分，如包括粪便燃烧排放氮进入大气系统的部分，也进行了详细描述。

7.5.1 畜禽出栏

7.5.1.1 计算方法

畜禽出栏一般指饲养周期小于 1 周年的以宰杀出售为主要目的的畜禽，该类畜禽每年可出栏若干次，因此，以年出栏量计算该类畜禽的氮输出量，统计数据主要包括肉猪、以出售肉为目的的家禽和兔子等，此外，出栏畜禽中还包括肉牛。因牛的饲养周期大于一周年，采用年底存栏量计算肉牛氮输出量（Ma et al.，2012；Cui et al.，2016；Gao et al.，2018），出栏畜禽去向又包括肉、骨头、皮毛副产物和活体出口。可由以下公式计算：

$$LSOUT_{LPS} = \sum_{i=1}^{n} A_{i,\text{out}} \times A_{i,\text{Weig}} \times R_{i,\text{Part}j} \times N_{i,\text{Part}j} + \sum_{i=1}^{n} A_{i,\text{Exp}} \times N_{i,\text{Ani}} \tag{7-13}$$

式中，$LSOUT_{LPS}$ 表示畜禽养殖系统畜禽出栏氮输出量；$A_{i,\text{out}}$ 表示畜禽养殖系统第 i 种畜禽年出栏数量减去活体出口量；$A_{i,\text{Weig}}$ 表示第 i 种畜禽个体活体重量；$R_{i,\text{Part}j}$ 表示第 i 种动物活体 j 部位占活体重量的比重；$N_{i,\text{Part}j}$ 表示第 i 种畜禽活体 j 部位氮含量；$A_{i,\text{Exp}}$ 表示第 i 种畜禽活体出口数量；$N_{i,\text{Ani}}$ 表示第 i 种出口畜禽活体氮含量。

7.5.1.2 畜禽活体重量、不同部位比重及其氮含量

各种畜禽活体重量按照标准动物活体重量计算，不同畜禽活体重量、各部分占活体的比重以及氮素含量存在差异（高利伟，2009；Ma et al.，2010，2012；Gu et al.，2015）。畜禽活体重量、活体氮含量、不同部位比重及其氮含量见表 7-3。

7.5.1.3 活动水平数据

畜禽出栏氮输出量计算的活动数据是饲养周期小于一周年的生猪、肉禽和兔等以宰杀出售为主要目的的畜禽出栏量。该方面的数据可根据不同尺度的目标，从《中国统计年鉴》、《中国农业年鉴》、《中国畜牧业年鉴》和省、市级统计年鉴来获取。畜禽出栏氮去向中包含的畜禽活体出口数据可从《中国统计年鉴》《中国农业年鉴》进出口贸易数据部

分中获取。20 世纪 90 年代初期，《中国统计年鉴》和《中国农业年鉴》均未统计进出口贸易数据，该时期数据可通过《中国海关统计年鉴》获取。

7.5.2　蛋奶产品

畜禽养殖系统在提供肉食、皮毛和役用畜等用途的同时，也在不间断地输出蛋奶，部分直接被人类食用，部分则被加工成为蛋奶产品，这部分产品所含的氮也应被计算在畜禽养殖系统氮输出量中。

7.5.2.1　计算方法

蛋奶产品氮输出量指畜禽养殖体系每年生产的各种禽蛋、奶及产品中所含氮的总和。可由以下公式计算：

$$\text{LSOUT}_{\text{E\&M}} = \sum_{i=1}^{2} \text{EM}_{i,\text{Weig}} \times N_{i,\text{E\&M}} \tag{7-14}$$

式中，$\text{LSOUT}_{\text{E\&M}}$ 表示畜禽养殖系统蛋奶产品氮输出量；$\text{EM}_{i,\text{Weig}}$ 表示第 i 种畜禽蛋奶产品周年产量；$N_{i,\text{E\&M}}$ 表示第 i 种畜禽蛋奶产品的氮含量。

7.5.2.2　蛋奶产品氮含量

蛋奶产品氮含量见表 7-3。

7.5.2.3　活动水平数据

蛋奶产品氮输出量计算所需活动数据可由《中国统计年鉴》、《中国农业年鉴》、《中国畜牧业年鉴》和省、市级统计年鉴获取。

7.5.3　粪尿排泄

粪尿排泄指年出栏和年底存栏畜禽在饲养周期内排泄的粪尿所含氮的总和。目前有关畜禽粪尿排泄氮的计算方法多样，有些研究采用单位畜禽粪尿总氮排泄系数法（高利伟，2009；Ma et al.，2012；Gu et al.，2015），有些研究则将粪尿排放量分开考虑，计算畜禽每天的粪尿排放量（Huang et al.，2012），也有些研究根据不同畜禽在不同饲养条件下的养分平衡，直接推算畜禽氮排泄量（高利伟，2009；柏兆海，2015）。畜禽粪尿排泄物氮去向包括 NH_3 挥发、反硝化脱氮、N_2O 排放、粪尿直接排放、淋洗、径流、还田和粪便作能源燃烧等。本指南详细介绍上述研究者采用的 3 种粪尿氮排泄计算方法及粪尿氮去向的计算方法。

7.5.3.1　计算方法

（1）方法 1

氮排放系数法指采用单位畜禽年均粪尿氮排放量乘以畜禽饲养量及其饲养周期占周年的比例，即计算畜禽饲养周期内的粪尿氮排泄量（表 7-11）。该方法是目前研究畜禽养殖

表7-11 畜禽饲养周期、年粪尿排泄量和粪氮损失与利用比例

种类	规模	饲养周期/天	年排泄氮量/(kg N 头⁻¹·a⁻¹)		畜禽舍/储藏粪尿挥发比例/%	粪尿脱氮/%	N₂O排放/%	粪肥还田比例/%		淋洗/%	径流/%
			平均值*	范围#				平均值*	范围#		
猪	1~50头	150†	14	6~16	37	5	0.5	63	50~77	5	32
	>50头	150	14	6~16	19	5	0.5	36	30~45	5	59
能繁母猪	—	365	11	6~16	19	5	0.5	36	30~45	5	59
奶牛	1~5头	365	70	55~129	25	5	0.5	75	61~79	5	20
	>5头	365	70	55~129	17	5	0.5	54	30~66	5	41
肉牛	1~50头	365	30	21~35	25	5	0.5	75	61~79	5	25
	>50头	365	30	21~35	17	5	0.5	54	30~66	5	41
役牛	—	365	35	20~49	25	5	0.5	54	30~66	5	41
散养家禽	—	365	0.1	—‡	55	5	0.5	45	37~53	5	50
蛋鸡	>500只	365	0.6	—	13	5	0.5	22	19~37	5	73
肉鸡	>2000只	55	0.1	—	22	5	0.5	22	19~37	5	73
羊	—	365	9	6~12	25	5	0.5	23	15~40	5	72
马	—	365	22	15~31	25	5	0.5	31	27~45	5	64
驴骡	—	365	19	13~25	25	5	0.5	31	27~45	5	64
兔	—	80	0.4	—	54	5	0.5	20	17~31	5	75

* 全国平均值（Ma et al., 2012）；# 全国31个省份最大值和最小值（Ma et al., 2012）；† 猪饲养周期来自 Huang 等（2012）；‡ 无数据

系统氮排泄、氮流动与效率和环境污染物排放等方面广泛采用的方法（高利伟，2009；Ma et al.，2012；Cui et al.，2016；Gao et al.，2018）。畜禽主要包括猪、肉牛、役牛、奶牛、马、驴和骡、羊、肉鸡、蛋鸡和兔子 11 类（Ma et al.，2012；Cui et al.，2013，2016）。具体计算中，对生命周期大于 1 年的能繁母猪、奶牛、肉牛、役牛、羊、马、驴和骡、蛋禽等计算年底存栏畜禽数量的排泄物量；对生命周期小于 1 年的肉猪、肉禽和兔子等统计年畜禽出栏量生命周期内的排泄物量。可以由以下公式计算：

$$\text{LSOUT}_{\text{Exc}} = \sum_{i=1}^{n} A_i \times \text{Exc}_i \times \frac{T_i}{365} \tag{7-15}$$

式中，$\text{LSOUT}_{\text{Exc}}$ 表示畜禽养殖系统畜禽粪尿氮排泄量；A_i 表示第 i 种畜禽年出栏或年底存栏数量；Exc_i 表示第 i 种动物年均粪尿氮排泄量；T_i 表示第 i 种畜禽饲养周期；365 表示每年天数。

（2）方法 2

方法 2 与方法 1 大致相同，区别在于计算单位畜禽粪尿排泄氮时，方法 2 将粪尿排放量分开计算（表 7-12），同时考虑了畜禽粪尿含氮量的差别。通过畜禽粪尿排泄氮加和获得畜禽每天的氮排泄量，乘以每种畜禽的养殖数量及其饲养周期获取畜禽养殖系统的粪尿排泄氮量。该方法被环境保护部科技标准司推荐为《大气氨源排放清单编制技术指南》中畜禽养殖粪尿排泄量的计算方法（Huang et al.，2012；环境保护部科技标准司，2014）。可以由以下公式计算：

$$\text{LSOUT}_{\text{Exc}} = \sum_{i=1}^{n} A_i \times (\text{SW}_i \times N_{i,\text{SW}} + \text{LW}_i \times N_{i,\text{LW}}) \times T_i \tag{7-16}$$

式中，$\text{LSOUT}_{\text{Exc}}$ 表示畜禽养殖系统畜禽粪尿氮排泄量；A_i 表示第 i 种畜禽年出栏或年末存栏数量；SW_i 和 LW_i 分别表示第 i 种畜禽每天固体粪便和尿液排泄量；$N_{i,\text{SW}}$ 和 $N_{i,\text{LW}}$ 分别表示第 i 种畜禽固体粪便和尿液含氮量；T_i 表示第 i 种畜禽饲养周期。

表 7-12　畜禽粪便排泄物估算相关参数

畜禽种类	饲养周期/天	排泄量/（kg·头$^{-1}$·d^{-1}）		氮含量/%	
		尿液	粪便	尿液	粪便
肉牛<1 年	365	5.0	7.0	0.90	0.38
肉牛>1 年	365	10.0	20.0	0.90	0.38
奶牛<1 年	365	5.0	7.0	0.90	0.38
奶牛>1 年	365	19.0	40.0	0.90	0.38
山羊<1 年	365	0.66	1.5	1.35	0.75
山羊>1 年	365	0.75	2.6	1.35	0.75
绵羊<1 年	365	0.66	1.5	1.35	0.75
绵羊>1 年	365	0.75	2.6	1.35	0.75
母猪	365	5.7	2.1	0.40	0.34
育肥猪<75 天	75	1.2	0.5	0.40	0.34

续表

畜禽种类	饲养周期/天	排泄量/（kg·头$^{-1}$·d^{-1}）		氮含量/%	
		尿液	粪便	尿液	粪便
育肥猪>75 天	75	3.2	1.5	0.40	0.34
马	365	6.5	15.0	1.40	0.20
驴	365	6.5	15.0	1.40	0.20
骡	365	6.5	15.0	1.40	0.20
骆驼	365	6.5	15.0	1.40	0.20
蛋鸡	365	—	0.12	—	1.63
肉鸡	55	—	0.09	—	1.63
兔#	80	—	0.4†	—	—

#兔排泄氮量参数来自 Ma 等（2012）；†为兔年排泄氮量

（3）方法 3

方法 1 和方法 2 都是采用单位畜禽排泄氮量乘以对应畜禽养殖量来计算畜禽粪尿排泄氮量的经验做法。有关研究表明，这两种方法在计算粪尿全氮量方面存在一定的缺陷，会造成滞后性，使所计算结果偏低（高利伟，2009）。国外的研究通常以环境污染为出发点，根据不同畜禽在不同饲养条件下的养分平衡来直接推算畜禽氮排泄量。采用该方法计算所得畜禽氮排泄量数据较接近于畜禽粪尿中初始全 N 量（排泄 N 量）（高利伟，2009），较经验做法可以更为精确地预测不同养殖阶段及养殖模式的氮排泄量（柏兆海，2015）。可以用以下计算公式：

$$LSOUT_{Exc} = LS_{IN} - LS_{OUT} \tag{7-17}$$

式中，$LSOUT_{Exc}$ 表示畜禽养殖系统畜禽粪尿氮排泄量；LS_{IN} 和 LS_{OUT} 分别表示畜禽养殖系统氮输入和输出量。由于该方法的计算基于畜禽养殖系统的养分平衡，只有在除排泄物氮之外所有的氮输入和输出都能明确计算的前提下方可采用该方法。

7.5.3.2　畜禽饲养周期、单位畜禽年氮排泄量及粪尿去向比例

通过文献收集发现，不同畜禽的饲养周期、饲养规模、养殖方式不同，单位畜禽粪尿氮排泄量有所差别，粪尿氮的损失、利用比例也有差异（国家环境保护总局自然生态保护司，2002；蔡博峰等，2009；高利伟，2009；Ma et al.，2010，2012；环境保护部科技标准司，2014；柏兆海，2015；Gu et al.，2015）。在不同畜禽粪尿损失计算过程中，先计算粪尿氮的一次氨挥发和反硝化脱氮，剩余的粪尿氮再分为还田、淋洗和径流排放 3 部分计算。方法 1 中，计算需要的畜禽饲养周期、年均粪尿氮排泄量、粪尿氮去向比例见表 7-11。因缺少不同畜禽粪尿淋洗参数，采用统一参数 5% 进行计算（Gu et al.，2015），将分种类的畜禽粪尿淋洗和径流参数减去淋洗参数得出不同畜禽种类的粪尿径流参数（Ma et al.，2012；Gu et al.，2015）。表 7-11 中畜禽粪尿氮去向采用国家尺度平均值参数（Ma et al.，2012）。但对一些研究区域，如内蒙古、甘肃、青海、西藏和新疆等牧区省份，由于牲畜管理方式差异，全国平均的畜禽粪尿氮去向比例参数无法直接用于相关计

算。Ma 等（2010）将牧区牲畜饲养分为草地放牧和室内养殖两个阶段，一般放牧时间为平均气温超过 10 ℃的季节（每年平均 130 天左右）。温度较低的季节，牲畜在暖棚室内养殖。草地放牧期间的粪尿氮认为直接还草地，而后发生粪尿 NH_3 挥发、反硝化脱氮、N_2O 排放、淋洗和径流等损失；室内养殖阶段的粪尿氮去向计算与国内其他非牧区牲畜饲养方式相同，先考虑牲畜粪尿一次性 NH_3 挥发、反硝化脱氮损失，再考虑剩余氮的还田、淋洗和径流等损失。同时对牧区省份考虑了牲畜粪便氮的燃料使用。

方法 2 通过分别计算不同龄级畜禽粪尿排泄氮量加和获得畜禽每天的氮排泄量，再乘以畜禽的养殖数量及其养殖周期获取畜禽养殖系统的粪尿氮排泄量（Huang et al.，2012；环境保护部科技标准司，2014）。同时考虑畜禽不同饲养阶段粪尿的排泄量变化，如奶牛、肉牛分为饲养周期<365 天的当年生子畜和>365 天的能繁母畜和其他成年畜 3 个饲养阶段；山羊和绵羊分为饲养周期<365 天的当年生子畜和>365 天的能繁母畜 2 个饲养阶段（国家发展和改革委员会应对气候变化司，2014；环境保护部科技标准司，2014），育肥猪根据饲养周期 150 天，分为<75 天和>75 天两个周期（Huang et al.，2012；环境保护部科技标准司，2014），具体见表 7-12。《国家温室气体清单指南 2005》报道了 2005 年我国奶牛、肉牛、山羊和绵羊当年生子畜、能繁母畜和其他成年畜比例（国家发展和改革委员会应对气候变化司，2014），可作为我国不同畜类饲养阶段比例参照，具体见表 7-13。

表 7-13　2005 年不同年龄结构动物存栏量　　　　　　　　　　单位：%

动物种类	饲养阶段	存栏比例
奶牛	能繁母畜	59.0
	当年生子畜	29.4
	其他成年畜	11.6
非奶牛	能繁母畜	59.4
	当年生子畜	25.3
	其他成年畜	15.3
水牛	能繁母畜	62.0
	当年生子畜	21.4
	其他成年畜	16.5
山羊	能繁母畜	59.7
	当年生子畜	40.3
绵羊	能繁母畜	60.0
	当年生子畜	40.0

7.5.3.3　活动水平数据

畜禽粪尿排泄氮计算的活动数据是畜禽年出栏量和年末活体存量。该部分活动数据的获取途径见 7.5.1.3 节。

7.5.4　畜禽粪尿 NH_3 挥发

畜禽粪尿 NH_3 挥发指畜禽粪尿排泄后在圈舍和存储过程中发生的一次性 NH_3 挥发，有别于畜禽粪尿还田后的二次 NH_3 挥发。由于我国缺少大规模的畜禽粪便封闭处理系统，粪便堆肥一般采用路边风干的方式进行，畜禽粪便在堆放风干的过程中会发生大量的 NH_3 挥发，占到不同畜禽粪便总氮量的 20%～50%（Gu et al.，2015）。

7.5.4.1　计算方法

畜禽粪尿 NH_3 挥发量可由粪尿排泄氮量乘以对应的 NH_3 挥发系数计算。可采用以下计算公式：

$$\text{LSOUT}_{NH_3} = \sum_{i=1}^{n} A_i \times \text{Exc}_i \times \frac{T_i}{365} \times R_{i,NH_3} \tag{7-18}$$

式中，LSOUT_{NH_3} 表示畜禽养殖系统粪尿 NH_3 挥发氮输出量；A_i、Exc_i、T_i 和 365 同式（7-15）和式（7-16）中的定义；R_{i,NH_3} 表示第 i 种畜禽圈舍和存储阶段的粪尿挥发比例。

7.5.4.2　畜禽粪尿 NH_3 挥发系数

相关文献采用不同畜禽种类单位畜禽平均每年的 NH_3 挥发系数（kg NH_3 或 NH_3－N 头$^{-1}$·a^{-1}）估算畜禽养殖系统的 NH_3 排放量（孙庆瑞和王芙蓉，1997；Gu et al.，2015；张千湖，2017）。在国家尺度氮负荷研究中，Gu 等（2015）采用畜禽年均 NH_3 排放系数进行畜禽 NH_3 排放量的计算。通过其研究结果可以看出，不同畜禽粪尿 NH_3 挥发量占粪尿氮排泄量的 19%～53%。也有研究在国家尺度食物系统氮流动研究中给出了不同种类和养殖规模下的畜禽 NH_3 挥发系数，同时给出了粪尿反硝化脱氮、N_2O 排放、还田、淋洗和径流等去向参数（表 7-11）（Ma et al.，2012；Gu et al.，2015）。相比单位畜禽年均 NH_3 排放量系数，该参数能够实现畜禽排泄和最终去向的平衡计算，本指南推荐采用不同种类和养殖规模下的畜禽 NH_3 挥发系数进行畜禽养殖系统不同粪尿氮去向计算。

7.5.4.3　活动水平数据

该计算涉及的活动数据为畜禽粪尿排泄量，可由不同畜禽年出栏量或年末活体存量乘以对应粪尿排泄量计算。畜禽出栏或年末存栏活动数据获取途径见 7.5.1.3 节。

7.5.5　畜禽粪尿脱氮

畜禽粪尿在圈舍和存储阶段会发生一定量的反硝化脱氮损失过程（Ma et al.，2012），有别于畜禽粪尿还田后的二次反硝化脱氮。

7.5.5.1　计算方法

畜禽粪尿脱氮（N_2）排放可由粪尿氮排泄量乘以脱氮比例计算。可采用以下计算公式：

$$\mathrm{LSOUT_{Den}} = \sum_{i=1}^{n} A_i \times \mathrm{Exc}_i \times \frac{T_i}{365} \times R_{i,\mathrm{N_2}} \tag{7-19}$$

式中，$\mathrm{LSOUT_{Den}}$ 表示畜禽养殖系统粪尿脱氮 $\mathrm{N_2}$ 输出量；A_i、Exc_i、T_i 和 365 同式（7-15）和式（7-16）中的定义；$R_{i,\mathrm{N_2}}$ 表示第 i 种畜禽圈舍和存储阶段的脱氮比例。

7.5.5.2　畜禽粪尿脱氮比例

畜禽粪尿圈舍和存储阶段的脱氮比例设为5%（表7-11）（Eggleston et al.，2006；Ma et al.，2012）。

7.5.5.3　活动水平数据

活动数据获取方式同7.5.4.3节。

7.5.6　畜禽粪尿 $\mathrm{N_2O}$ 排放

畜禽粪尿排泄后在圈舍和存储阶段会发生一定量的 $\mathrm{N_2O}$ 排放。

7.5.6.1　计算方法

畜禽粪尿 $\mathrm{N_2O}$ 排放可由畜禽粪尿氮排泄量乘以 $\mathrm{N_2O}$ 排放系数计算。可采用以下计算公式：

$$\mathrm{LSOUT_{N_2O}} = \sum_{i=1}^{n} A_i \times \mathrm{Exc}_i \times \frac{T_i}{365} \times R_{i,\mathrm{N_2O}} \tag{7-20}$$

式中，$\mathrm{LSOUT_{N_2O}}$ 表示畜禽养殖系统粪尿 $\mathrm{N_2O}$ 排放氮输出量；A_i、Exc_i、T_i 和 365 同式（7-15）和式（7-16）中的定义；$R_{i,\mathrm{N_2O}}$ 表示第 i 种畜禽圈舍和存储阶段的 $\mathrm{N_2O}$ 排放比例。

7.5.6.2　畜禽粪尿 $\mathrm{N_2O}$ 排放比例

畜禽粪尿圈舍和存储阶段的 $\mathrm{N_2O}$ 排放比例为 0.5%（表7-11）（Eggleston et al.，2006；Ma et al.，2012）。

7.5.6.3　活动水平数据

活动数据获取方式同7.5.4.3节。

7.5.7　畜禽粪尿淋洗

畜禽粪尿在发生 $\mathrm{NH_3}$ 挥发、反硝化脱氮和 $\mathrm{N_2O}$ 排放的同时，还会发生一定量的淋洗进入地下水系统。

7.5.7.1 计算方法

畜禽粪尿淋洗氮可由粪尿氮排泄量扣除 NH_3 挥发、脱氮和 N_2O 排放后的剩余粪尿氮排泄量乘以粪尿淋洗系数计算。可采用以下计算公式:

$$\text{LSOUT}_{\text{Lea}} = \sum_{i=1}^{n} A_i \times \text{Exc}_i \times \frac{T_i}{365} \times (1 - R_{i,\text{NH}_3} - R_{i,\text{N}_2} - R_{i,\text{N}_2\text{O}}) \times R_{i,\text{Lea}} \tag{7-21}$$

式中,$\text{LSOUT}_{\text{Lea}}$ 表示畜禽养殖系统粪尿淋洗氮输出;A_i、Exc_i、R_{i,NH_3}、R_{i,N_2}、$R_{i,\text{N}_2\text{O}}$、T_i 和 365 同式(7-15)~式(7-20)中的定义;$R_{i,\text{Lea}}$ 表示畜禽圈舍和存储阶段的粪尿氮淋洗比例。

7.5.7.2 畜禽粪尿淋洗比例

畜禽粪尿圈舍和存储阶段的淋洗比例为扣除粪尿 NH_3 挥发、脱氮和 N_2O 排放剩余氮量的 5%(表 7-11)(Gu et al.,2015)。

7.5.7.3 活动水平数据

活动数据获取方式同 7.5.4.3 节。

7.5.8 畜禽粪尿径流

畜禽粪尿在圈舍和存储阶段除发生 NH_3 挥发、反硝化脱氮、N_2O 排放和淋洗外,还会发生径流进入地表水系统。

7.5.8.1 计算方法

畜禽粪尿径流氮可由粪尿氮排泄量扣除 NH_3 挥发、脱氮和 N_2O 排放后的剩余粪尿氮排泄量乘以粪尿径流比例计算。可采用以下计算公式:

$$\text{LSOUT}_{\text{Runoff}} = \sum_{i=1}^{n} A_i \times \text{Exc}_i \times \frac{T_i}{365} \times (1 - R_{i,\text{NH}_3} - R_{i,\text{N}_2} - R_{i,\text{N}_2\text{O}}) \times R_{i,\text{Runoff}} \tag{7-22}$$

式中,$\text{LSOUT}_{\text{Runoff}}$ 表示畜禽养殖系统粪尿径流氮输出量;A_i、Exc_i、R_{i,NH_3}、R_{i,N_2}、$R_{i,\text{N}_2\text{O}}$、T_i 和 365 同式(7-15)~式(7-20)中的定义;$R_{i,\text{Runoff}}$ 表示畜禽圈舍和存储阶段的粪尿氮径流比例。

7.5.8.2 畜禽粪尿径流比例

畜禽粪尿圈舍和存储阶段的径流比例为扣除粪尿 NH_3 挥发、脱氮和 N_2O 排放剩余氮量的 25%~75%(表 7-11),体现了畜禽养殖种类和规模之间的差异。该参数由相关文献给出的畜禽粪尿径流和直接排放总比例减去畜禽粪尿径流系数推算得出(Ma et al.,2012;Gu et al.,2015)。

7.5.8.3　活动水平数据

活动数据获取方式同 7.5.4.3 节。

7.5.9　畜禽粪尿还田

畜禽粪尿在圈舍和存储阶段发生 NH_3 挥发、反硝化脱氮、N_2O 排放、淋洗和径流损失后，剩余部分被用作有机肥还田或在牧区部分动物粪便用作家庭燃料。

7.5.9.1　计算方法

畜禽粪尿还田氮可由粪尿氮排泄量扣除 NH_3 挥发、反硝化脱氮和 N_2O 排放后的剩余粪尿氮排泄量乘以粪尿还田比例计算。可由以下公式计算：

$$LSOUT_{Retu} = \sum_{i=1}^{n} A_i \times Exc_i \times \frac{T_i}{365} \times (1 - R_{i,NH_3} - R_{i,N_2} - R_{i,N_2O}) \times R_{i,Retu} \qquad (7-23)$$

式中，$LSOUT_{Retu}$ 表示畜禽养殖系统粪尿还田氮输出量；A_i、Exc_i、R_{i,NH_3}、R_{i,N_2}、R_{i,N_2O}、T_i 和 365 同式（7-18）~式（7-20）中的定义；$R_{i,Retu}$ 表示第 i 种畜禽粪尿氮还田比例。

7.5.9.2　畜禽粪尿还田比例

畜禽粪尿还田比例为扣除粪尿在畜禽圈舍和存储阶段的 NH_3 挥发、反硝化脱氮和 N_2O 排放剩余氮量的 20%~75%（表 7-11），因畜禽养殖种类和规模而异（Ma et al.，2012）。

7.5.9.3　活动水平数据

活动数据获取方式同 7.5.4.3 节。

7.5.10　畜禽粪便燃料

畜禽粪便除用作有机肥还田外，在我国西部的牧区或半牧区省份一些畜禽粪便，如奶牛、非奶牛和羊的粪便还被用作薪材燃料使用，多发生在西藏、陕西、甘肃、青海、宁夏和新疆等地区（国家发展和改革委员会应对气候变化司，2014）。粪便作燃料燃烧后的氮以 N_2、NH_3、N_2O 和 NO_x 形式进入大气系统。

7.5.10.1　计算方法

畜禽养殖系统粪便燃料氮量可由作燃料的畜禽粪便氮量乘以作燃料比例计算。可采用以下计算公式：

$$LSOUT_{Burn} = \sum_{i=1}^{3} A_i \times Exc_i \times \frac{T_i}{365} \times (1 - R_{i,NH_3} - R_{i,N_2} - R_{i,N_2O}) \times R_{i,j,Burn} \qquad (7-24)$$

式中，$LSOUT_{Burn}$ 表示畜禽养殖系统粪便燃料氮输出量；A_i 表示第 i 种畜禽数量，此处指奶牛、非奶牛（除水牛外）和羊；R_{i,NH_3}、R_{i,N_2}、R_{i,N_2O}、T_i 和 365 同式（7-18）~式（7-19）

中的定义；$R_{i,j,\text{Burn}}$表示j省份第i种畜禽粪便燃烧比例。

7.5.10.2　动物粪便作燃料比例

如上所述，畜禽粪便作燃料多发生在我国西部地区的西藏、陕西、甘肃、青海、宁夏和新疆等地区（国家发展和改革委员会应对气候变化司，2014）。这些地区奶牛、非奶牛（水牛除外）和羊粪便的燃烧比例为6%~100%，而其他省份地区仅为0~2%，可以忽略不计。针对以上数据情况，若以国家尺度活动面数据计算畜禽养殖系统粪便氮的去向时则缺少相应的参数，因粪便燃烧输出的氮量所占比重很小，可以不予考虑。若以省级尺度活动面数据加和方式计算全国畜禽粪便氮的去向，或在省级尺度开展畜禽粪便氮去向的相关研究工作，需根据所在省份的实际情况区别对待，西部牧区省份需考虑畜禽粪便燃料燃烧向大气系统氮输出量。不同省份畜禽粪便燃烧的比例见表7-14。

表7-14　不同省份奶牛、非奶牛（除水牛外）和羊粪便燃烧比例　　　单位:%

省份	奶牛	非奶牛	羊	省份	奶牛	非奶牛	羊
北京	1	1	—	湖北	—	—	—
天津	1	1	—	湖南	—	—	—
河北	1	1	—	广东	—	—	—
山西	1	1	—	广西	—	—	—
内蒙古	1	1	—	海南	—	—	—
辽宁	—	2	—	重庆	—	—	6
吉林	—	2	—	四川	—	19	6
黑龙江	—	2	—	贵州	—	—	6
上海	—	—	—	云南	—	—	6
江苏	—	—	—	西藏	100	100	70
浙江	—	—	—	陕西	6	—	6
安徽	—	—	—	甘肃	6	11	6
福建	—	—	—	青海	6	35	6
江西	—	—	—	宁夏	6	—	6
山东	1	1	—	新疆	6	15	6
河南	1	1	—				

7.5.10.3　活动水平数据

活动数据获取方式同7.5.4.3节。

7.5.11　死淘畜禽

死淘畜禽氮输出指在畜禽饲养过程中动物瘟疫和疾病等原因导致的畜禽死亡或以提供动物产品为目的的畜禽因生产能力下降而被淘汰，被淘汰的畜禽出栏后被宰杀出售等过程所输出的氮量（张义学等，1992；柏兆海，2015）。目前，我国养殖阶段死亡畜禽的处理方式，主要由业主实施，一般采取深埋和焚烧等方法处理，还存在抛丢于河道和荒地等随意处置现象，甚至有少数非法买卖的行为（国家环境保护总局自然生态保护司，2002；杨纯兴等，2016）。因缺少不同处理方式所占比重的数据，本指南中将死亡畜禽尸体看作固体废弃物进入土壤环境处理。同时蛋禽和奶牛等因生产能力下降而被淘汰的畜禽以宰杀出售的方式进入不同系统（柏兆海，2015）。这部分氮量在以往国家或其他尺度的氮素梯级流动相关研究中并未计算在内，但从文献报道数据来看，不同畜禽死亡率占饲养总量的5%~10%，个别养殖体系或地区甚至达到20%（陈程和隋士员，2006；徐康，2009；宋海军和丁勇，2015；柏兆海，2015）。因此，本指南将该部分氮输出考虑在氮素梯级流动分析过程中。但从我国统计数据来看，被淘汰的畜禽应该被统计在了畜禽年出栏量中，为了避免重复计算，本指南只考虑死亡畜禽尸体氮的去向计算。

7.5.11.1　计算方法

死淘畜禽数量没有相关统计数据，可由畜禽年出栏或年底存栏数及文献报道的畜禽死淘比例计算不同畜禽的死淘数量。再由死淘畜禽数量乘以对应活体氮含量计算死淘畜禽氮含量。可采用以下计算公式：

$$LSOUT_{Death} = \sum_{i=1}^{n} A_i \times R_{i,Death} \times N_i \tag{7-25}$$

式中，$LSOUT_{Death}$ 表示畜禽养殖系统死淘畜禽氮输出量；A_i 同式（7-24）中的定义；$R_{i,Death}$ 表示第 i 种畜禽的死淘比例；N_i 表示第 i 种畜禽活体氮含量。

7.5.11.2　畜禽死淘率

通过文献收集的方法获得我国不同畜禽及不同规模养殖条件下的死淘率。商品蛋鸡养殖条件好的死淘率在5%左右，条件一般的在10%，个别管理不好的在15%~20%（徐康，2009；宋海军和丁勇，2015）。本指南中蛋鸡死淘率定为10%，肉鸡死淘率约为5%（刘来亭等，2009），传统养殖（1~1999只）、专业养殖户（2000~49999只）和大型规模化（>50000只）死淘率分别为4%、6%和3%（柏兆海，2015）。肉牛和奶牛死亡率相对较低，省部级标准约为3%；奶牛淘汰率因不同养殖规模有所差别，传统（<10头/户）为19%、放牧（<200头/户，新疆、西藏、甘肃、青海和内蒙古5个牧区省份）为16%、养殖小区（10~200头）为19%和规模化为16%（>200头/户）（柏兆海，2015）。本指南将全国奶牛平均淘汰率定为18%。不同生猪养殖体系死淘率，因饲养规模和管理方式不同存在较大差异，后院式（1~2头）、传统养殖（3~49头）、专业养殖户（50~2999头）和大型规模化（>3000头）分别为5%、15%、11%和6%（柏兆海，2015）。

根据柏兆海（2015）的研究，我国不同时期不同规模生猪饲养比例见表7-15。羊的死亡率也因地区而异，贵州省相关研究结果表明，羊的死亡率为12.5%（王德辉等，2015）。吉林省家畜死亡率为5%以下（张义学等，1991），三峡市家畜死亡率仅为0.5%（陈程和隋士员，2006）。本指南采用部分省颁布的羊死亡率标准8%（陈程和隋士员，2006）。该方法为国家尺度相关研究的缺省方法。如果在地市尺度开展相关研究，当缺少畜禽死淘率比例数据时，可通过文献收集区域内的相关研究结果，有条件的地区或可通过部门咨询和实地调查的方式来获得该参数。

表 7-15　不同年代不同规模生猪饲养比例变化　　　　　　单位:%

时期	后院式	传统养殖户	专业养殖户	规模化养殖
20 世纪 60 年代	100	0	0	0
20 世纪 70 年代	67	33	0	0
20 世纪 80 年代	31	65	4	0
20 世纪 90 年代	16	76	8	0
2000 ~ 2009 年	7	72	17	4
2010 年后	3	35	50	12

7.5.11.3　活动水平数据

活动数据获取方式同 7.5.4.3 节。

7.5.12　畜禽活体

7.5.12.1　计算方法

畜禽活体氮指以繁衍后代、提供劳役和畜禽蛋奶等产品为目的，饲养周期大于1周年的畜禽所包含的氮。一般以畜禽年底存栏量计算，主要包括能繁母猪、奶牛、役牛、马、驴或骡、骆驼、羊和蛋禽等（Ma et al.，2012；Cui et al.，2016；Gao et al.，2018）。从氮素基本流动过程来看，未出栏的畜禽活体并未输出畜禽养殖系统外，本指南将畜禽活体存栏看作是畜禽养殖系统内部的氮积累。可由以下公式计算：

$$\text{LSOUT}_{\text{LivAni}} = \sum_{i=1}^{n} A_i \times A_{i,\text{W}} \times N_i \tag{7-26}$$

式中，$\text{LSOUT}_{\text{LivAni}}$表示畜禽养殖系统内部氮积累；$A_i$表示第$i$种畜禽年底存栏数量；$A_{i,\text{W}}$表示第$i$种存栏畜禽个体重量；$N_i$表示第$i$种存栏畜禽活体氮含量。

7.5.12.2　畜禽活体重量和活体氮含量

各种畜禽活体重量及活体氮含量见表7-3。

7.5.12.3　活动水平数据

畜禽活体年底存栏氮指奶牛、役牛、马、驴或骡、骆驼、羊和蛋禽等畜禽年底存栏活体所含的氮量。涉及的活动数据包括奶牛、役牛、马、驴或骡、骆驼、羊和蛋禽等的年底存栏数量。可根据不同研究尺度目标，通过《中国统计年鉴》、《中国农业年鉴》、《中国畜牧业年鉴》及省、市级统计年鉴获取。然而，有些年份中只统计了家禽出栏或存栏数，无法区分其中的蛋禽和肉禽，该情况下可采用相近年份统计年鉴中的鸡蛋年总产量和蛋鸡数量计算出每只鸡的年均产蛋量，用鸡蛋产量除以鸡的年均产蛋量计算蛋鸡存栏量，或用每只鸡年产蛋量和单枚蛋重量来计算蛋鸡年产蛋量，再通过相应的鸡蛋产量计算蛋鸡存栏量（尹沙沙等，2010）。猪、奶牛、蛋鸡和肉鸡的养殖规模可参照《中国畜牧业年鉴》有关不同饲养规模的统计。但早些年份畜禽饲养规模缺失，可通过历史趋势分析或部门调研的方式，获取缺失年份不同规模畜禽饲养量。

7.6　质量控制与保证

7.6.1　畜禽养殖系统氮输入和输出的不确定性

畜禽养殖系统氮输入极其复杂、多样，包括作物籽粒饲料、秸秆饲料及其氨化饲料、动物性饲料、食品加工副产物、餐厨垃圾、牧草饲料、其他饲料、净进口饲料和动物活体进口等。本指南畜禽养殖系统氮输入的估算主要依据其他系统的估算结果，存在误差传递，每一个输入项的不确定性都会给整个畜禽养殖系统氮输入带来不确定性。因此，需逐个分析该系统氮输入的不确定性来源及不确定性范围的设定标准或方法。畜禽养殖系统不同输入项的不确定性如下：

1）作物籽粒饲料。作物籽粒饲料氮量是通过作物籽粒产量乘以不同作物籽粒作饲料的比例及籽粒作口粮后部分用于饲料用途来计算。因此，不确定性主要来自作物籽粒产量和作物籽粒作饲料的比例的不确定性。作物收获籽粒不确定性已在农田系统论述，本章只涉及作物籽粒作饲料的比例的不确定性。该参数在不同年代和地区之间可能存在一定的变异。然而，目前仅有少量的文献报道了我国国家尺度上20世纪90年代和21世纪初的不同作物籽粒作饲料的比例的调研结果（高利伟，2009；Ma et al.，2010），缺少省级及以下研究尺度上的参数，存在较大的认识局限性。

2）秸秆饲料及其氨化饲料。秸秆饲料氮是通过作物产量结合作物秸秆籽粒比或收获指数计算不同作物秸秆产量，再通过秸秆不同用途比例计算秸秆饲料氮量。某种作物秸秆籽粒比或收获指数相对稳定，因此，秸秆饲料的不确定性主要来自作物秸秆产量和秸秆不同用途比例。作物秸秆产量不确定性已在农田系统论述，本章只涉及秸秆不同用途比例。目前虽已有较多文献资料分别报道了我国国家尺度、不同地区或省级尺度上整体的作物秸秆用途比例及国家尺度不同作物秸秆用途比例（高祥照等，2002；高利伟，2009；国家发展和改革委员会应对气候变化司，2014）。但对不同年代作物秸秆用途比例的报道中可供参考的文献较少，这方面存在一定的认识局限性。此外，用于氨化秸秆饲料的尿素氮由作物秸秆饲料量乘以秸秆氨化饲料尿素氮投入系数计算。秸秆氨化饲料尿素氮投入系数比已有较多文献报道（陈继富等，2005；李日强等，2006；Gu et al.，2015），其不确定性相对较小。因此，氨化秸秆饲料用的尿素氮量计算不确定性主要来自秸秆作饲料的不确定性。

3）动物性饲料。本系统中动物性饲料氮的计算存在多种方法。一种做法是采用国家尺度上官方统计数据计算动物性饲料氮量，其不确定性主要来自统计数据的不确定性。不同文献将国家发布的统计数据的不确定性定为5%～10%（Cui et al.，2013；国家发展和改革委员会应对气候变化司，2014；Gu et al.，2015；Gao et al.，2018）。另一种做法是根据畜禽宰杀骨头和皮毛副产物及其作饲料的比例、来自水产养殖系统的鱼粉蛋白饲料加和获取不同研究尺度的动物性饲料氮输入量（高利伟，2009；Gu et al.，2015）。畜禽宰杀骨头和副产物作饲料量的计算是基于畜禽出栏量和骨头及皮毛副产物比例，再根据两者作饲料的比例和含氮量作进一步计算，该计算过程的不确定性主要来自畜禽出栏统计数据的不确定性。参照文献报道，本指南将该类数据不确定性定为5%～10%。畜禽骨头和皮毛副产物的比例及其作饲料比例来自少量的文献报道（高利伟，2009；Ma et al.，2010，2012），存在一定的认识局限性。水产养殖系统的鱼粉蛋白计算是通过水产品总产量减去人类消费及出口的水产品产量来计算。该计算的不确定性来源主要包括水产品产量、人类水产品消费量和水产品出口量，将分别在水产养殖系统和人类系统论述。还有一种做法是基于不同养殖体系和规模下的畜禽日粮配方中的动物饲料产品占比和畜禽饲养周期内的养分摄入量及畜禽饲养数量来计算（Gao et al.，2011；柏兆海，2015）。该计算的不确定性主要来自畜禽日粮配方和畜禽饲养周期内的养分摄入量，目前仅有少量文献报道了该参数（柏兆海，2015），且为国家尺度参数，缺少不同年份和地区间的变异，存在较大的认知局限性。

4）食品加工副产物。食品加工副产物氮是通过籽粒作口粮氮后的不同用途比例和畜禽出栏宰杀副产物作饲料来计算。同一作物作口粮后的用途比例和畜禽出栏宰杀副产物比例相对稳定，因此，食品加工副产物氮量计算的不确定性主要来自作物籽粒产量和不同年代籽粒作口粮的比例参数及畜禽出栏宰杀副产物作饲料的比例参数。作物产量不确定性如前所述。不同年代籽粒作口粮及畜禽出栏宰杀副产物饲料的比例参数来自少量的文献报道（高利伟，2009；Ma et al.，2010），存在一定的认知局限性。

5）餐厨垃圾。餐厨垃圾氮包括居民家庭厨余垃圾和在外饮食餐厨垃圾两部分，其不确定性分别来自两部分餐厨垃圾的计算。家庭厨余垃圾作饲料的氮输入量是通过城市和农村居民家庭食物消费厨余垃圾产生量分别乘以城市和农村厨余垃圾作饲料的比例来计算。其不确定性主要来自居民家庭食物消费厨余垃圾产生量和厨余垃圾作饲料的比例。居民家庭食物消费厨余垃圾产生量不确定性将在人类系统介绍。本系统只涉及不同年代厨余垃圾作饲料的比例，该参数来自于文献报道，但仅是国家尺度参数，缺少省级及以下尺度的计算参数，同时由于缺少相关数据，个别年代参数只是根据早期年代参数的假设而定（Gao et al.，2018）。

6）牧草饲料。牧草饲料氮输入的不确定性见第5章论述。

7）其他饲料。其他饲料氮输入量计算存在多种方法。一种方法是通过不同畜禽其他饲料氮摄入量乘以畜禽养殖量来计算（Ma et al.，2012；柏兆海，2015）。该计算的不确定性来自其他饲料氮摄入量参数和畜禽养殖量的不确定性。如前所述，畜禽养殖量的不确定性主要来自统计数据的不确定性。单位畜禽其他饲料氮摄入量参数已有少量文献报道，但为国家尺度参数，尚缺少不同年代和地区间的变异，存在较大的认知局限性。另一种方法是在除其他饲料外的所有氮输入和输出都已清晰计算的情况下，通过系统物质平衡的原则，将输入总量与输出总量的差值作为其他饲料氮输入量（Cui et al.，2013，2016；Ma et al.，2014；Gao et al.，2018）。该估算方法能够实现畜禽养殖系统自身的内部平衡。其计算的不确定性来自各项饲料氮的输入和系统的氮输出。

8）净进口饲料。净进口饲料氮输入量通过国际贸易统计数据中与饲料有关的产品进出口量乘以产品氮含量计算。产品进出口数据的不确定性主要来自统计数据的不确定性。某种作物产品氮含量数据相对稳定，不确定性相对较小。但国内外饲料相关产品氮含量可能由于投入水平和管理方式的不同存在一定的差异，本指南中仅采用国内作物产品氮含量计算可能带来一定的不确定性。

9）动物活体进口。动物活体进口氮输入量是通过贸易数据中的动物活体进出口数量乘以活体氮含量来计算。活体氮含量数据相对稳定，因此，动物活体进口数据的不确定性主要来自贸易统计数据的不确定性。

畜禽养殖系统的氮输出包括以宰杀出售为目的的畜禽出栏、蛋奶产品、畜禽粪尿排泄和死淘动物等。每个输出项计算的不确定性都会给畜禽养殖系统总氮输出带来不确定性。因此，本指南逐个分析该系统氮输出的不确定性来源及不确定性范围的设定标准或方法。畜禽养殖系统不同氮输出项的不确定性如下：

1）畜禽出栏。畜禽出栏氮输出量通过畜禽年出栏量乘以活体氮含量或每部分占动物活体的比重及其氮含量计算。活体出口氮含量可通过活体出口量乘以畜禽活体氮含量计算。畜禽活体、每部分占比及其氮含量随年代间的变化相对较小，因此，畜禽出栏氮输出量，活体出口氮含量，畜禽宰杀后的肉、骨头和皮毛副产物含氮量计算的不确定性主要来自畜禽出栏量和活体出口量的统计数据不确定性。参照文献报道，本指南将畜禽出栏和活体出口统计数据的不确定性定为 5% ~ 10%（Cui et al.，2013；国家发展和改革委员会应对气候变化司，2014；Gu et al.，2015）。

2）蛋奶产品。蛋奶产品氮含量通过蛋奶产品统计数据量乘以相应的含氮量计算。蛋奶产品氮含量参数文献报道较多，且相对稳定。该计算的不确定性主要来自蛋奶产品统计数据的不确定性。

3）畜禽粪尿排泄。畜禽粪尿排泄氮输出量的一种算法是通过某些畜禽年出栏或存栏量及其饲养周期内的粪尿排泄量计算。饲养周期内的粪尿排泄量来自文献报道，且部分参数，如畜禽年均粪尿排泄量参数，已被环境保护部科技标准司颁布的《大气氨源排放清单编制技术指南》作为畜禽粪尿氮排泄量计算的缺省参数（环境保护部科技标准司，2014）。但从相关研究结果看，不同省份之间畜禽粪尿氮排泄量变化幅度较大，以猪和奶牛为例，全国猪和奶牛的粪尿氮排泄量分别为 14 kg N 头$^{-1}$·a^{-1} 和 70 kg N 头$^{-1}$·a^{-1}，但其省份间变化分别为 6 ~ 16 kg N 头$^{-1}$·a^{-1} 和 55 ~ 129 kg N 头$^{-1}$·a^{-1}（Ma et al.，2010）。这将给畜禽粪尿氮排泄量的计算带来较大的不确定性。参照《IPCC 优良作法指南》，畜禽粪尿氮排泄量的不确定性设为 50% ~ 80%。此外，畜禽粪尿氮排泄计算的不确定性还来自畜禽年出栏和存栏量等官方统计数据的不确定性，性见本节畜禽动物饲料氮输入部分有关畜禽出栏量统计数据不确定性相关的描述。另一种方法是在畜禽养殖系统除粪尿排泄量外，各项输入和输出都清晰的情况下，通过系统内部平衡方法计算。这一做法的不确定性来自各项输入量和输出量的不确定性，可通过误差传递的做法来计算。粪尿排泄后的不同氮去向，可由粪尿排泄量和不同去向比例参数计算。畜禽粪尿排泄量的不确定性如前所述。粪尿去向比例参数部分来自相关文献对相关研究结果的汇总分析，部分来自大量调研数据获取的全国平均数（Ma et al.，2010，2012）。可以看出，不同省份间不同种类畜禽粪尿还田比例差别较大（Ma et al.，2010），可能会给粪尿氮去向的计算带来较大的不确定性，参照《IPCC 优良作法指南》，不同粪尿氮去向参数的不确定性选择为 50%（IPCC，2000）。可由畜禽粪尿氮排泄量和不同去向比例参数的不确定性，采用误差传递的方法进行畜禽粪尿不同氮去向的不确定性分析。

　　4）死淘畜禽。死淘畜禽氮通过畜禽出栏和存栏统计数据与畜禽死淘比例及其活体氮含量计算。动物活体氮含量相对稳定，因此该计算的不确定性一部分来自畜禽出栏和存栏统计数据的不确定性，一部分来自死淘比例参数。目前有少量文献报道了国家尺度不同畜禽死淘比例，较多文献报道了不同地区不同畜禽死淘比例。本指南中，国家尺度上对个别畜禽死淘比例，采用汇总数据求平均的做法，这类参数可能会随着收集数据的增加而存在一定的变异。不同年代畜禽养殖体系的死淘比例也可能存在一定的变异，本指南并未考虑该参数的年代间变化，可能给计算结果带来一定的不确定性。

　　5）活体存栏。以繁衍后代、提供劳役和畜禽产品等为目的的畜禽活体年存栏可看作是畜禽养殖系统内部的氮积累。可由不同畜禽年底存栏量乘以活体氮含量计算。畜禽活体氮含量变化较小，该计算的不确定性主要来自存栏统计数据的不确定性，设定标准参照动物性饲料氮输入部分。

7.6.2　减少不确定性的途径

　　各系统氮输入量和输出量的不确定性主要来自活动数据和相关计算参数。因此，减少和控制不确定性的主要途径是增加活动数据和相关计算参数的准确性或降低其不确定性。本系统中所涉及的活动数据，如畜禽养殖量、年出栏量、年底存栏量、各种畜禽肉产量和蛋奶产量等一般来自国家、省级与市级等尺度的统计数据。这类数据能够较好地反映我国经济发展基本趋势，是定量人为活性氮流动的最易获取的数据，这类数据给相关计算带来的不确定性一般假设约为 5%（Gu et al.，2013，2015）。因此，在某个研究尺度上，尽可能采用官方发布的统计数据和行业公报等统计数据。如研究尺度无相关活动数据统计，则可通过部门咨询和实地调研的方式来获取。

　　同时要保证收集数据和计算方法的时间序列性。时间序列是系统氮素流动分析的关键组成部分，它不但提供了历史数据，并且能跟踪或预测系统未来氮素流动的变化趋势。时间序列中所有的因素分析都应尽量保持一致，也就是说，对所有年份，时间序列应尽可能应用同样的方法和数据源的数据进行计算，以减少应用不同的方法和数据源所引起的偏差。然而，在实际的数据收集整理过程中，可能会由于数据统计口径变化或某些客观原因，某些年份的数据缺失。该情况下，首先可通过其他途径查询相关数据进行缺失年份的填补，同时根据原收集数据特征对填补数据进行校验；如其他途径无法获取缺失年份数据，则可通过历史趋势外推、线性插值和就近年份平均值等做法，进行缺失年份数据的填补，以保证数据的连贯性。

计算过程中的转换参数一般通过收集国内外相关文献报道结果获取。本系统中的转换参数可以归为两类：一类参数如畜禽活体个体重量、不同体系和规模下的饲养周期、活体不同部分占总重的比例、畜禽活体和产品氮含量及年均粪尿排泄量等，这些参数在不同研究尺度和不同年代的变化相对较小，通过少数文献报道即可获取和应用该类参数。另一类参数如不同地区畜禽养殖体系比例、单位畜禽饲养周期内的养分摄入量、日粮配方、畜禽粪尿处理方式、畜禽宰杀副产物作饲料的比例和厨余垃圾作饲料的比例等，这些参数可能会因不同地区、不同饲养体系和养殖规模、不同年代发生一定的变化，减少该类参数的不确定性的做法是尽可能多地收集相关研究参数，国家尺度上采用参数平均值和变异范围的做法进行不确定性分析，或采用模型校验的方式对参数进行略微调整（柏兆海，2015）。省市级或某个区域某个体系则尽可能采用当地化或就近化的参数平均值进行相关计算。如果参数较多，可通过参数的变异范围计算其带来的不确定性；如参数单一，则可采用文献中常用的做法，给定参数一个可以接受的不确定性范围进行不确定性分析（Cui et al.，2013；Ma et al.，2014；Gao et al.，2018）。如果某研究尺度或研究目标下无相关计算参数，在有条件的情况下，可通过专家或部门咨询及实地测定等方式来获取转换参数。

7.6.3　其他可提高质量、减少不确定性的因素

其他可提高质量、减少不确定性的因素包括内部核查和外部评审。内部核查的内容主要是活动数据录入是否存在缺失、异常或抄录错误，单位换算是否统一，计算公式是否完整和正确、是否存在漏项计算、公式转换系数是否正确，不同年代管理和技术改进等所引起的计算参数变化是否更换，以及所用计算参数是否有足够的代表性和区域适用性等；外部评审主要是由未直接涉足清单编制的其他机构、专家和组织进行，主要针对分析方法可靠性、文件彻底性、方法说明和整体透明性，预判测量目标是否已实现并确保分析方法代表在目前科学知识水平和数据获取情况下排放和清除的最佳方法，同时支持质量控制计划的有效性。

参 考 文 献

柏兆海. 2015. 我国主要畜禽养殖体系资源需求、氮磷利用和损失研究. 北京：中国农业大学.
陈程，隋士员. 2006. 我市畜禽发病死亡率远低于部省标准. 三峡日报.
陈继富，张超美，刘金香. 2005. 高蛋白整秸秆氨化饲料研究及其应用前景. 作物杂志，(2)：10-12.
高利伟. 2009. 食物链氮素养分流动评价研究——以黄淮海地区为例. 保定：河北农业大学.
高祥照，马文奇，马常宝，等. 2002. 中国作物秸秆资源利用现状分析. 华中农业大学学报，21（3）：242-247.
谷保静. 2011. 人类–自然耦合系统氮循环研究——中国案例. 杭州：浙江大学.
国家发展和改革委员会应对气候变化司. 2014. 中国温室气体清单研究 2005. 北京：中国环境出版社.
国家环境保护总局自然生态保护司. 2002. 全国规模化畜禽养殖业污染情况调查及防治对策. 北京：中国

环境科学出版社．

环境保护部科技标准司．2014．大气氨源排放清单编制技术指南．

李日强，张峰，张伟峰．2006．氨化和固态发酵玉米秸秆生产饲料蛋白的研究．农业环境科学学报，25（6）：1636-1639．

刘来亭，田鹏飞，杜灵广，等．2009．酪酸菌对肉鸡生产性能和死淘率及小肠形态结构的影响．河南农业科学，38（7）：130-134．

刘晓丽．2006．我国"农田-畜牧-营养-环境"体系氮素养分循环与利用．保定：河北农业大学．

马林．2009．中国食物链氮素流动规律及调控策略．保定：河北农业大学．

施亚岚．2014．中国食物链活性氮梯级流动效率及其调控．北京：中国科学院大学．

宋海军，丁勇．2015．蛋鸡产蛋期死淘率高的防治措施．中国畜禽种业，11（4）：134-135．

孙庆瑞，王芙蓉．1997．我国氨的排放量和时空分布．大气科学，21（5）：590-598．

王德辉，王勇，付照武，等．2015．不同品种·系统后备绵羊零死亡率模式的效益评价．安徽农业科学，43（24）：116-118+121．

魏静，马林，路光，等．2008．城镇化对我国食物消费系统氮流动及循环利用的影响．生态学报，28（3）：1016-1025．

徐康．2009．产蛋期蛋鸡死淘率高的原因及防制措施．养禽，1：87．

杨纯兴，严小东，莫模双．2016．病害畜禽无害化处理存在的问题及对策．现代农业科技，（10）：251-252．

尹沙沙，郑君瑜，张礼俊，等．2010．珠江三角洲人为氨源排放清单及特征．环境科学，31（5）：1146-1151．

张千湖．2017．中国人为源活性氮排放清单及其影响因素研究．北京：中国科学院大学．

张义学，冯殿君，张秋颖，等．1991．影响猪禽免疫效果的因素及对策．吉林畜牧兽医，（6）：19-21．

张义学，张秋颖，冯殿君，等．1992．影响猪禽免疫效果的因素及对策．中国兽医杂志，（11）：45-46．

Bai Z H, Ma L, Jin S Q, et al. 2016. Nitrogen, phosphorus, and potassium flows through the manure management chain in China. Environmental Science and Technology, 50：13409-13418.

Bai Z H, Ma L, Qin W, et al. 2014. Changes in pig production in China and their effects on nitrogen and phosphorus use and losses. Environmental Science and Technology, 48（21）：12742-12749.

Bouwman A F, van der Hoek K W, Eickhout B, et al. 2005. Exploring changes in world ruminant production systems. Agricultural Systems, 84（2）：121-153.

BouwmanA F, Lee D S, Asman W A H, et al. 1997. A global high- resolution emission inventory for ammonia. Global Biogeochemistry Cycles, 11（4）：561-587.

Cui S, Shi Y, Groffman P M, et al. 2013. Centennial-scale analysis of the creation and fate of reactive nitrogen in China（1910–2010）. Proceedings of the National Academy of Science of the United States of America, 110（6）：2052-2057.

Cui S, Shi Y, Malik A, et al. 2016. A hybrid method for quantifying China's nitrogen footprint during urbanization from 1990 to 2009. Environment International, 97：137-145.

Denmead O T, Simpson J R, Freney J R. 1974. Ammonia flux into the atmosphere from a grazed pasture. Science, 185（4151）：609-610.

Eggleston H S, Buendia L, Miwa K, et al. 2006. IPCC guidelines for national greenhouse gas inventories. Vol. 4：Agriculture, forestry and other land use. IPCC Natl. Greenhouse Gas Inventories Progr., Hayama, Japan.

Erisman J W, Galloway J N, Seitzinger S, et al. 2013. Consequences of human modification of the global nitrogen cycle. Philosophical Transactions：Biological Sciences, 368（1621）：1-9.

FAO（Food and Agriculture Organization of the United Nations）. 2013. Feeding the world,（Food Agric Organ UN, Rome）.

FAO (Food and Agriculture Organization of the United Nations) . 2014. FAOSTAT: FAO Statistical Databases (Food Agric Organ UN, Rome) .

Galloway J N, Cowling E B. 2002. Reactive nitrogen and the world: 200 years of change. Ambio, 31 (2): 64-71.

Gao B, Huang Y, Huang W, et al. 2018. Driving forces and impacts of food system nitrogen flows in China, 1990 to 2012. Science of the Total Environment, 610-611: 430-441.

Gao Z, Yuan H, Ma W, et al. 2011. Methane emissions from a dairy feedlot during the fall and winter seasons in Northern China. Environmental Pollution, 159 (5): 1183-1189.

Gu B J, Chang J, Ge Y, et al. 2009. Anthropogenic modification of the nitrogen cycling within the Greater Hangzhou Area system, China. Ecological Applications, 19 (4): 974-988.

Gu B J, Ju X T, Chang J, et al. 2015. Integrated reactive nitrogen budgets and future trends in China. Proceedings of the National Academy of Science the United States of America, 112 (28): 8792-8797.

Gu B J, Leach A M, Ma L, et al. 2013. Nitrogen footprint in China: Food, energy, and nonfood goods. Environmental Science and Technology, 36 (4): 9217-9224.

Hou Y, Ma L, Gao Z L, et al. 2014. The driving forces for nitrogen and phosphorus flows in the food chain of China, 1980 to 2010. Journal of Environmental Quality, 42: 962-971.

Huang X, Song Y, Li M M, et al. 2012. A high-resolution ammonia emission inventory in China. Global Biogeochemical Cycles, 26 (1): GB1030, doi: 10. 1029/2011GB004161.

IPCC. 2000. Good practice guidance and uncertainty management in national greenhouse gas inventories. Published: IGES, Japan.

Ma L, Guo J H, Velthof G L, et al. 2014. Impacts of urban expansion on nitrogen and phosphorus flows in the food system of Beijing from 1978 to 2008. Global Environmental Change, 28 (1): 192-204.

Ma L, Ma W Q, Velthof G L, et al. 2010. Modeling nutrient flows in the food chain of China. Journal of Environmental Quality, 39 (4): 1279-1289.

Ma L, Velthof G L, Wang F H, et al. 2012. Nitrogen and phosphorus use efficiencies and losses in the food chain in China at regional scales in 1980 and 2005. Science of the Total Environment, 434 (18): 51-61.

Oenema O, Ju X T, de Klein C, et al. 2014. Reducing nitrous oxide emissions from the global food system. Current Opinion in Environmental Sustainability, 9-10: 55-64.

Strokal M, Ma L, Bai Z H, et al. 2016. Alarming nutrient pollution of Chinese rivers as a result of agricultural transitions. Environmental Research Letters, 11 (2): 024014.

Sutton M A, Howard C M, Erisman J W, et al. 2011. The European Nitrogen Assessment: Source, Effects and Policy Perspectives. Cambridge: Cambridge University Press.

Tilman D, Clark M. 2014. Global diets link environmental sustainability and human health. Nature, 515 (7528): 515-522.

Wang F, Sims J T, Ma L, et al. 2011. The phosphorus footprint of China's food chain: Implications for food security, natural resource management, and environmental quality. Journal of Environmental Quality, 40 (4): 1081-1089.

Xue X B, Landis A E. 2010. Eutrophication potential of food consumption patterns. Environmental Science and Technology, 44 (16): 6450-6456.

第8章 水产养殖系统

8.1 导 言

水产养殖子系统是人类赖以生存的重要系统之一，是人类日常生活所需的水产品及畜禽养殖系统不可或缺的鱼粉饲料等的主要来源。近年来，随着人类需求增长和先进科学技术在水产养殖上的应用，水产养殖业快速发展（Nadarajah and Flaaten，2017）。FAO 资料显示，1980~2012 年，全球水产养殖产品供应量平均年增长率为 8.6%（FAO，2014）。2014 年水产养殖业贡献了全球 44.1% 的海产品生产（FAO，2016）。随着水产养殖业快速发展而来的是水产养殖业对地表水体的污染。农田和畜禽养殖系统氮污染物需通过不同梯级流动进入水体系统，水产养殖污染物可直接对水体造成影响。水产养殖是地表水体的主要污染源之一，可导致有机物污染、富营养化（主要是有机氮和磷）和养殖废弃物污染等负面的生态影响，这些负面影响会导致藻类大量繁殖、溶解氧减少、水质恶化和生境破坏等一系列环境问题（Seymour and Bergheim，1999；Aubin et al.，2006；Cole et al.，2009；Edwards，2015）。

我国是世界上海陆兼备的大国之一，具有较长的海岸线，近海海域和淡水资源丰富，水产养殖业发展迅速。我国也是全球最大的水产养殖国家，1989 年以来，我国的水产品产量已经连续 20 年居世界首位，养殖鱼类产量占全球总产量的 20%（Liu and Diamond，2005）。在水产养殖过程中，相当一部分养殖户为了追求高产，会投入过量的饵料，过量的营养成分导致鱼塘水中氮磷浓度偏高，大量的氮磷随着鱼塘换水、出泥进入周边环境（Ackefors and Enell，1994）。1980~2010 年，我国水产养殖系统氮素投入增加了 13 倍，从 0.2Tg 增加至 2.8Tg，2010 年水产养殖系统 67% 的氮投入来自鱼饲料，其次是氮肥和野生鱼类。同期水产品氮的输出量从 0.1 Tg 增加至 1.5 Tg，以反硝化形式进入大气的氮量从 0.03 Tg 增加至 0.7 Tg，剩余的则滞留在水体环境中（Gu et al.，2015）。有研究者发现，水产养殖生物的排泄物也会造成氮的流失，通过对南美白对虾个体的氮收支研究发现，排泄物释放的氮占其摄入氮的 73%（李松青，2003）。此外，养殖生物的活动也会促进底泥中氮的释放（Kim et al.，1998；张智等，2007）。国内外已有许多关于水产养殖氮释放的报道。例如，一些研究认为，从饵料到鱼体的转化过程中，氮的转化效率为 20%~50%，这就意味着饵料中 50%~80% 的氮被释放到环境（Schneider et al.，2005）。目前，国内关于不同尺度整体氮素或食物系统氮素梯级流动的研究较多（Ma et al.，2012，2014；Gu et al.，2015；Cui et al.，2013，2016；Gao et al.，2018）。有些研究则对水产养殖系统氮磷污染负荷进行了粗略的估算和对局部海域海水养殖现状与环境污染负荷进行了评估（张玉珍等，2003；颉晓勇等，2011）。但由于数据和参数的可获取性问题，多数研究将水产品看作食物系统外部输入的氮素来源，直接将水产品氮作为食物系统氮的输入，这一做法忽视了水产养殖系统自身氮的输入和输出核算。Gu 等（2015）的研究结果表明，水产养殖系统氮的输入约占全国总氮输入的5%。因此，对一些研究尺度，尤其对水产养殖较为发达的地区，可能会对食物系统氮素梯级流动过程及其效率的计算结果产生一定的影响。作为食物系统氮素梯级流动的一个重要组成部分，全面评估我国水产养殖系统氮素的来源和去向，对我国水产养殖事业的可持续发展及地表水体环境保护具有重要的指导意义。

本章基于分析水产养殖系统氮的输入与输出，通过资料调研收集、整理，分析国内外的研究成果，对现阶段水产养殖系统氮流动分析方法在我国的适用性进行系统整理与评估，在建立本土评估因子数据库的基础上，根据公开发表的文献资料与各类统计数据，结合活动数据等，建立了水产养殖系统氮素流动分析数据库，确定了编制技术方法，提出了水产养殖系统氮素流动分析方法指南。

8.2　系　统　描　述

8.2.1　系统的定义、内涵及其外延

本指南将水产养殖子系统定义为在淡水和海水中养殖鱼、虾和蟹等水产品，包括养殖的水生环境和水生动植物及野生水产品的捕捞等在内的一个系统；将野生水产品的捕捞也考虑在内，主要是基于野生水产品的捕捞为人类提供了部分的动物性蛋白，对整体的系统氮平衡有影响（Gu et al.，2015）。

8.2.2　水产养殖系统与其他系统之间的氮交换

水产养殖系统的氮输入为饵料、来自工业系统的氮肥、大气系统的氮沉降及养殖水体的生物固氮过程积累下来的生物量最终传递到水生生物体内的部分，表现为野生捕捞部分。系统的氮输出主要是进入食物系统、出口和畜禽系统的水产品捕捞移出，以及在养殖过程中的以 NH_3 挥发、反硝化脱氮和 N_2O 释放等形式进入大气系统的氮及径流等氮流失。系统的氮积累为输入量和输出量的差值，体现为系统水生生物的生物量存量增加及系统底泥氮积累。

8.3　水产养殖系统氮素流动模型

本指南中水产养殖系统氮素流动模型以氮素输入和输出为基础建立，其中，氮素输入包括饵料、氮肥、大气氮沉降、野生捕捞和种苗5项（图8-1）；氮素输出包括水产品、脱氮、NH_3 挥发、N_2O 排放、水平径流和底泥沉积6个去向。作为氮素循环的一个必不可少的部分，水产养殖系统中的氮素，一部分通过 NH_3 挥发、反硝化脱氮和 N_2O 释放的形式进入大气系统，一部分又通过水平径流和底泥沉积的形式进入水体系统。

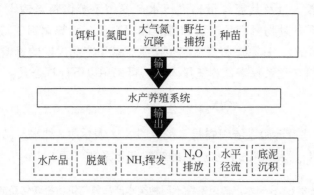

图 8-1　水产养殖系统氮素流动模型

　　我国江河湖海资源丰富，又有天然辽阔的近岸海域，资源分布不均，水产养殖管理制度差别较大，在确定水产养殖系统氮素流动模型时，应紧密结合所在地域的具体情况，根据当地氮素输入输出和活动数据水平特征，在本指南的基础上因地制宜地选择科学、适当的氮素流动模型。另外，随着经济、技术的发展与信息资料的完备，本模型可根据实际情况进行完善和更新。

8.4　氮　素　输　入

　　根据水产养殖系统氮素流动模型，系统氮素输入包括饵料、氮肥、大气沉降、野生捕捞和种苗等，可通过以下计算公式。本节详细描述各个输入项的计算方法、系数选取及活动数据的获取途径。

$$AQ_{IN} = AQIN_{Bait} + AQIN_{Fer} + AQIN_{WF} + AQIN_{Dep} + AQIN_{Sprout} \tag{8-1}$$

式中，AQ_{IN} 表示水产养殖系统氮输入量；$AQIN_{Bait}$ 表示水产养殖系统饵料投入的氮量；$AQIN_{Fer}$ 表示水产养殖系统饵料配比氮肥输入量；$AQIN_{WF}$ 表示水产养殖系统野生捕捞氮输入量；$AQIN_{Dep}$ 表示大气氮沉降量；$AQIN_{Sprout}$ 表示水产养殖系统种苗氮输入量。

8.4.1　饵料

8.4.1.1　计算方法

　　饵料是鱼类营养物质的主要来源，富含蛋白质、脂肪、维生素和矿物质等主要营养物质，是鱼类及水生动物不可缺少的食物，是水产养殖系统的重要物质基础。有关研究表明，水产养殖系统日投饲料量为鱼体体重的 5%~7%。本指南中饵料投入包括淡水养殖和海水养殖系统饵料投入两部分。根据活动数据和参数的可获取性，水产养殖系统氮素输入量计算方法如下。

（1）方法 1
目前，在不同的研究尺度上，均缺少水产养殖系统直接的饵料投入量统计数据。因此，无法通过饵料投入量及其氮含量来进行水产养殖系统饵料氮输入量的计算。该情况下，可通过水产养殖的动物氮产品产量和推荐的饵料比来计算饵料氮输入量（Cui et al.，2013；Gu et al.，2015）。其原理与畜禽养殖子系统基于产品尺度的氮输入量计算相同，根据产品氮量和饵料氮转化系数来计算氮投入量。可采用以下计算公式：

$$AQIN_{Bait} = \sum_{i=1}^{3} W_i \times N_{i,F} \div R_{i,Bait} \tag{8-2}$$

式中，$AQIN_{Bait}$表示水产养殖系统饵料投入的氮量；W_i表示第i种水产品产量；$N_{i,F}$表示第i种水产品氮含量；$R_{i,Bait}$表示第i种水产品的饵料转化系数（表8-1）。

表8-1　我国水产养殖系统不同种类水产品氮与饵料氮转化系数

单位：kg饵料N·kg^{-1}水产品N

水产品	鱼类	虾	蟹	其他
饵料系数	2	1.5	2	1.8

（2）方法2

借鉴畜禽养殖系统的饲料氮输入计算方法（Ma et al.，2012；柏兆海，2015），通过部门咨询或实地调研的方式获取研究尺度内的水产养殖系统饵料投入量、饵料配方及饵料氮含量，进而计算水产养殖系统的饵料氮输入量。可采用以下计算公式：

$$AQIN_{Bait} = \sum_{i=1}^{n} W_i \times N_{i,Bait} \tag{8-3}$$

式中，$AQIN_{Bait}$表示水产养殖系统饵料投入的氮量；W_i表示第i种饵料量；$N_{i,Bait}$表示第i类水产品饵料的氮含量。在相对容易获取该数据的地市级等较小的研究尺度上可考虑使用该方法，以丰富水产养殖系统的饵料氮输入量方面的数据，更加准确地分析水产养殖系统的氮流动基本过程。

8.4.1.2　水产养殖饵料比和不同水产养殖产品氮含量

水产养殖饵料比即水产品氮与饵料氮转化系数，指生产单位水产品氮所需的饵料氮投入量（张玉珍等，2003；Gu et al.，2015），一般推荐的饵料比为1.8，即每生产含1 kg N的水产品需要投入1.8 kg N的饵料。然而，通过收集文献研究结果发现，不同种类水产品的饵料比存在一定的差异（表8-1）（Cui et al.，2013，2016）。在有条件的地区，也可通过部门咨询和实地调研相结合的方式，获取当地化的饵料比参数。

计算饵料氮含量除饵料比外，还需要不同水产品氮含量参数。在多个尺度的食物系统氮流动的研究中，平均水产品氮含量定为2.7%（Ma et al.，2012；Gao et al.，2018）。然而，不同种类水产品的氮含量略有差异（中国疾病预防控制中心营养与食品安全所，2009；Gu et al.，2015），部分水产品的氮含量见表8-2。在实际计算过程中，根据活动数据的获取情况，选择性地使用水产品氮含量参数。如果能获取几类水产品氮含量则采用产品各自氮含量进行计算；如果获取的活动数据为混合水产品产量，则采用全国尺度的水产品平均氮含量参数。

表 8-2　我国不同种类水产品氮含量　　　　　　　　单位:%

水产品	鱼类	虾蟹类	贝类	藻类	其他
氮含量	3.0	2.9	2.1	3.7	2.9

8.4.1.3　活动水平数据

饵料投入计算所需的活动数据包括水产品产量,即来自淡水养殖和海水养殖系统的各类鱼、虾和蟹类的产量。该数据可通过《中国统计年鉴》、《中国农业年鉴》、各省市级统计年鉴获取。有条件的地区,可通过部门咨询和实地调研的方式获取该地区的水产养殖产量、饵料投入种类和数量等数据。

8.4.2　氮肥

8.4.2.1　计算方法

为了增加养殖水体的肥沃度,促进各种鱼饵生物,主要是浮游生物的生长和繁殖,一般在养殖水域直接投放肥料或水产品的饵料中添加一定比例的氮肥(舒廷飞等,2002;戴修赢,2010;Gu et al.,2015)。可采用以下计算公式:

$$AQIN_{Fer} = AQIN_{Bait} \times R_{Fer} \tag{8-4}$$

式中,$AQIN_{Fer}$ 表示水产养殖系统饵料配比氮肥输入量;$AQIN_{Bait}$ 表示水产养殖系统饵料投入的氮量;R_{Fer} 表示水产品饵料中氮肥的配比参数。

8.4.2.2　饵料中氮肥配比

相关研究表明,水产品饵料配备中氮肥的添加比例一般为饵料投入量的20%(舒廷飞等,2002;Crab et al.,2007;Gu et al.,2015)。

8.4.2.3　活动水平数据

该计算过程的活动数据为水产养殖系统的饵料氮投入量,具体获取途径见 8.4.1.3 节。

8.4.3　大气氮沉降

水产养殖系统大气氮沉降指水产养殖水域面积上由大气干湿沉降所带来的氮输入量。与陆地生态系统氮沉降计算方式一致,可通过大气氮沉降速率乘以下界面面积来计算(Ti et al.,2012;Cui et al.,2013;Gu et al.,2015)。

8.4.3.1　计算方法

水产养殖系统的大气氮沉降通过水产养殖水域面积乘以年均氮沉降速率计算。可采用以下计算公式:

$$AQIN_{Dep} = R_{Dep} \times Area \tag{8-5}$$

式中，$AQIN_{Dep}$ 表示大气氮沉降量；R_{Dep} 表示研究区域年均氮沉降速率；Area 表示研究区域内的水产养殖水域面积。

8.4.3.2　大气氮沉降速率

大气氮沉降速率计算方法参阅 18.5.1 节。

8.4.3.3　活动大气数据

该计算过程涉及的活动数据是水产养殖面积，国家、省级和市县级等尺度上，可通过查询《中国统计年鉴》、《中国农业年鉴》、《中国渔业统计年鉴》、省市和区县级统计年鉴来获取。没有统计数据的区域，可采用部门咨询和实地调研的方式来获取。遥感技术的发展应用，为水域面积的提取提供了新的技术手段。因此，在遥感数据充足的条件下，可采用遥感解译与 GIS 空间运算相结合的方法获取研究区域内水产养殖面积。

8.4.4　野生捕捞

野生捕捞是相对于人工养殖而言的，指在江海湖泊等天然形成的水域捕捞的具有更好安全性和营养价值的野生水产品。被捕捞的野生水产品主要依靠采食水体系统中具有生物固氮作用的藻类和浮游植物而生长。生物固氮指固氮植物通过共生固氮或者微生物的非共生固氮将大气中的 N_2 直接固定为可被植物吸收利用的活性氮的过程（Chapin et al.，2002），如藻类的生物固氮和豆科植物的固氮。然而，藻类的生物固氮无法通过相关的参数来直接计算，在实际的研究过程中，通常假设捕捞的野生水产品氮的产量与藻类等的生物固氮量相等（Gu et al.，2015）。故本指南只进行了捕捞的野生水产品氮的估算。

8.4.4.1　计算方法

捕捞的野生水产品氮的产量可通过捕捞的野生水产品产量乘以不同种类的野生水产品氮含量计算。可采用以下计算公式：

$$AQIN_{WF} = \sum_{i=1}^{n} WF_i \times N_{i,F} \tag{8-6}$$

式中，$AQIN_{WF}$ 表示水产养殖系统野生捕捞氮输入量；WF_i 表示研究区域内第 i 类野生水产品的产量；$N_{i,F}$ 表示第 i 种水产品氮含量。

8.4.4.2　野生捕捞水产品氮含量

本指南将野生捕捞水产品氮含量与养殖水产品氮含量数据视作等同，见表8-2。

8.4.4.3　活动水平数据

该计算过程涉及的活动数据是野生捕捞水产品产量。《中国统计年鉴》统计了全国和省级尺度的海水产品和淡水产品中的天然生产和人工养殖量，同时又将海水产品和淡水产品总产量划分为了鱼类、虾蟹类、贝类、藻类和其他五大类，可根据天然水产和人工养殖的比例对各类水产品进行划分。《中国统计年鉴》中统计了全国和不同省份不同种类水产品的野生捕捞量，也可通过查询《中国渔业统计年鉴》获取野生捕捞水产品总产量和不同种类水产品产量。

8.4.5 种苗投入

我国渔业在养殖过程中普遍使用种苗，种苗投入的成败直接影响水产养殖业的经济效益。不同水产养殖方式和水产品种类，其种苗投入量有一定的差异。此处考虑了淡水养殖系统和海水养殖系统总的种苗的氮投入量。

8.4.5.1 计算方法

种苗投入氮量指不同种类水产品投入种苗所含氮的总量。可采用以下计算公式：

$$AQIN_{Sprout} = Sprout_i \times N_{i,F} \tag{8-7}$$

式中，$AQIN_{Sprout}$ 表示水产养殖系统种苗氮输入量；$Sprout_i$ 表示第 i 种水产品种苗投入量；$N_{i,F}$ 表示第 i 种水产品氮含量。

8.4.5.2 种苗氮含量

有关研究报道了我国不同种类水产品种苗氮含量（戴修赢，2011；陈东兴，2012），见表 8-3。

表 8-3 我国不同种类水产品种苗氮含量 单位：%

水产品	氮含量
鱼类	2.45
青虾	2.43
河蟹	2.22

8.4.5.3 活动水平数据

该计算涉及活动数据是不同种类水产品种苗投入量。国家和省级尺度可通过《中国渔业统计年鉴》获取。有条件的地区，可根据自身水产养殖的特点，通过部门咨询和实地调研的方式获取，以丰富水产品种苗氮投入量计算的数据基础。

8.5 氮素输出

水产养殖系统氮输出包括水产品收获、NH_3 挥发、脱氮、N_2O 排放和水平径流等。可采用以下计算公式：

$$AQ_{OUT} = AQOUT_{Prod} + AQOUT_{NH_3} + AQOUT_{Den} + AQOUT_{N_2O} + AQOUT_{Runoff} \tag{8-8}$$

式中，AQ_{OUT} 表示水产养殖系统水产品氮输出量；$AQOUT_{Prod}$ 表示水产养殖系统水产品捕捞和野生水产品捕捞氮输出量；$AQOUT_{NH_3}$ 表示水产养殖系统 NH_3 挥发氮损失量；$AQOUT_{Den}$ 表示水产养殖系统脱氮量；$AQOUT_{N_2O}$ 表示水产养殖系统水产养殖 N_2O 排放氮量；$AQOUT_{Runoff}$ 表示水产养殖系统水平径流氮量。

本指南将水产养殖系统氮输入总量 AQ_{IN} 与水产品氮输出量 $AQOUT_{Prod}$ 之间的差值定义为水产养殖系统盈余氮量 $N_{Surplus}$。水产养殖系统其他氮输出项的计算均基于氮盈余量。

8.5.1 水产品收获

8.5.1.1 计算方法

水产品氮指水产养殖系统收获的各类养殖和野生水产品，包括鱼类、虾蟹类、贝类、藻类和其他水产品所含氮的总和。可以采用以下计算公式：

$$AQOUT_{Prod} = \sum_{i=1}^{5} W_i \times N_{i,F} \tag{8-9}$$

式中，$AQOUT_{Prod}$ 表示水产养殖系统水产品氮输出量；W_i 表示第 i 种水产品产量；$N_{i,F}$ 表示第 i 种水产品氮含量。

8.5.1.2 水产品氮含量

水产品氮含量参数见表8-2。然而，不同种类的鱼类氮含量会有一定的差异。不同区域的水产养殖业具有不同的特点，鱼类种类也各有差异。因此，有条件的地区，可采用实地采样的方式并结合室内分析对水产品氮含量进行测定，从而获得研究区域更为详细的水产品氮含量数据。

8.5.1.3 活动水平数据

该计算涉及的活动数据是各种捕捞水产品的产量，包括养殖和野生捕捞的鱼类、虾蟹类、贝类、藻类和其他水产品的产量。可通过《中国统计年鉴》、《中国农业年鉴》、《中国渔业统计年鉴》和省市级统计年鉴获取。如果研究区域内无相关统计数据，可根据实际情况通过向相关部门咨询和实地调研方式获取。

8.5.2 NH$_3$ 挥发

8.5.2.1 计算方法

水产养殖中养殖体在摄食饵料和浮游植物的同时，也在向水环境中排泄含氮废物，尤其是氨氮废物。在人工养殖的环境中，许多不溶或难分解的含氮有机物，随着碎屑物质沉积在底泥内。在一定条件下，这些有机物会发生异养生物分解矿化，转变为氨态氮，重新回到水体，使得底泥和水面交界处的有机矿化和扩散成为水体中一个重要的氨排放源

（Hargeraves，1997）。由于水产养殖系统 NH_3 的排放速率或挥发系数研究少，相关研究中通常采用有机肥在水田中的 NH_3 挥发率来计算水产养殖中的 NH_3 释放量（Gu et al.，2015）。可采用以下计算公式：

$$AQOUT_{NH_3} = N_{Surplus} \times R_{NH_3} \tag{8-10}$$

式中，$AQOUT_{NH_3}$ 表示水产养殖系统 NH_3 挥发氮损失量；$N_{Surplus}$ 表示水产养殖系统盈余氮量，即 AQ_{IN} 和 $AQOUT_{Prod}$ 之间的差值；R_{NH_3} 表示水产养殖系统盈余氮量的 NH_3 挥发系数。

8.5.2.2　NH_3 挥发系数

水产养殖系统 NH_3 挥发系数一般认为是该系统盈余氮量的 15%（张玉珍等，2003；Gu et al.，2015）。

8.5.2.3　活动水平数据

该计算的活动数据是水产养殖系统盈余氮量，可通过水产养殖系统的 AQ_{IN} 减去 $AQOUT_{Prod}$ 来计算。

8.5.3　脱氮

8.5.3.1　计算方法

水产养殖过程中的厌氧环境为反硝化提供了条件，导致脱氮作用十分活跃，造成的氮损失不可忽略。脱氮的产物主要以 N_2 的形式进入大气系统，可通过水产养殖系统盈余氮量乘以盈余氮量的脱氮系数来计算水产养殖系统脱氮输出量。可采用以下计算公式：

$$AQOUT_{Den} = N_{Surplus} \times R_{Den} \tag{8-11}$$

式中，$AQOUT_{Den}$ 表示水产养殖系统脱氮量；$N_{Surplus}$ 同式（8-10）；R_{Den} 表示水产养殖系统盈余氮量的脱氮系数。

8.5.3.2　脱氮系数

Gu 等（2015）根据文献研究结果，采用水产系统盈余氮量的 50% 作为水产养殖系统脱氮系数（舒廷飞等，2002；Crab et al.，2007）。

8.5.3.3　活动水平数据

水产养殖系统盈余氮量的计算见 8.5.2.3 节。

8.5.4　N_2O 排放

8.5.4.1　计算方法

水产养殖过程中无机氮浓度可以促进好氧环境中的硝化作用和厌氧环境中的反硝化作

用。在养殖过程当中，饵料的大量投入，促进有机质降解，导致底层水体氧不足甚至缺氧，进而促进反硝化作用，可能增加 N_2O 产生量。水产养殖过程中 N_2O 排放可通过水产养殖系统盈余氮量乘以 N_2O 排放系数来计算（Jackson et al.，2003；IPCC，2006；Gu et al.，2015）。可采用以下计算公式：

$$AQOUT_{N_2O} = N_{Surplus} \times R_{N_2O} \tag{8-12}$$

式中，$AQOUT_{N_2O}$ 表示水产养殖系统 N_2O 排放氮量；$N_{Surplus}$ 同式（8-10）；R_{N_2O} 表示水产养殖系统盈余氮量的 N_2O 排放系数。

8.5.4.2　N_2O 排放系数

水产养殖系统 N_2O 排放系数为系统盈余氮量，即水产养殖系统氮素总输入和水产品输出之间差值的 1.25%（舒廷飞等，2002；IPCC，2006；Gu et al.，2015）。

8.5.4.3　活动水平数据

水产养殖系统盈余氮量的计算见 8.5.2.3 节。

8.5.5　水平径流

水产养殖系统水平径流氮损失是降雨使水产养殖系统内部水体的氮素随着水平径流向系统外迁移的氮，水平径流氮量受降雨强度的影响。

8.5.5.1　计算方法

水产养殖系统水平径流氮量无法通过直接的氮径流量参数计算得出，一般是通过水产养殖系统盈余氮量乘以水平径流氮损失比例来计算（舒廷飞等，2002；谷保静，2011；Gu et al.，2015）。可采用以下计算公式：

$$AQOUT_{Runoff} = N_{Surplus} \times R_{Runoff} \tag{8-13}$$

式中，$AQOUT_{Runoff}$ 表示水产养殖系统水平径流氮量；$N_{Surplus}$ 同式（8-10）；R_{Runoff} 表示水产养殖系统盈余氮量的水平径流氮损失比例。

8.5.5.2　水平径流氮损失系数

一般认为水产养殖系统盈余氮量的 10% 通过水平径流过程损失（舒廷飞等，2002；Gu et al.，2015）。有条件的地区，可以通过设置野外观测试验，通过对水平径流水样中总氮、硝态氮和铵态氮等指标的测定，计算研究区域内水产养殖系统水平径流氮损失系数。以丰富不同尺度水产养殖系统水平径流氮估算参数。

8.5.5.3　活动水平数据

水产养殖系统盈余氮量的计算见 8.5.2.3 节。

8.5.6 系统氮累积

综上所述,水产养殖系统盈余氮量的50%、15%、1.25%和10%分别通过脱氮、NH$_3$挥发、N$_2$O排放和水平径流等过程损失到大气和其他系统。仍有23.8%的盈余氮滞留在水产养殖系统内部,可看作水产养殖系统氮积累,系统累积的氮包括随水源输入的有机物、老化的浮游生物、养殖体的粪便和排泄物及未食的饵料等,大部分还未分解就直接以底泥的形式沉积在池塘的底部;另有一部分累积氮则以有机氮形式储存在水产品的生物量中,即本系统中水产养殖量的增量。

8.5.6.1 计算方法

目前,有关水产养殖系统底泥氮沉积系数的研究少见,同时因底泥氮和水产养殖增量均发生在水产养殖系统内部,将两者区分也存在一定的困难,因此,本指南中将两者看作一个整体——水产养殖系统氮累积。一般是根据物质平衡原理,通过系统盈余氮量减去脱氮和NH$_3$挥发等其他损失氮的差值来计算系统氮累积量(Ma et al.,2012;Gu et al.,2015)。可采用以下计算公式:

$$AQ_{Sed\&Accu} = N_{Surplus} - AQ_{Den} - AQ_{NH_3} - AQ_{N_2O} - AQ_{Runoff} \qquad (8-14)$$

式中,$AQ_{Sed\&Accu}$ 表示水产养殖系统氮累积量;$N_{Surplus}$ 同式(8-10);AQ_{Den}、AQ_{NH_3}、AQ_{N_2O} 和 AQ_{Runoff} 分别表示水产养殖系统脱氮、NH$_3$挥发、N$_2$O排放和水平径流氮损失量。

8.5.6.2 活动水平数据

该计算过程的活动数据包括水产养殖系统盈余氮、NH$_3$挥发、脱氮、N$_2$O排放和水平径流氮量,计算方法分别见8.5.2.3节、8.5.2节、8.5.3节、8.5.4节和8.5.5节。

8.6 质量控制与保证

8.6.1 水产养殖系统氮输入和输出的不确定性

水产养殖系统的氮输入包括饵料、氮肥、大气沉降、野生捕捞和种苗等。本指南采用误差传递的途径计算整个系统氮输出的不确定性,每个输入项的不确定性都会给整个水产养殖系统氮输入带来不确定性。因此,本指南逐个分析该系统氮输入的不确定性来源及不确定性范围的设定标准或方法。水产养殖系统不同氮输入项的不确定性如下:

1)饵料。水产养殖系统的饵料投入无相关统计数据,是通过水产养殖系统的各类水产品氮产量除以饵料转化系数计算的。该计算的不确定性主要来自水产品产量、水产品氮含量及饵料转化系数3个方面。各类水产品产量数据来自国家、省级和市级的统计年鉴,统计数据的不确定性范围与畜禽养殖系统一致。水产品氮含量数据报道较多,且同一水产品氮含量相对稳定,该参数给饵料投入带来的不确定性相对较小。饵料转化系数来自少量文献研究结果，本指南中采用文献收集结果作为全国平均值来计算。然而，不同地区气候条件和养殖习惯等可能会引起饵料转化系数的差异，少量文献结果作为全国平均数，存在一定的认知局限性，可能会带来一定的不确定性。本指南采用文献方法，给定的饵料转化系数有较大的不确定性范围，在20%左右（Ma et al.，2014；Gao et al.，2018）。随着相关研究的增多，应尽可能多地收集不同地区间的该类研究结果，求取全国平均值及其不确定性范围。在条件允许的情况下，可以开展相关的部门咨询、实地调研和测定等，以获取不同地区饵料投入量、饵料配方、饵料氮含量和水产品种类等数据，进而计算不同地区不同种类水产品的饵料转化系数，以丰富该方面的研究参数，完善水产养殖系统饵料氮的基本流动过程。

2）饵料配比氮肥。饵料配比氮肥是由饵料量乘以饵料氮肥的配比系数计算得出的。因此，饵料氮量和配比系数是该计算不确定性的主要来源。有关饵料氮量计算的不确定性如前所述。饵料氮配比系数来自文献报道参数，将少量文献报道结果作为全国平均值可能给计算结果带来一定的不确定性。可借鉴如前所述饵料转化系数不确定范围的设定值。今后应更多地可开展相应的调查和研究工作，以减少该计算过程的不确定性。

3）大气氮沉降。大气氮沉降由研究区域内的水产养殖面积乘以大气氮沉降速率计算得出。其不确定性来自水产养殖面积统计数据和大气氮沉降速率。目前，大气氮沉降速率研究设备先进，监测数据较多，本指南通过大量文献报道结果确定大气氮沉降速率，因此，收集数据的不确定性范围可用于定量大气氮沉降速率给计算带来的不确定性。水产养殖面积数据的不确定性主要来自统计数据的不确定性，该类数据不确定性范围的设定标准见畜禽养殖系统。

4）野生捕捞。野生捕捞水产品氮含量是由野生捕捞水产品产量乘以各自氮含量计算得出。不同种类水产品氮含量数据相对稳定，对野生捕捞水产品氮的不确定性影响较小。捕捞的野生水产品产量来自统计数据，这类数据给计算带来不确定性范围的设定标准与畜禽养殖系统一致。

5）种苗。种苗投入氮量是不同种类水产品投入种苗包含氮的总量，通过种苗量和种苗氮含量来计算。种苗氮含量数据来自文献报道，且该类属性参数变化幅度较小，给计算带来的不确定性相对较小。种苗投入量来自国家和省级年鉴统计数据，统计数据给计算带来的不确定性范围的设定标准与畜禽养殖系统一致。对缺少数据的研究区域，可通过向部门咨询和实地调研的方式获取种苗投入量，并分析数据的不确定范围。

水产养殖系统的氮输出包括水产品、NH_3挥发、脱氮、N_2O排放和水平径流等。如同氮素输入，每个输出项的不确定性都会给整个水产养殖系统氮输出带来一定的不确定性。因此，本指南逐个分析该系统氮输出的不确定性来源及不确定性范围的设定标准或方法。水产养殖系统不同氮输出项的不确定性如下：

1）水产品。水产品氮输出是由系统不同水产品，包括水产养殖和野生捕捞水产品产量乘以各自的氮含量计算得出。如前所述，水产品氮含量不确定性相对较小。因此，该计算的不确定性主要来自水产品产量，即水产养殖和野生捕捞水产品产量，该数据来自年鉴统计数据，不确定性范围设定如前所述。

2）NH_3挥发。氮的NH_3挥发是由水产养殖系统盈余氮量乘以NH_3挥发系数来计算。

目前，缺少水产养殖系统 NH_3 挥发的直接测定系数，有关研究采用有机肥在水田中的挥发率来计算水产养殖中的 NH_3 释放率（舒廷飞等，2001；Gu et al.，2015）。这可能给计算带来一定的不确定性，该类参数可借鉴文献做法设定一个相对较大的不确定性范围进行计算（Ma et al.，2014），或通过敏感性分析来分析该参数变化对计算过程的影响程度（施亚岚，2014；Huang et al.，2017）。水产养殖系统盈余氮量是通过系统总氮输入量减去所有水产品氮输出量来计算，因此，有关各项氮输入和水产品氮输出计算的不确定性均会给盈余氮和 NH_3 挥发的计算带来相应的不确定性。可通过误差传递途径确定各项输入和输出对盈余氮和 NH_3 挥发的不确定性影响范围。

3）脱氮、N_2O 排放和水平径流。脱氮排放、N_2O 排放和水平径流氮的计算方法同上述 NH_3 挥发的计算，由水产养殖系统盈余氮量乘以脱氮系数、N_2O 排放和水平径流参数来计算。盈余氮的计算的不确定性如前所述。脱氮和水平径流系数来自国内少量的文献报道，N_2O 排放比例则来自 IPCC 报告（IPCC，1997，2006；Gu et al.，2015），这些参数尚存在一定的认知局限性。

4）系统氮累积。水产养殖系统氮累积量是系统总氮输入减去水产品收获氮、NH_3 挥发、脱氮、N_2O 排放和水平径流氮，即系统总氮输入和氮输出之间的差值。因此，其计算的不确定性来自各项氮输入和输出的不确定性，可通过系统误差传递的做法来估算。

8.6.2　减少不确定性的途径

不同子系统氮输入和输出的不确定性主要来自活动数据和相关的计算参数。因此，减少和控制不确定性的途径主要是增加活动数据和相关计算参数的准确性或降低其不确定性。本系统中所涉及的活动数据，如各种水产品产量、养殖/野生水产品捕捞量、种苗投入量和水产养殖面积等，一般来自国家、省级及市级等尺度的统计数据。这类数据来源途径、缺失年份数据的填补及数据的不确定性范围设定标准见 7.6 节。

计算过程中的转换参数一般是通过收集国内外相关文献报道结果来获取。本系统中的转换参数可以归为两类：一类参数如水产品氮含量和种苗氮含量等，这些属性参数在不同研究尺度和不同年代的变化相对较小，通过少数文献报道即可获取和应用该类参数；另一类参数如饵料转化系数、饵料配方、NH_3 挥发、脱氮和 N_2O 排放等，这些参数的获取途径与不确定性范围确定方法等，详见 7.6 节。

8.6.3　其他可提高质量、减少不确定性的因素

其他可提高质量、减少不确定性的因素包括内部核查和外部评审。内部核查内容主要是活动数据录入是否存在缺失或异常、计算公式是否完整和正确及不同年代计算参数是否更换等；外部评审主要是由未直接涉足清单编制的其他机构、专家和组织进行，主要针对分析方法可靠性、文件彻底性、方法说明和整体透明性进行审查。

参 考 文 献

柏兆海．2015. 我国主要畜禽养殖体系资源需求、氮磷利用和损失研究. 北京：中国农业大学.

陈东兴. 2012. 5 种养殖池塘水质、污染物排放强度及氮、磷收支. 上海：上海海洋大学.

戴修赢. 2010. 苏州地区七种养殖池塘水质及其氮磷收支研究. 苏州：苏州大学.

谷保静. 2011. 人类–自然耦合系统氮循环研究——中国案例. 杭州：浙江大学.

颉晓勇, 李纯厚, 孔啸兰. 2011. 广东省海水养殖现状与环境污染负荷评估. 农业环境与发展, 28 (5)：111-114.

李松青. 2003. 南美白对虾的氮磷收支及养殖环境负荷的研究. 广州：暨南大学.

施亚岚. 2014. 中国食物链活性氮梯级流动效率及其调控. 北京：中国科学院大学.

舒廷飞, 温琰茂, 汤叶涛. 2002. 养殖水环境中氮的循环与平衡. 水产科学, 21 (2)：30-34.

张玉珍, 洪华生, 陈能汪, 等. 2003. 水产养殖氮磷污染负荷估算初探. 厦门大学学报（自然科学版）, 42 (2)：223-227.

张智, 刘亚丽, 段秀举. 2007. 湖泊底泥释磷模型及其影响显著因素试验研究. 农业环境科学学报, 26 (1)：45-50.

中国疾病预防控制中心营养与食品安全所. 2009. 中国食物成分表. 北京：北京大学医学出版社.

Ackerfors H, Enell M. 1994. The release of nutrients and organic matter from aqaculture system in nordic contries. Journal of Applied Ichthyology, 10 (4)：225-241.

Aubin J, Papatryphon E, Hmgvander W, et al. 2006. Characterisation of the environmental impact of a turbot (Scophthalmusmaximus) reciculating production system using life cycle assessment. Aquaculture (Amsterdam, Netherlands), 261 (4)：1259-1268.

Chapin F S, Matson P A, Mooney H A. 2002. Principles of terrestrial ecosystem ecology. New York：Springer.

Cole D W, Cole R, Gaydos S J, et al. 2009. Aquaculture：Environmental, toxicological, and health issues. International Journal of Hygiene and Environmental Health, 212 (4)：369-377.

Crab R, Avnimelech Y, Defoirdt T, et al. 2007. Nitrogen removal techniques in aquaculture for a sustainable production. Aquaculture, 270 (1)：1-14.

Cui S H, Shi Y L, Groffman P M, et al. 2013. Centennial-scale analysis of the creation and fate of reactive nitrogen in China (1910-2010). Proceedings of the National Academy of Sciences, 110 (6)：2052-2057.

Cui S, Shi Y, Malik A, et al. 2016. A hybrid method for quantifying China's nitrogen footprint during urbanization from 1990 to 2009. Environment International, 97：137-145.

Edwards P. 2015. Aquaculture environment interactions：past, presnt and likely future trends. Aquaculture, 447：2-14.

FAO. 2014. The state of World Fisheries and Aquaculture. Rome.

FAO. 2016. The state of World Fisheries and Aquaculture. Rome.

Gao B, Huang Y, Huang W, et al. 2018. Driving forces and impacts of food system nitrogen flows in China, 1990 to 2012. Science of the Total Environment, 610-611：430-441.

Gu B J, Ju X T, Chang J, et al. 2015. Integrated reactive nitrogen budgets and future trends in China. Proceedings of the National Academy of Sciences of the United States of America, 112 (28)：8792-8797.

Hargeraves J A. 1997. A simulation model of ammonia dynamics in commercial catfish ponds in the southeasten United States. Aquaculture Engineering, 16 (1-2)：27-43.

Huang W, Huang Y F, Lin S Z, et al. 2017. Changing urban cement metabolism under rapid urbanization—a flow and stock perspective. Journal of Cleaner Production, 173：197-206.

IPCC. 1997. Intergovernmental Panel on Climate Change：Greenhouse Gas Inventory Reference Manual. Cambridge：Cambridge University Press.

IPCC. 2006. Guidelines for national greenhouse gas inventories. Bracknell, UK, IPCC WGI technical support unit.

Jackson C, Preston N, Thompson P J, et al. 2003. Nitrogen budget and effluent nitrogen components at an intensive shrimp farm. Aquaculture, 218 (1): 397-411.

Kim J D, Kaushik S J, Breque J. 1998. Nitrogen and phosphorus utilisation in rainbow trout (oncorhynchus mykiss) fed diets with or without fish meal. Aquatic Living Resources, 11 (4): 261-264.

Liu J, Diamond J. 2005. China's environment in a globalizing world. Nature, 435 (7046): 1179-1186.

Ma L, Guo J H, Velthof G L, et al. 2014. Impacts of urban expansion on nitrogen and phosphorus flows in the food system of Beijing from 1978 to 2008. Global Environmental Change, 28 (1): 192-204.

Ma L, Velthof G L, Wang F H, et al. 2012. Nitrogen and phosphorus use efficiencies and losses in the food chain in China at regional scales in 1980 and 2005. Science of the Total Environment, 434 (18): 51-61.

Nadarajah S, Fbaaten O. 2017. Global aquaculture growth and institutional quality. Marine Policy, 84: 142-151.

Schneider O, Sereti V, Eding E H, et al. 2005. Analysis of nutrient flows in integrated intensive aquaculture systems. Aquacultural Engineering, 32 (3): 379-401.

Seymour E A, Bergheim A. 1999. Towards a reduction of pollution from intensive aquaculture with reference to the farming of salmonids in Norway. Aquacultural Engineering, 10 (2): 73-88.

Ti C P, Pan J J, Xia Y Q, et al. 2012. A nitrogen budget of mainland China with spatial and temporal variation. Biogeochemistry, 108 (1-3): 381-394.

第9章　城市绿地系统

9.1　导　言

城市绿地指城市中以自然植被和人工植被为主要存在形态的城市用地，是城市生物多样性的重要载体，也是城市的绿色基础设施和城市重要的生命保障系统。作为城市公共设施的重要组成部分，城市绿地不仅为居民提供美学景观和休闲娱乐场所，而且能改善人居环境和维护生态安全，具有生态和社会经济功能，已经成为评价城市生态可持续与人们生活质量的重要标准（中华人民共和国建设部，2002；孔繁花和尹海伟，2010；张彪等，2012）。因此，绿地在城市中越来越受到重视，面积也越来越大。1990~2014年，我国城市绿地面积增加了4倍多，由47.5万 hm^2 增加至252.8万 hm^2，超过2015年全国耕地总面积的1.5%（国家统计局，2011，2016）。

然而，一方面，城市绿地土壤因城市地下施工、建筑垃圾、生活垃圾及地下构筑物的大量侵入致使土壤水、热、气状况较差，加之枯枝落叶的清扫，使土壤养分得不到循环，有机质少，因而土壤微生物受到抑制，进而导致土壤养分的释放较慢，养分有效性降低，导致植物缺素而生长不良（李玉和，1999）。换言之，即使土壤肥力很高，年复一年的消耗，也需要不断地补充土壤养分（邵涛，2016）。另一方面，绿地草坪草多以茎叶为主体，要求尽可能延长其营养期，要求多次施肥。此外，草坪草需要定期的灌溉，频繁的灌溉容易淋失草坪土壤中的速效养分；修剪次数多也使许多养分随剪掉的草屑带走，两者均可造成土壤肥力衰减，使草坪处于"饥饿"状态（张新民等，2002）。因此，需通过施肥来保证城市绿地的养分供应（汤贵芹和宋红莲，2004）。国外对不同类型草坪氮素去向的研究表明，草坪每年的施氮量为200~450 kg N hm^{-2}（Raimkioo and Kaneko，1993；Miltnert et al.，1996；Engelsjord et al.，2004）。在结构合理的高尔夫球场上，理想的氮肥水平每年为200~400 kg·hm^{-2}（Engelsjord et al.，2004）。Cannway（1985）研究结果表明，每年的施氮量为225 kg·hm^{-2} 时，即可获得理想的草坪质量。然而，国内众多关于草坪施肥方面的研究，主要关注草坪如何进行肥料管理，以及施肥种类或时期对草坪生长、分蘖度、草坪质量和病虫害发生的影响等方面，有关草坪每年的具体施肥量报道较少见（李鸿祥等，1998；柴容明等，1999；张吉立，2014；伊锋等，2014）。少量研究结果表明，我国城市草坪平均的施肥量高达300 kg N hm^{-2}·a^{-1}（张如莲，2002；Gu et al.，2015）。该施氮量已和华北平原传统冬小麦种植模式施氮量相当（Ju et al.，2009；Gao et al.，2015；Zhang et al.，2016）。在黑龙江大庆旅游景观草坪带进行的草坪施肥研究表明，旅游景观草坪施氮量为22~42 kg N hm^{-2} 为宜（张吉立，2014，2015）。在甘肃兰州冷季型草坪上施氮量为50~200 kg N hm^{-2}·a^{-1}（张鹤山等，2006；于铁锋等，2010）。因此，有关国内草坪施肥量参数还需要进一步商榷。此外，为增加苗木的观赏性，满足人们的需求，适当的修葺是植物栽培的一项十分重要的养护工作（Kaye et al.，2005；邵涛，2016）。城市绿地的修剪通过废弃掉落在绿地中、绿化垃圾填埋及焚烧，从而使绿化垃圾中包含的氮素进入不同环境介质中（Gu et al.，2009，2015）。以往全国及省市级尺度的氮素平衡和流动等研究过程中，只有少数研究分析了城市绿地系统的氮素循环，未对城市绿地系统氮素循环及其对整个氮素循环系统的影响给予应有的重视（Cui et al.，2013，2016；Gu et al.，2015）。随着城市化面积的不断扩张，人们对城市绿地功能认识的不断增加，城市绿地面积将会进一步增加，绿地施肥量和园林修葺垃圾产生量也会大幅增加。较高的施肥量和园林垃圾产生量加上不断增加的面积，使城市绿地系统在全国氮循环中的地位逐渐增加。因此，全面评估我国城市绿地系统氮素的来源和去向，及其与不同尺度氮素循环的关系和对氮素循环的影响，对提高人们的生活质量和保障城市生态可持续具有重要的指导意义。

本章在国内外相关研究资料调研收集和整理分析、建立本土评估因子数据库的基础上，建立了城市绿地系统氮素流动分析方法，提出了城市绿地系统氮素流动分析方法指南。

9.2　系　统　描　述

9.2.1　系统的定义、内涵及其外延

如上所述，城市绿地指城市中以自然植被和人工植被为主要存在形态的城市用地，主要包括城市的公共绿地、居住区绿地、单位附属绿地、防护绿地、生产绿地及风景园林地等，但不包括城市中的屋顶绿化、垂直绿化、阳台绿化和室内绿化，也不包括以物质生产为主的林地、耕地、牧草地、果园和竹园等。系统的氮素输入包括绿地施肥、宠物粪便还绿地、大气氮沉降、生物固氮；氮素输出包括园林绿化垃圾进入固体废弃物系统，绿地施肥和宠物粪便流失，包括 NH_3 挥发、N_2O 排放和反硝化脱氮（N_2）、淋溶和径流（Gu et al.，2015）。

9.2.2　城市绿地系统与其他系统间的氮交换

城市绿地系统与其他系统之间的氮交换包括来自工业过程和能源系统的氮肥投入、宠物系统的宠物粪便还草地和来自大气系统的氮沉降，同时城市绿地系统也向固体废弃物系统输出园林绿化垃圾，向大气系统输出 NH_3、N_2O 和 N_2，分别向地下和地表水系统输入淋溶和径流氮。

9.3　城市绿地系统氮素流动模型

本指南中城市绿地系统氮素流动模型建立在氮素的输入和输出基础上。其中，氮素输入包括绿地施肥、宠物粪便还绿地、大气氮沉降、生物固氮（图9-1）。氮素输出包括园林绿化垃圾及绿地施肥和宠物粪便流失（NH_3/N_2/N_2O/NO、淋洗和径流）。本指南中将绿

地生物量的增加，如树木生长及绿地土壤中氮积累的增加看作系统内部的氮积累。城市绿地系统中园林绿化垃圾包含的氮素，除归还绿地部分外，大部分进入固体废弃物系统，分别以填埋和焚烧的方式迁移出城市绿地系统和进入大气。绿地施肥和宠物粪便通过淋洗、径流、NH_3挥发、N_2、N_2O 和 NO 等形式分别进入水体和大气系统。少数地区也存在绿化垃圾堆肥用于园林绿地施肥的情况，这部分氮属于系统内循环。因此，在确定城市绿地系统氮素流动模型时，应紧密结合所在地域的具体情况，根据当地城市绿地系统氮素输入、输出和活动数据特征，在本指南的基础上因地制宜地选择科学、适当的氮素流动模型。随着经济、技术的发展及信息资料的完备和认知水平的加深，本模型可根据实际情况进行完善和更新。

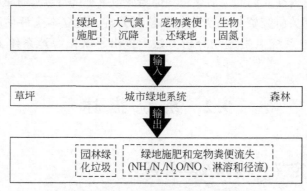

图 9-1　城市绿地系统氮素流动模型

9.4　氮素输入

　　根据城市绿地系统氮素流动模型，氮输入指绿地施肥、大气氮沉降、宠物粪便还绿地和生物固氮 4 个主要来源，可采用以下计算公式。本节详细描述各个输入项的计算方法、系数选取及活动数据的获取途径。

$$UG_{IN} = UGIN_{Fer} + UGIN_{Pet} + UGIN_{Dep} + UGIN_{BNF} \tag{9-1}$$

式中，UG_{IN}表示城市绿地系统氮输入量；$UGIN_{Fer}$表示城市绿地系统草坪施肥氮输入量；$UGIN_{Pet}$表示城市绿地系统宠物粪便还绿地氮输入量；$UDIN_{Dep}$表示城市绿地系统大气沉降氮输入量；$UGIN_{BNF}$表示城市绿地系统生物固氮量。

9.4.1　绿地施肥

　　为满足绿地植物生长的养分需求，增加城市绿地的美观性，满足人们欣赏美的需求，通常需要对城市绿地进行施肥。结合文献报道，本指南中绿地施肥主要指城市草坪施肥。

9.4.1.1　计算方法

草坪施肥可由绿地中草坪面积乘以单位面积施肥量计算（Gu et al.，2015）。可采用以下计算公式：

$$UGIN_{Fer} = UG_{Fer} \times UG_{Area} \tag{9-2}$$

式中，$UGIN_{Fer}$ 表示城市绿地系统草坪施肥氮输入量；UG_{Fer} 表示城市绿地系统草坪单位面积施氮肥量；UG_{Area} 表示城市绿地面积。

9.4.1.2　城市草坪施氮量

国内有关草坪如何进行肥料管理，以及施肥对草坪生长、草坪质量和病虫害发生的影响等方面研究较多（李鸿祥等，1998；柴容明等，1999；张吉立，2014；伊锋等，2014）。Gu 等（2015）在计算城市草坪氮肥施用量时采用相关文献报道的 300 kg N hm^{-2}·a^{-1} 的施肥强度（张如莲，2002）。但该施肥强度相对较高，本指南通过汇总国内部分地区不同类型的草坪施肥相关研究结果（表9-1），得出全国草坪平均氮肥施用量约为 150 kg N hm^{-2}·a^{-1}。同时根据文献报道获得了我国不同地区 252 个高尔夫球场不同功能区草坪施肥量为 259~316 kg N hm^{-2}·a^{-1}，平均值约为 287 kg N hm^{-2}·a^{-1}（韩志勇和赵美琦，2016），同时也给出了不同地区所包含的省份及地区。可以看出，高尔夫球场草坪的施肥量远高于绿地草坪施肥量。有条件的地区，可以将绿地草坪和高尔夫球场草坪区分开来计算城市绿地施肥量。从表9-1 也可以看出，不同地区草坪施肥量存在较大差异，因此，在实际核算过程中尽可能通过文献收集方式获取研究区域内的草坪施肥量。在缺乏本土化施氮量的地区，本指南提供的草坪施肥量值可作为缺省值估算城市绿地系统氮肥施用量。

表9-1　不同地区草坪施肥量　　　　　单位：kg N hm^{-2}·a^{-1}

地区		施肥量	文献
草坪	甘肃省兰州市	200	张鹤山等（2006）
	甘肃省兰州市	50	于铁锋等（2010）
	甘肃省兰州市	90	刘强（2014）
	黑龙江省大庆市	21	张金荣等（2011）
	黑龙江省大庆市	42	张吉立（2014）
	黑龙江省大庆市	22	张吉立（2015）
	辽宁省阜新市	138	付平（2010）
	北京市海淀区	230	李鸿祥等（1998）
	北京市海淀区	120	边秀举等（2000）
	北京市海淀区	240	边秀举等（2002）
	北京市海淀区	200	刘帅（2004）
	北京市海淀区	100	李志强等（2000）
	北京市房山区	260	谷佳林（2013）

续表

地区		施肥量	文献
草坪	北京市北郊	100	刘玉杰等（2001）
	海南省儋州	180	张如莲和蔡碧云（2004）
	山西省临汾市	285	任晓丽（2015）
	河南省郑州市	120	李志国（2012）
	浙江省杭州市	225	钱永生（2011）
	北方绿地草坪	218	曹一平等（2009）
	贵州省贵阳市	140	邓蓉等（1998）
	四川省雅安市	160	彭燕和周寿荣（2001）
	平均值	150 ± 79	
不同地区高尔夫球场	北方地区	259	韩志勇和赵美琦（2016）
	南方地区	258	韩志勇和赵美琦（2016）
	过渡地带	313	韩志勇和赵美琦（2016）
	云贵高原	316	韩志勇和赵美琦（2016）
	海南地区	288	韩志勇和赵美琦（2016）
	平均值	287± 28	

9.4.1.3　活动水平数据

该计算涉及的活动数据是城市绿地面积，可通过《中国统计年鉴》、各省或市级统计年鉴及某些地区开展的园林绿地资源调查数据等官方发布的数据获取，也可由当地园林绿化部门开展调研获取城市草坪和高尔夫球场等面积详细数据。此外，在有条件的情况下，可采用遥感解译与 GIS 空间运算相结合的方法获取城市绿地面积。

9.4.2　宠物粪便还绿地

9.4.2.1　计算方法

宠物粪便还绿地指城市中宠物狗和猫的粪便归还到城市绿地的氮输入总量。可采用以下计算公式：

$$\text{UGIN}_{\text{Pet}} = \sum_{i=1}^{2} \text{Exr}_i \times R_{i,\text{Pet}} \tag{9-3}$$

式中，UDIN_{Pet} 表示城市绿地系统宠物粪便还绿地氮输入量；Exr_i 表示城市宠物狗和猫粪尿排泄量；$R_{i,\text{Pet}}$ 表示城市中宠物粪便还绿地的比例，具体计算见 11.5.1 节。

9.4.2.2　宠物粪便还绿地比例

国内有关宠物系统氮素循环研究较少，有关宠物系统氮素流动分析的研究也是采用了国外相关结果，即城市宠物狗的粪便几乎全部排泄在草坪，而猫粪便一半归还绿地，一半则留在猫砂中，被当作城市垃圾送往填埋场（Baker et al.，2001；Gu et al.，2009，2015）。在条件允许的情况下，可开展宠物粪便循环利用方面的调查研究，以使宠物系统粪便去向参数本土化，完善我国氮素基本流动过程参数。

9.4.2.3　活动水平数据

该计算涉及的活动数据是城市宠物狗和猫的粪便氮排泄量。其排泄量是由猫狗的数量乘以单位动物的年均粪便氮排泄量计算。因此，最终涉及的活动数据是猫狗饲养数量，该数据的获取方式见 11.5.1 节。

9.4.3　大气氮沉降

9.4.3.1　计算方法

城市绿地氮沉降可由城市绿地面积乘以对应的大气氮沉降通量计算。可采用以下计算公式：

$$UGIN_{Dep} = Dep \times UG_{Area} \qquad (9-4)$$

式中，$UDIN_{Dep}$ 表示城市绿地系统大气氮沉降输入量；Dep 表示大气氮沉降通量（kg N hm^{-2} · a^{-1}）；UG_{Area} 同式（9-2）中的定义。

9.4.3.2　大气氮沉降通量

大气氮沉降通量计算方法参阅 18.5.1 节。

9.4.3.3　活动水平数据

该计算涉及活动数据是城市绿地面积，获取方法见 9.4.1.3 节。

9.4.4　生物固氮

9.4.4.1　计算方法

城市绿地系统生物固氮可由城市绿地系统生物固氮强度乘以城市绿地面积计算。可采用以下计算公式：

$$UGIN_{BNF} = UG_{BNF} \times UG_{Area} \qquad (9-5)$$

式中，$UDIN_{BNF}$ 表示城市绿地系统生物固氮输入量；UG_{BNF} 表示绿地生物固氮强度；UG_{Area} 同式（9-2）中的定义。

9.4.4.2　城市绿地系统生物固氮强度

有关城市绿地系统生物固氮强度的研究较少。相关研究在计算城市绿地系统生物固氮时，采用和旱地相同的生物固氮速率，约为 18 kg N hm^{-2}·a^{-1}（Xing and Zhu，2002；Gu et al.，2015）。

9.4.4.3　活动水平数据

该计算涉及活动数据是城市绿地面积，获取方法见 9.4.1.3 节。

9.5　氮 素 输 出

根据城市绿地系统氮素流动模型，该系统氮素输出包括园林绿化垃圾、草坪施肥和宠物粪便流失的氮量。园林绿化垃圾直接进入固体废弃物处理系统；草坪施肥和宠物粪便去向包括 NH_3 挥发、N_2O、NO、N_2 和淋洗与径流等去向，可采用以下计算公式。本节详细描述各个输入项的计算方法、系数选取及活动数据的获取途径。

$$UG_{OUT} = UGOUT_{SW} + UGOUT_{NH_3} + UGOUT_{N_2O} + UGOUT_{NO} + UGOUT_{N_2} + UGOUT_{Runoff} + UGOUT_{Lea}$$

$$(9-6)$$

式中，UG_{OUT} 表示城市绿地系统氮输出量；$UGOUT_{SW}$ 表示城市绿地系统绿化垃圾氮输出量；$UGOUT_{NH_3}$、$UGOUT_{N_2O}$、$UGOUT_{NO}$、$UGOUT_{N_2}$、$UGOUT_{Runoff}$ 和 $UGOUT_{Lea}$ 分别表示草坪施肥和宠物粪便还绿地氮的 NH_3 挥发量、N_2O 和 NO 排放量、脱氮 N_2 排放量、径流和淋溶氮输出量。

9.5.1　园林绿化垃圾

为增加苗木的观赏性，满足人们的需求，需要对城市绿地植物进行适当的修葺养护（Kaye et al.，2005；邵涛，2016），因而会产生一定量的草坪和树木修剪凋落物。城市绿地的草坪和树木修剪凋落物，包括乔木、灌木和草坪修剪 3 部分，被当作垃圾清扫进入固体废弃物处理系统，分别被填埋、焚烧，部分地区可能存在园林绿化垃圾堆肥后用于城市绿地施肥的情况。

9.5.1.1　计算方法

城市园林绿化垃圾固碳量可由草坪和树木的净初级生产力（net primary productivity，NPP）乘以修剪比例，乘以草坪和树木的面积加和来计算（温家石等，2010；Gu et al.，2015）。结合碳含量，可计算出草坪和树木修剪的干物质量。干物质量再乘以各自氮含量即可计算园林绿色垃圾的氮量。可采用以下计算公式：

$$UGOUT_{SW} = \sum_{i=1}^{3} NPP_i \times UG_{Area} \times r_i \times \frac{R_{i,Mowing}}{40\%} \times N_i \qquad (9-7)$$

式中，$UGOUT_{SW}$ 表示城市绿地系统绿化垃圾氮输出量；NPP_i 表示乔木和灌木的净初级生产力（kg C hm^{-2}·a^{-1}）；UG_{Area} 同式（9-2）中的定义；r_i 表示城市乔木、灌木和草坪的比例；$R_{i,Mowing}$ 表示城市乔木、灌木和草坪修剪量占 NPP 的比例；40% 表示树木碳含量；N_i 表示乔木和灌木的氮含量。

9.5.1.2　城市绿地系统 NPP 和修剪量比例

有关城市绿地系统 NPP 和修剪凋落物的参数来自少量文献报道，在全国尺度城市绿地修剪凋落物还绿地研究中，采用城市乔木 NPP 为 $(5.60 \pm 0.55) \times 10^3$ kg C hm^{-2} · a^{-1}，修剪凋落物占 NPP 的 37.5%；灌木 NPP 为 $(0.80 \pm 0.26) \times 10^3$ kg C hm^{-2} · a^{-1}，修剪凋落物占 NPP 的 87.5%（温家石等，2010；Gu et al.，2015），草坪 NPP 为 $(2.30 \pm 0.67) \times 10^3$ kg C hm^{-2} · a^{-1}。乔木和灌木氮含量分别为 0.2% 和 0.3%（Gu et al.，2015）。温家石等（2010）的研究结果表明，城市植被中乔木、灌木和草坪的比例约为 5：3：2。但以上参数来自浙江省台州市的研究结果，不同地区城市乔木、灌木的 NPP 及其占城市绿地面积的比重可能存在一定的差异。在条件允许的情况下，应对研究区域内城市树木类型和各自比重等进行部门咨询或实地调研来获取本地化的参数。乔木、灌木和草坪修剪量分别占当年 NPP 的 32.1%、12.5% 和 30.4%（温家石等，2010）。

9.5.1.3　活动水平数据

该计算涉及活动数据是城市绿地面积，获取方法见 9.4.1.3 节。

9.5.2　城市绿地施肥和宠物粪便氮流失

与农田系统氮的去向相似，不同形态氮肥施入绿地生态系统后的一个重要途径是被草坪草吸收和土壤固定，另一个重要途径是回到自然生态系统。氮肥和宠物粪便施入城市绿地后，会通过 NH_3 挥发、反硝化脱氮、N_2O 和 NO 排放等形式进入大气系统及淋洗和径流损失形式进入地下水和地表水系统。可通过绿地施肥和宠物粪便还绿地的氮量乘以排放因子或系数的方法来计算不同途径损失的氮量。

9.5.2.1　计算方法

城市绿地施肥和宠物粪便氮流失可通过绿地施肥和宠物粪便还绿地的氮量乘以排放因子或系数的方法来计算（Baker et al.，2001；Gu et al.，2015）。可采用以下计算公式：

$$UGOUT_{Loss} = (UGIN_{Fer} + UGIN_{Pet}) \times (R_{NH_3} + R_{N_2} + R_{N_2O} + R_{NO} + R_{Lea} + R_{Runoff}) \qquad (9\text{-}8)$$

式中，$UGOUT_{Loss}$ 表示绿地施肥和宠物粪便还绿地的氮流失量；$UGIN_{Fer}$ 和 $UGIN_{Pet}$ 同式（9-1）中的定义；R_{NH_3}、R_{N_2}、R_{N_2O}、R_{NO}、R_{Lea} 和 R_{Runoff} 分别表示绿地施肥和宠物粪便还绿地氮的 NH_3 挥发、脱氮、N_2O 和 NO 排放及淋溶和径流的比例。

9.5.2.2　绿地施肥和宠物粪便还绿地氮流失参数

国际上对绿地生态系统氮素去向研究较多。相关研究表明，草地 NH_3 挥发量占施氮量的比例为 1.6%~68%，具有极大的变化范围（Volk，1959；Nelson et al.，1980；Torello et al.，1983）。Mancino 等（1988）在草地早熟禾草坪上施用 KNO_3 后研究发现，当土壤湿度为 75% 时，反硝化损失不到 1%；但当土壤水分达到饱和时，反硝化损失非常明显。在温度低于 22 ℃时，黏壤土和黏土中 KNO_3 的损失率分别为 2% 和 3%；当温度升高到 30 ℃

时，两者损失率分别为45%和93%。常智慧和韩烈保（2003）通过查阅大量草坪氮肥试验和^{15}N追踪文献资料，对草坪生态系统中氮肥吸收、土壤残留、NH$_3$挥发、脱氮及淋溶和径流等进行总结发现，氮肥的去向与施肥量、氮肥种类和草坪管理措施有关。然而，国内有关城市绿地施肥和宠物粪便还绿地氮的损失参数综合研究较少，少数对氮肥的种类、形态（固态或液态）、施肥量对氨挥发的影响研究发现，不同种类氮肥的NH$_3$挥发范围为氮施用量的0.8%~20.8%，在氮肥品种之间，挥发顺序为普通尿素>塑料包衣尿素>国产草坪专用肥>BASF草坪肥>日本包衣尿素，五种氮肥的平均NH$_3$挥发率为11.8%（边秀举等，2000）。少量的研究结果直接用于草坪氮损失的估算可能会有较大的不确定性。相关研究将城市绿地与旱田看作具有类似的特征及管理方式，由此借鉴旱田氮肥和有机肥的流失率，估算城市绿地施肥和宠物粪便还绿地氮流失量；同时又将旱地分为南方和北方旱地（Gu et al.，2009，2015）。中国旱地农田化肥和有机肥氮流失比例见表9-2。在条件允许的情况下，可对研究区域内草坪施肥氮去向进行详细的研究，以完善我国草坪系统氮损失参数。

表9-2　中国旱地农田化肥和有机肥氮流失比例　　　　　单位:%

流失途径	化肥		有机肥
	北方	南方	
NH$_3$挥发	21.3	16.0	23.0
脱氮N$_2$	3.2	33.0	15.0
淋洗	7.3	0.5	4.0
径流	3.5	5.2	5.1
N$_2$O排放	1.1	0.4	1.0
NO排放	0.7	0.7	0.7

9.5.2.3　活动水平数据

计算城市绿地施肥和宠物粪便还绿地氮流失量的活动数据是绿地施肥量和宠物粪便还绿地氮量，获取方法见9.4.1.1节和9.4.2.1节。

9.6　质量控制与保证

9.6.1　城市绿地系统氮输入和输出的不确定性

城市绿地系统氮输入包括绿地施肥、宠物粪便还绿地、大气氮沉降、生物固氮。本指南逐个分析该系统氮输入的不确定性来源及不确定性范围的设定标准或方法。城市绿地系统不同氮输入项的不确定性来源如下：

1）绿地施肥。由绿地面积和单位面积施肥量计算。该计算过程的不确定性一方面来自绿地面积统计数据，另一方面来自绿地单位面积平均施肥量。目前有关绿地或草坪施肥的研究较多，本指南通过汇总一定量的文献发表结果得出全国平均的绿地施氮量，用于计算城市绿地氮肥输入量，但不同地区草坪类型和管理方式存在较大差别，平均施氮量数据存在较大的不确定性。该计算过程的不确定性可通过计算汇总数据的不确定范围，采用误差传递方式计算城市绿地施肥的不确定性。

2）宠物粪便还绿地。通过宠物数量和单位宠物年均粪便氮排放量计算宠物粪便氮量，再结合宠物粪便氮还绿地的比例来计算。该计算过程的不确定性来源包括宠物数量、单位宠物年均粪便排泄量和还绿地比例参数。有关宠物数量和宠物年均粪便氮排泄量等不确定性见第 11 章。本章只考虑宠物粪便排泄后的去向参数的不确定性。该参数基于国外文献的研究结果，直接应用可能会对相关计算带来一定的不确定性，可通过给定该参数适当的不确定性范围来估算最终计算的不确定性（Ma et al.，2014；Gao et al.，2018）。

3）大气氮沉降。通过沉降通量乘以绿地面积来计算。沉降通量不确定性已在氮沉降部分阐述。此处，不确定性来源主要指城市绿地面积统计数据的不确定性，如前所述。

4）生物固氮。由城市绿地面积乘以生物固氮强度计算。不确定性来自城市绿地面积统计数据和生物固氮强度。目前，城市绿地生物固氮强度无直接的研究结果，一般假设城市绿地生物固氮强度与旱地农田的生物固氮强度相同。该参数尚存在一定的认知局限性。在有条件的情况下，可开展实地测定的方式来确定研究区域内的城市绿地生物固氮强度，以丰富和完善我国城市绿地生物固氮强度的参数，完善城市绿地氮素基本流动过程计算。

城市绿地系统的氮输出包括园林绿化垃圾、绿地施肥和宠物粪便流失。本指南逐个分析以上氮输出的不确定性来源及不确定性范围的设定标准或方法。城市绿地系统不同氮输出项的不确定性如下：

1）园林绿化垃圾。其计算过程、不确定性来源和定量方式与草坪和树木修剪凋落物计算相似。

2）绿地施肥和宠物粪便流失。通过绿地施肥和宠物粪便氮还绿地量乘以氮流失系数来计算。绿地施肥和宠物粪便氮还绿地量的不确定性如前所述。目前，国内对城市绿地氮流失参数研究较少，相关研究一般采用旱田氮肥和有机肥的流失率来估算，其不确定性来自城市氮肥和有机肥氮流失率与旱地的差异及旱田氮肥和有机肥的流失率，关于后者的不确定性参见第 4 章。

9.6.2　减少不确定性的途径

同其他系统一样，减少和控制城市绿地系统氮输入和输出的不确定性途径，主要是增加活动数据和相关计算参数的准确性或降低其不确定性。本系统中所涉及的活动数据，如城市绿地面积等，一般来自国家、省级和市级等尺度的统计数据。这类数据来源、缺失年份数据的填补及数据的不确定性范围设定标准见 7.6.2 节。

计算过程中的转换参数一般通过收集国内外相关文献报道结果来获取。本系统中的转换参数同样可以归为两类：一类参数如草坪和木材含碳量及含氮量等，这些属性参数在不同研究尺度和不同年代的变化相对较小，通过少数文献报道即可获取和应用该类参数；另一类参数如草坪、乔木和灌木的 NPP、城市绿地组成比例、猫狗粪便去向比例、大气氮沉降通量、生物固氮强度、修剪系数和城市绿地施氮量等，这些参数会随着年代、研究区域和气候条件等发生较大变化，应通过文献收集、专家咨询或实地调研的方式，尽可能使这类参数本地化，其获取途径与不确定性范围确定方法等详见 7.6.2 节。

参 考 文 献

边秀举，李晓林，张福锁. 2000. 施氮后氨的挥发损失及其对草坪草生长的影响. 草地学报，8（1）：39-45.

边秀举，胡林，张福锁，等. 2002. 不同施肥时期对草坪草生长及草坪质量的影响. 草原与草坪，（1）：22-26.

曹一平，陈新平，张福锁，等. 2009. 绿地草坪草的施肥特点. 磷肥与复肥，24（3）：81.

柴容明，章永松，罗安程. 1999. 草坪草氮肥和水分管理. 园林，（5）：46-47.

常智慧，韩烈保. 2003. 草坪生态系统中氮肥去向研究进展. 草业科学，20（4）：61-67.

邓蓉，梁应林，李莉娜. 1998. 草坪型黑麦草氮肥品种及氮磷钾配施肥效试验. 草业科学，15（2）：67-70.

付平. 2010. 秋施肥对草坪绿色期的影响. 山东林业科技，40（2）：70-71.

谷佳林. 2013. 不同缓控释氮肥在草坪生态体系中氮素损失评价研究. 保定：河北农业大学.

国家统计局. 2011. 中国统计年鉴. 北京：中国统计出版社.

国家统计局. 2016. 中国统计年鉴. 北京：中国统计出版社.

韩志勇，赵美琦. 2016. 我国不同地区高尔夫球场草坪施肥频率及施肥量调查. 安徽农业科学，44（3）：172-174.

孔繁花，尹海伟. 2010. 城市绿地功能的研究现状、问题及发展方向. 南京林业大学学报（自然科学版），34（2）：119-124.

李鸿翔，韩建国，揣海斌，等. 1998. 施肥对草地早熟禾草坪质量的影响. 草地科学，6（1）：38-44.

李玉和. 1999. 城市绿地植物营养与施肥技术探讨. 杭州：国际公园康乐协会亚太地区会议论文集.

李志国. 2012. 4 种肥料对草地早熟禾草坪草生长的影响. 保定：河北农业大学.

李志强，韩建国，陈怀，等. 2000. 打孔和施肥处理对草地早熟禾草坪质量的影响. 草业科学，17（6）：71-76+80.

刘强. 2014. 石灰性土壤条件下冷季型观赏草坪营养调控及其生长响应研究. 兰州：甘肃农业大学.

刘帅. 2004. 施肥对草地早熟禾草坪质量及土壤中硝态氮动态的影响. 北京：中国农业大学.

刘玉杰，韩建国，刘雨坤. 2001. 不同施肥处理对高羊茅草坪质量的影响. 中国草地学报，23（6）：27-33.

彭燕，周寿荣. 2001. 亨特草地早熟禾草坪施氮效应. 四川农业大学学报，19（1）：40-43.

钱永生. 2011. 施肥对沟叶结缕草生理特性及绿色期影响的研究. 杭州：浙江大学.

任晓丽. 2015. 山西晋南冷性草坪的施肥技术. 现代园艺，（9）：62+80.

邵涛. 2016. 园林绿化苗木栽植和养护技术探究. 现代园艺，（6）：28-29.

汤贵芹，宋红莲. 2004. 绿地施肥有讲究. 浙江林业，（9）：28-29.

温家石，葛滢，焦荔，等. 2010. 城市土地利用是否会降低区域碳吸收能力？——台州市案例研究. 植物生态学报，34（6）：651-660.

伊锋，张吉立，刘振平，等. 2014. 施肥对草坪土壤养分及旅游景观草坪质量的影响. 山西农业科学，42（3）：299-302.

于铁峰，李文卿，刘晓静，等. 2010. 不同缓释氮肥对冷季型草坪生长特性及品质的影响. 草原与草坪，

30（2）：38-42.

张彪，高吉喜，谢高地，等．2012. 北京城市绿地的蒸腾降温功能及其经济价值评估．生态学报，32（24）：7698-7705.

张鹤山，刘晓静，张德罡，等．2006. 氮肥对冷季型混播草坪返青期生长特性的影响．草原与草坪，（2）：19-23.

张吉立．2014. 不同氮磷施用量对旅游景观草坪质量的影响．辽宁农业科学，（1）：38-41.

张吉立．2015. 不施用硝酸钾对草地早熟禾生长及草坪外观质量的影响．河北科技师范学院学报，29（3）：34-38.

张金荣，张吉立，张金安．2011. 氮磷钾配施对园林草坪色素及观赏特性影响的研究．中国农学通报，27（22）：296-300.

张如莲，蔡碧云．2004. 不同施肥处理对杂交结缕草草坪盖度及成坪时间的影响．四川草原，（2）：32-34.

张如莲．2002. 草坪施肥研究进展．热带农业科学，22（4）：77-81.

张新民，胡林，边秀举，等．2002. 草坪专用肥的应用状况与发展趋势．草原与草坪，（1）：3-6.

中华人民共和国建设部．2002. 城市绿地分类标准（CJJ/T 85—2002）．北京：中国建筑工业出版社．

Baker L A, Hope D, Xu Y, et al. 2001. Nitrogen balance for the Central Arizona-Phoenix（CAP）ecosystem. Ecosystems, 4（6）：582-602.

Cannway P W. 1985. The response of renovated turf of Loliu perenne to fertilizer nitrogen. Journal of the Sports Turf Research Institute, 6（1）：92-99.

Cui S H, Shi Y L, Groffman P M, et al. 2013. Centennial-scale analysis of the creation and fate of reactive nitrogen in China（1910–2010）. Proceedings of the National Academy of Science of United States of America, 110（6）：2052-2057.

Cui S H, Shi Y L, Malik A, et al. 2016. A hybrid method for quantifying China's nitrogen footprint during urbanization from 1990 to 2009. Environmental International, 97：137-145.

Engelsjord M E, Branham B E, Horgan B P. 2004. The fate of nitrogen-15 ammonium sulfate applied to Kentucky bluegrass and perennialr yegrass turfs. Crop Science, 44（4）：1341-1347.

Gao B, Ju X T, Meng Q F, et al. 2015. The impact of alternative cropping systems on global warming potential, grain yield and groundwater use. Agriculture, Ecosystems and Environment, 203：46-54.

Gao B, Huang Y, Huang W, et al. 2018. Driving forces and impacts of food system nitrogen flows in China, 1990 to 2012. Science of the Total Environment, 610-611：430-441.

Gu B J, Chang J, Ge Y, et al. 2009. Anthropogenic modification of the nitrogen cycling within the Greater Hangzhou Area system, China. Ecological Applications, 19（4）：974-988.

Gu B J, Ju X T, Chang J, et al. 2015. Integrated reactive nitrogen budgets and future trends in China. Proceedings of the National Academy of Science of United States of America, 112（28）：8792-8797.

Ju X T, Xing G X, Chen X P, et al. 2009. Reducing environmental risk by improving N management in intensive Chinese agricultural systems. Proceedings of the National Academy of Science of United States of America, 106（9）：3041-3046.

Kaye J P, Mcculley R L, Burke I C. 2005. Carbon fluxes, nitrogen cycling and soil microorganisms in adjacent urban, native and agricultural ecosystems. Global Change Biology, 11（4）：575-587.

Ma L, Guo J H, Velthof G L, et al. 2014. Impacts of urban expansion on nitrogen and phosphorus flows in the food system of Beijing from 1978 to 2008. Global Environmental Change, 28（1）：192-204.

Mancino C F, Torello W A, Wehnjer D J. 1988. Denitrification losses from Kentucky bluegrass sod. Journal of Environmental Quality, 80 (1): 148-153.

Miltner E D, Branham B E, Paul E A, et al. 1996. Leaching and mass balance of ^{15}N- labeled urea applied to Kentucky bluegrass turf. Crop Science, 36 (6): 1427-1433.

Nelson K E, Turgeon A J, Street J R. 1980. Thatch influence on mobility and transformation of nitrogen carriers applied to turf. Agronomy Journal, 72: 487-492.

Raimkioo K, Kaneko A E. 1993. Effect of fertility rates and growth and turf quality of perennial in winter. Journal of Plant Nutrition 16 (8): 1531-1538.

Torello W A, Wehner K J, Turgeon A J. 1983. Ammonia volatilization from fertilized turf grass stands. Agronomy Journal, 75: 746-749.

Xing G X, Zhu Z L. 2002. Regional nitrogen budgets for China and its major watersheds. Biogeochemistry, 57-58 (1): 405-427.

Zhang W F, Cao G X, Li X L, et al. 2016. Closing yield gaps in China by empowering smallholder farmers. Nature, 537 (7622): 671-674.

第10章 人 类 系 统

10.1 导　　言

　　人类系统指与人类密切相关的消费活动所带来的氮循环过程，是一个庞大而又复杂的系统。该系统的运行依靠源源不断的来自农田系统、畜禽养殖系统、水产养殖系统、工业过程和能源系统等以人类消费的食物、日常消费品和生活燃料形式的氮输入。在系统的另一端，也在时刻不停地向大气、土壤和水体等环境排放大量的生活污水、固体废弃物及燃料燃烧排放的氮氧化物（NO_x）等。由于人类系统的驱动作用，目前地球陆地生态系统氮输入超过 200 Tg N a^{-1}，比自然状态下增加三倍多，而且在可见的未来还会持续增加（Galloway et al.，2008）。目前，人类活动造成的多方面的不良影响已远超出地球可承受的阈值。其中，氮素养分过剩问题最为严重，已影响全球可持续性（Steffen et al.，2015；Liu et al.，2015）。未来人口增长、城市化率和收入水平提高，将会导致粮食及畜禽产品需求的大幅增加（Tilman et al.，2011；Tilman and Clark，2014；Gu et al.，2015）；且随着经济发展和工业化水平提高，相关能源消耗也会日益增长（Kennedy et al.，2015），这些都将驱动农田、畜禽养殖、工业过程和能源等系统的氮投入增加，如不加以控制，将会引起更加严重的环境污染和人类健康问题（Tilman et al.，2011；Tilman and Clark，2014；Kennedy et al.，2015）。因此，协调人类系统物质需求与资源环境可持续发展已成为科学研究领域的一大挑战。

　　我国是世界第一人口大国，用占全球约 7% 的耕地养活了全球近 20% 的人口（FAO，2015），同时也付出了巨大的资源与环境代价。2014 年，我国单位面积的平均氮肥施用量高达 422.2 kg·hm^{-2}，约为全球平均值的 5 倍（FAO，2015）。农田系统过量施肥引起了如土壤酸化、水体富营养化、地下水硝酸盐污染和空气质量恶化等一系列严重的环境污染问题（Ju et al.，2009；Guo et al.，2010；Liu et al.，2013；Yan et al.，2014；余进海，2016），进而给社会经济、人类健康，甚至寿命带来严重的影响。同时，化石燃料燃烧释放的活性氮和其他生产与生活释放的活性氮也在大幅度上升（Lang et al.，2012；Tian et al.，2012）。我国已成为全球最大的活性氮生产国、消费国和排放国，人为活性氮的总量远超自然源，且增长速率快，这一特点在国际上非常突出（Cui et al.，2013；Gu et al.，2015）。有关研究表明，我国近 80% 以上的氮素输入与人类食物生产活动密切相关（Cui et al.，2013）。因此，国内在不同研究尺度开展的大量有关氮素平衡、流动、利用效率和活性氮需求预测等方面的研究中，人类系统是必不可少的研究内容。有关人类系统氮素输入的研究主要集中在食物氮的消费数量、消费类型及历史趋势和未来预测等方面，而在家庭能源和日用品及含氮工业品消费氮输入方面的研究相对薄弱。在氮输出方面的研究主要集中在城市污水排放与处理、固废处理、能源燃烧氮氧化物排放方面，如工业过程和能源系统、家庭秸秆和薪材燃烧的 NH_3 和 N_2O 排放及交通能源 N_2O 排放等未进行估算，且农村地区废水、废物处理、居民家庭消耗含氮工业产品的废弃和城市与农村地区在外就餐餐厨垃圾的产生等研究也十分薄弱。活性氮的活跃性及其对社会经济环境和人类健康等多方面产生影响，迫切要求对活性氮的不同来源和去向进行定量核算和效应评估。且随着国家生育政策的调整，未来人口增长水平变化不可避免。城市化水平提升、生活水平提高和生活节奏加快等原因导致的家庭和在外就餐食物浪费等现象也将对人类系统的活性氮需求和去向产生影响。可以预见，人类消费系统对我国氮循环的影响程度将会进一步增加。因此，全面评估我国人类消费系统氮素的来源和去向及其与不同尺度氮素循环的关系和对整个氮素循环的影响，对协调我国未来人口消费需求与环境友好具有重要的指导意义。

　　本章基于分析人类系统氮的输入与输出，通过资料调研收集、整理，分析国内外相关研究结果，在建立本土评估因子数据库的基础上，根据公开发表的文献资料与各类统计数据，并结合活动数据等，建立了系统科学的人类系统氮素流动分析方法，提出了人类系统氮素流动分析方法指南。

10.2　系统描述

10.2.1　系统的定义、内涵及其外延

　　如上所述，人类系统指与人类密切相关的消费活动所带来的氮循环过程，该系统不生产任何的食物、商品和能量，是一个纯消费输入的系统。系统的氮输入包括来自农田系统的口粮，畜禽养殖系统的肉蛋奶、皮毛，水产养殖系统的水产品，以及日用品和家庭使用能源等。农田系统、畜禽养殖系统、水产养殖系统和工业过程与能源系统的氮输入均以满足人类系统消费为目的，人类系统氮消费量的大小，将直接驱动农田、养殖和工业产品量的变化。城市绿地系统、固体废弃物处理系统和污水处理系统的存在以为人类系统提供服务为目的。人类系统氮的输出又与污水处理系统、固体废弃物处理系统和大气系统密切相关。

10.2.2　人类系统与其他系统之间的氮交换

　　人类系统与其他系统之间的氮交换包括来自农田系统的口粮、养殖系统的肉蛋奶及其制品和水产品、工业过程与能源系统的日常消费品和工业产品及家庭能源消费氮输入。同时大量的氮以食物、日常用品和能源形式经人类系统消费过程后，分别以人体汗液氨挥发、肠道消化气和粪尿氨挥发、脱氮和 N_2O 排放等形式进入大气，以粪尿还田形式返回农田系统，剩余粪尿部分直接排放、部分以生活污水形式进入污水处理系统，且在生活污水进入污水处理系统前挥发和发生一定比例的渗漏。以餐厨垃圾作饲料进入畜禽养殖系统、以生活垃圾和家庭消耗工业产品废弃物形式进入固体废弃物处理系统和以能源消费 N_2、NO_x、NH_3 和 N_2O 等形式排放到大气系统。本系统只考虑进入污水处理系统的氮量，后续

的污水处理脱氮、N_2O 排放和尾水排放等将在污水处理系统计算。

10.3　人类系统氮素流动模型

本指南中人类系统氮素流动模型在氮素的输入和输出基础上建立。其中，氮素输入包括人类消费的食物（植物性食物和动物性食物）、日用品，以及燃料三大项（图 10-1）。其中，生活用燃料消费氮又可细分为家庭燃料，如天然气和城市煤气等；交通燃料，一般指机动车（私家车、营运和非营运客车、货车等）的汽油、柴油、液化石油气（liquefied petroleum gas，LPG）及天然气等消费，本指南将家庭消耗交通燃料过程中氮的排放——N_2、NO_x、NH_3 和 N_2O 排放归入工业过程和能源系统估算。生物质燃料主要指农田秸秆被用作人类日常的生活能源，如农村的秸秆和柴薪消费。粪便焚烧，牧区将部分动物粪便焚烧作能源使用。氮素输出包括人体代谢、燃料燃烧和生活垃圾三大项。其中，人体代谢去向又分为 NH_3 挥发、脱氮、N_2O 排放、粪尿还田、粪尿污水直排、粪尿污水处理、污水渗漏和其他损失；燃料燃烧氮输出包括脱氮，NH_3、N_2O 和 NO_x 排放；生活垃圾输出可分为餐厨饲料和垃圾处理（Gu et al.，2009，2015）。本指南中将人口数量变化带来的人体生物量积累或减少，人体食物氮吸收及人类居住区增加的家具等生活用品中所含的氮积累看作是人类系统内部的氮积累。考虑到我国快速城市化进程对人类系统氮流动影响的现实，将人类系统进一步划分为农村和城市两个子系统，分别计算食物消费、生活污水和固体垃圾排放等。人类系统中的氮素，部分通过粪尿 NH_3 挥发、脱氮、N_2O 排放、粪尿污水处理脱氮、汗液挥发和打嗝等氮损失和工业氮废弃产品焚烧的形式进入大气，部分又通过粪尿污水直排和处理后的尾水排放形式进入水体，部分以污水收集过程中渗漏的形式进入地下水系统，部分以饲料形式进入畜禽养殖系统，部分以粪尿还田形式进入农田系统，部分含氮工业产品以废弃填埋和污泥填埋等方式进入土壤。

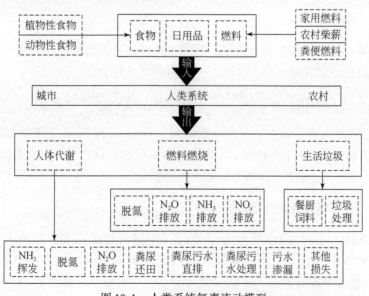

图 10-1　人类系统氮素流动模型

我国幅员辽阔,不同地区人口数量、收入水平、城市化水平、饮食习惯和废弃物处理等差别较大,在确定人类系统氮素流动模型时,应紧密结合所在地域的具体情况,根据当地氮素输入、输出和活动数据特征,在本指南的基础上因地制宜地选择科学、适当的氮素流动模型。随着经济技术的发展、信息资料的完备和认知水平的提升,可根据实际情况不断完善和更新本模型。

10.4 氮素输入

根据人类系统氮素流动模型,该系统氮素输入包括食物、日用品和燃料3部分,可采用以下计算公式。本节详细描述各个输入项的计算方法、系数选取及活动数据的获取途径。

$$HM_{IN} = HMIN_{Food} + HMIN_{Indu} + HMIN_{Fuel} \tag{10-1}$$

式中,HM_{IN}表示人类系统氮输入量;$HMIN_{Food}$表示人类系统食物消费氮输入量;$HMIN_{Indu}$表示人类系统日用品消费氮输入量;$HMIN_{Fuel}$表示人类系统燃料消费氮输入量。

10.4.1 食物

居民家庭食物消费包括大米、面粉、其他谷物、豆类及豆制品、薯类、植物油、蔬菜、水果、猪肉、牛肉、羊肉、禽肉、其他肉类、蛋奶及其制品和水产品等(Ma et al., 2012; Gu et al., 2015; Cui et al., 2016; Gao et al., 2018)。此外,居民在日常生活中,可能会有部分在外饮食情况存在,且在外饮食比例随着年代而变化,近40年来则表现出一定的增加趋势(高利伟,2009; Ma et al., 2012; 施亚岚,2014)。这部分在外饮食所食用的食物氮也应被包含在居民家庭食物消费中。

10.4.1.1 计算方法

食物消费氮可由每种食物消费量乘以不同年代外出就餐的比例计算出每种食物具体消费量,再乘以对应的氮含量、加和计算。可采用以下计算公式:

$$HMIN_{Food} = \sum_{i=1}^{n} \frac{Food_{i,Urb}}{1-R_{i,UOUT}} \times N_{See_i} \times P_{Urb} + \sum_{i=1}^{n} \frac{Food_{i,Rur}}{1-R_{i,ROUT}} \times P_{Rur} \tag{10-2}$$

式中,$HMIN_{Food}$表示人类系统食物消费氮输入量;$Food_{i,Urb}$和$Food_{i,Rur}$表示城市和农村居民人均第i种食物消费量;$R_{i,UOUT}$和$R_{i,ROUT}$分别表示城市和农村居民外出就餐比例;N_{See_i}表示第i种食物氮含量;P_{Urb}和P_{Rur}分别表示城乡居民数量。

10.4.1.2 食物氮含量及外出就餐比例

高利伟(2009)通过中国营养学会编著的《中国食物成分表》得出了家庭消费的各种植物产品的氮素养分含量,同时通过文献收集获得了不同动物产品的氮素养分含量。Ma等(2010)通过文献分析获得了我国消费的不同动植物产品氮含量。Gu等(2015)则对畜禽产品进行了更加详细的划分,在高利伟(2009)和Ma等(2010)的基础上,给出了马肉、驴肉、鸭肉和鹅肉等的氮含量。施亚岚（2014）和 Cui 等（2016）通过 FAO 食物平衡表中不同动植物产品供应量和蛋白供应量计算了不同种类食物的氮含量。本指南对不同文献报道的我国食物氮含量进行了汇总（表 10-1）。此外，高利伟（2009）、马林（2009）和 Ma 等（2012）等通过文献分析，获得了不同年代我国城乡居民不同食物种类在外饮食比例（表 10-2）。

表 10-1 不同食物氮含量 单位:%

食物种类	氮含量	范围
大米	1.1	—
面粉	1.6	—
玉米	1.3	—
谷子	1.4	1.3~1.4
高粱	1.5	1.3~1.7
其他谷物	1.3	—
豆类	5.2	4.7~5.8
豆制品	2.0	—
薯类	0.3	0.2~0.3
蔬菜	0.3	0.2~0.3
水果	0.2	0.2~0.3
猪肉	2.1	1.5~2.8
牛肉	2.8	2.2~3.2
羊肉	2.8	2.2~3.3
驴肉	3.4	—
兔肉	3.3	3.2~3.4
禽肉	2.8	1.9~3.4
鸡肉	3.1	—
鸭肉	2.5	—
鹅肉	2.9	—
蛋	2.1	1.8~2.2
奶	0.5	0.5~0.6
蜂蜜	0.1	—
鱼/水产品	2.7	—

表 10-2 不同年代我国城乡居民不同食物种类在外饮食比例 单位:%

食物种类	城市			农村		
	20 世纪 80 年代	20 世纪 90 年代	21 世纪初	20 世纪 80 年代	20 世纪 90 年代	21 世纪初
大米	10.0	20.0	30.0	0.0	4.0	8.0
面粉	10.0	30.0	40.0	0.0	4.0	8.0

食物种类	城市			农村		
	20 世纪 80 年代	20 世纪 90 年代	21 世纪初	20 世纪 80 年代	20 世纪 90 年代	21 世纪初
玉米	10.0	20.0	30.0	0.0	4.0	8.0
其他谷物	1.0	5.0	10.0	0.0	0.0	0.0
豆类	10.0	20.0	30.0	0.0	0.0	0.0
薯类	1.0	5.0	10.0	0.0	0.0	0.0
蔬菜	5.0	13.3	40.0	0.0	4.0	8.0
水果	5.0	12.2	10.0	0.0	0.0	3.0
猪肉	10.0	19.5	40.0	0.0	10.0	20.0
牛肉	10.0	24.5	30.0	0.0	5.0	10.0
家禽	5.0	12.1	30.0	0.0	24.0	12.0
羊肉	10.0	22.5	40.0	0.0	1.0	5.0
蛋	3.0	5.4	13.0	0	3.0	6.0
奶	1.0	5.0	10.0	0.0	0.0	5.0
水产品	10.0	19.4	20.0	0.0	14.0	20.0

10.4.1.3　活动水平数据

食物消费氮量由城市和农村人均食物消费氮量乘以城市和农村常住人口数量加和计算。涉及的活动数据包括城市和农村常住人口数量，可由国家和省（市、区）等不同研究尺度的统计年鉴获取。此外，活动数据还包括居民家庭年均食物消费量、城市和农村居民食物消费量。该数据可通过以下方式获取。

（1）方法 1

可通过《中国统计年鉴》中的居民家庭年均食物消费量数据获取，也可根据各级统计年鉴中的城市居民家庭年均食物购买量和农村居民家庭年均食物消费量两种统计数据获取。一般研究中将城市居民家庭年均食物购买量等同于家庭食物消费量计算（Ma et al.，2012；Cui et al.，2016）。而在近几年的国家统计年鉴中，城市家庭食物消费统计口径由购买量改为家庭食物消费量（国家统计局，2014，2015，2016）。

（2）方法 2

方法 1 中计算家庭食物消费量时，将城市居民家庭食物购买量默认为家庭食物消费量，同时需要根据不同年代的外出就餐比例，计算最终的食物消费量，其计算过程较为复杂。目前，我国卫生与计划生育委员会疾病预防控制局组织的关于 1982 年、1992 年、2002 年和 2012 年每隔 10 年一次的居民食物消费与健康状况调查报告（国家卫生计生委疾病预防控制局，2015），报道了关于城市、农村和全国居民的日均不同食物摄入量数据。通过该数据、各种食物的氮含量和每种食物消费的厨余垃圾产生量，即可计算人均每天不同食物的消费量，最终可计算人均年食物氮消费量（魏静等，2008；Gao et al.，2018）。Gu 等（2015）在全国尺度的氮素负荷研究中采用该数据对全国尺度的食物消费数据进行了校正。

（3）方法 3

对一些研究尺度，可能存在统计数据不全面和无相关统计数据等问题，在条件允许的情况下，可在研究区域内，借鉴卫生部食物消费与健康状况问卷调查的方式，进行实地问卷跟踪调查以获取城乡居民不同食物消费量（国家卫生计生委疾病预防控制局，2015）。

10.4.2　日用品

输入人类系统的日用品氮指居民日常生活中消费的来自工业过程和能源系统的含氮工业产品，一类是用合成氨生产的工业氮产品（人工合成的工业氮产品，也称非结构性工业氮产品，同 12.5.4 节 N_A）—合成纤维、人工制药、丁腈橡胶、合成洗涤剂和塑料等产品的氮总量。另一类是工业采用农业和林业新产品为含氮原料进行工业氮产品生产（生物合成的含氮原料，然后经过工业加工形成的工业氮产品，也称结构性工业氮产品，同 12.5.4 节 N_B）—棉花、麻类、烟叶、蚕丝、牛皮、羊皮、羊毛和木材家具等。工业氮产品的计算原则是在满足我国居民消费工业品氮总量后，剩余产品进行出口（Gu et al.，2009，2015）。因此，可通过国内含氮工业品总产量减去进出口量计算工业氮产品的国内消费量。

10.4.2.1　计算方法

日用品氮输入量可由国内各种含氮工业产品的实际消费量乘以各自的氮含量加和计算。可采用以下计算公式：

$$HM_{Indu} = \sum_{i=1}^{n} (N_{A_i} + N_{A_i, NetImp}) \times N_{i, N_A} + \sum_{i=1}^{n} (N_{B_i} + N_{B_i, NetImp}) \times N_{i, N_B} \tag{10-3}$$

式中，HM_{Indu} 表示人类系统日用品消费氮输入量；N_{A_i} 和 N_{B_i} 分别表示第 i 种非结构性和结构性工业氮产品；$N_{A_i, NetImp}$ 和 $N_{B_i, NetImp}$ 分别表示第 i 种人工合成含氮原料加工而成的非结构性含氮工业产品和第 i 种生物合成的含氮原料加工而成的结构性含氮工业产品的净进口量；N_{i, N_A} 和 N_{i, N_B} 分别表示第 i 种非结构性和结构性含氮工业产品氮含量。

10.4.2.2　主要含氮工业产品的氮含量

国内主要工业含氮工业产品的氮含量见 12.5.4.2 节。

10.4.2.3　活动水平数据

该计算涉及的活动数据包括人工合成的工业氮产品量及其进出口量和生物合成的含氮原料加工而成的含氮工业产品产量及其进出口量。可通过《中国统计年鉴》对外经济贸易部分主要进出口工业产品和工业部分主要工业品产品产量来获取。省级尺度相关数据也可通过相同的途径获取。有些地级市统计年鉴也具备主要工业品及其进出口量数据，可开展人类系统日用品输入氮量的核算。

10.4.3　燃料

人类系统的燃料输入主要包括家庭燃料、交通燃料、生物质燃料，部分地区存在畜禽粪便作能源燃料等。家庭燃料主要包括天然气和城市煤气等；交通燃料，一般指机动车的汽油、柴油、LPG 和天然气；生物质燃料包括农田秸秆被用作人类日常的生活能源和来自森林系统的柴薪燃料等（高祥照等，2002；谷保静，2011；国家发展和改革委员会应对气候变化司，2014；Gu et al.，2015）。由于 2000 年以来我国木炭产量和燃烧量数据统计几乎为空白，同时存在较大的不确定性（国家发展和改革委员会应对气候变化司，2014），本指南 2000 年以后家庭生物质燃料氮排放计算不包括木炭燃烧部分；畜禽粪便燃料仅涉及部分地区，主要指牧区，这些地区存在以奶牛、非奶牛和羊粪便作能源的情况（国家发展和改革委员会应对气候变化司，2014）。家庭机动车交通燃料消费归入工业过程和能源系统核算，本系统仅包含家庭燃料、农村柴薪和牧区动物粪便燃料氮输入。

10.4.3.1　计算方法

在计算人类系统燃料部分氮输入时，家庭燃料氮输入可由不同类型家庭燃料（煤气和天然气）消费量乘以对应含氮气体排放因子。秸秆燃料氮输入可通过秸秆产量乘以对应秸秆作燃料焚烧的比例（表 4-6），再乘以秸秆氮含量计算（表 4-5）。农村薪材燃料氮量可由薪柴量乘以薪柴燃烧过程中的含氮气体排放系数计算，见 6.5.5.3 节。对牧区畜禽粪便作能源的计算则通过畜禽粪便产生量乘以相应的粪便焚烧比例，再乘以粪便氮含量来估算，见 7.5.10 节。因此，人类系统燃料氮输入量可由不同来源燃料输入氮的加和估算。可采用以下计算公式：

$$
\begin{aligned}
\mathrm{HMIN}_{\mathrm{Fuel}} = &\sum_{i=1}^{n} \mathrm{EF}_{i,\mathrm{N}} \times \mathrm{EW}_i + \sum_{i=1}^{n} W_{\mathrm{Str}_i} \times R_{i,\mathrm{Fuel}} \times N_{\mathrm{Str}_i} + \mathrm{Amou}_{\mathrm{Wbu}} \times f_{\mathrm{W}}(\mathrm{NO}_x + \mathrm{N_2O} + \mathrm{NH_3} + \mathrm{N_2}) \\
&+ \sum_{i=1}^{3} A_i \times \mathrm{Exc}_i \times R_{i,\mathrm{Fuel}} \times N_{i,\mathrm{Exc}}
\end{aligned}
\tag{10-4}
$$

式中，$\mathrm{HMIN}_{\mathrm{Fuel}}$ 表示人类系统燃料消费氮输入量；$\mathrm{EF}_{i,\mathrm{N}}$ 表示第 i 种家庭燃料消费（指天然气和城市煤气）的含氮气体排放系数；EW_i 表示第 i 种家庭消费能源的消费量；W_{Str_i} 表示第 i 种作物秸秆产量，具体计算见 4.4.5.2 节；$R_{i,\mathrm{Fuel}}$ 表示第 i 种作物秸秆作燃料燃烧比例，见表 4-6；N_{Str_i} 表示第 i 种作物秸秆氮含量；$\mathrm{Amou}_{\mathrm{Wbu}}$、$f_{\mathrm{W}}(\mathrm{NO}_x + \mathrm{N_2O} + \mathrm{NH_3} + \mathrm{N_2})$ 分别表示森林系统薪柴输出量和薪柴燃烧过程中的含氮气体排放系数，同 6.5.5.3 节；A_i 表示第 i 种粪便作能源的动物的饲养量，主要指奶牛、非奶牛（水牛除外）和羊的年存栏量；Exc_i 表示粪便作能源的动物的年均粪便排泄量；$R_{i,\mathrm{Fuel}}$ 表示粪便作燃料焚烧比例，见表 7-14；$N_{i,\mathrm{Exc}}$ 表示焚烧动物粪便氮含量，具体计算见 7.5.10.1 节。

10.4.3.2　家庭燃料消费含氮气体排放因子

基于文献资料收集，本指南汇总了家庭不同燃料消费后的含氮物质排放因子，见表 10-3。受文献资料所限，家庭生活能源天然气和煤气消费过程中的含氮气体排放仅考虑 $\mathrm{NH_3}$ 和 NO_x 氮排放（Qiu et al.，2014）。秸秆和柴薪燃烧考虑 $\mathrm{NH_3}$、$\mathrm{N_2O}$ 和 NO_x 氮排放（Shi and Yamaguchi，2014；Qiu et al.，2014），同时假设秸秆和柴薪燃烧氮量扣除 $\mathrm{NH_3}$、$\mathrm{N_2O}$ 和 NO_x 形式氮排放后剩余为脱氮 $\mathrm{N_2}$ 排放，见 2.8 节有机质燃烧部分。木炭和畜禽粪便燃料燃烧过程考虑 $\mathrm{N_2O}$ 排放（国家发展和改革委员会应对气候变化司，2014）。而在第 7 章动物粪便燃料氮输出部分由粪便氮产生量和燃料比例计算，此处动物粪便燃烧 $\mathrm{N_2O}$ 排放由粪便燃烧量乘以单位燃烧量的 N_2O 排放因子计算，会导致粪便燃料氮输出与粪便燃料过程中 N_2O 排放氮量不对等。本指南将粪便燃料氮输出与粪便燃烧过程中 N_2O 排放之间的差值看作 N_2、NH_3 和 NO_x 等形式的氮排放，因有机质燃烧过程中 N_2 排放应该占含氮产物的大部分，但缺少具体的排放因子，暂将粪便燃料氮输出与其 N_2O 排放之间的差值看作脱氮 N_2 排放。随着相关研究参数的出现，逐步将粪便燃料燃烧后的不同形式氮输出分项计算。

表 10-3　家庭燃料燃烧过程的 NH_3、N_2O 和 NO_x 排放因子　　　单位：$g \cdot kg^{-1}$

污染源种类	NH_3 排放	N_2O 排放	NO_x 排放
煤气	0.32	—	1.46
天然气	—	—	0.69
秸秆	小麦 0.37	小麦 0.07	小麦 2.28
	玉米 0.68	玉米 0.14	玉米 3.60
	其他 0.52	水稻 0.07	水稻 3.43
		其他 0.13	棉花 2.49
			高粱 1.58
			其他 0.83
柴薪	1.3	0.075±0.045	1.19（0.8~3.0）
木炭	—	0.03	—
畜禽粪便	—	0.048	—

10.4.3.3　活动水平数据

家庭燃料（主要指天然气和城市煤气等）的消费量数据，可根据《中国统计年鉴》中生活能源消费量部分获取。秸秆作燃料氮的活动数据是作物秸秆产量，见 4.5.1.1 节。柴薪燃料量活动数据可由《中国农村统计年鉴》和《中国能源统计年鉴》获取。粪便燃料氮的活动数据是可供燃料使用的动物粪便排泄量，主要指奶牛、非奶牛（除水牛外）和羊粪便，可根据可供粪便作燃料的动物年存栏量乘以动物年均粪尿排泄氮量计算，具体计算方法可参照 7.5.3.1 节。

10.5　氮素输出

根据人类系统氮素流动模型，该系统氮素输出包括人体代谢、燃料燃烧和生活垃圾 3 部分。人体代谢物去向又分为 NH_3 挥发、脱氮、N_2O 排放、粪尿还田、粪尿污水直排、粪尿污水处理、污水渗漏及其他损失。燃料燃烧分为脱氮、NH_3、N_2O 和 NO_x 排放。生活垃圾包括餐厨垃圾作饲料和进入固体废弃物处理系统处理的垃圾，最终加和计算人类系统总氮输出，可采用以下计算公式。本节详细描述各个输出项的计算方法、系数选取及活动数据的获取途径。

$$HM_{OUT} = HMOUT_{NH_3} + HMOUT_{N_2} + HMOUT_{N_2O} + HMOUT_{Rec} + HMOUT_{WWD} + HMOUT_{WWT} + HMOUT_{Lea}$$

$$+\text{HMOUT}_{\text{Other}}+\text{HMOUT}_{\text{NO}_x}+\text{HMOUT}_{\text{KWF}}+\text{HMOUT}_{\text{SWT}}+\text{HMOUT}_{\text{Indu}} \tag{10-5}$$

式中，HM_{OUT} 表示人类系统氮输出量；$\text{HMOUT}_{\text{NH}_3}$ 表示 NH_3 挥发氮输出量，包括人粪尿及燃料燃烧 NH_3 挥发两部分；$\text{HMOUT}_{\text{N}_2}$ 表示脱氮过程氮输出量，包括人粪尿和燃料燃烧脱氮两部分；$\text{HMOUT}_{\text{N}_2\text{O}}$ 表示 N_2O 排放氮输出量，包括人粪尿和燃料燃烧 N_2O 排放两部分；$\text{HMOUT}_{\text{Rec}}$ 表示人粪尿还田；$\text{HMOUT}_{\text{WWD}}$ 表示人类系统粪尿直接排入地表水的氮输出量；$\text{HMOUT}_{\text{WWT}}$ 表示进入污水处理系统的生活污水排放氮输出量；$\text{HMOUT}_{\text{Lea}}$ 表示人类系统粪尿污水收集渗漏氮输出量；$\text{HMOUT}_{\text{Other}}$ 表示人体代谢的其他氮损失输出量，指人类系统汗液挥发、打嗝和放屁等过程中的氮损失；$\text{HMOUT}_{\text{NO}_x}$ 表示燃料燃烧过程中 NO_x 排放；$\text{HMOUT}_{\text{KWF}}$ 表示餐厨垃圾作饲料氮输出量；$\text{HMOUT}_{\text{SWT}}$ 表示人类系统生活垃圾处理氮输出量；$\text{HMOUT}_{\text{Indu}}$ 表示家庭消费含氮工业品废弃氮输出量。

10.5.1　NH_3 挥发

NH_3 挥发主要来自两个方面：一是人粪尿排泄后，在还田和进入污水处理系统前，发生的一次性 NH_3 挥发，区别于粪尿还田后发生的二次 NH_3 挥发；二是来自家用燃料燃烧的 NH_3 排放。

10.5.1.1　计算方法

NH_3 挥发可由人粪尿 NH_3 挥发量加家用燃料燃烧 NH_3 排放计算。可采用以下计算公式：

$$\text{HMOUT}_{\text{NH}_3}=\text{Exc}_{i,\text{N}}\times P_i\times R_{\text{NH}_3}+W_i\times \text{EF}_{i,\text{NH}_3} \tag{10-6}$$

式中，$\text{HMOUT}_{\text{NH}_3}$ 表示 NH_3 挥发氮输出量；$\text{Exc}_{i,\text{N}}$ 表示城市和农村人均粪尿氮排泄量；P_i 表示城市和农村人口数；R_{NH_3} 表示人粪尿 NH_3 挥发的比例；W_i 表示第 i 种家庭燃料的使用量；$\text{EF}_{i,\text{NH}_3}$ 表示第 i 种家用燃料的 NH_3 排放因子。

10.5.1.2　人均粪尿排泄量、人粪尿 NH_3 挥发系数和家用燃料 NH_3 排放因子

文献有关人粪尿排泄氮量的计算存在两种方法。一种方法是设定每人年均粪尿排泄氮量参数，为 3.83 kg N 人$^{-1}$·a^{-1}，应用该参数进行粪尿氮排泄量计算时只考虑了成年人数量，通过乘以 0.85 进行人口数量的校正（Ti et al.，2011；Gao et al.，2011）。另一种方法是根据居民食物消费量来估算，认为人们消费的食物氮，2% 被人体吸收，88% 以粪尿形式排泄，7% 以汗液 NH_3 挥发、打嗝和放屁等消化气形式进入大气，剩余 3% 为不明去向的其他损失，本指南定义为系统内部氮积累（高利伟，2009；马林，2009；Gao et al.，2018）。两种方法相比，由于食物消费统计可能未涵盖人类消费的所有食物来源，前者可能会出现人粪尿排泄量与食物消费量之间的不平衡现象，违背系统物质平衡原则。而后者则是遵循氮的质量平衡原则从前到后来计算。因此，在人均食物消费等数据可获取的情况下，本指南推荐后一种方法作为人粪尿排泄氮量的估算方法。

参照《2005 中国温室气体清单研究》，人粪尿 NH_3 挥发系数与有机肥 NH_3 挥发系数一致，约为总氮量的 20%。有关国家尺度食物系统氮素流动和整体氮素负荷研究中，将人类

粪尿一次性 NH_3 挥发的比例定为 20%~24%（马林，2009；Ma et al.，2012；Cui et al.，2013；Gu et al.，2015；Gao et al.，2018）。相关文献研究结果表明，人粪尿进入污水比例因城市和农村而异，且存在较大的年际变化（魏静等，2008；马林，2009；高利伟，2009；Cui et al.，2013；Gu et al.，2015；Gao et al.，2018）。本指南中列出了 Gu 等（2015）在全国尺度氮素负荷研究中有关城市和农村人粪尿氮去向比例（表 10-4），该参数详细定量了粪尿 NH_3 挥发后的其他去向比例，可供人粪尿还田和污水排放等方面的计算。此外，本指南考虑了人粪尿的脱氮和 N_2O 排放途径的氮损失，将相关文献报道的有机肥脱氮和 N_2O 排放比例推荐为人粪尿的脱氮和 N_2O 排放比例（Eggleston et al.，2006；Ma et al.，2012）。以 1980 年为例，城市和农村粪尿 NH_3 挥发、脱氮和 N_2O 排放比例为分别为 24%、5% 和 0.5%，扣除 NH_3 挥发、脱氮和 N_2O 排放剩余粪尿氮的 90% 还田使用，粪尿进入污水处理和直接排放部分分别占 5%。其中，进入污水处理厂的粪尿 5% 的氮在污水收集过程中又会发生渗漏进入地下水系统，这一比例设定为 9%。此外，目前也存在计算人粪尿氨挥发的固定参数，被环境保护部推荐为《大气氨源排放清单编制技术指南》人体 NH_3 挥发估算参数，按成人每人每年 0.787 kg NH_3 计算（Huang et al.，2012；环境保护部科技标准司，2014），但其要求的活动数据为未使用卫生厕所的成人数。在研究过程中，可根据实际情况和最终研究目标进行参数的选择应用。但后者可能会导致系统最终计算的失衡。

不同种类家庭燃料燃烧的 NH_3 排放因子见 10.4.3.2 节。

表 10-4　我国城市和农村人粪尿氮去向比例　　　　　单位:%

地区	人粪尿去向	1980 年	1990 年	2000 年	2010 年
城市	粪尿氨挥发	24.0	24.0	24.0	24.0
	脱氮	5.0	5.0	5.0	5.0
	N_2O 排放	0.5	0.5	0.5	0.5
	粪尿还田	90.0	69.4	41.2	5.0
	污水直排	5.0	15.8	24.6	20.0
	污水处理	5.0	14.9	34.3	75.0
	污水渗漏	9.0	9.0	9.0	9.0
农村	粪尿氨挥发	24.0	24.0	24.0	24.0
	脱氮	5.0	5.0	5.0	5.0
	N_2O 排放	0.5	0.5	0.5	0.5
	粪尿还田	95.0	93.8	77.1	53.4
	污水直排	5.0	4.7	18.7	39.4
	污水处理	0.0	1.5	4.2	7.2
	污水渗漏	9.0	9.0	9.0	9.0

10.5.1.3　活动水平数据

该计算涉及的活动数据是人粪尿排泄量，可由人口数量和人均食物消费量乘以食物消费后的粪尿排泄物比例计算。人口数据可通过我国各级政府统计年鉴获取，该数据统计相对准确，不确定性定为5%（Gu et al.，2015；Gao et al.，2018）。人均食物消费数据获取途径见10.4.1.3节。家庭燃料使用活动数据包括天然气、城市煤气、农作物秸秆作燃料和动物粪便燃料等，获取方式见10.4.3.3节。

10.5.2　脱氮

脱氮来自人粪尿排泄后的脱氮和家庭燃料燃烧过程中的脱氮两部分。

10.5.2.1　计算方法

脱氮可由人粪尿排泄量乘以粪尿脱氮比例与不同种类家庭燃料氮消费量扣除以 NH_3、N_2O 和 NO_x 形式氮排放的剩余氮量加和计算。可采用以下计算公式：

$$HMOUT_{N_2} = Exc_{i,N} \times P_i \times R_{N_2} + (WN_i - W_i \times EF_{i,NH_3+N_2O+NO_x}) \tag{10-7}$$

式中，$HMOUT_{N_2}$ 表示脱氮过程氮输出量；$Exc_{i,N}$、P_i 和 W_i 同式（10-6）；R_{N_2} 表示人粪尿脱氮比例；WN_i 表示家庭秸秆、柴薪和动物粪便等燃料氮输入量；$EF_{i,NH_3+N_2O+NO_x}$ 表示家庭燃料燃烧过程中的 NH_3、N_2O 和 NO_x 形式的总氮排放因子。

10.5.2.2　人粪尿和家庭燃料脱氮系数

本指南中人粪尿脱氮系数采用畜禽粪尿脱氮系数5%（Eggleston et al.，2006；Ma et al.，2012）。少数研究通过文献分析报道了家庭秸秆和柴薪燃烧的脱氮（N_2）排放系数（Andreae and Merlet，2001），但这些系数为不同文献报道参数的简单集合，直接使用该系数可能会存在秸秆和粪便燃料氮输入与其燃烧过程中的不同含氮物质排放氮量不对等现象。因此，在计算脱氮（N_2）排放时，首先考虑不同种类家庭燃料消费过程中的 NH_3、N_2O 和 NO_x 形式氮排放，将人类系统不同燃料氮输入减去 NH_3、N_2O 和 NO_x 形式氮排放剩余氮量假设为家庭燃料燃烧脱氮（N_2）排放，见2.8节有机质燃烧部分。该做法的优点是遵循物质流动质量平衡原则，能够实现燃料氮输入与燃烧后含氮气体排放之间的氮平衡计算。

10.5.2.3　活动水平数据

该计算涉及的活动数据包括人粪尿排泄量和家庭燃料使用量。具体获取途径见10.5.1.3节。

10.5.3　N_2O 排放

N_2O 排放来自人粪尿排泄物 N_2O 排放和家庭燃料燃烧过程中的 N_2O 排放两部分。

10.5.3.1　计算方法

N_2O 排放可由人粪尿排泄量乘以 N_2O 排放系数与家庭燃料消费量乘以 N_2O 排放系数

加和计算。可采用以下计算公式：

$$\text{HMOUT}_{N_2O} = \text{Exc}_{i,N} \times P_i \times R_{N_2O} + W_i \times \text{EF}_{i,N_2O} \tag{10-8}$$

式中，HMOUT_{N_2O} 表示 N_2O 排放氮输出量；$\text{Exc}_{i,N}$、P_i 和 W_i 同式（10-6）；R_{N_2O} 表示人粪尿 N_2O 排放比例；EF_{i,N_2O} 表示家庭燃料使用过程中 N_2O 排放系数。

10.5.3.2　人粪尿和家庭燃料 N_2O 排放系数

本指南中人粪尿 N_2O 排放系数采用畜禽粪尿 N_2O 排放比例 0.5%（Eggleston et al.，2006；Ma et al.，2012）。不同种类家庭燃料 N_2O 排放系数来自文献报道参数，见表10-3。

10.5.3.3　活动水平数据

该计算涉及的活动数据包括人粪尿排泄量和家庭燃料消费量。具体获取途径见10.5.1.3 节。

10.5.4　粪尿还田

人类系统粪尿排泄物在发生 NH_3 挥发、脱氮和 N_2O 排放后，部分剩余粪尿会以有机肥的形式归还到农田系统。

10.5.4.1　计算方法

粪尿还田可由城市和农村人均粪尿排泄量扣除 NH_3 挥发、脱氮和 N_2O 排放后乘以对应的还田比例加和计算。可采用以下计算公式：

$$\text{HMOUT}_{Rec} = \text{Exc}_{i,N} \times P_i \times (1 - R_{NH_3} - R_{N_2} - R_{N_2O}) \times R_{i,Rec} \tag{10-9}$$

式中，HMOUT_{Rec} 表示人类系统粪尿还田氮输出量；$\text{Exc}_{i,N}$、P_i、R_{NH_3}、R_{N_2} 和 R_{N_2O} 同（10-6）~式（10-8）；$R_{i,Rec}$ 表示城市和农村粪尿还田比例。

10.5.4.2　粪尿还田比例

城市和农村粪尿还田比例见表10-4。

10.5.4.3　活动水平数据

该计算涉及的活动数据为城市和农村粪尿排泄量，获取途径见10.5.1.3 节。

10.5.5　粪尿直接排放

生活污水氮排放是人类粪尿氮和生活残余物排放的氮的总和，其中，粪尿是生活污水中的主要氮来源（施亚岚，2014；Cui et al.，2016）。一般估算生活污水直接排放只包含人粪尿直接进入地表水系统的氮量（高利伟，2009；Ti et al.，2011；Gu et al.，2015）。粪尿排泄物在发生 NH_3 挥发、脱氮和 N_2O 排放后，一部分以有机肥形式还到农田系统，一部分直接排放到地表水系统，还有一部分会被收集到污水处理系统。

10.5.5.1　计算方法

人类系统粪尿直接排放到地表水系统的氮输出可由城市和农村人均粪尿排泄量扣除 NH_3 挥发、脱氮和 N_2O 排放后剩余的氮量乘以对应的粪尿直接排放比例计算。可采用以下计算公式:

$$HMOUT_{WWD} = Exc_{i,N} \times P_i \times (1 - R_{NH_3} - R_{N_2} - R_{N_2O}) \times R_{i,WWD} \qquad (10\text{-}10)$$

式中, $HMOUT_{WWD}$ 表示人类系统粪尿直接排入地表水的氮输出量; $Exc_{i,N}$、P_i、R_{NH_3}、R_{N_2} 和 R_{N_2O} 同式 (10-6) ~式 (10-8); $R_{i,WWD}$ 表示城市和农村粪尿直接排放比例。

10.5.5.2　粪尿还田比例

城市和农村粪尿直接排放比例见表 10-4。

10.5.5.3　活动水平数据

该计算涉及的活动数据为城市和农村人粪尿排泄量,获取途径见 10.5.1.3 节。

10.5.6　粪尿污水处理

如前所述,粪尿排泄后,一部分会发生 NH_3 挥发和脱氮 N_2 排放,剩余部分或还田、直接排放或被收集到污水处理系统进行处理。

10.5.6.1　计算方法

人类系统粪尿向污水处理系统的氮输出量可由城市和农村人均粪尿排泄量扣除 NH_3 挥发、脱氮和 N_2O 排放后的剩余氮量乘以对应的粪尿进入污水处理系统的比例计算。可采用以下计算公式:

$$HMOUT_{WWT} = Exc_{i,N} \times P_i \times (1 - R_{NH_3} - R_{N_2} - R_{N_2O}) \times R_{i,WWT} \qquad (10\text{-}11)$$

式中, $HMOUT_{WWT}$ 表示进入污水处理系统的生活污水排放氮输出量; $Exc_{i,N}$、P_i、R_{NH_3}、R_{N_2} 和 R_{N_2O} 同式 (10-6) ~式 (10-8); $R_{i,WWT}$ 表示城市和农村粪尿排入污水处理系统的比例。

10.5.6.2　粪尿污水处理比例

城市和农村粪尿排入污水处理系统的比例见表 10-4。

10.5.6.3　活动水平数据

该计算涉及的活动数据为城市和农村粪尿排泄量,获取途径见 10.5.1.3 节。

10.5.7　污水渗漏

如前所述,一部分人粪尿会被收集到污水处理系统进行处理。在污水通过管道运送到污水处理厂的过程中会发生一定量的氮渗漏 (Baker et al., 2001; Gu et al., 2015)。

10.5.7.1 计算方法

人类系统粪尿污水收集系统的渗漏氮输出可由城市和农村排入污水处理系统氮输出乘以对应的渗漏比例计算。可采用以下计算公式:

$$\mathrm{HMOUT_{Lea}} = \mathrm{Exc}_{i,\mathrm{N}} \times P_i \times (1 - R_{\mathrm{NH_3}} - R_{\mathrm{N_2}} - R_{\mathrm{N_2O}}) \times R_{i,\mathrm{WWT}} \times R_{\mathrm{Lea}} \tag{10-12}$$

式中,$\mathrm{HMOUT_{Lea}}$ 表示人类系统粪尿污水收集渗漏氮输出量;$\mathrm{Exc}_{i,\mathrm{N}}$、$P_i$、$R_{\mathrm{NH_3}}$、$R_{\mathrm{N_2}}$ 和 $R_{\mathrm{N_2O}}$ 同式(10-6)~式(10-8);$R_{i,\mathrm{WWT}}$ 表示城市和农村粪尿排入污水处理系统的比例;R_{Lea} 表示污水收集过程中的管道渗漏率。

10.5.7.2 粪尿污水收集渗漏率

粪尿排入污水处理厂管道渗漏率见表 10-4。

10.5.7.3 活动水平数据

该计算涉及活动数据为城市和农村粪尿污水处理氮量,获取途径见 10.5.6.1 节。

10.5.8 人体代谢的其他氮损失

如前所述,食物被人类消费后,2% 被人体吸收,88% 以粪尿形式排泄,7% 以汗液挥发、打嗝和放屁的形式代谢到体外,剩余 3% 氮的具体形态和去向仍不明确(高利伟,2009;马林,2009;Ma et al.,2012;Gao et al.,2018)。本指南中将人体吸收和粪尿排泄外的食物消费氮损失看作人体代谢的其他氮损失。

10.5.8.1 计算方法

人体代谢的其他氮损失输出可由城市和农村食物消费量乘以对应的损失比例计算。可采用以下计算公式:

$$\mathrm{HMOUT_{Other}} = \mathrm{HMIN_{Food}} \times R_{\mathrm{Other}} \tag{10-13}$$

式中,$\mathrm{HMOUT_{Other}}$ 表示人体代谢的其他氮损失输出量;$\mathrm{HMIN_{Food}}$ 表示人类系统食物消费量,见 10.4.1.1 节;R_{Other} 表示人体代谢的其他氮损失比例。

10.5.8.2 人体代谢的其他氮损失比例

相关文献报道人体代谢的其他氮损失比例为食物消费量的 10%(高利伟,2009;马林,2009;Ma et al.,2012;Gao et al.,2018)。

10.5.8.3 活动水平数据

该计算涉及活动数据为城市和农村食物消费量,获取途径见 10.4.1.3 节。

10.5.9 餐厨饲料

人类系统氮输出一部分为人体代谢产物和燃料燃烧氮排放,另一部分为生活垃圾。该部分氮输出包含了餐厨垃圾作饲料和进入固体废弃物处理厂的生活垃圾。参照住房和城乡建设部制定的《餐厨垃圾处理技术规范》（CJJ 184—2012），本指南所指的餐厨垃圾是餐饮垃圾和居民家庭厨余垃圾的总称。餐饮垃圾指餐饮业、宾馆、饭店、企事业单位和高校食堂等的饮食剩余物及后厨的果蔬、肉食、油脂与面点等的加工过程废弃物；厨余垃圾指家庭日常生活中丢弃的果蔬及食物下脚料、剩菜剩饭和瓜果皮等易腐有机垃圾（闵海华等，2016）。其中，水果皮壳、腐烂菜叶、骨头内脏和剩饭剩菜是厨余垃圾的主要组成成分。随着人们生活水平的提高和健康意识的增强，剩饭剩菜和其他食物直接丢弃等现象日益严重，进而导致我国厨余垃圾产生量与日俱增。有关研究表明，近 30 多年来我国厨余垃圾产生量呈明显的增加趋势，从 1980 年约为 0.4 Tg N a^{-1} 增加至 2012 年的 0.7 Tg N a^{-1}，增加了约 75%（谷保静，2011；Gao et al.，2018）。厨余垃圾是家庭生活垃圾的主要成分，占生活垃圾产生量的 40%~50%（国家发展和改革委员会应对气候变化司，2014；Xian et al.，2016；Wang et al.，2017）。

此外，随着城市化水平增加、生活水平提高和人们生活节奏的加快，社会餐饮业数量剧增，机关企事业单位和校园餐厅内，因追求奢侈豪华、相互攀比和不合胃口或者卫生等方面的问题而倒掉的剩饭剩菜产生量也在与日俱增。以厦门市为例，按照未来人口增加比例及人均餐厨垃圾产生量估算，2030 年厦门市餐饮垃圾产生量相比 2015 年将增加 111%（崔胜辉等，2015）。在资源回收和循环经济背景下，国内众多地区正在大力推进垃圾分类工作，厨余和餐饮垃圾是垃圾分类的两个主要垃圾源。因此，在全国尺度，尤其快速城市化地区，厨余和餐饮垃圾所包含的氮将会从生活垃圾中被逐步分离，成为一个主要的氮素流动过程。本指南将人类消费系统的厨余和餐饮垃圾氮作为一个单独的氮素流动过程进行估算，统称为餐厨垃圾氮。在未进行垃圾分类的研究区域内，可将厨余垃圾归入生活垃圾氮输出量中。基于目前的文献资料，根据活动数据的可获取程度，可采用不同方式进行餐厨垃圾氮的估算。

餐厨垃圾根据其用途又可分为饲料、堆置、填埋、焚烧和堆肥（魏静等，2008；Gao et al.，2018）。分别进入畜禽养殖系统、固体废弃物处理系统、大气系统和农田或城市绿地系统。本指南先计算出餐厨垃圾产生量及餐厨垃圾作饲料部分的氮输出量，其他餐厨垃圾输出归入生活垃圾中，进入固体废弃物系统。

10.5.9.1　计算方法

基于文献资料，餐厨垃圾的计算可由居民家庭和在外饮食食物消费量乘以各自的餐厨垃圾比例来计算（Ma et al.，2010，2012）。也可由家庭生活垃圾量乘以厨余垃圾比例与城市人均餐厨垃圾产生量乘以常住人口数加和计算（胡贵平等，2006；崔胜辉等，2015）。因此，餐厨垃圾作饲料氮输入也存在两种计算方法。

（1）方法 1

餐厨垃圾作饲料氮输出可由在家就餐和在外饮食消费量乘以对应的厨余垃圾产生比例加和，再乘以餐厨垃圾作饲料比例计算。可采用以下计算公式：

$$\text{HMOUT}_{\text{KWF}} = \sum_{i=1}^{n} \left(\text{Food}_{i,\text{Urb}} \times R_{i,\text{KWH}} + \frac{\text{Food}_{i,\text{Urb}} \times R_{i,\text{UOUT}}}{1 - R_{i,\text{UOUT}}} \times R_{i,\text{KWO}} \right) \times N_{\text{See}_i} \times P_{\text{Urb}} \times R_{\text{UKWF}}$$

$$+ \sum_{i=1}^{n} \left(\text{Food}_{i,\text{Rur}} \times R_{i,\text{KWH}} + \frac{\text{Food}_{i,\text{Rur}} \times R_{i,\text{ROUT}}}{1 - R_{i,\text{ROUT}}} \times R_{i,\text{KWO}} \right) \times N_{\text{See}_i} \times P_{\text{Rur}} \times R_{\text{RKWF}}$$

$$(10\text{-}14)$$

式中，$\text{HMOUT}_{\text{KWF}}$ 表示餐厨垃圾作饲料氮输出量；$\text{Food}_{i,\text{Urb}}$ 和 $\text{Food}_{i,\text{Rur}}$ 分别表示城市和农村地区居民人均家庭第 i 种食物消费量；$R_{i,\text{UOUT}}$ 和 $R_{i,\text{ROUT}}$ 分别表示城市和农村地区第 i 种食物在外饮食比例；$R_{i,\text{KWH}}$ 和 $R_{i,\text{KWO}}$ 分别表示第 i 种食物在家就餐和在外饮食餐厨垃圾产生比例（表 10-4）；N_{See_i} 表示第 i 种食物氮含量；P_{Urb} 和 P_{Rur} 分别表示城市和农村地区常住人口数量；R_{UKWF} 和 R_{RKWF} 分别表示城市和农村地区餐厨垃圾作饲料比例（表 10-5）。该方法是通过不同食物消费量乘以对应厨余垃圾比例来估算厨房垃圾产生量。在家就餐和在外饮食食物消费量可根据食物消费数据和在外饮食比例计算。在估算在家厨余垃圾产生量时包括了厨余垃圾的主要来源，但未包括残枝落叶和茶渣茶梗等成分，可能略微低估餐厨垃圾氮的产生量。

（2）方法 2

国内较多文献资料报道了我国及不同地区的家庭生活垃圾成分组成（岳波等，2014；杨慧琳等，2014；国家发展和改革委员会应对气候变化司，2014；崔胜辉等，2015；Xian et al.，2016；Wang et al.，2017）。因此，可由居民家庭生活垃圾产生量乘以厨余垃圾比例计算在家就餐厨余垃圾量。在外饮食餐厨垃圾目前主要指城市地区的餐饮业、企事业单位和高校食堂所产生的餐厨垃圾。有关文献报道了城市在外饮食人均餐厨垃圾产生量（胡贵平等，2006；厦门市城市规划设计研究院，2016），结合城市常住人口数量，即可估算城市餐厨垃圾产生量。农村地区在外饮食餐厨垃圾量目前少有报道，同时考虑农村地区在外饮食比例远小于城市地区，本指南暂不考虑农村地区在外饮食餐厨垃圾产生量。可采用以下计算公式：

$$\text{HMOUT}_{\text{KWF}} = \sum_{i=1}^{2} \left(\text{SW}_i \times R_{i,\text{KW}} \times N_{\text{KW}} \right) \times R_{i,\text{KWF}} + P_{\text{Urb}} \times W_{\text{KW}} \times N_{\text{KW}} \times R_{\text{UKWF}} \qquad (10\text{-}15)$$

式中，$\text{HMOUT}_{\text{KWF}}$ 表示餐厨垃圾作饲料氮输出量；SW_i 表示城市和农村居民家庭生活垃圾产生量；$R_{i,\text{KW}}$ 表示城市和农村家庭厨余垃圾占生活垃圾比例；$R_{i,\text{KWF}}$ 表示城市和农村地区餐厨垃圾作饲料比例（表 10-5）；P_{Urb} 同式（10-14）；W_{KW} 表示城市人均餐厨垃圾产生量；N_{KW} 表示餐厨垃圾平均氮含量；R_{UKWF} 表示城市餐厨垃圾作饲料比例。

表 10-5 不同食物餐厨垃圾作饲料比例 单位：%

食物种类	在家就餐	在外饮食
主要植物性食物	5	18
蔬菜	5	20
水果	5	20
猪	10	21
肉牛	10	21
家禽	10	21
羊	10	21

续表

食物种类	在家就餐	在外饮食
兔	10	21
蛋	10	24
奶	10	22
水产品	10	24

10.5.9.2　在外饮食和厨余比例、人均餐厨垃圾量和餐厨去向

不同年代在外饮食比例参数见表 10-2。少数文献研究报道了我国城乡居民在外饮食厨余垃圾比例，施亚岚（2014）和 Cui 等（2016）通过比较 FAO 报告对世界不同区域的食物链各个阶段的垃圾比例，借鉴工业化亚洲（包括日本、韩国和中国）的植物性和动物性食物厨余垃圾比例参数（FAO，2011），作为中国厨余垃圾产生比例。该参数考虑了不同食物种类的厨余垃圾比例，但忽略了在家就餐和在外饮食对不同食物厨余垃圾产生的影响（高利伟，2009）。随着城市化水平提高、收入水平增加和生活节奏加快，居民在外饮食比例越来越大，且在外饮食食物浪费和厨余垃圾比例远高于在家用餐（表 10-5）（高利伟，2009；Ma et al.，2012）。因此，需对城乡居民在外饮食厨余垃圾分开考虑。还有一种估算居民在外饮食餐厨垃圾的方式是通过城市人均在外饮食餐厨垃圾产生量乘以城市常住人口数量来计算。有关资料显示，我国城市常住人口人均餐厨垃圾产生量约为 0.13 kg·d^{-1}·人$^{-1}$，范围在 0.11~0.14 kg·d^{-1}·人$^{-1}$（胡贵平等，2006；厦门市城市规划设计研究院，2016）。目前，国内众多地区正在开展垃圾分类和餐厨垃圾回收工作，分类前已对本地区的餐厨垃圾产生数量、特征和分布等情况进行相关摸底调查，可通过向相关部门咨询的方式获取研究区域内的餐厨垃圾收运量，并结合覆盖人口数量，换算人均在外饮食餐厨垃圾产生量。在条件允许的情况下，也可对研究区域内的城市和农村人均在外饮食餐厨垃圾产生量进行实地调研，以获取更加准确的本土化参数进行餐厨垃圾的估计。餐厨垃圾的去向可分为动物饲料、堆置、填埋、焚烧和堆肥处理（表 10-6）。通过文献数据收集的不同年代厨余垃圾用途比例见表 7-4）（魏静等，2008；Gao et al.，2018）。

表 10-6　厨余垃圾不同用途比例　　　　　　　单位:%

地区	时期	动物饲料	堆置	填埋	焚烧	堆肥
农村	20 世纪 80 年代	50	25	—	—	25
	20 世纪 90 年代	50	25	—	—	25
	2000~2009 年	50	25	—	—	25
	2010 年后	50	25	—	—	25
城市	20 世纪 80 年代	5	93	2	0	0.2
	20 世纪 90 年代	5	67	27	0	2
	2000~2009 年	7	55	30	3	5
	2010 年后	7	55	30	3	5

10.5.9.3　活动水平数据

该计算过程中涉及活动数据较多，如城乡居民家庭食物消费量、城市生活垃圾清运量、城市和农村居民家庭数量和城市餐厨垃圾排放量。城乡居民家庭食物消费量数据获取途径见 10.4.1.3 节。目前，通过《中国统计年鉴》和《中国城市统计年鉴》可以直接获取我国及不同省份、城市居民生活垃圾清运量，本指南中将此数据默认为城市居民生活垃圾产生量。通过城市居民生活垃圾清运量和对应地区的城市居民家庭数，可计算出不同省份城市居民家庭平均生活垃圾产生量，用于就近研究区域的相关估算。由于广大农村地区的生活垃圾未被环卫部门清运工作覆盖，无法获取垃圾清运量。本指南采用文献报道的农村居民家庭人均生活垃圾产生量乘以农村居民数量来估算农村生活垃圾产生量。城市和农村居民数量可通过《中国统计年鉴》、各省市级的统计年鉴获取。有条件的研究区域，也可针对城市和农村居民生活垃圾产生量开展实地调研，以获取更加准确的家庭人均生活垃圾产生量，用于区域生活垃圾氮流动过程的核算分析。城市餐厨垃圾排放量可通过向各级环卫系统生活垃圾清运部门咨询或实地调研方式获取。

10.5.10　垃圾处理

垃圾处理指居民生活垃圾和扣除作饲料部分的餐厨垃圾一起进入固体废弃物系统进行后续处理的垃圾。此外，还包括居民家庭消费的含氮工业品的废弃物，由于计算过程相对复杂，该部分氮输出量将在 10.5.11 节单独计算，最后和其他两部分来源的垃圾一起进入固体废弃物处理系统。居民家庭生活垃圾主要包括食物消费厨余垃圾、纸张、金属、玻璃、织物、塑料和煤灰等含氮废弃物（岳波等，2014；Xian et al.，2016）。如前所述，在开展生活垃圾分类城市地区，家庭厨余垃圾已从生活垃圾中分离，可由家庭生活垃圾产生量乘以厨余垃圾比例计算。因此，在开展生活垃圾分类地区，居民生活垃圾指除厨余垃圾以外的其他垃圾，在未进行分类地区，居民生活垃圾指所有混合垃圾产生量。在广大农村地区的生活垃圾未被环卫部门清运工作覆盖，这部分生活垃圾一般看作在农村地区弃置堆放。餐厨垃圾包括垃圾分类地区居民家庭厨余垃圾和在外饮食餐厨垃圾两部分，扣除作饲料部分进入固体废弃物系统。

10.5.10.1　计算方法

垃圾处理氮输出量可由城市和农村地区的垃圾产生量乘以不同垃圾成分比例及其氮含量（Xian et al.，2016；Wang et al.，2017），再加上扣除作饲料部分输出后的餐厨垃圾氮量计算。城市地区生活垃圾产生量可通过城市地区生活垃圾清运量统计数据获取。农村生活垃圾氮产生量可先采用文献报道的农村居民家庭人均生活垃圾产生量乘以农村常住人口数量，再乘以垃圾成分比例及其氮含量来估算。可采用以下计算公式：

$$\text{HMOUT}_{\text{SWT}} = \sum_{i=1}^{n} \text{SW} \times R_{i,\text{Urb}} \times N_{\text{SW}_i} + \sum_{i=1}^{n} W_{\text{Rur}} \times R_{i,\text{Rur}} \times N_{\text{SW}_i} \times P_{\text{Rur}} + \text{HMOUT}_{i,\text{KW}} \times (1 - R_{i,\text{KWF}})$$

$$(10\text{-}16)$$

式中，HMOUT$_{SWT}$表示人类系统生活垃圾处理氮输出量；SW 表示城市生活垃圾清运量；W_{Rur}表示农村人均生活垃圾产生量；$R_{i,Urb}$表示城市生活垃圾不同成分比例，在生活垃圾分类地区，将厨余垃圾计算在餐厨垃圾中；$R_{i,Rur}$表示农村生活垃圾中不同成分比例；P_{Rur}表示农村常住人口数量；N_{SW_i}表示居民生活垃圾中第 i 种垃圾成分氮含量；HMOUT$_{i,KW}$表示城市和农村餐厨垃圾氮量；$R_{i,KWF}$同上。

10.5.10.2　垃圾成分比例、含氮量及农村人均生活垃圾产生量

本指南通过文献收集获得了北京市、广州市、厦门市和厦门市海沧区等多个城市生活垃圾成分比例（杨慧琳等，2014；陈姝，2014；崔胜辉等，2015；Xian et al.，2016；Wang et al.，2017），求取平均值作为我国城市生活垃圾组成成分比例，并给出了其变化范围，同时与《2005 中国温室气体清单研究》中给出的中国特定活动数据和《IPCC 优良作法指南》给出的区域推荐缺省值进行了比较。其中，Xian 等（2016）测定了城市居民生活垃圾成分比例和氮含量（表10-7）。

表 10-7　城市居民生活垃圾成分比例和氮含量　　　　　单位:%

垃圾成分	比例	范围	氮含量	中国特定数值	《IPCC 优良作法指南》区域缺省值
厨余	49.9	39.0~59.4	2.6	51	43.5
纸张	11.6	9.0~18.2	0.3	6.7	12.9
金属	1.4	0.3~3.0	<0.1	1.3	3.3
玻璃	5.4	0~13.0	<0.1	2.8	4.0
织物	4.7	2.4~7.7	10.0	2.1	2.7
木竹类	4.1	2.0~7.1	—	3.21	9.9
塑料/橡胶	12.9	10.4~15.0	0.5	10.3	8.1
其他/灰土	10.4	3.9~13.5	0.98	16.5	16.3

岳波等（2014）根据近几年我国在北京市、天津市、辽宁省、河南省和山东省等23个省份调研的 134 个村庄获取的生活垃圾数据，筛选出 71 个有效样本数，分析了农村生活垃圾的产生特性及其组分特点。并给出了全国平均、东中西部、南方和北方农村居民生活垃圾产生量及其成分比例（表10-8 和表10-9），各成分大小在不同地区呈现一定的差异性。不同地区可根据所在位置或涉及调查地点就近选取农村人均生活垃圾产生量及其成分，结合表 10-9 中不同垃圾成分氮含量进行农村生活垃圾氮输出量的估算。无论城市和农村地区，在条件允许的情况下，也可通过文献调研、向部门咨询和实地调研的方式获取研究区域内的垃圾产生量及其组分，以使活动面数据和参数本土化，完善研究区域内的基本氮素流动过程分析。

表 10-8　农村居民生活垃圾产生量 单位：kg·人$^{-1}$

地区	垃圾产生量	范围
东部	0.77	—
中部	0.98	—
西部	0.51	—
南方	0.66	—
北方	1.01	—
全国平均	0.79	0.19~2.29

表 10-9　农村居民生活垃圾成分比例 单位：%

地区	垃圾成分	比例
南方	厨余	43.6
	渣土	26.6
	纸类	6.4
	金属	0.6
	玻璃	2.9
	织物/布类	2.9
	塑料	8.9
	其他（木竹类/有害垃圾）	10.8
北方	厨余	25.6
	渣土	64.5
	纸类	2.3
	金属	0.7
	玻璃	1.7
	织物/布类	2.8
	塑料	4.4
	其他（木竹类/有害垃圾）	7.8
全国平均	厨余	36.0
	渣土	42.4
	纸类	4.8
	金属	0.6
	玻璃	2.5
	织物/布类	2.9
	塑料	7.1
	其他（木竹类/有害垃圾）	9.6

10.5.10.3　活动水平数据

该计算涉及的活动数据包括城市生活垃圾清运量、农村生活垃圾产生量及城市和农村地区的餐厨垃圾产生量。城市生活垃圾清运量获取方法见 10.5.9.3 节。农村生活垃圾产生量由农村人均生活垃圾产生量参数乘以农村常住人口数量，农村常住人口数量获取方式见 10.4.1.3 节。城市和农村地区餐厨垃圾产生氮量可由城市和农村餐厨垃圾作饲料氮量和餐厨垃圾饲料比例计算。餐厨垃圾饲料量计算方式及涉及活动数据见 10.5.9 节。

10.5.11　家庭消费含氮工业品废弃物

家庭消费的含氮工业品包括用合成 NH_3 后续加工而成的人工合成含氮工业品（N_A），具体介绍见 12.5.4 节。此外，还包括来自农田系统、畜禽养殖系统和森林系统的棉花、动物皮毛和木材等生物合成产品加工而成的含氮工业品（N_B），具体介绍见 12.5.4 节。人工合成和生物合成含氮工业品，均可按照其结构性质分为结构性和非结构性工业氮产品。2008 年，我国人工合成和生物合成含氮工业品中的结构性氮比例分别占 70% 和 95%（谷保静，2011）。含氮工业品进入家庭后，其中的结构性工业氮产品，如木质家具、塑料、纸张、橡胶和纤维等，因其寿命较长带来的时滞效应，使之在人类系统中长期积累，被积累在人类系统中的结构性氮在经历一个半衰期后，会被循环再利用或废弃（Law et al.，2010；Murakami et al.，2010；Gu et al.，2015）。此外，家庭消费的非结构性氮一经消费后，便会释放到环境（Domene and Ayres，2001），如炸药的爆炸会释放 NO_x 到大气系统（谷保静，2011；Gu et al.，2015）。

10.5.11.1　计算方法

家庭消费含氮工业品废弃物可由结构性含氮工业品的消费量乘以废弃比例和非结构性含氮工业品的消费量加和估算。可采用以下公式计算：

$$HMOUT_{Indu} = \sum_{i=1}^{n} (N_A \times R_{A,Stru} + N_B \times R_{B,Stru}) \times R_{Dis} + \sum_{i=1}^{n} (N_A \times R_{A,NonStru} + N_B \times R_{B,NonStru})$$

$$(10-17)$$

式中，$HMOUT_{Indu}$ 表示家庭消费含氮工业品废弃氮输出量；N_A 和 N_B 表示家庭消费人工合成含氮工业品量和生物合成含氮工业品量，具体计算见 12.5.4 节；$R_{A,Stru}$ 和 $R_{B,Stru}$ 分别表示家庭消费人工合成和生物合成含氮工业品中的结构性氮比例；R_{Dis} 表示家庭消费结构性氮产品的废弃比例；$R_{A,NonStru}$ 和 $R_{B,NonStru}$ 分别表示家庭消费人工合成和生物合成含氮工业品中的非结构性氮比例。

10.5.11.2　家庭消费含氮工业品废弃物和去向比例

固体废弃物中结构性氮的回收率较高，如塑料、橡胶和纤维等，在日本和欧洲，该类废弃物的回收率可以达到 60% 以上（Tanaka，1999）。我国从 20 世纪 90 年代开始"白色污染"治理，使得大量的结构性氮被循环利用（Zhang et al.，2010）。但一直以来我国的结构性氮回收利用主要依靠人力在固体废弃物被送往处理厂前进行回收（Gu et al.，2015）。因缺少相关研究和统计，目前无法获得我国确切的结构性氮回收循环比例。相关研究的做法是假设 50% 的结构性工业氮产品在废弃后被回收再利用（Tanaka，1999；Troschinetz and Mihelcic，2009；Zhang et al.，2010；Gu et al.，2015）。一般假设家庭消费结构性工业氮产品的半衰期为 15 周年，基于半衰期认为每年消费的结构性工业氮产品的1/15 最终成为废弃物。其中，50% 被循环利用，剩余部分从人类系统输出到固体废弃物处理系统分别作垃圾填埋或者焚烧处理，各占 50%（Baker et al.，2001；Gu et al.，2015），被填埋的含氮工业废弃物最终经过数十年到上百年之后分解为简单的无机活性氮释放到环境（Gu et al.，2009；Law et al.，2010）。通过我国不同年代各种工业品产量，可以获取相应年代人工合成和生物合成含氮工业品中的结构性氮比例，进而可估算人类系统输出的结构性氮的不同去向通量。此外，根据相关文献报道，本指南假设人工合成和生物合成的含氮工业品中的非结构性氮一经消费全部损失到不同环境系统（Domene and Ayres，2001；谷保静，2011）。

10.5.11.3 活动水平数据

该计算涉及的活动数据包括家庭消费的人工合成和生物合成的结构性和非结构性含氮工业品，获取途径见 10.4.2.3 节。

10.6 质量控制与保证

10.6.1 人类系统氮输入和输出的不确定性

人类系统的氮输入包括食物消费、日用品消费和不同来源的家庭能源消费氮等。本指南逐个分析该系统氮输入的不确定性来源及不确定性范围的设定标准或方法。人类系统不同氮输入项的不确定性来源如下：

1）食物消费。食物消费氮输入通过城市和农村居民家庭年人均食物消费量，乘以在外饮食比例和食物氮含量计算。其不确定性来自人均食物消费量、不同年代在外饮食比例和食物氮含量。食物氮含量属于相对稳定的属性参数，不确定性较小。人均食物消费量来自不同尺度的统计数据，统计数据不确定性范围的设定见 7.6.1 节有关统计数据不确定性设定部分。不同年代在外饮食比例来自少量的文献报道，目前无足够数据定量其不确定性，可能存在较大的认知局限性。该参数可通过假设不确定性范围评估其对最终估算结果的影响程度（Ma et al.，2014；Huang et al.，2017；Gao et al.，2018）。

2）日用品消费。本指南有关人类系统日用品消费氮输入是通过人工合成和生物合成含氮工业品产量，同时考虑进出口数量来估算。其中，人工合成和生物合成工业氮产品的不确定性来源分析见 12.6.1 节。人工合成和生物合成含氮工业品的进出口数量可从《中国统计年鉴》、省市级统计年鉴、《中国海关统计年鉴》和《中国农业年鉴》等关于农产品和工业产品贸易部分获取统计数据。

3）家庭燃料。是家用燃料、农村柴薪和粪便燃料几部分氮的加和，其不确定性也来自几部分的综合不确定性。家庭燃料氮由燃料消费量乘以燃烧后的气体排放因子计算。因此，其不确定性一方面来自家庭燃料消费统计数据的不确定性，相关研究将居民家庭燃料消费量的不确定性定为±20%（Qiu et al.，2014），另一方面来自家庭燃料燃烧含氮气体排放因子的不确定性，居民家庭燃料消耗的 NH_3 和 NO_x 排放因子因能源而异，其不确定性均被定为±10%（Qiu et al.，2014）。农村柴薪和牧区粪便燃料氮量由来自森林系统的柴薪量乘以柴薪燃烧不同氮排放系数，与秸秆和粪便产生量乘以各自的燃料使用比例，再乘以对应秸秆和粪便的含氮量加和计算。该部分不确定性主要来自柴薪燃烧量及其氮排放因子、秸秆和粪便氮产生量及其作燃料比例的不确定性。柴薪燃烧量的不确定性来自统计数据，柴薪燃烧不同氮排放因子来自文献报道，其 NH_3 排放因子变化范围为±10%（Qiu et al.，2014）。也可通过设定不确定性范围评估该参数对整体计算结果不确定性的影响分析不确定性范围（Ma et al.，2014；Huang et al.，2017；Gao et al.，2018）；秸秆和畜禽粪便氮产生量及其作燃料比例的不确定性详见 4.7.1 节作物收获不确定性部分和 7.6.1 节畜禽粪尿排泄部分。

人类系统的氮输出包括人体代谢、燃料燃烧尾气和生活垃圾。人体代谢最终去向又分为粪尿 NH_3 挥发、脱氮、N_2O 排放、粪尿还田、直接排放、进入污水处理系统、污水氮渗漏和其他损失。燃料燃烧时的含氮气排放又分为脱氮、NH_3、N_2O 和 NO_x 排放。生活垃圾分为家庭生活垃圾和餐厨饲料。本指南中将 NH_3 挥发、脱氮、N_2O 排放和燃料燃烧 NH_3 排放、脱氮、N_2O 排放统一为人类系统 NH_3 排放、脱氮和 N_2O 排放进行计算。本指南逐个分析以上氮素输出的不确定性来源及不确定性范围的设定标准或方法。人类系统不同氮输出项的不确定性如下：

1）人类系统 NH_3 挥发。由人粪尿 NH_3 挥发和家庭燃料燃烧 NH_3 排放两部分组成，其计算不确定性也来自两部分 NH_3 排放的综合不确定性。NH_3 挥发可由人均粪尿排泄量乘以人口数量，再乘以有机肥 NH_3 挥发比例计算。粪尿排泄物估算方法有两种，一种估算方法认为食物总氮消费量的88%以粪尿形式排放，该方法的不确定性一方面来自如前所述的食物消费的不确定性，另一方面来自食物消费粪尿排泄比例参数，该参数来自一些文献报道。另一种估算方法是给定人均粪尿氮排泄量固定参数，通过人均粪尿氮排泄量乘以人口数量，再乘以成年人比例矫正系数计算粪尿氮排泄量，该计算的不确定性来自人均粪尿氮排泄量和成年人比例矫正系数，文献报道数量较少，可能存在一定的认知局限性。人口数量的不确定性来自国家统计数据。NH_3 挥发系数来自较多的文献报道，该参数与有机肥 NH_3 排放因子20%相差不大，可信度相对较高。此外，环境保护部科技标准司（2014）颁布的《大气氨源排放清单编制技术指南》给出了人体粪便年平均的 NH_3 排放因子，采用该排放因子乘以人口数量可计算人体粪便源 NH_3 排放量。该计算过程的不确定性一方面来自如前所述的人口统计数据的不确定性，另一方面来自有关人体粪便氮年均 NH_3 排放因子，该参数文献报道较少，尚存在一定的认知局限性。以上3种计算人体粪尿 NH_3 排放方法，第一种是遵循食物消费梯级流动过程从前往后的计算方式，能够保证食物消费前后氮输入和输出的平衡计算。而后面两种方法不考虑食物消费量的多少，采用由后向前的推算方法计算人粪尿 NH_3 排放量，该方法可用于单独的人类粪尿 NH_3 排放的相关研究。但在整个氮循环研究中出现食物消费前后氮输入和输出不平衡现象的可能性较大。因此，在活动数据允许的情况下，本指南推荐采用第一种方法，即依据食物消费氮粪尿排泄比例参数估算后续的 NH_3 排放量。家庭燃料燃烧 NH_3 排放可由燃料燃烧量乘以对应的排放因子计算。该计算不确定性一方面来自家庭燃料使用量，见家庭燃料氮输入部分描述，另一方面来自燃料燃烧 NH_3 排放因子。有关研究将家庭秸秆和柴薪燃烧 NH_3 排放因子变化范围均设为 ±10%（Qiu et al.，2014）。

2）人类系统脱氮。人类系统脱氮包括人粪尿和家庭燃料燃烧脱氮两部分来源，其不确定性来源与人类系统 NH_3 排放计算原则相同，首先需要确定两部分脱氮来源的不确定性。人粪尿脱氮由人粪尿氮排泄量乘以脱氮比例计算，不确定性主要来自人粪尿氮排泄量和脱氮比例参数。人粪尿氮排泄的不确定性见本节人类系统氮输出不确定性分析中人类系统 NH_3 挥发部分。人粪尿脱氮比例参数缺少，相关研究采用 IPCC 指南中的有机肥脱氮比例参数（Ma et al.，2010，2012），有关该参数的不确定性存在一定的认知局限性。家庭燃料燃烧脱氮由不同家庭燃料氮消费量扣除燃料燃烧过程中的 NH_3、N_2O 和 NO_x 形式氮排放计算。该计算的不确定性一方面来自如前所述的不同种类家庭燃料氮输入的不确定性，另一方面来自家庭燃料消费量及不同含氮气体排放系数的不确定性，家庭秸秆、柴薪和动物粪便等燃料量的不确定性见家庭燃料输入部分。家庭不同生物质燃料含氮气体排放系数来自文献报道，有关研究将家庭秸秆和柴薪燃烧 NH_3 排放因子变化范围均设为 ±10%，给出了 95% 置信区间下柴薪燃烧 NO_x 排放因子变化范围为 0.8 ~ 3.0 g NO_x kg^{-1}（Qiu et al.，2014）。家庭秸秆燃料 N_2O 和 NO_x 排放系数因秸秆种类而异（Shi and Yamaguchi，2014；Qiu et al.，2014），但未给出不确定性范围，可通过设定不确定性范围评估该参数对整体计算的不确定性的影响，进而分析不确定性范围（Ma et al.，2014；Huang et al.，2017；Gao et al.，2018）。家庭柴薪 N_2O 排放系数为（0.075±0.045）g N_2O kg^{-1}（国家发展和改革委员会应对气候变化司，2014）。因缺少粪便燃料燃烧过程中除 N_2O 外的其他含氮气体排放，本指南假设粪便燃烧脱氮量等于粪便燃料氮量减去焚烧 N_2O 量，其不确定性首先来自本指南的假设，其次来自如前所述的粪便燃料氮量的不确定性，最后来自粪便燃烧过程 N_2O 排放因子的不确定性，该参数来自国家温室气体清单编制所采用的《2006 年 IPCC 国家温室气体清单指南》中的动物粪便燃料 N_2O 排放因子缺省值（IPCC，2006）。

3）人类系统 N_2O 排放。人类系统 N_2O 排放也来自人粪尿和家庭燃料燃烧两部分，其不确定性来源同人类系统脱氮计算原则相同。

4）人粪尿还田、直接排放和进入污水处理。人粪尿还田、直接排放和进入污水处理的氮量由人粪尿氮排泄量扣除一次性 NH_3 挥发、脱氮和 N_2O 排放后的剩余粪尿氮量乘以对应去向比例计算。该计算的不确定性来自如前所述的人粪尿氮排泄量及粪尿 NH_3 挥发、脱氮和 N_2O 排放等方面的综合不确定性与人粪尿氮还田和直接排放等比例参数。本指南采用的人粪尿还田与直接排放等比例来自相关文献报道（Gu et al.，2015），并结合相关研究报道（Ma et al.，2010，2012），详细给出了我国不同年代城市和农村地区的人粪尿氮去向，以实现人类系统粪尿氮不同去向的平衡计算。但通过文献相关研究参数比较发现，该参数仍存在较大的变化范围（魏静等，2008；Cui et al.，2013；Gu et al.，2015；Gao et al.，2018），基于少量文献基础的计算参数可能会给最终计算带来较大的不确定性。参照

《2000 年 IPCC 优良作法指南》，人粪尿氮不同管理方式的不确定性为 ±50% （IPCC，2000）。

5）污水渗漏。污水渗漏氮指进入污水处理系统的氮在管道收集传输过程中发生的渗漏氮排放。该计算的不确定性一方面来自进入污水处理厂的粪尿氮量，如上所述；另一方面来自管道渗漏率，国内缺少该方面的研究参数，相关文献采用国际文献参数（Gu et al.，2015）。目前缺少该参数不确定性方面的认识。可借鉴文献方法，假定该参数存在较大的不确定性范围，在 20% 左右（Ma et al.，2014；Gao et al.，2018）。

6）人体代谢的其他氮损失。该部分氮损失由食物消费氮输入量乘以人体代谢的其他氮损失比例。计算的不确定性来自如前所述的食物消费氮输入和人体代谢的其他氮损失比例。人体代谢的其他损失氮参数来自国内相关文献报道，但未给出其不确定性范围，且氮以何种形态损失尚不明确，存在较大的认知局限性（高利伟，2009；Ma et al.，2010，2012）。同样可考参考污水渗漏部分文献做法设定其不确定性范围。

7）家庭燃料燃烧 NO_x 排放。由家庭燃料消费量乘以对应的 NO_x 排放因子计算。该计算的不确定性一方面来自如前所述的家庭燃料消费量，另一方面来自燃料燃烧过程的 NO_x 排放因子。本指南通过文献收集方式获取了家庭天然气、煤气、秸秆和柴薪的 NO_x 排放因子，各自的不确定性见本章人类系统脱氮排放部分所述。

8）餐厨饲料。由餐厨垃圾产生量乘以作饲料比例计算。餐厨垃圾由家庭厨余垃圾和在外饮食餐饮垃圾加和计算。家庭厨余垃圾估算方法有两种，一种做法是由家庭食物消费量乘以各种食物厨余垃圾比例加和计算。家庭食物消费量由城市和农村家庭食物消费量及城市和农村地区在外饮食比例计算。家庭食物消费量的不确定性来自城市和农村地区的家庭食物消费统计数据和在外饮食比例。家庭食物消费量数据的不确定性来自统计数据或国家卫生部门公布的食物消费调查数据。不同年代在外饮食比例由相关文献调研和统计资料相结合的方式获取。食物餐厨垃圾比例由文献收集和数据调研的方式获取，虽给出了不同食物在家和在外的餐饮垃圾比例，但并未给出参数的不确定性。可通过设定不确定性范围评估在外饮食比例和餐饮垃圾比例等参数对整体计算的不确定性的影响，进而分析不确定性范围（Ma et al.，2014；Gao et al.，2018）。该方法在估算家庭厨余垃圾产生量时，仅基于统计年鉴中家庭食物消费数据，并未涵盖茶渣茶梗和枯枝落叶等部分，这也会给家庭厨余垃圾产生量带来一定的不确定性，但茶渣茶梗和枯枝落叶等部分占家庭厨余垃圾比例相对较小。另一种做法是根据城市家庭生活垃圾产生量（本指南中等同于城市生活垃圾清运量）和农村人均生活垃圾量乘以常住人口数，再乘以城市和农村地区生活垃圾中厨余垃圾成分比例加和计算。城市生活垃圾清运量和农村常住人口数的不确定性来自统计数据。城市厨余垃圾比例为国内多个城市相关研究结果的平均值，并给出了其变化范围。农村人均生活垃圾产生量及其组成成分来自文献对多个城市和省份开展的 134 个村庄生活垃圾情况调研，具有较高可信度。除以上计算在外饮食餐饮垃圾产生量的做法外，在城市地区，还可由城市人均餐饮垃圾产生量乘以城市常住人口数计算，本指南基于多个城市研究结果，给出了城市人均餐饮垃圾产生量及其参考范围。但由于文献资料所限，暂时无法提供农村地区餐饮垃圾产生情况。考虑农村地区在外饮食比例较低，该计算方法暂不考虑农村地区在外饮食餐饮垃圾产生量，该做法会给在外饮食餐饮垃圾的产生量带来一定的不确定性。针对不同研究目的和研究尺度，几种方法均可估算餐厨垃圾产生量。但综合比较几种餐厨垃圾的计算方法，通过家庭食物消费量和在外饮食比例获取家庭食物总消费量，再乘以在家就餐和在外饮食餐饮垃圾比例计算餐厨垃圾产生量的做法遵循食物系统氮梯级流动规律，能够实现该部分计算过程氮输入和输出之间的平衡，减少计算过程综合不确定性。相关描述见本节人粪尿氮排泄部分。餐厨垃圾去向比例也是计算餐厨垃圾饲料的不确定性来源，该参数来自国内相关文献报道，但未给出不确定性范围，可参照上述厨余垃圾比例参数不确定性范围设定方式。

　　9）垃圾处理。该部分包含居民家庭生活垃圾、扣除作饲料部分的餐厨垃圾和居民家庭消费含氮工业品废弃物，需单独分析各自不确定性，采用误差传递方式计算综合不确定性。居民生活垃圾包括城市和农村居民生活垃圾。城市居民生活垃圾可由两条途径获取，一是直接采用统计年鉴中的城市生活垃圾清运量，默认为居民生活垃圾排放量。然而，在现实生活中，居民生活垃圾包含的一些有再生利用价值的纸皮、塑料和金属等被拾荒者收捡，这部分垃圾成分在城市和农村地区最多可占生活垃圾总排放量的 25.9% 和 12.5%（表 10-6 和表 10-8）。因此，采用城市生活垃圾清运量作为居民生活垃圾排放量，可能在一定程度上低估生活垃圾氮排放量。二是通过开展实地调查的方式来获取城市和农村居民生活垃圾产生量，再通过城市和农村地区常住人口数量计算垃圾总排放量。该方法获取的数据可靠性较高，参照《2006 年 IPCC 国家温室气体清单指南》，该参数的不确定性定为 2%（IPCC，2006）。农村生活垃圾氮输出量是通过农村人均生活垃圾产生量乘以常住人口数，再乘以不同垃圾成分的氮含量加和估算。涉及不确定性的环节包括农村人均生活垃圾产生量、农村常住人口数和垃圾成分比例。其中，农村常住人口数来自统计数据，不确定性标准如前所述。农村人均生活垃圾产生量及其成分比例均来自相关文献对国内多个城市和省份农村地区的实地调研分析结果，该参数的不确定性范围可定为 2%～5%。扣除饲料后的餐厨垃圾量由餐厨垃圾产生量减去餐厨垃圾作饲料量计算。不确定性来自餐厨垃圾产生量及其作饲料比例参数，不确定性如前所述。

　　10）家庭日用品消费含氮工业品的废弃。由家庭日用品消费中的人工合成和生物合成含氮工业品乘以各自的结构性氮比例，再乘以结构性氮的废弃比例和全部的非结构性氮量加和估算。该计算的一部分不确定性来自家庭日用品消费中的含氮工业品数据，见本节日用品消费不确定性分析。另一部分不确定性来自家庭日用品消费不同含氮工业品的结构性和非结构性氮比例参数，该参数是在家庭日用品消费相关含氮工业产品结构性质区分的基础上计算得出，因此，其不确定性同样来自家庭日用品消费含氮工业品统计数据的不确定性。

10.6.2　减少不确定性的途径

　　减少和控制城市人类系统氮输入和输出的不确定性途径，主要是增加活动数据和相关计算参数的准确性或降低其不确定性。本系统中所涉及的活动数据，如人均食物消费量、家庭能源消费量、交通部门不同类型能源食物消费量、不同类型机动车保有量、城市和农村人口及家庭数量与城市生活垃圾清运量等，一般来自国家、省级和市级等尺度的统计数据。通过控制这类数据的来源途径、缺失年份数据的填补方法及数据的不确定性范围设定标准来减少相应计算不确定性的方法见 7.6.2 节。对一些研究区域，缺失的活动数据，如城市和农村居民家庭生活垃圾排放量等，可通过部门咨询和实地调研的方式来获取，以更加准确地估算研究区域内人类系统基本氮素流动过程。

计算过程中的转换参数一般从收集国内外相关文献报道结果中获取。本系统中的转换参数同样可以归为两类：一类参数如食物氮含量和垃圾成分氮含量等属性参数，在不同研究尺度和不同年代的变化相对较小，通过少数文献报道即可获取和应用该类参数；另一类参数如厨余垃圾比例，在外饮食比例，生活垃圾组成成分比例，秸秆能源比例，动物粪便焚烧比例，机动车年均行驶里程，能源燃烧脱氮，NH_3、N_2O 和 NO_x 排放，以及汽车尾气脱氮比例等，这些参数会因年代、研究区和气候条件等不同而发生较大变化，应通过增加文献收集量，尽可能地获取具有年代代表性的和本土化的参数。在无本土化参数情况下，通过足够的参数收集，求取全国或区域性的平均数及其不确定性，并估算其对最终计算带来的不确定性影响；或在条件允许的情况下，对关键参数通过部门咨询和实地测定的方式获取，详见 7.6.2 节。

参 考 文 献

陈姝. 2014. 城市生活垃圾干燥与燃烧气体排放特性实验研究. 广州：华南理工大学.

崔胜辉，林剑艺，高兵，等. 2015. 厦门市海沧区废弃物可持续管理规划.

高利伟. 2009. 食物链氮素养分流动评价研究——以黄淮海地区为例. 保定：河北农业大学.

高祥照，马文奇，马常宝，等. 2002. 中国作物秸秆资源利用现状分析. 华中农业大学学报，21（3）：242-247.

谷保静. 2011. 人类–自然耦合系统氮循环研究——中国案例. 杭州：浙江大学.

国家发展和改革委员会应对气候变化司. 2014. 中国温室气体清单研究 2005. 北京：中国环境出版社.

国家统计局. 2014-2016 中国统计年鉴. 北京：中国统计出版社.

国家卫生与计划生育委员会疾病预防控制局. 2015. 中国居民营养与慢性病状况报告. 北京：人民卫生出版社.

环境保护部科技标准司. 2014. 大气氨源排放清单编制技术指南.

胡贵平，杨万，王芙蓉，等. 2006. 深圳市厨余垃圾现状调查及处理对策. 环境卫生工程，14（4）：4-5.

贾顺平，毛保华，刘爽，等. 2010. 中国交通运输能源消耗水平测算与分析. 交通运输系统工程与信息，10（1）：22-27.

李伟，傅立新，郝吉明，等. 2003. 中国道路机动车 10 种污染物的排放量. 城市环境与城市生态，16（2）：36-38.

马林. 2009. 中国食物链氮素流动规律及调控策略. 保定：河北农业大学.

闵海华，刘淑玲，郑苇，等. 2016. 厨余垃圾处理处置现状及技术应用分析. 环境卫生工程，24（6）：5-7+10.

商务部，国家发展和改革委员会，公安部和环境保护部. 2013. 机动车强制报废标准规定.

施亚岚. 2014. 中国食物链活性氮梯级流动效率及其调控. 北京：中国科学院大学.

施亚岚，崔胜辉，许肃，等. 2014. 需求视角的中国能源消费氮氧化物排放研究. 环境科学学报，34（10）：2684-2692.

魏静，马林，路光，等. 2008. 城镇化对我国食物消费系统氮流动及循环利用的影响. 生态学报，

28（3）：1016-1025.

厦门市城市规划设计研究院.2016. 厦门市市政、园林、林业"十三五"规划（15-G602）.

杨慧琳，王梦仙，殷耀平，等.2014. 海沧区居民垃圾分类状况调查报告.

余进海.2016. 农业氨排放对空气质量影响的数值模拟研究. 北京：中国科学院大气物理研究所.

岳波，张志彬，孙英杰，等.2014. 我国农村生活垃圾的产生特征研究. 环境科学与技术，37（6）：129-134.

Andreae M O, Merlet P. 2001. Emission of trace gases and aerosols from biomass burning. Global Biogeochemical Cycles, 15（4）：955-966.

Baker L A, Hope D, Xu Y, et al. 2001. Nitrogen balance for the Central Arizona-Phoenix（CAP）ecosystem. Ecosystems, 4（6）：582-602.

Cui S H, Shi Y L, Groffman P M, et al. 2013. Centennial-scale analysis of the creation and fate of reactive nitrogen in China（1910-2010）. Proceedings of the National Academy of Sciences of United States of America, 110（6）：2052-2057.

Cui S H, Shi Y L, Malik A, et al. 2016. A hybrid method for quantifying China's nitrogen footprint during urbanization from 1990 to 2009. Environment International, 97：137-145.

Domene L A F, Ayres R U. 2001. Nitrogen's role in industrial systems. Journal of Industrial Ecology, 5（1）：77-103.

Eggleston H S, Buendia L, Miwa K, et al. 2006. IPCC guidelines for national greenhouse gas inventories. Vol. 4：Agriculture, forestry and other land use. IPCC Natl. Greenhouse Gas Inventories Progr. , Hayama, Japan.

FAO. 2011. FAOSTAT：FAO Statistical Databases（Food Agric Organ UN, Rome）.

FAO. 2015. FAOSTAT：FAO Statistical Databases（Food Agric Organ UN, Rome）.

Galloway J N, Townsend A R, Erisman J W, et al. 2008. Transformation of the nitrogen cycle：Recent trends, questions, and potential solutions. Science, 320（5878）：889-892.

Gao B, Ju X T, Zhang Q, et al. 2011. New estimates of direct N_2O emissions from Chinese croplands from 1980 to 2007 using localized emission factors. Biogeosciences Discussions, 8（10）：3011-3024.

Gao B, Huang Y, Huang W, et al. 2018. Driving forces and impacts of food system nitrogen flows in China, 1990 to 2012. Science of the Total Environment, 610-611：430-441.

Gu B J, Chang J, Ge Y, et al. 2009. Anthropogenic modification of the nitrogen cycling within the Greater Hangzhou Area system, China. Ecological Applications, 19：974-988.

Gu B J, Ju X T, Chang J, et al. 2015. Integrated reactive nitrogen budgets and future trends in China. Proceedings of the National Academy of Sciences of the United States of America, 112（28）：8792-8797.

Guo J H, Liu X J, Zhang Y, et al. 2010. Significant acidification in major Chinese croplands. Science, 327（5968）：1008-1010.

Huang W, Huang Y F, Lin S Z, et al. 2017. Changing urban cement metabolism under rapid urbanization—a flow and stock perspective. Journal of Cleaner Production, 173：179-206.

Huang X, Song Y, Li M M, et al. 2012. A high-resolution ammonia emission inventory in China. Global Biogeochemical Cycles, 26（1）, GB1030, doi：10. 1029/2011GB004161.

IPCC. 2000. Good practice guidance and uncertainty management in national greenhouse gas inventories. Published：IGES, Japan.

IPCC. 2006. 2006 IPCC guidelines for national greenhouse gas inventories.

Ju X T, Xing G X, Chen X P, et al. 2009. Reducing environmental risk by improving N management in intensive

Chinese agricultural systems. Proceedings of the National Academy of Sciences of the United States of America, 106 (9): 3041-3046.

Kennedy C A, Stewart I, Facchini I A, et al. 2015. Energy and material flows of megacities. Proceedings of the National Academy of Sciences of the United States of America, 112 (19): 5985-5990.

Lang J L, Cheng S Y, We W, et al. 2012. A study on the trends of vehicular emissions in the Beijing-Tianjin-Hebei (BTH) region, China. Atmospheric Environment, 62 (15): 605-614.

Law K L, Moret-Ferguson S, Maximenko N A, et al. 2010. Plastic Accumulation in the North Atlantic Subtropical Gyre. Science, 329 (5996): 1185-1188.

Liu J, Mooney H, Hull V, et al. 2015. Sustainability systems integration for global sustainability. Science, 347 (6225): 1258832.

Liu X, Zhang Y, Han W, et al. 2013. Enhanced nitrogen deposition over China. Nature, 494 (7438): 459-462.

Ma L, Ma W Q, Velthof G L, et al. 2010. Modeling nutrient flows in the food chain of China. Journal of Environmental Quality, 39 (4): 1279-1289.

Ma L, Velthof G L, Wang F H, et al. 2012. Nitrogen and phosphorus use efficiencies and losses in the food chain in China at regional scales in 1980 and 2005. Science of the Total Environment, 434 (18): 51-61.

Ma L, Guo J H, Velthof G L, et al. 2014. Impacts of urban expansion on nitrogen and phosphorus flows in the food system of Beijing from 1978 to 2008. Global Environmental Change, 28 (1): 192-204.

Murakami S, Oguchi M, Tasaki T, et al. 2010. Lifespan of commodities, part I: The creation of a database and its review. Journal of Industrial Ecology, 14 (4): 598-612.

Qiu P P, Tian H Z, Zhu C Y, et al. 2014. An elaborate high resolution emission inventory of primary air pollutants for the Central Plain Urban Agglomeration of China. Atmospheric Environment, 86 (3): 93-101.

Shi Y S, Yamaguchi Y. 2014. A high-resolution and multi-year emissions inventory for biomass burning in Southeast Asia during 2001-2010. Atmospheric Environment, 98: 8-16.

Steffen W, Richardson K, Rockström J, et al. 2015. Sustainability: Planetary boundaries: Guidinghuman development on achanging planet. Science 347 (6223): 1259855.

Tanaka M. 1999. Recent trends in recycling activities and waste management in Japan. Journal of Material Cycles and Waste Management, 1 (1): 10-16.

Ti C P, Pan J J, Xia Y Q, et al. 2011. A nitrogen budget of mainland China with spatial and temporal variation. Biogeochemistry, 108 (1-3): 381-394.

Tian H Z, Gao J J, Lu L, et al. 2012. Temporal trends and spatial variation characteristics of hazardous air pollutant emission inventory from municipal solid waste incineration in China. Environmental Science and Technology, 46 (18): 10364-10371.

Tilman D, Balzer C, Hill J, et al. 2011. Global food demand and the sustainable intensification of agriculture. Proceedings of the National Academy of Sciences of the United States of America, 108 (50): 20260-20264.

Tilman D, Clark M. 2014. Global diets link environmental sustainability and human health. Nature, 515 (7528): 515-522.

Troschinetz A M, Mihelcic J R. 2009. Sustainable recycling of municipal solid waste in developing countries. Waste Management, 29 (2): 915-923.

Wang X, Jia M, Zhang H, et al. 2017. Quantifying N_2O emissions and production pathways from fresh waste during the initial stage of disposal to a landfill. Waste Management, 63: 3-10.

Xian C F, Ouyang Z Y, Lu F, et al. 2016. Quantitative evaluation of reactive nitrogen emissions with urbanization: A case study in Beijing megacity, China. Environmental Science and Pollution Research, 23 (17): 1-13.

Yan X Y, Ti C P, Vitousek P, et al. 2014. Fertilizer nitrogen recovery efficiencies in crop production systems of China with and without consideration of the residual effect of nitrogen. Environment Research Letters, 9 (9): 095002.

Zhang D Q, Tan S K, Gersberg R M. 2010. Municipal solid waste management in China: Status, problems and challenges. Journal of Environmental Management, 91 (8): 1623-1633.

第11章 宠 物 系 统

11.1 导　言

宠物一般指人们为了精神目的而豢养的动植物，为了消除孤寂或娱乐而豢养。本节考虑作为宠物的动物，主要是猫和狗。随着人们生活水平的提高，宠物的数量迅速增加，特别是在经济相对发达的城市地区，宠物成为研究区域氮循环不可忽略的因素。宠物在陪伴人的过程中，消费了大量的蛋白产品，对区域氮循环过程有一定的驱动作用。同时宠物粪便往往与城市绿地系统的氮循环耦合在一起，成为影响城市绿地植被动态的关键因素之一（Gu et al.，2009）。因此，系统地研究宠物系统的氮循环过程对完善区域氮循环的研究具有重要影响。

我国宠物豢养具有悠久的历史，特别是狗，常用来起看护防盗的作用。而猫最初的养殖也是为了守护粮仓，捕食鼠类。随着人们生活水平的提高，宠物的角色逐渐从功能型转变为娱乐消遣型，特别是在城市地区。最近几年，我国的宠物数量迅速增加，主要是以下几个原因：①一般而言，当一个国家的人均 GDP 达到 3000～5000 美元时，宠物产业就会快速发展。我国很多城市经济发展迅速，具备了该条件；②当今社会竞争激烈，工作压力大，很多年轻人通过饲养宠物排解工作生活中的烦躁；③我国社会老龄化日趋加重，再加上计划生育政策，空巢老人增多，宠物成为老人精神上的寄托。据估计，我国目前至少有宠物 1 亿只，宠物经济的市场潜力高达 150 亿元。宠物狗的种类主要是古牧、松狮、苏牧或喜乐蒂、金毛与德国牧羊犬等，而宠物猫的种类则相对较少，主要是折耳猫和波斯猫等。宠物产业在我国已经成为一个不可忽视的产业，不仅是在精神层面，对物质循环代谢的影响也会越来越重要。

关于宠物的研究进展主要集中在宠物经济和宠物的健康等方面，涉及如何拓展宠物产业的市场、宠物的配种和宠物的检疫等。部分研究涉及宠物的食品发展，但也是从市场的角度去分析，少有关注宠物在元素地球化学循环中的作用。Baker 等（2001）计算了宠物代谢过程中的氮需求情况，初步分析了宠物排泄物在城市氮循环中的作用。Gu 等（2009）借鉴 Baker 等（2001）的研究进展对我国杭州地区宠物的代谢过程进行了分析。但是这些工作都局限于区域尺度上，很少有大尺度的研究，特别是在国家尺度上。本章将构建分析我国宠物系统氮循环的方法体系，主要涉及宠物系统的氮输入、氮输出及氮积累的情况。这些方法体系可以应用于国家尺度或者更小的省级和县市级尺度。

11.2　系 统 边 界

宠物系统包括所有的宠物狗和宠物猫，其他类型的宠物如乌龟和蜥蜴等不包括在内。系统的边界定义为宠物狗和猫本身，饲料作为外部输入，粪便产出作为输出。积累为宠物整体的生物量变化。

11.3 宠物系统氮素流动模型

宠物系统氮素流动模型（图 11-1）将宠物作为一个系统来考虑，系统外的输入主要是宠物的饲料，系统的输出主要是宠物的粪便排泄，包括多个流失的途径如草坪排泄和垃圾填埋等，系统的积累主要考虑宠物系统的生物量变化，可以考虑为宠物总体数量和平均体重的变化。由于宠物数量和体重的变化往往是在一个相对较长时期上发生的，短期内的宠物系统氮积累可以不考虑。宠物的种类很多，其中，狗和猫是最主要的两种，除此之外还有猪、兔子、蜥蜴和乌龟等。由于除了狗和猫之外的其他宠物的数量很少，本指南只考虑狗和猫。宠物系统氮素流动的计算公式如下：

$$PT_{IN} = \sum_{i=1}^{2} PTIN_{Feed,i} \tag{11-1}$$

$$PT_{OUT} = \sum_{i=1}^{2} PTOUT_{Waste,i} \tag{11-2}$$

式中，PT_{IN} 为宠物系统氮输入量；$PTIN_{Feed,i}$ 为第 i 种宠物饲料氮输入量，包括猫饲料和狗饲料；PT_{OUT} 为宠物系统氮输出量；$PTOUT_{Waste,i}$ 为第 i 种宠物系统的废物氮输出量，主要是猫和狗的粪便排泄。宠物排泄物的去向为垃圾填埋和粪便还草坪。系统积累为 $PT_{IN}-PT_{OUT}$。

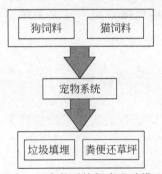

图 11-1 宠物系统氮素流动模型

11.4 氮 素 输 入

根据宠物系统氮素流动模型，该系统的氮输入量包括猫和狗的饲料输入量。本节将详细阐述饲料氮输入量的计算过程及活动数据的获取。

$$PT_{IN} = PTIN_{Feed,Cat} + PTIN_{Feed,Dog} \tag{11-3}$$

式中，PT_{IN} 为宠物系统氮输入量；$PTIN_{Feed,Cat}$ 为猫饲料氮输入量；$PTIN_{Feed,Dog}$ 为狗饲料氮输入量。

11.4.1 猫和狗饲料

猫和狗饲料的输入量假定为维持猫和狗正常活动的需求量，取决于猫和狗的体重和平均每千克体重的需氮量。因此，猫和狗饲料的输入量可以用下述公式计算：

$$PTIN_{Feed,Cat(dog)} = Cat（dog）_{Num} \times Cat（dog）_{Wei} \times N_{Cat(dog)} \tag{11-4}$$

式中，$PTIN_{Feed,Cat(dog)}$ 为一个地区猫和狗饲料的总需要量；$Cat（dog）_{Num}$ 为该地区猫和狗的数量；$Cat（dog）_{Wei}$ 为猫和狗的平均体重；$N_{Cat(dog)}$ 为每千克猫和狗的体重每天需要的氮量。

11.4.2　猫和狗的数量

猫和狗的数量可以根据我国城市和乡村的家庭数量进行估算（苏艳娜和孙鹤，2004；马明筠等，2005；高俊岭和李玫，2006）。在 2010 年，我国居民家庭的养猫比例为 10%，养狗为 16% 左右，该比例在不同地区及不同年份均会有所不同，具体计算时可以采用对应区域的统计数据或者调查数据来估算。其中，居民家庭数量的估算可以用一个地区的总人口除以每户家庭的平均人数来计算。由于宠物的氮流动通量占一个地区总的氮流动通量的比例很低，若无法获取准确地猫和狗的数量，可以采用缺省的家庭养猫和狗的比例来推算，本指南推荐的居民家庭养猫和狗的比例缺省值为 10% 和 16%。

11.4.3　猫和狗的体重

本指南推荐的猫和狗的平均体重缺省值为 3.6 kg，狗为 20 kg（Gu et al.，2009）。在计算具体某个区域的猫和狗的平均体重时，可以采用调查取平均值的方式开展，简便易行。

11.4.4　猫和狗的单位体重需氮量

本指南推荐的猫和狗每千克体重每天需氮量缺省值为 0.88 g，狗为 0.56 g（Baker et al.，2001）。在计算某一个区域的猫和狗的平均需氮量时，可以调查猫和狗的饲料消耗量及测定饲料含氮量。

11.4.5　活动水平数据

城镇人口、农村人口、城镇的家庭规模和农村的家庭规模是猫和狗的饲料输入的活动数据，这些数据可以通过国家、省、市、县等对应尺度的统计年鉴、调查公报或者年度或定期实地调查来获取。

11.5　氮素输出

根据宠物系统氮素流动模型，该系统的氮输出包括猫和狗的排泄物输出，去向为草坪粪便和粪便垃圾。本节将详细阐述宠物粪便排泄去向的计算过程及活动数据的获取。

$$PT_{OUT} = PTOUT_{Waste,Lawn} + PTOUT_{Waste,Lanfdill} \tag{11-5}$$

式中，PT_{OUT}为宠物系统氮输出量；$PTOUT_{Waste,Lawn}$为一个区域草坪粪便的总量；$PTOUT_{Waste,Lanfdill}$为一个区域粪便垃圾总量。

11.5.1 草坪粪便

11.5.1.1 计算方法

草坪粪便指宠物在草坪上排泄的过程，特别是城市地区的遛狗行为会直接导致狗的粪便排泄主要发生在草坪上。而猫虽然也会在草坪上排泄，但是相对于狗，猫更多的时间待在房屋里，用猫砂的形式来排泄并处理废物。因此，草坪粪便的量可以用下述公式计算：

$$PTOUT_{Waste,Lawn} = Waste_{Dog,Urban} + 0.5 \times Waste_{Cat,Urban} \tag{11-6}$$

式中，$PTOUT_{Waste,Lawn}$为一个区域草坪粪便的总量；$Waste_{Dog,Urban}$为该区域里城市地区狗的粪便产生量；$Waste_{Cat,Urban}$为该区域里城市地区猫的粪便产生量，假设猫的排泄物有一半是发生在猫砂上，另一半是发生在草坪上（Gu et al. , 2009）。

11.5.1.2 猫和狗的粪便产生量

猫和狗的粪便产生量假定跟其饲料摄入量相等。注意，草坪粪便部分只包括城市地区的宠物，农村地区的宠物并不包括在内。该假定主要考虑宠物不以生产动物蛋白为目的，所以可以忽略其体重的变化。但是在长期的平衡计算中，如果发现宠物数量存在很大的变化，则可以考虑宠物总生物量的变化，此时应该计算宠物生物量增加而固定的氮量（总生物量变化乘以宠物个体平均含氮量，可以采用与人体相同的含氮量3%），并从饲料氮中扣除。但是由于宠物对一个区域氮的总体平衡影响不大，所以可以忽略体重变化带来的影响，而且长期来看一个种群中生物量的变化主要与数量相关，体重变幅不大。

11.5.1.3 活动水平数据

城镇人口、农村人口、城镇的家庭规模和农村的家庭规模是猫和狗的饲料氮输入量的活动数据，这些数据可以通过国家、省、市和县等对应尺度的统计年鉴、调查公报或者年度或定期实地调查来获取。

11.5.2 粪便垃圾

11.5.2.1 计算方法

粪便垃圾指宠物的排泄物被当作垃圾进行收集填埋或者直接丢弃，收集填埋主要发生在城市地区，直接丢弃主要发生在农村地区。城市地区的填埋主要指用猫砂的形式来排泄并处理废物的过程。农村地区宠物的粪便假设都直接被丢弃。粪便垃圾量可以用下述公式计算：

$$PTOUT_{Waste,Lanfdill} = Waste_{Rural} + 0.5 \times Waste_{Cat,Urban} \tag{11-7}$$

式中，PTOUT$_{Waste,Landfill}$为一个区域粪便垃圾总量；Waste$_{Rural}$为该区域内农村地区狗和猫的粪便产生总量；Waste$_{Cat,Urban}$为该区域内城市地区猫的粪便产生量，假设猫的排泄物有一半发生在猫砂上，另一半发生在草坪上。

11.5.2.2　猫和狗的粪便量

见11.5.1.2节。

11.5.2.3　活动水平数据

见11.5.1.3节。

11.6　氮素积累

由于狗和猫的粪便产生量假定跟其饲料摄入量相等，系统积累量可以假定为0。如果两年之间宠物的数量或体重有大幅度的变化，则可以通过考虑宠物的生物量变化来计算其系统积累。如果数量增加或者体重增加，则系统积累计算为正，且等于生物量增加部分的总氮含量；如果数量减少或者体重减少，则系统积累计算为负，且等于生物量减少部分的总氮含量，其中，猫和狗的含氮量可以按照3%来计算。

11.7　质量控制与保证

宠物系统氮循环主要受3个关键因素的影响，即宠物数量、宠物平均饲料消耗量和宠物的废弃物处理方式。随着社会经济的发展，宠物的饲养比例可能会发生变化，保证准确的宠物数量估计需要定期进行宠物的饲养情况调查，或者掌握宠物市场的总体变化。本指南宠物数量是根据家庭数量及家庭养宠物的比例来估计的。随着社会的发展，平均每个家庭的人口数量可能会发生变化，进而影响根据人口数量来估计的家庭数量。与此同时，家庭养宠物的比例也会发生变化，而且在不同地区差异很大。因此，需要有针对性地开展社会调查来确定准确的宠物数量，降低宠物数量带来的不确定性。

宠物平均饲料消耗量。宠物平均饲料消耗量受宠物的种类及平均体重变化的影响，不过在相当的社会经济发展时期，宠物的种类和体重应该不会发生大的变化，除非人们对宠物的偏好发生了改变，这可能会导致饲养宠物的种类发生变化。虽然单个宠物平均饲料消耗量可能不会有很大的变化，但是如果可以开展有针对性的调研，特别是在目标区域内开展宠物种类和单个宠物的饲料消耗量调研，会显著降低宠物平均饲料消耗量的估计。

宠物的废弃物处理方式。宠物的废弃物处理方式目前做了简单的假设，要么还草坪要么填埋，这主要受人们饲养宠物的方式及草坪管理方式的影响。可能会随着人们的饲养方式和城市草坪的环境管理而发生变化，因此，可以通过调研草坪管理方式来评估宠物的废弃物处理是否会发生大的变化，进而修订宠物的废弃物处理方式。

参 考 文 献

高俊岭，李玫. 2006. 中国人对宠物观念发生巨变. 饲料广角，(22)：37.

马明筠, 谭革, 喻敏. 2005. 发展健康规范宠物业的探讨. 湖北畜牧兽医, (6): 50-52.

苏艳娜, 孙鹤. 2004. 国际宠物食品市场与中国宠物食品产业发展展望. 世界农业, (2): 29-31.

Baker L A, Hope D, Xu Y, et al. 2001. Nitrogen balance for the Central Arizona – Phoenix (CAP) ecosystem. Ecosystems, 4 (6): 582-602.

Gu B J, Chang J, Ge Y, et al. 2009. Anthropogenic modification of the nitrogen cycling within the Greater Hangzhou Area system, China. Ecological Applications, 19 (4): 974-988.

第 12 章　工业过程和能源系统

12.1　导　　言

工业过程和能源系统指在工厂加工原材料，产出终端消费产品的系统。该系统的氮输入主要包括合成 NH_3，即 Haber-Bosch 固氮法固定的 N_2、农田系统生产的棉花、麻类和烟叶等工业加工原料、农作物秸秆工业利用、畜禽养殖系统动物皮毛产出工业利用、森林系统的木材加工及为能源生产、加工和运输过程提供能量的化石燃料消费（Cui et al.，2013；Gu et al.，2015）。其中，Haber-Bosch 固氮和化石燃料氮是工业系统两个最主要的氮输入项。有关研究表明，自 Haber-Bosch 固氮法发明以来，人类活动已经极大地改变了陆地生态系统氮循环过程，特别是增加了系统活性氮的输入量。目前地球陆地生态系统活性氮输入超过 200 Tg N a^{-1}，比自然状态下增加一倍多（Galloway et al.，2008）。1960~2008 年，全球除化学氮肥外的工业氮从 2.5 Tg N a^{-1} 增加至 25.4 Tg N a^{-1}，增加了 9 倍，其量值与化石燃料燃烧 NO_x 排放量相当（Gu et al.，2013a）。且在人口增长、工业化、快速城市化和食物消费结构变化等因素的驱动下，活性氮的工业需求量仍会进一步增长（Galloway et al.，2008；Tilman et al.，2011；Timan and Clark，2014）。工业过程和能源系统是一个纯加工和消费系统，一般不考虑系统的氮积累。因此，工业过程和能源系统在生产可供人类消费的含氮产品，给人民生活带来更多的物质享受和更好的服务质量的同时，也伴随着大量的废水、废气形式的氮排放。作为社会生产活动的重要组成部分，工业活动对活性氮资源的利用及氮的利用对生态环境的负面影响，长期以来倍受国内外学者的关注。

改革开放以来，人口增长、快速城市化和工业化已成为我国社会经济发展的代名词。作为世界人口最多的国家和第二大经济体，近 30 年来，我国的经济发展速度是前所未有的。随着经济发展，能源消耗日益增加，我国化石燃料燃烧释放的活性氮和其他生产及生活释放的活性氮大幅度上升（Zhang et al.，2007）。生产端，我国 Haber-Bosch 工业固氮、动物皮毛产出和化石燃料燃烧氮输入迅速增加（Ma et al.，2012；Cui et al.，2013；施亚岚等，2014；Gu et al.，2015）。不合理的管理措施和落后的技术等原因，导致大量的活性氮"井喷式"地向环境排放。1980~2008 年，我国总的活性氮足迹呈线性增加趋势，从 19 Tg N a^{-1} 增加至 42 Tg N a^{-1}（Gu et al.，2013b）。由此带来的环境问题，如空气质量下降和地表水质不同程度恶化等也是前所未有的（Gu et al.，2013b；Zhang and Cao，2015；Wu et al.，2016；黄晓虎等，2017）。

目前，在有关我国国家尺度氮素流动过程的研究中，针对工业过程和能源系统氮流动过程进行了相应的分析（Cui et al.，2013；Gu et al.，2015）。其中，对 Haber-Bosch 工业固氮量及其去向和化石能源燃烧氮排放等重点氮流动过程的研究较为明确，而对农作物秸秆工业利用、农田系统生产的棉花、麻类和烟叶等工业原料、畜禽养殖系统动物皮毛产出工业利用和森林系统的木材加工等过程研究较少。对能源活动中燃料燃烧 N_2O 排放、交通能源尾气 NH_3 和 N_2O 排放、工业生产过程如己二酸和硝酸生产过程中的 N_2O 排放等基本氮流动过程，由于可获取的排放系数有限和排放通量相对较小等而未加计算。虽然这些过程中的 N_2O 排放量较小，但从温室效应角度考虑，N_2O 是一种长寿命的温室气体，其 100 年尺度上单位质量温室效应相当于 300 倍于 CO_2 所引起的温室效应（IPCC，2007；Cubasch et al.，2013），其重要性仍然不应忽视。此外，也有研究表明，汽车尾气 NH_3 的排放可能与当前空气质量，尤其 $PM_{2.5}$ 的生成有密切关系（Wu et al.，2016；Pan et al.，2016）。这些都与社会经济和人类健康等领域密切相关。因此，全面评估我国工业过程和能源系统氮素的来源和去向，对我国工业生产与环境友好发展具有重要的指导意义。

本章基于分析工业过程和能源系统氮的输入与输出，通过资料调研收集、整理，分析国内外的研究成果，对现阶段工业过程和能源系统氮流动分析方法在我国的适用性进行系统整理与评估，在建立本土评估因子数据库的基础上，根据公开发表的文献资料与各类统计数据，结合活动数据等，建立了工业过程和能源系统氮素流动分析数据库，确定了编制技术方法，提出了工业过程和能源系统氮素流动分析方法指南。

12.2 系 统 描 述

12.2.1 系统的定义、内涵及其外延

本指南将工业过程和能源系统定义为原材料输入、终端消费产品输出和含氮污染物排放的系统。系统氮的输入包括合成 NH_3 固定下来的 N_2，农田系统生产的棉花、麻类和烟叶等工业加工原料，农作物秸秆工业利用部分，畜禽养殖系统的动物皮毛产出，森林系统的木材加工及为能源生产、加工和运输过程提供能量的化石燃料（Cui et al.，2013；Gu et al.，2015）。氮的输出包括工业产品（食品、饲料、化学氮肥和日用品）、工业废气、工业废水和固体废弃物。工业过程和能源系统仅是一个加工处理中心，其原料、产品和废物的处理一般都具有快速流动的性质，很少出现长期的积累过程，因此，相关研究假设工业过程和能源系统不存在氮积累（Gu et al.，2015）。

12.2.2 工业过程和能源系统与其他系统之间的氮交换

工业过程和能源系统来自其他系统的氮输入包括来自农田系统的棉花、麻类和烟叶等工业加工原料和农作物秸秆工业利用部分、畜禽养殖系统的动物皮毛和森林系统的原木加工材料等；与其他系统之间的氮输出包括以结构性和非结构性含氮工业品向人类系统的输出、工业废水形式向废水处理系统的氮排放和化石能源燃烧向大气系统的 N_2、NH_3、N_2O 及 NO_x 排放。

12.3　工业过程和能源系统氮素流动模型

本指南中工业过程和能源系统氮素流动模型是在氮素输入和输出的基础上建立。其中，氮素输入包括合成 NH_3 过程固氮的氮气，农产品原料（棉花、麻类、烟叶和作物秸秆工业利用等），畜禽养殖系统的动物皮毛，森林系统的林产品，能源生产、加工和运输过程中提供能量的化石能源 5 项来源（图 12-1）；氮素输出包括化学合成氮肥、人工合成和生物合成工业产品、工业污水排放、废气排放和工业生产过程中的 N_2O 排放等去向（Gu et al.，2015；国家发展和改革委员会应对气候变化司，2014）。作为氮素循环的一个重要部分，工业过程和能源系统的污水氮产生后，首先会在工厂内部进行处理，处理过程中会发生脱氮、N_2O 排放、NH_3 挥发和部分污水回用，处理后的工业污水中的氮直接排放到水体环境，本章对工业污水氮产生排放和处理后去向等进行详细说明，后续的污水处理系统不包含工业污水的处理。除一部分工业废水氮排放外，工业过程和能源系统另一部分氮输出主要是通过化石能源燃烧以 N_2、N_2O、NH_3 和 NO_x 形式排放到大气系统。

我国幅员辽阔，资源、能源分布不均，工业产值、类型和能源结构等差别较大，在确定工业过程和能源系统氮素流动模型时，应紧密结合所在地域的具体情况，根据当地氮素输入输出和活动数据特征，在本指南的基础上因地制宜地选择科学、适当的氮素流动模型。另外，随着经济、技术的发展，信息资料的完备和认知水平的提升，可根据实际情况不断完善和更新本模型。

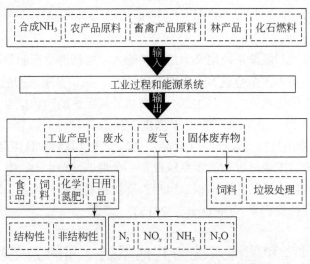

图 12-1　工业过程和能源系统氮素流动模型

12.4　氮　素　输　入

根据工业过程和能源系统氮素流动模型，本系统氮输入指合成 NH_3、农产品原料、畜禽产品原料、林产品和化石燃料中的氮量。其中，农产品原料又分为作物收获物、秸秆工业利用，畜禽产品包括出栏畜禽宰杀和蛋奶产品（Ma et al.，2010，2012，2014）。可以采用以下计算公式。本节详细描述各个输入项的计算方法、系数选取及活动数据的获取途径。

$$ID_{IN} = IDIN_{NH_3} + IDIN_{Crop} + IDIN_{LS} + IDIN_{Timb} + IDIN_{Fuel} \qquad (12\text{-}1)$$

式中，ID_{IN} 表示工业过程和能源系统氮输入量；$IDIN_{NH_3}$ 表示工业过程和能源系统合成 NH_3 氮输入量；$IDIN_{Crop}$ 表示工业过程和能源系统农产品原料氮输入量，包括用于食品加工的作物收获物与棉花、麻类和烟叶等工业原料氮输入量及工业过程和能源系统中的农作物秸秆工业利用的氮输入量；$IDIN_{LS}$ 表示工业过程和能源系统畜禽产品氮输入量；$IDIN_{Timb}$ 表示森林系统输入工业过程和能源系统的木材加工氮量；$IDIN_{Fuel}$ 表示工业过程和能源系统中为能源生产、加工和运输过程提供能源的化石能源燃烧的氮量。

12.4.1　合成 NH_3

合成 NH_3 指通过 Haber-Bosch 工艺将大气中的惰性 N_2 固定合成为 NH_3 的过程。合成 NH_3 可用于生产农用的氮肥和作为一些工业产品，如尼龙和炸药等的原材料。

12.4.1.1　计算方法

合成 NH_3 的来源及其用途如上所述。可以用以下计算公式：

$$IDIN_{NH_3} = W_{NH_3} \times 14/17 \qquad (12\text{-}2)$$

式中，$IDIN_{NH_3}$ 表示工业过程和能源系统合成 NH_3 氮输入量；W_{NH_3} 表示合成 NH_3 的产量；14 和 17 分别表示 NH_3 中的氮原子量和 NH_3 的分子量。

12.4.1.2　活动水平数据

该计算的活动数据是合成 NH_3 产量，国家和省市级尺度可通过《中国工业统计年鉴》、《中国统计年鉴》和各省市级统计年鉴获取该数据。对缺少数据的研究区域，在条件允许的情况下，可通过部门咨询和实地调研等方式获取该数据。

12.4.2　农产品原料

农产品原料指从农田系统输入到工业过程和能源系统的用于食品加工、饲料生产、秸秆用作工业原料和棉花、麻类及烟叶等加工原料中所包含的氮量。食品加工系统包括食品运输、储存、加工和零售等环节，是连接农业生产和家庭消费系统的重要环节。Gu 等（2015）在研究全国尺度活性氮负荷时，将来自作物系统籽粒和畜禽养殖系统的肉食直接归入人类消费系统，而在工业过程和能源系统污水排放中又包含了来自食品和饮料加工业的废氮产生和排放，这一做法可能会产生输出大于输入的现象。本指南中，将食品加工业看作工业过程和能源系统中一个较小的子系统。因缺少不同作物收获物和出栏畜禽与蛋奶产品直接食用与加工后食用比例，相关研究假设全部与食物生产相关的作物收获物、出栏畜禽与蛋奶产品和水产品先进入食品加工系统，再为人类系统提供植物性食物和动物性食物，同时伴随一定量的食品加工副产物产生（Ma et al.，2010，2012，2014；Cui et al.，2013；Gao et al.，2018）。饲料生产指作物收获物未作口粮部分进入工业过程和能源系统进行饲料加工氮输入。此外，本系统也包括了棉花、麻类和烟叶等工业原料输入。因此，工业过程和能源系统的农产品原料氮输入等同于所有作物收获物及作物秸秆工业利用部分的氮量。

12.4.2.1　计算方法

农产品原料氮输入可由作物收获物氮量与秸秆工业利用部分氮量加和计算。可采用以下计算公式：

$$\text{IDIN}_{\text{Crop}} = \sum_{i=1}^{n} \text{See}_i \times f_{\text{See}_i} + \text{Str}_i \times f_{\text{Str}_i} \times \text{Str}_{i,\text{ID}} \tag{12-3}$$

式中，$\text{IDIN}_{\text{Crop}}$ 表示工业过程和能源系统中农产品原料氮输入量；See_i 表示第 i 种作物收获物用于工业原料的量；f_{See_i} 表示该种作物收获物氮含量；Str_i 表示该种作物秸秆产量；f_{Str_i} 表示该种作物秸秆氮含量；$\text{Str}_{i,\text{ID}}$ 表示该种作物秸秆用于工业原料的比例。

12.4.2.2　作物收获物、秸秆氮含量和秸秆工业利用比例

作物收获物、秸秆氮含量和秸秆工业利用比例参数分别见4.4.7.2节、4.4.5.2节和4.4.5.3节。

12.4.2.3　活动水平数据

该计算涉及活动数据为作物收获物和秸秆产量，具体计算见4.5.1节。

12.4.3　畜禽产品原料

工业过程和能源系统畜禽产品原料可分为两部分，一部分是供食物生产的出栏畜禽、蛋奶和水产品等，另一部分是工业原料利用的羊毛和蚕茧等。如前所述，相关研究假设全部与食物生产相关的出栏畜禽及其产品和水产品先进入食品加工系统，再为人类系统提供动物性食物，同时伴随一定量的食品加工副产物产生（Ma et al.，2010，2012，2014；Cui et al.，2013；Gao et al.，2018）。其中包括可用于工业原料的牛皮和羊皮，本指南中牛皮和羊皮可看作工业过程和能源系统内部的氮循环。

12.4.3.1　计算方法

畜禽产品原料氮输入可由出栏畜禽、蛋奶和水产品氮含量与羊毛和蚕茧氮含量加和计算。其中，羊毛和蚕茧氮的计算过程中考虑了羊毛和蚕茧进口和出口氮量（Gu et al.，2015）。可采用以下计算公式：

$$\text{IDIN}_{\text{LS}} = \text{LSOUT}_{\text{LPS}} + \text{LSOUT}_{\text{E\&M}} + \text{AQOUT}_{\text{Prod}} + (W_{\text{Wool}} + W_{\text{WNI}}) \times N_{\text{Wool}} + (W_{\text{Silk}} + W_{\text{SNI}}) \times N_{\text{Silk}}$$

$$\tag{12-4}$$

式中，$IDIN_{LS}$表示工业过程和能源系统畜禽产品氮输入量；$LSOUT_{LPS}$、$LSOUT_{E\&M}$分别表示畜禽养殖系统畜禽出栏、蛋奶产品氮输出量，具体计算见 7.5.1 节和 7.5.2 节；$AQOUT_{Prod}$表示水产养殖系统水产品氮输出量，具体计算见 8.5.1 节；W_{Wool}表示羊毛的产量；W_{WNI}表示羊毛的净进口量；W_{Silk}表示蚕茧的产量；W_{SNI}表示蚕茧的净进口量；N_{Wool}和N_{Silk}分别表示羊毛和蚕丝的氮含量。

12.4.3.2　畜禽产品工业原料氮含量

出栏畜禽不同部位比重及其氮含量见表 7-3。国内外有关不同畜禽皮毛和蚕丝氮含量文献报道较多，有研究通过文献收集方法汇总了来自畜禽养殖系统的动物皮毛副产物和蚕丝含氮量（表 12-1）（Gu et al.，2015）。

表 12-1　主要畜禽产品工业原料氮含量　　　　　　　　　　　　单位：%

产品	氮含量
牛皮	12.6
羊皮	8.4
羊毛	12.2
蚕丝	3.4

12.4.3.3　活动水平数据

该计算过程包含的活动数据包括牛皮、羊皮、羊毛和蚕茧的年产量。牛羊皮产量无相关统计数据，可根据畜禽养殖系统牛羊出栏量及其皮毛副产物所占比重来计算皮毛副产物的产量，见 7.5.1 节，该系数包含了动物不可食用的内脏部分，但缺少相关的参数进一步对动物皮毛和内脏等细分，本指南中假设皮毛和内脏各占皮毛副产物的一半进行相关计算。有条件的地区，可对该参数进行实地测定。其他活动数据如羊毛和蚕茧等产量，可通过国家、省级和市级统计年鉴、《中国农业年鉴》和《中国畜牧业年鉴》中各类羊毛产量加和及蚕茧产量等途径获取，此外有关羊毛和蚕丝的进出口数据可通过《中国统计年鉴》、《中国农业年鉴》和《中国畜牧业年鉴》查询获取。《中国畜牧业年鉴》提供了我国牧区和半牧区省份的牛皮、羊皮张数和羊毛产量，可根据该数据进行相关研究区域的计算。

12.4.4　林产品

林产品工业原料指从森林系统输入到工业过程和能源系统进行家具、建材及其他产品生产的原木中所包含氮量。具体计算见 6.5.5 节。

12.4.5　化石燃料

在能源生产、工业加工和运输过程中，需要消耗化石燃料燃烧所提供的能量，包括能源部门（电力、制气、炼焦或炼油）、工业、建筑业、交通（铁路、公路和其他）、商业、其他部门和生活消费的化石能源。因缺少不同能源的含氮量参数，有关不同部门不同能源消费氮量一般等同于能源燃烧过程中的含氮气体排放量，主要包括 N_2、NH_3、N_2O 和 NO_x 排放（Cui et al.，2013；Gu et al.，2015）。化石燃料燃烧过程中不同形态含氮气体的排放具体计算见 12.5.6～12.5.9 节。

12.5　氮　素　输　出

根据工业过程和能源系统氮素流动模型，该系统氮输出包括工业产品、废水、废气和固体废弃物。其中，工业产品包括食品、饲料、用合成 NH_3 生产的化学氮肥、日用品四部分。日用品又可分为非结构性——用合成 NH_3 生产的人工合成含氮工业品（N_A）和结构性——采用农业及林业输入的生物含氮原料生产的工业氮产品（N_B）；废气包括合成 NH_3 和化肥生产过程中的 NH_3 排放、废水处理过程中的脱氮、NH_3 挥发、N_2O 排放和化石燃料燃烧过程中的 N_2、NH_3、N_2O 和 NO_x 排放（Cui et al.，2013；Gu et al.，2015），此外在己二酸和硝酸生产过程中也会伴随一定量的 N_2O 排放（国家发展和改革委员会应对气候变化司，2014）。可采用以下计算公式：

$$ID_{OUT} = IDOUT_{F\&D} + IDOUT_{Feed} + IDOUT_{Fer} + IDOUT_{N_A+N_B} + IDOUT_{WG} + IDOUT_{WW} + IDOUT_{SW}$$

$$(12-5)$$

式中，ID_{OUT} 表示工业过程和能源系统氮输出量；$IDOUT_{F\&D}$ 表示食品氮输出量；$IDOUT_{Feed}$ 表示饲料氮输出量；$IDOUT_{Fer}$ 表示用合成 NH_3 生产的氮肥氮量；$IDOUT_{N_A+N_B}$ 表示日用品氮输出量；$IDOUT_{WG}$ 表示废气氮输出量；$IDOUT_{WW}$ 表示废水氮排放量；$IDOUT_{SW}$ 表示固体废弃物氮输出量。

12.5.1　食品

工业过程和能源系统除输出供人类系统消费的植物性食物和动物性食物外（Ma et al.，2012，2014）。还输出包括罐头、饮料、啤酒和调味品等可供人类系统消费的工业产品（Gu et al.，2015）。然而，因缺少罐头、饮料、啤酒和调味品等工业产品含氮量参数，加之人类系统食物消费统计数据可获取性差，相关文献在研究不同尺度食物系统活性氮梯级流动过程中，仅考虑了来自食品加工系统的植物性食物和动物性食物消费氮量（Ma et al.，2012，2014；Cui et al.，2013，2016；Gao et al.，2018），详见 10.4.1 节。因此，本指南仅考虑食品加工系统输出的供人类系统消费的植物性食物和动物性食物氮输出量。根据不同的活动数据来源，人类系统植物性食物和动物性食物的供应量存在两种不同的计算方法。

12.5.1.1　计算方法

（1）方法 1

食品加工系统的食品氮输出可由 FAO 食物平衡表中的植物性食物和动物性食物蛋白供应量乘以蛋白质与氮的转化系数加和计算（Cui et al.，2013；施亚岚，2014）。可采用以下计算公式：

$$IDOUT_{F\&D} = \sum_{i=1}^{n} PF_i \times N_{i,PF} + \sum_{i=1}^{n} AF_i \times N_{i,AF} \tag{12-6}$$

式中，$IDOUT_{F\&D}$表示食品氮输出量；PF_i和AF_i分别表示第i种植物性食物和动物性食物的供应量；$N_{i,PF}$和$N_{i,AF}$分别表示第i种植物性食物和动物性食物的氮含量，见表10-1。

（2）方法2

食品氮输出可由不同作物籽粒收获量乘以作口粮的比例，再乘以作口粮籽粒的食物比例，最后乘以对应的作物收获物氮含量加和计算（Ma et al.，2010，2012；2014；Gao et al.，2018）。可采用以下计算公式：

$$IDOUT_{F\&D} = \sum_{i=1}^{n} See_i \times R_i \times Food_i \times N_{See_i} + LSOUT_{LPS} \times R_{i,Meat} \times N_{i,Meat}$$
$$+ LSOUT_{E\&M} + AQOUT_{Prod} \tag{12-7}$$

式中，$IDOUT_{F\&D}$表示食品氮输出量；See_i表示第i种作物籽粒产量；R_i表示第i种籽粒作口粮的比例；$Food_i$表示第i种作口粮籽粒作食物的比例，见表7-2；N_{See_i}表示第i种作物籽粒氮含量，见表4-8；$LSOUT_{LPS}$表示畜禽养殖系统畜禽出栏量；$R_{i,Meat}$表示第i种动物活体肉部分比例；$N_{i,Meat}$表示第i种畜禽活体肉含氮量，见表7-3；$LSOUT_{E\&M}$和$AQOUT_{Prod}$分别表示畜禽养殖系统蛋奶及其制品和水产养殖系统水产品氮输出量。

12.5.1.2　蛋白质与氮的转化系数

方法1的计算需将不同食物蛋白供应量转化为食物氮供应量。参照《2005中国温室气体清单研究》，蛋白质中的氮含量为16%，变化范围为15%~17%（国家发展和改革委员会应对气候变化司，2014）。

12.5.1.3　活动水平数据

方法1涉及的活动数据为FAO食物平衡表中的植物性食物和动物性食物蛋白质供应量。方法2涉及的活动数据为作物籽粒产量、畜禽活体出栏数量、蛋奶产品产量和水产养殖系统水产品产量。作物籽粒产量计算过程和获取途径见4.5.1节。畜禽活体出栏数量和蛋奶产品氮含量见7.5.1节和7.5.2节。水产品产量见8.5.1节。

12.5.2　饲料

饲料氮指工业过程和能源系统输出的可供畜禽养殖系统、水产养殖系统和宠物系统消费的饲料中所包含的氮量。根据不同的活动数据来源，饲料氮输出量也存在两种不同的计算方法。

12.5.2.1　计算方法

（1）方法1

饲料氮量可由FAO食物平衡表中的不同籽粒饲料蛋白供应量乘以蛋白质与氮的转化系数加和计算（施亚岚，2014；Cui et al.，2013）。可采用以下计算公式：

$$\text{IDOUT}_{\text{Feed}} = \sum_{i=1}^{n} \text{Feed}_i \times N_{\text{See}_i} \tag{12-8}$$

式中，$\text{IDOUT}_{\text{Feed}}$ 表示饲料氮输出量；Feed_i 表示第 i 种饲料供应量；N_{See_i} 表示第 i 种籽粒饲料的含氮量。

（2）方法 2

饲料氮输出可由不同作物籽粒收获量乘以作饲料的比例，加上作口粮籽粒作饲料部分，最后乘以对应的作物收获物氮含量加和计算（高利伟，2009；Ma et al.，2010，2012，2014；Gao et al.，2018）。此外，还包括来自出栏畜禽宰杀后的骨头和皮毛副产物作饲料部分氮（高利伟，2009；Ma et al.，2012；Gao et al.，2018）。可采用以下计算公式：

$$\text{IDOUT}_{\text{Feed}} = \sum_{i=1}^{n} \text{See}_i \times F_i \times + \sum_{i=1}^{n} \text{See}_i \times R_i \times \text{Feed}_i \times N_{\text{See}_i}$$
$$+ \sum_{i=1}^{n} A_i \times A_{i,\text{Weig}} \times R_{i,\text{Part}j} \times r_{i,\text{Feed}} \times N_{i,\text{Part}j} \tag{12-9}$$

式中，$\text{IDOUT}_{\text{Feed}}$ 表示饲料氮输出量；See_i 表示第 i 种作物籽粒产量；F_i 表示第 i 种作物籽粒作饲料的比例；R_i 和 N_{See_i} 同式（12-7）；Feed_i 表示第 i 种作口粮籽粒作饲料的比例；A_i、$A_{i,\text{Weig}}$、$R_{i,\text{Part}j}$、$r_{i,\text{Feed}}$ 和 $N_{i,\text{Part}j}$ 同 7.4.4.2 节。

12.5.2.2　蛋白质氮含量、籽粒饲料氮含量和去向比例

方法 1 计算需要的蛋白质氮含量转化系数，见 12.5.1.2 节。不同作物籽粒饲料氮含量见表 4-8。不同作物籽粒作口粮、饲料和其他用途及作口粮部分的籽粒后续的食物、饲料、肥料和非食物去向比例参数见表 7-2。

12.5.2.3　活动水平数据

方法 1 涉及活动数据为 FAO 食物平衡表中的不同籽粒和动物产品饲料供应量。方法 2 涉及活动数据包括作物籽粒产量，见 4.5.1 节；畜禽出栏数量见 7.5.1 节。

12.5.3　化学氮肥

化学氮肥指用合成 NH_3 生产的用于农田种植、水产养殖、人工草地和城市草坪施肥及牲畜饲料氮化等所用的各种含氮化学肥料所包含的总氮量。化学氮肥氮输出量可由《中国工业统计年鉴》和《中国工业经济统计年鉴》历年主要工业产品产量中的农用氮肥折纯量直接获取。

12.5.4　日用品

工业过程和能源系统日用品氮输出包括人工合成和生物合成工业产品所包含的氮。人工合成含氮工业品（N_A）指用合成 NH_3 进一步生产出的人工合成含氮工业品，主要包括满足衣物、地毯、塑料、药品和装饰用品等基本的刚性需求物品生产的合成纤维、人工制

药、丁腈橡胶、合成洗涤剂、塑料、硝酸和炸药等产品（Liu and Diamond，2005，谷保静，2011）。有关研究结果表明，2008 年我国全国和分省份人均 N_A 的消费随着人均 GDP 的增加而增加，呈现对数增长趋势，这与全球变化规律一致。同时城市化和家庭规模的大小也显著影响着人均工业氮产品的消费量。在空间上，经济相对发达的中国东部地区人均 N_A 产量和消费量远高于中西部地区，且中国东部地区要向经济和生产相对落后的中西部地区出口约 1/3 的 N_A 产量以满足中西部地区的需求（谷保静，2011；Gu et al.，2012）。生物合成含氮工业品（N_B）指工业生产过程中来自农业、林业和畜禽养殖系统由生物合成的含氮工业原料，包括棉花、麻类、烟叶、蚕丝、牛皮、羊皮、羊毛、蚕茧和木材家具等。有关研究结果表明，2008 年中国 31 个省份的生物合成工业氮的人均消费与人均 GDP 显著正相关，而全球不同国家间人均生物合成工业氮的消费量与人均 GDP 间不具有相关性，全球尺度和国家分省份尺度上不具有一致性；同时类似于 N_A 在中国不同地区之间分配的差异，东部地区的人均 N_B 生产和消费均高于中西部地区（谷保静，2011；Gu et al.，2012）。

12.5.4.1 计算方法

日用品氮输出可由各种人工合成含氮工业品的产量乘以各自的氮含量与各种生物合成含氮工业品产量乘以各自的氮含量加和计算。因缺少各类农业和林业生物合成含氮工业品在工业加工过程中的具体损失途径参数，一般将结构性工业产品氮输出等同于农业和林业输入本系统的生物合成原料氮量（Gu et al.，2015）。可采用以下计算公式：

$$IDOUT_{N_A+N_B} = \sum_{i=1}^{n} N_{A_i} \times N_{i,N_A} + N_{B_i} \times N_{i,N_B} \tag{12-10}$$

式中，$IDOUT_{N_A+N_B}$ 表示日用品氮输出量；N_{A_i} 表示工业过程和能源系统第 i 种人工合成含氮工业品产量；N_{i,N_A} 表示第 i 种人工合成含氮工业品的氮含量；N_{B_i} 表示工业过程和能源系统第 i 种生物合成含氮工业品产量；N_{i,N_B} 表示第 i 种生物合成含氮工业品的氮含量。

12.5.4.2 工业产品氮含量

Gu 等（2015）通过文献汇总分析报道了我国主要人工合成和生物合成的各种工业产品的氮含量（表 12-2）。

表 12-2 主要工业产品的氮含量　　　　单位:%

种类	氮含量
洗涤剂	0.5
药品	5.0
炸药	18.0
硝酸	22.0
塑料	0.5
合成染料	15.0

续表

种类	氮含量
合成纤维	10.0
合成橡胶	0.5

12.5.4.3　活动水平数据

该计算过程涉及的活动数据包含洗涤剂、合成药品、炸药、合成纤维和合成橡胶产量等人工合成含氮工业品的产量，可通过《中国统计年鉴》、省市级统计年鉴中有关主要工业品产量统计数据获取。此外，还包含棉花、麻类、烟叶、牛皮、羊皮、羊毛、蚕丝/茧和木材家具等生物合成含氮工业原料的产量。其中，棉花、麻类、烟叶、羊毛、蚕丝/茧和木材家具等可通过《中国统计年鉴》、《中国农业年鉴》、《中国畜牧业年鉴》和各省市级统计年鉴获取。各种统计年鉴无牛皮和羊皮的统计数据，该数据可通过牛羊出栏量乘以皮毛所占比重来计算，该过程的活动数据是牛羊年出栏量，该数据获取途径可参照7.5.1.3节。

12.5.5　废水

工业废水氮排放指在工业生产过程中生产各种含氮工业品伴随的污水排放中所包含的氮。根据活动数据和相关参数的可获取性及计算过程的难易程度，废水氮存在多种计算方法，可根据研究的空间尺度等实际情况选择适用的计算方法。

12.5.5.1　计算方法

（1）方法1

废水氮排放可根据每生产单位产品的废水氮产生和排放量，乘以从统计部门获得的各类工业产品产量来估算（谷保静，2011；Gu et al.，2015）。可采用以下计算公式：

$$\text{IDOUT}_{\text{WW}} = \sum_{i=1}^{n} W_{i,\text{IndProd}} \times \text{WN}_i \qquad (12\text{-}11)$$

式中，IDOUT_{WW}表示废水氮排放量；$W_{i,\text{IndProd}}$表示第i种工业产品产量；WN_i表示每生产单位第i种工业产品的废水氮排放量，需要指出的是，这里的单位产品废水氮排放量指每生产单位产品产生的废水氮扣除通过脱氮、N_2O排放和污水回用等过程的氮移除量之后的氮量。

（2）方法2

根据每种产品产量及生产单位含氮工业品的废水氮排放强度来计算废水氮排放量，需要不同工业生产部门的产品产量统计数据，且计算数据和方法较为复杂。方法2根据统计年鉴中工业污水最终排放及其氨氮含量来计算废水氮排放，或直接采用统计数据中已报道的污水氨氮排放量数据，同时根据《综合污水排放标准》（GB 8978—1996），认为污水排放中的总氮浓度是氨氮浓度的2.5倍，根据废水排放中氨氮量估算废水氮排放量（Cui et al.，

2013；施亚岚，2014）。该方法的计算结果是从工厂内部排放出的污水中所包含的氮量，可看作工业产品生产过程中产生的已被内部污水处理后的废水氮排放，理论上同方法1中的废氮排放。可采用以下公式计算：

$$IDOUT_{WW} = WW_{NH_3} \times 2.5 \tag{12-12}$$

式中，$IDOUT_{WW}$ 表示废水氮排放量；WW_{NH_3} 表示污水排放氨氮量；2.5 表示污水中全氮和氨氮之间的转换系数。在条件允许的情况下，可对一定研究区域内的不同行业部门污水排放进行取样，测定氨氮和总氮含量及两者之间的比例系数。

12.5.5.2　单位工业产品废水氮产生量、排放量及移除率

相关研究根据我国污染普查结果（中国环境科学研究院，2008），估算了化工工业、食品和饮料加工业、加工制造业、采掘和冶炼工业及电子信息工业等部门每生产单位工业产品的废水氮产生、排放量（Gu et al.，2015）。表12-3～表12-7中废水氮排放参数即是每生产单位工业产品的污水氮排放量，用于式（12-11）中的计算。此外，为了便于后续污水处理系统的氮去向计算，表中还显示了产生废水氮和氮移除率，废水氮产生指每生产单位工业产品排放的未经工业污水处理前的污水氮排放量，污水在经过工厂处理后，通过脱氮、N_2O 排放和污水回用等去除部分氮，剩余的氮则排放到水体环境。氮移除率即废水氮产生和排放量之间的差值占废水氮产生的比例，即通过污水脱氮、N_2O 排放和污水回用的氮占总废水氮产生的比例。

表 12-3　中国化工工业单位产品的废水氮产生量和排放量

产品	原料	废水氮排放强度单位	废水氮产生量	废水氮排放量	氮移除率/%
合成氨	煤、天然气	kg N t 产品$^{-1}$	1.27±0.17	0.88±0.18	31
生物农药	粮食	kg N t 产品$^{-1}$	51.23±29.30	23.92±13.70	53
化学药物	化学原料	kg N t 产品$^{-1}$	31.18±0.67	15.99±1.13	49
化学农药	化学原料	kg N t 产品$^{-1}$	14.78±3.82	2.48±0.65	83
化妆品	化学原料	kg N t 产品$^{-1}$	0.25±0.02	0.11±0.04	56
染料	化学原料	kg N t 产品$^{-1}$	7.05±1.07	3.12±0.71	56
环境药物类	化学原料	kg N t 产品$^{-1}$	2.11±0.54	0.95±0.25	55
化肥	氨、磷酸盐	kg N t 产品$^{-1}$	8.60±3.31	0.28±0.24	97
硝酸	合成氨	kg N t 产品$^{-1}$	0.25±0.00	0.25±0.00	0
甲醇	煤炭、天然气	kg N t 产品$^{-1}$	0.62±0.13	0.21±0.07	65
油漆	化学原料	kg N t 产品$^{-1}$	0.03±0.01	0.01±0.00	78
感光材料	化学原料	kg N 万 m² 产品$^{-1}$	1.38	0.45	67
色素	化学原料	kg N t 产品$^{-1}$	14.32±3.31	6.36±2.06	56
纯碱	盐、合成氨	kg N t 产品$^{-1}$	1.13±0.16	1.06±0.20	6
香料和精华	化学原料	kg N t 产品$^{-1}$	2.55±0.96	1.08±0.76	58
合成洗涤剂	化学原料	kg N t 产品$^{-1}$	0.01±0.00	0.01±0.00	45
合成纤维	化学原料	kg N t 产品$^{-1}$	0.40±0.18	0.10±0.04	76
牙膏	化学原料	kg N t 产品$^{-1}$	0.03±0.00	0.03±0.00	5

表 12-4　中国食品和饮料工业单位产品的废水氮产生量和排放量

产品	原料	废水氮排放强度单位	废水氮产生量	废水氮排放量	氮移除率/%
酒精	马铃薯	kg N 千升产品$^{-1}$	2.22±0.82	1.34±0.62	39
水产饲料	鱼	kg N t 产品$^{-1}$	0.98±0.00	0.51±0.27	48
水产品	鱼	kg N t 产品$^{-1}$	33.06±9.97	15.95±6.58	52
啤酒	粮食	kg N 千升产品$^{-1}$	0.99±0.15	0.26±0.07	74
乳制品	牛奶	kg N t 产品$^{-1}$	0.97±0.31	0.17±0.05	82
蛋品加工	鸡蛋	kg N t 产品$^{-1}$	3.13±0.00	1.35±0.56	57
鱼油	鱼肝	kg N t 产品$^{-1}$	1.02±0.00	0.37±0.21	64
食品添加剂	粮食	kg N t 产品$^{-1}$	5.94±1.87	1.53±0.32	74
葡萄酒	葡萄	kg N 千升产品$^{-1}$	0.09±0.00	0.06±0.01	26
冰淇淋	糖、牛奶	kg N t 产品$^{-1}$	0.10±0.04	0.03±0.01	73
白酒	作物	kg N 千升产品$^{-1}$	2.04±0.26	0.50±0.10	76
牲畜宰杀	牲畜	kg N t 产品$^{-1}$	1.46±0.08	0.72±0.10	51
肉罐头	肉	kg N t 产品$^{-1}$	1.08±0.11	0.51±0.16	53
肉类产品	冷冻肉	kg N t 产品$^{-1}$	1.76±0.11	0.79±0.15	55
味精	大米	kg N t 产品$^{-1}$	124.26±7.52	4.01±0.68	97
蛋白饮料	水果、牛奶	kg N t 产品$^{-1}$	0.08±0.02	0.05±0.02	44
豆类产品	大豆	kg N t 产品$^{-1}$	6.13±0.51	2.70±0.67	56
淀粉产品	作物	kg N t 产品$^{-1}$	1.88±0.34	1.11±0.30	41
酵母	糖蜜	kg N t 产品$^{-1}$	13.11±2.16	0.65±0.14	95
黄酒	粮食	kg N 千升产品$^{-1}$	0.36±0.04	0.11±0.01	68

表 12-5　中国加工制造业单位产品的废水氮产生量和排放量

产品	原料	废水氮排放强度单位	废水氮产生量	废水氮排放量	氮移除率/%
动物胶	动物骨骼	kg N t 产品$^{-1}$	26.51±0.06	19.87±1.62	25
陶瓷产品	高岭土	kg N t 产品$^{-1}$	0.00±0.00	0.00±0.00	11
羽毛制品	羽毛	kg N t 产品$^{-1}$	2.14±0.66	1.46±0.61	32
纤维增强塑料	玻璃纤维、树脂	kg N t 产品$^{-1}$	0.02±0.01	0.02±0.00	16
平板玻璃	玻璃	kg N 万 m^2 产品$^{-1}$	1.60±0.75	1.42±0.66	11
纸浆	秸秆	kg N t 产品$^{-1}$	7.20±1.09	1.81±0.29	75
橡胶原料	化学原料	kg N t 产品$^{-1}$	1.39±0.36	0.76±0.29	45
皮革鞣制	牛皮	kg N t 产品$^{-1}$	8.85±0.45	4.48±0.29	49
毛皮鞣制	兔皮革	kg N t 产品$^{-1}$	3.35±0.19	1.31±0.19	61

表 12-6　中国采掘和冶炼工业单位产品的废水氮产生和排放量

产品	原料	废水氮排放强度单位	废水氮产生量	废水氮排放量	氮移除率/%
铝	氧化铝	kg N t 产品$^{-1}$	0.08±0.01	0.01±0.00	91
焦炭	煤	kg N t 产品$^{-1}$	0.14±0.01	0.09±0.02	40
原油	油田	kg N t 产品$^{-1}$	0.04±0.00	0.00±0.00	94
燃气	重油、煤	kg N 万 m^3 产品$^{-1}$	0.86±0.27	0.43±0.22	51
石墨	石墨矿	kg N t 产品$^{-1}$	0.76±0.26	0.42±0.14	45
锰	锰矿	kg N t 产品$^{-1}$	0.17	0.07	59
石油产品	原油	kg N t 产品$^{-1}$	0.37±0.04	0.18±0.03	51
磷酸盐	磷矿	kg N t 产品$^{-1}$	0.18±0.01	0.14±0.01	19
稀土金属	稀土矿	kg N t 产品$^{-1}$	867.33±134.06	15.36±2.73	98

表 12-7　中国电子信息工业单位产品的废水氮产生和排放量

产品	原料	废水氮排放强度单位	废水氮产生量	废水氮排放量	氮移除率/%
空调	原料	kg N 万产品$^{-1}$	3.42±0.26	2.98±0.57	13
电子元件	原料	kg N 百万产品$^{-1}$	2.85±0.00	2.85±0.00	0
电子真空管	原料	kg N 百产品$^{-1}$	4.24±3.27	0.46±0.30	89
整合电路	原料	kg N 百产品$^{-1}$	5.40±0.78	1.93±0.27	64
光电设备	原料	kg N 百产品$^{-1}$	0.21±0.02	0.14±0.04	30
废金属回收	电子垃圾	kg N 百吨原料$^{-1}$	0.77±0.00	0.58±0.20	25
冰箱	原料	kg N 万产品$^{-1}$	9.85±0.73	7.37±1.69	25
半导体	原料	kg N 百产品$^{-1}$	3.07±0.26	0.96±0.07	69

12.5.5.3　活动水平数据

（1）方法 1

计算废水氮排放量涉及的活动数据包括各类含氮工业品的产量，可通过国家、省级和地级市统计年鉴与《中国工业统计年鉴》等途径获取。

（2）方法 2

计算所需的活动数据是污水氨氮排放量，该数据可通过《中国统计年鉴》和各省市级统计年鉴等途径获取。对缺少相关统计数据的研究区域，在条件允许的情况下，可通过部门咨询和实地调研方式获取该方面数据。

12.5.6　废气 N_2 排放

废气 N_2 排放主要包括工业废水处理过程中的脱氮和化石燃料燃烧过程中的脱氮排放（Cui et al.，2013；Gu et al.，2015）。工业过程和能源系统中的废水脱氮指工厂污水排放后，需在工厂内部的污水处理系统自行进行处理，污水处理达到国家相关标准后方可排入地表水系统或近岸海域系统（沿海地区）。工业污水处理过程中部分氮通过脱氮作用以 N_2 和 N_2O 的形式排放到大气系统。工业污水处理系统有别于以处理生活污水为主的城市和农村污水处理系统，本指南中未将工业系统内部的污水处理及后续氮去向算入污水处理系统。化石燃料燃烧过程中的脱氮指在实际的生产过程中，化石燃料燃烧所产生的 NO_x 并未直接排放进入大气系统，而是先通过脱氮处理达标后才允许排放，被脱除的氮以 N_2 形式排放到大气系统。

12.5.6.1　计算方法

废气 N_2 排放可根据每生产单位产品的废水氮产生量和氮移除率（扣除 N_2O 排放比例），乘以各类工业产品产量，再与不同部门能源消费量乘以对应的 NO_x 排放因子及脱氮比例加和估算（Gu et al.，2015）。可采用以下计算公式：

$$\text{IDOUT}_{N_2} = \sum_{i=1}^{n} W_{i,\text{IndProd}} \times \text{WWN}_{i,\text{Gen}} \times R_{N_2} + \sum_{i,k}^{n} \text{EF}_{i,k,\text{NO}_x\text{-N}} \times \text{EW}_{i,k} \times P \quad (12\text{-}13)$$

式中，IDOUT_{N_2} 表示废气 N_2 排放量；$W_{i,\text{IndProd}}$ 表示第 i 种含氮工业品的产量；$\text{WWN}_{i,\text{Gen}}$ 表示每生产单位第 i 种工业产品的污水排放氮量；R_{N_2} 表示污水处理脱氮比例；$\text{EF}_{i,k,\text{NO}_x\text{-N}}$ 表示部门 i 能源 k 的 NO_x–N 排放因子；$\text{EW}_{i,k}$ 表示部门 i 能源 k 的消费量；P 表示不同年代 NO_x 脱除率。

12.5.6.2　工业污水脱氮和化石燃料燃烧 NO_x 排放及脱除比例

有关污水处理氮移除率，即脱氮比例的文献报道较多，一般认为我国污水处理氮移除率在 30%~40%，随着处理技术的改进，不同年代之间略有差异（许世伟等，2008；Cui et al.，2013；Gu et al.，2015；Shi et al.，2015；Gao et al.，2018）。相关研究中，将 20 世纪 90 年代和 21 世纪的污水氮移除率分别定为 35% 和 40%（Cui et al.，2013；Shi et al.，2015；Gao et al.，2018）。此外，被移除的氮中包含一定比例的 N_2O 排放，其产生量占污水总氮产生量的 0.5%~1.25%（IPCC，2006；国家发展和改革委员会应对气候变化司，2014；Gu et al.，2015）。在估算脱氮移除量时需将该部分 N_2O 排放比例从氮移除率中扣除。

当前还没有一套较完整和成熟的针对我国典型燃烧设备和技术的排放因子参数。国内有关研究中，假设当前中国燃烧设备的平均排放水平与发达国家 20 世纪 70 年代中期的水平相近。在能源消费 NO_x 排放计算中均采用了 Kato 和 Akimoto（1992）报道的关于 70 年代中期西方发达国家分部门分能源的 NO_x 排放因子研究结果，具体见表 12-8（Hao et al.，2002；Cui et al.，2013；施亚岚等，2014；Gu et al.，2012，2015；Cui et al.，2016），同时采用其他部门 NO_x 排放因子参考值作为农业部门能源消耗 NO_x 排放因子计算（施亚岚等，2014）。在 1990 年以前，中国对 NO_x 的关注很少，去除水平相当低。施亚岚等（2014）基于 Hao 等（2002）的研究结果，设定 1990 年以前我国 NO_x 脱除率为 0；90 年代以后我国才开始制定 NO_x 排放标准，在 1995 年、2000 年、2005 年和 2010 年分别设为 5%、10%、15% 和 30%；并将其核算结果与 IIASA GAIN、EDGARv4 和 REAS-Asia 等其他不同数据库清单，以及 1995 年、2000 年、2005 年和 2010 年《中国环境状况公报》中

关于 NO_x 排放量相比较，结果十分接近。本指南推荐采用施亚岚等（2014）报道的不同时期的 NO_x 脱除率进行相关能源消费 NO_x 排放量的估算。在条件允许的情况下，可通过对研究区域内的 NO_x 脱除比例进行部门咨询和实地调研的方式来获取，以使 NO_x 脱除比例参数当地化，准确核算区域内能源 NO_x 排放。

表 12-8　分部门分能源的 NO_x 排放因子　　　　单位：g N kg^{-1}

部门		煤	焦炭	原油	汽油	煤油	柴油	燃料油	天然气*
		\multicolumn{8}{c}{NO_x排放因子}
能源	电力	3.0	—	2.2	5.1	6.5	2.3	3.1	1.2
	制气	0.2	0.3	0.7	—	—	2.9	1.8	—
	炼焦或炼油	0.1	—	0.1	—	—	—	—	—
工业		—	2.3	2.7	1.5	5.1	2.3	2.9	1.8	0.6
建筑业		—	2.7	—	5.1	2.3	—	—	0.6
交通	公路	—	—	—	6.5	8.3	8.3	8.3	—
	铁路	—	2.7	—	—	—	16.5	16.5	—
	其他	—	2.7	1.8	5.1	8.3	11.0	11.0	0.6
生活消费		—	0.7	0.5	5.1	—	1.0	0.6	0.4
商业		—	1.1	1.4	0.9	5.1	1.4	0.8	3.1	0.4
其他		—	1.1	1.4	0.9	5.1	1.4	1.8	1.1	0.4

* 天然气的 NO_x 排放因子单位为 g N m^{-3}

12.5.6.3　活动水平数据

该计算是基于工业废水氮的产生量，该数据无相关统计资料，而以每生产单位工业品污水氮产生量乘以各类工业品产量计算。因此，涉及的活动数据为工业品产量，获取途径同 12.5.5.3 节。化石燃料燃烧过程氮脱除量的活动数据为不同部门能源消费量，包括农业、能源部门（电力、热力生产和供应，燃气生产和供应，石油加工，炼焦和核燃料加工业）、工业（制造业和建筑业）、交通（铁路、公路和其他）、商业、其他行业和生活消费七大部门的化石能源消费，主要涉及的能源类型有原煤、焦炭、原油、汽油、煤油、柴油、燃料油和天然气。可根据《中国统计年鉴》和《中国能源统计年鉴》的能源消费统计资料获取。

12.5.7　废气 NO_x 排放

废气 NO_x 主要来自化石燃料燃烧过程排放（施亚岚等，2014；Gu et al.，2015）。在废气排放后会有部分 NO_x 被脱氮成为 N_2 进入大气系统。

12.5.7.1　计算方法

废气 NO_x 排放可由不同部门能源消费量乘以对应的 NO_x 排放因子，再减去 NO_x 脱除比例计算。可采用以下计算公式：

$$IDOUT_{NO_x} = (1 - P) \times \sum_{i,k}^{n} EF_{i,k,NO_x} \times EW_{i,k} \qquad (12\text{-}14)$$

式中，$IDOUT_{NO_x}$ 表示废气 NO_x-N 排放量；EF_{i,k,NO_x} 表示部门 i 能源 k 的 NO_x 排放因子；$EW_{i,k}$ 表示部门 i 能源 k 的消费量；P 为不同年代 NO_x 脱除率。

12.5.7.2　能源 NO_x 排放及其脱除比例

不同部门能源消费的 NO_x 排放因子及其脱除比例见 12.5.6.2 节。

12.5.7.3　活动水平数据

该计算涉及的活动数据为不同部门的化石能源消费量，获取方式见 12.5.6.3 节。

12.5.8　NH_3 排放

参照《大气氨源排放清单编制技术指南》，工业过程和能源系统的 NH_3 排放主要来自合成 NH_3、化肥生产过程中的 NH_3 排放和交通能源燃烧后尾气过度还原排放到大气的 NH_3（环境保护部科技标准司，2014）。

12.5.8.1　计算方法

工业过程和能源系统 NH_3 排放可由合成 NH_3 和化肥产量乘以对应的 NH_3 排放因子，再与各种类型交通源行驶里程乘以对应的 NH_3 排放因子加和计算（环境保护部科技标准司，2014）。可用以下计算公式：

$$IDOUT_{NH_3} = \sum_{i=1}^{n} W_i \times EF_{i,NH_3} + \sum_{i,k}^{n} EF_{i,k,NH_3} \times M_{i,k} \qquad (12\text{-}15)$$

式中，$IDOUT_{NH_3}$ 表示 NH_3 排放氮输出量；W_i 表示合成 NH_3 或化肥产量；EF_{i,NH_3} 表示合成 NH_3 和化肥生产过程中的 NH_3 排放因子；EF_{i,k,NH_3} 表示第 i 种汽车类型能源 k 的 NH_3 排放因子；$M_{i,k}$ 表示第 i 种汽车类型能源 k 消费的行驶里程数。

12.5.8.2　NH_3 排放因子和车辆行驶里程

环境保护部颁布的《大气氨源排放清单编制技术指南》中给出的我国合成 NH_3 和化肥生产过程中的 NH_3 排放因子分别为 0.01kg NH_3 t^{-1} 和 5.0 kg NH_3 t^{-1}（环境保护部科技标准司，2014）。同时也给出了不同交通源，包括轻型汽油、轻型柴油、重型汽油、重型柴油和摩托车 5 类车辆类型和车用油类的 NH_3 和 NO_2 排放因子，具体见表 12-9（g NH_3 km^{-1}）（Huang et al.，2012；环境保护部科技标准司，2014）。此外，该计算还涉及各种交通源机动车的行驶里程数。本指南通过收集相关文献资料，给出了我国各种类型机动车辆的年均行驶里程数（表 12-10）（李伟等，2003；贾顺平等，2010；商务部，2013）。

表 12-9　各种车辆类型和车用油类的 NH₃ 和 N₂O 排放因子

污染源种类	NH₃ 排放/(g NH₃ km⁻¹)	N₂O 排放/(g N₂O km⁻¹)
轿车汽油	0.026	0.010（黄标车）
		0.038（国Ⅰ）
		0.024（国Ⅱ）
		0.012（国Ⅲ）
		0.006（国Ⅳ）
轿车柴油	0.026	0（黄标车）
		0（国Ⅰ）
		0.003（国Ⅱ）
		0.015（国Ⅲ）
		0.015（国Ⅳ）
轿车 LPG	—	0（黄标车）
		0.038（国Ⅰ）
		0.023（国Ⅱ）
		0.009（国Ⅲ）
轻型汽油	0.026	0.010（黄标车）
		0.122（国Ⅰ）
		0.062（国Ⅱ）
		0.036（国Ⅲ）
		0.016（国Ⅳ）
轻型柴油	0.028	同轿车柴油
重型汽油	0.004	0.006（所有）
重型柴油	0.017	0.03（所有）
摩托车	0.007	0.002

表 12-10　我国各种类型机动车辆的年均行驶里程数　　单位：×10⁴ km

机动车类型	年均行驶里程	参照范围
轿车	2.6	1.7~3.5
轻型汽油	3.1	2.0~4.5
轻型柴油	3.2	2.0~4.0
重型汽油	2.4	2.0~3.0
重型柴油	3.5	2.2~4.7
摩托车	0.9	0.4~1.0

12.5.8.3　活动水平数据

该计算涉及的活动数据包括合成 NH₃ 和化肥产量、不同类型机动车数量。国家和省级

尺度的合成 NH_3 和化肥产量可通过《中国工业统计年鉴》获取。国家和省级尺度各种类型机动车数量可通过《中国汽车工业年鉴》和《中国交通年鉴》获取，并参照《大气氨源排放清单编制技术指南》和《2005 中国温室气体清单研究》的划分标准进行各种机动车类型的归类统计（环境保护部科技标准司，2014；国家发展和改革委员会应对气候变化司，2014）。但从 2000 年开始，不再有年鉴进行摩托车数量的统计，缺失的数据可通过国家、省市级统计年鉴中城市和农村地区平均每百户拥有家用汽车和摩托车的数量，结合城市和农村地区家庭数，估算汽车和摩托车拥有数量。无统计数据的研究区域内，在条件允许的情况下，可通过向交通部门咨询和实地调研的方式获取该数据。

12.5.9　N_2O 排放

首先，参照《2005 中国温室气体清单研究》，工业过程和能源系统的 N_2O 排放主要来自静止源（电站锅炉）和移动源（道路交通、铁路运输、民用航空和水上运输）能源消耗产生的 N_2O 排放。其次，在一些工业品生产过程中会伴随 N_2O 的排放，从《2005 中国温室气体清单研究》来看，目前我国排放 N_2O 的工业过程主要包括己二酸和硝酸的生产（国家发展和改革委员会应对气候变化司，2014）。《1996 年 IPCC 国家温室气体排放清单编制指南》指出，在己二酸的生产过程中，N_2O 是使用硝酸氧化环己醇/环己酮混合物之一阶段的一个副产物，如不加以控制，己二酸将成为大气中的一个主要的 N_2O 排放源（IPCC，1996）。2005 年，我国仅有 3 家企业生产己二酸，但 3 家企业均未实施任何有意识的 N_2O 减排活动，因此，《2005 中国温室气体清单研究》计算了己二酸生产过程中的 N_2O 排放（国家发展改革委员会应对气候变化司，2014）。从 N_2O 排放总量来看，己二酸生产 N_2O 排放占全国 N_2O 总排放量的比重较小。因全国仅有 3 家己二酸生产企业，这 3 家企业所在的研究区域，己二酸生产排放的 N_2O 可能占有相当重要的比重。因此，本指南考虑了这部分 N_2O 排放的存在，并给出了计算方法。可根据相关研究尺度内的活动数据的可获取性，决定是否进行该过程 N_2O 排放的计算。在硝酸生产过程中，N_2O 排放来自氮氧化物或以硝酸为原料的氨催化氧化过程，所以将氨催化氧化过程确定为硝酸生产的关键排放源（王宇和姜冬梅，2010；国家发展和改革委员会应对气候变化司，2014）。此外，还包括工业污水处理过程中产生的 N_2O 排放（IPCC，2006；谷保静，2011；Gu et al.，2015）。《2006 年 IPCC 国家温室气体清单指南》指出，N_2O 可产生于废水处理厂的直接排放，或将废水排入河流、湖泊或海洋后产生的间接排放。源自废水处理厂硝化和反硝化作用的直接排放通常远小于后者的间接排放，通常视为次要来源，且可能仅涉及主要有高级集中废水处理厂并采用硝化和反硝化作用步骤的国家。《2005 中国温室气体清单研究》中采用了《2006 年 IPCC 国家温室气体清单指南》提供的方法计算了废水处理产生的 N_2O 排放。因在中国源自高级集中废水处理厂的排放量较小，且缺乏相关的活动数据，只计算了由废水排入河流、湖泊或海洋后产生的间接排放，未统计来自高级集中废水处理厂的 N_2O 排放（卢培利和张代钧，2004；国家发展和改革委员会应对气候变化司，2014）。本指南借鉴《2005 中国温室气体清单研究》做法计算废水处理 N_2O 排放。即通过排放到河流、湖泊或海洋中的废水氮量乘以 N_2O 排放因子计算。

12.5.9.1　计算方法

《2005 中国温室气体清单研究》指出，理论上 N_2O 排放具有较高的技术敏感性，电力部门 N_2O 排放量应采用分发电技术的排放因子进行计算，但因统计数据基础相对薄弱，静止源 N_2O 排放量仍采用了分能源品种乘以不同能源排放因子计算的方法（国家发展和改革委员会应对气候变化司，2014）。移动源 N_2O 排放量由某类车辆的年均行驶里程数乘以排放因子和铁路、航空与水运等部分的能源消费量乘以对应排放因子加和计算（国家发展和改革委员会应对气候变化司，2014）。参照《1996 年 IPCC 国家温室气体排放清单编制指南》和《IPCC 国家温室气体排放清单优良作法指南和不确定性管理》，己二酸和硝酸生产过程中的 N_2O 排放可通过产品产量乘以特定的排放因子来计算（IPCC，1996，2000；国家发展和改革委员会应对气候变化司，2014）。工业废水 N_2O 排放氮量可由废水氮排放量乘以废水处理 N_2O 排放比例计算（IPCC，2006；国家发展和改革委员会应对气候变化司，2014；Gu et al.，2015）。工业过程和能源系统的 N_2O 排放可由静止源和移动源 N_2O 排放、己二酸和硝酸生产 N_2O 排放与工业废水处理 N_2O 排放加和计算。可用以下计算公式：

$$\text{IDOUT}_{N_2O} = \sum_{i,k=1}^{n} W_{i,\text{Fuel}} \times HV_i \times EF_{i,k,N_2O} + \sum_{j,k=1}^{n} EF_{j,k,N_2O} \times M_{j,k} + \sum_{j=1}^{n} W_{j,\text{Fuel}} \times HV_j$$
$$\times EF_{j,N_2O} + \sum_{i=1}^{2} EF_{i,N_2O} \times W_i \times [1 - (N_2O_{\text{Red}} \times RS)] + \sum_{k=1}^{n} EF_{W,N_2O} \times \text{IDWN}_k \times W_k$$

$$(12\text{-}16)$$

式中，IDOUT_{N_2O} 表示 N_2O 排放氮输出量；$W_{i,\text{Fuel}}$ 表示电力部门不同能源 i 的实物消费量；HV_i 表示电力部门能源 i 的热值；EF_{i,k,N_2O} 表示电力部门能源 i 技术 k 条件下的 N_2O 排放因子；EF_{j,k,N_2O} 表示第 j 种汽车类型能源 k 的 N_2O 排放因子（表 12-8）；$M_{j,k}$ 表示各种类型机动车辆的年运营距离；$W_{j,\text{Fuel}}$ 表示铁路、水运和航空等部门的能源消费量；HV_j 表示铁路、水运和航空部门消耗不同能源的热值；EF_{j,N_2O} 表示除道路交通外的其他移动源 j 的能源消费 N_2O 排放因子；EF_{i,N_2O} 表示己二酸和硝酸生产过程中的 N_2O 排放因子；W_i 表示己二酸和硝酸的产量；N_2O_{Red} 表示己二酸和硝酸生产过程中所采取减排措施对 N_2O 的去除因子；RS 表示 N_2O 去除技术在己二酸和硝酸生产过程中的应用比例；EF_{W,N_2O} 表示废水处理 N_2O 排放比例；IDWN_k 表示生产单位第 k 种工业产品的废水氮产生量；W_k 表示第 k 种工业产品的产量。

12.5.9.2　能源热值、N_2O 排放因子和废水 N_2O 排放比例

本系统中能源燃烧 N_2O 的排放包括电力部门、道路交通、铁路、水运和航空活动的能源消费 N_2O 排放。电力部门能源消费 N_2O 排放因子存在两种形式。一种是按排放源区分（表 12-11），该情况下可根据电力部门各种形式能源的能量消费量乘以对应的 N_2O 排放因子计算（kg N TJ^{-1}）（国家发展和改革委员会能源研究所，2007）。另一种是按发电技术区分（表 12-12），发电技术可分为循环流化床电站锅炉和其他锅炉，循环流化床电站锅炉的 N_2O 排放因子是一般煤粉锅炉的 40 倍（IPCC，1996，2006）。该情况下是按照电力部门各种能源消费所能提供的总能量（TJ），乘以相应技术下单位能量消费所带来的 N_2O 排放因子

（kg N TJ^{-1}）来计算（国家发展和改革委员会应对气候变化司，2014）。总能量消费可通过各种能源实物消费量乘以具体热值来计算（表 12-13），该方法需要获取研究区域内的循环流化床电站锅炉比例，从《2005 中国温室气体清单研究》来看，国家尺度上 2005 年循环流化床装机比例非常小，由此推测省级及以下研究区域内装机量可能更小。本指南推荐采用电力行业的分燃料品种能源消费量和排放因子计算电力能源 N_2O 排放。在条件允许的情况下，可以根据研究区域活动数据和各种技术比例参数获取情况，进行各种技术 N_2O 排放因子选择和核算分析。铁路、水运和航空活动的 N_2O 排放因子为各种交通技术下单位能源消费所带来的 N_2O 排放因子（kg N TJ^{-1}）（表 12-14），其计算过程与电力部门按各种发电技术计算 N_2O 排放因子相同。

表 12-11　电力部门各种能源 N_2O 排放因子　　　　　单位：kg N TJ^{-1}

排放源	排放因子	排放源	排放因子	排放源	排放因子
无烟煤	5.450	燃油	2.420（统计电厂）	炼厂干气	2.340
烟煤	5.710		2.340（非统计电厂）	其他气体	0.446
褐煤	6.320	天然气	0.470		

表 12-12　电力部门各种发电技术 N_2O 排放因子　　　　　单位：kg N TJ^{-1}

指南版本	发电技术	煤炭	油品	气体燃料
《2006 年 IPCC 国家温室气体清单指南》	循环流化床电站锅炉	61	0.4	1
	其他锅炉	1.4		
《1996 年 IPCC 国家温室气体清单指南》	循环流化床电站锅炉	96	0.4	—
	其他锅炉	1.6		

表 12-13　不同燃料品种的热值

单位：TJ·10^4 t^{-1} 或 TJ·10^8 m^{-3}

燃料品种	无烟煤	烟煤	褐煤	洗精煤	其他洗煤
热值	223.1	209.9	131.4	263.4	153.7
燃料品种	原油	汽油	柴油	燃料油	LPG
热值	425.8	448.0	433.3	401.9	568.0
燃料品种	炼厂干气	其他石油制品	焦炉煤气	其他煤气	天然气
热值	460.6	450.2	1740.0	1575.3	3098.7

表 12-14　铁路、水运和航空活动的 N_2O 排放因子　　　　　单位：kg N TJ^{-1}

交通技术	排放因子
内燃机车	28.6（14.3~85.8）
蒸汽机车	1.5（0.5~5）
机械动力船舶	2（−40%~140%）
航空飞行器	2（−70%~150%）

　　长期以来，关于己二酸生产过程中的 N_2O 排放被忽视。因此，国内缺少有关己二酸生产过程 N_2O 排放的文献报道。《2005 中国温室气体清单研究》通过电话咨询和文献调研的方法，结合我国不同企业生产己二酸的工艺措施，给出了 2005 年我国 3 家生产己二酸企业的单位产品 N_2O 排放因子，并根据各企业产品量按权重计算了全国平均的己二酸生产 N_2O 排放因子，并与 IPCC 缺省值（0.300 t N_2O t^{-1}己二酸产品）进行了对比（表 12-15）。实际研究过程中，可根据活动数据的获取程度，借鉴国家平均己二酸生产 N_2O 排放因子，或在条件允许的情况下，也可通过开展相关调研和部门咨询的方式来获取研究区域内己二酸的产量及其 N_2O 排放因子。

表 12-15　2005 年中国己二酸生产企业 N_2O 排放因子

企业名称	排放因子（t N_2O t^{-1}己二酸产品）	与 IPCC 缺省值比较
己二酸企业甲	0.298	低 0.67%
己二酸企业乙	0.282	低 6%
己二酸企业丙	0	低 100%
平均	0.293	低 2.3%

　　硝酸的生产包括氨催化氧化、氧化和吸收 3 个过程。氨催化氧化产生副产物 N_2O 排放。该过程 N_2O 的排放取决于反应压力、温度、设备年代和设备类型，其中，反应压力对 N_2O 影响最大。另外，设备类型和技术来源及尾气处理设施状况也是影响硝酸生产中 N_2O 排放的重要因素（王宇和姜冬梅，2010；国家发展和改革委员会应对气候变化司，2014）。《1996 年 IPCC 国家温室气体排放清单编制指南》指出，如果一个国家只有少量的硝酸生产设备，其 N_2O 排放数据一般是可以获得的，该数据应同时考虑所安装的尾气消减设施的效果，如果具有监测数据，排放量的估算应基于监测数据。如果以上数据不能获取，排放量的估算应基于国内的硝酸产量统计，对不同的生产设备确定不同的排放因子。目前中国对硝酸设备尾气中的 N_2O 排放没有限制，企业对 N_2O 排放也没有监测，缺少 N_2O 排放监测数据。因此，《2005 中国温室气体清单研究》中对我国各种硝酸生产工艺进行了全面的分析，得出了各种硝酸生产工艺产量及其 N_2O 排放因子，最终采用硝酸产量乘以对应设备排放因子的方法进行了硝酸生产 N_2O 排放的计算（国家发展和改革委员会应对气候变化司，2014）。本指南中将《2005 中国温室气体清单研究》中的各种硝酸生产工艺产量和 N_2O 排放因子列出，并根据各种生产工艺的硝酸产量，按权重计算了当年全国硝酸生产的平均 N_2O 排放因子（表 12-16）。有关我国不同年代的硝酸生产 N_2O 排放可借鉴该排放因子进行估算。在条件允许的情况下，可借鉴《2005 中国温室气体清单研究》做法，通过部门咨询和实地调研的方式获取研究区域内的硝酸产量、不同生产工艺产量比重和尾气处理情况，结合本指南给出的排放因子进行相关计算。

表 12-16　2005 年我国各种硝酸生产工艺产量及 N_2O 排放因子

设备类型	2005 年产量/万 t	排放因子/（kg N_2O t^{-1}硝酸）
高压法（无 NSCR）*	42.78	13.9（±30%）
高压法（有 NSCR）	24	2.0（±10%）

续表

设备类型	2005 年产量/万 t	排放因子/（kg N_2O t^{-1}硝酸）
中压法	105.62	11.77（±40%）
常压法	80.43	9.72（±10%）
双加压法	134.54	8.0（±20%）
综合法	112.18	7.5（±10%）
低压法	18.91	5.0（±10%）
合计/平均	518.5	9.03

* NSCR 表示非选择性尾气处理装置

国内有关污水处理 N_2O 排放比例的研究较少。多数研究中仅考虑了污水脱氮的排放，忽略了少量的 N_2O 排放（施亚岚，2014；Cui et al.，2016）。有研究采用 IPCC（1997，2006）报道的 1.25% 作为我国污水处理 N_2O 排放比例（Gu et al.，2015），该参数与农田系统计算 N_2O 排放比例相同；而国家发布的温室气体清单指南中，污水 N_2O 排放参数采用 0.5% 或 0.005 kg N_2O-N kg^{-1} N，且不确定性范围较大，为 0.0005 ~ 0.025 kg N_2O-N kg^{-1} N（IPCC，2006；国家发展和改革委员会应对气候变化司，2014）。本指南推荐 0.5% 为污水处理 N_2O 排放缺省值。在条件允许的情况下，可对该参数进行专家咨询或实地测定，以获取更加准确的参数，完善污水氮素基本流动过程的核算和评估。

12.5.9.3　活动水平数据

该计算涉及活动数据包括电力部门、铁路、水运和航空运输部门的各种能源消费量、己二酸和硝酸产量、各种工业产品产量。各部门的能源消费量获取方式见 12.5.6.3 节。工业过程 N_2O 排放估算的一种活动数据是己二酸产量。目前，我国己二酸产量无公开途径可获取相关统计数据。《2005 中国温室气体清单研究》中指出，我国仅有 3 家己二酸生产企业，通过逐一调查的方式获取了全国己二酸产量。在国家尺度上也可通过类似的调查方式获取活动数据，同时可通过查询有关的产业报告或关于己二酸的调研报告等资料进行我国己二酸产量的大致推算。在较小的研究区域内，在有条件的情况下，可对己二酸生产情况进行详细的调查，以获取更加真实可靠的数据，完善区域基本氮素流动过程的核算和评估工作。工业过程 N_2O 排放估算的另一种活动数据是硝酸产量，可通过《中国统计年鉴》和《中国工业统计年鉴》获取国家和省级尺度的活动数据，但该数据仅是国家和省级尺度的硝酸总产量数据，没有各种生产工艺的划分，在此情况下，估算 N_2O 排放量的一种做法是采用本指南收集的我国 2005 年的硝酸工艺生产比重数据，直接进行计算，但随着产业技术的调整及设备的升级改造，该参数可能在不同年代之间存在变化，一成不变的参数可能带来一定的认知局限性；另一种做法是对研究区域的硝酸生产工艺和产量等情况通过部门咨询和实地调研的方式来获取更加准确的活动数据。计算工业污水处理 N_2O 排放是基于工业废水氮的产生量，该数据无相关统计资料，而通过每生产单位工业品污水氮产生量乘以各类工业品产量计算。因此，涉及的活动数据为工业品产量，该数据获取方式见 12.5.5.3 节。

12.5.10　固体废弃物

工业过程和能源系统的固体废弃物包括食品加工业和工业产品加工过程产生的固体废弃物。如前所述，因缺少农畜产品直接食用比例，相关研究中将来自农田系统的农产品和畜禽养殖系统的出栏畜禽及蛋奶产品等假设全部进入食品加工系统，经过加工处理后，再为人类系统提供植物性食物和动物性食物（Ma et al.，2012，2014；Gao et al.，2018）。在食品加工过程中会产生一定的非食物部分、畜禽骨头和皮毛副产物等固体废弃物，其中一定比例的畜禽骨头用于畜禽骨粉饲料，剩余部分进入固体废弃物系统。皮毛副产物用于本系统内部的生物合成含氮工业品的生产，剩余部分进入固体废弃物系统。而工业品加工过程中的原料投入量、废弃物产生比例，因缺少相应的资料和参数，相关研究中未涉及工业固体废弃物方面的计算（Cui et al.，2013；Gu et al.，2015）。因此，本指南将工业产品加工过程中的固体废弃物产生量忽略，仅计算食品加工过程中的固体废弃物产生量。

12.5.10.1　计算方法

食品加工过程中的固体废弃物氮产生量可由作物收获物作口粮部分氮乘以非食物部分比例，与出栏畜禽活体量乘以畜禽骨头和皮毛副产物比例，扣除骨头和皮毛副产物作饲料部分，再乘以对应部位的含氮量加和计算。可采用以下计算公式：

$$\text{IDOUT}_{\text{SW}} = \sum_{i=1}^{n} \text{See}_i \times R_i \times \text{NF}_i \times N_{\text{See}_i} + \sum_{i=1}^{n} A_i \times A_{i,\text{Weig}} \times R_{i,\text{Bone}} \times (1 - r_{\text{Feed}}) \times N_{i,\text{Bone}}$$
$$+ \sum_{i=1}^{n} A_i \times A_{i,\text{Weig}} \times R_{i,\text{Coat}} \times (1 - r_{\text{Feed}}) \div 2 \times N_{i,\text{Coat}} \tag{12-17}$$

式中，IDOUT_{SW} 表示固体废弃物氮输出量；See_i、R_i、N_{See_i}、A_i 和 $A_{i,\text{Weig}}$ 同式（12-7）、式（12-9）；NF_i 表示第 i 种作物收获物作口粮后非食物部分比例；$R_{i,\text{Bone}}$ 和 $R_{i,\text{Coat}}$ 分别表示第 i 种畜禽骨头和皮毛副产物占活体比例；r_{Feed} 表示畜禽骨头和皮毛副产物作饲料的比例；$N_{i,\text{Bone}}$ 和 $N_{i,\text{Coat}}$ 分别表示第 i 种畜禽骨头和皮毛副产物含氮量，见 7.4.4.4 节；2 表示假设牛羊皮毛副产物的一半为牛羊皮重量作工业原料，见 12.4.3.3 节。

12.5.10.2　固体废弃物产生比例

本指南中工业过程和能源系统的固体废弃物氮输出仅包括食品加工系统中来自畜禽宰杀后未被循环利用的畜禽骨头和皮毛副产物部分所包含的氮。出栏畜禽宰杀后的骨头和皮毛副产物产生比例及骨头和副产物作饲料比例见 7.4.4 节，牛羊皮作工业原料比例见 12.4.3 节。扣除骨头作饲料和牛羊皮作工业原料部分剩余的氮看作进入固体废弃物系统。

12.5.10.3　活动水平数据

该计算涉及活动数据为作物收获物量见 4.5.1 节。畜禽出栏数量见 7.5.1 节。

12.6　质量控制与保证

12.6.1　工业过程和能源系统氮输入和输出的不确定性

工业过程和能源系统的氮输入包括合成 NH_3、农产品原料、畜禽产品原料、林产品和化石燃料等。采用误差传递方法计算不确定性时，每个输入项的不确定性均有可能给最终的计算带来一定的不确定性。因此，本指南逐个分析该系统氮输入的不确定性来源及不确定性范围的设定标准或方法。工业过程和能源系统不同氮输入项的不确定性来源如下：

1）合成 NH_3。国家和不同省份的合成 NH_3 量可通过《中国工业统计年鉴》和《中国统计年鉴》主要工业产品中合成 NH_3 量获取，该类统计数据给计算带来的不确定性较小，可设定为 2%。

2）农产品原料。基于本指南中的假设，农产品原料氮包括所有农田系统作物收获物和部分工业利用秸秆氮。作物收获物计算的不确定性见 4.5.1.2 节。作物秸秆工业利用部分由秸秆产量和秸秆工业利用比例计算。作物秸秆氮计算的不确定性同农田系统作物收获部分。秸秆工业利用比例参数不确定性的来源见 7.6.1 节秸秆饲料部分。

3）畜禽产品原料。包括供食物生产的出栏畜禽、蛋奶产品和水产品等及工业原料利用的羊毛和蚕茧等。出栏畜禽、蛋奶产品和水产品的不确定性分别见 7.6.1 节和 8.6.1 节。工业利用的羊毛和蚕茧氮含量可由羊毛和蚕茧产量乘以对应的含氮量计算。羊毛和蚕茧氮含量来自相关文献报道，产品含氮量数据属于不确定性范围较小的属性参数。羊毛和蚕茧产量来自统计数据的不确定性，可设定为 2%。

4）林产品。林产品氮输入不确定性见 6.7.1 节。

5）化石燃料。因缺少各种化石燃料的含氮量参数，无法直接进行工业过程和能源系统化石燃料氮输入计算。文献的做法是将其等同于化石燃料燃烧所产生的不同形态的氮排放，包括 N_2、NH_3、N_2O 和 NO_x 排放。化石燃料氮输入的不确定性来自各类燃料实物消费量及几种形态氮排放的综合不确定性，燃料消费量不确定性来自统计数据及其部分划分带来的不确定性，相关研究通过文献汇总分析将电站煤炭使用量不确定性设为 ±5%，电站其他燃料和工业化石燃料使用量设为 ±10%，居民家庭燃料消费量设为 ±20%，非道路化石能源消费为 ±16%（Qiu et al.，2014），本指南将剩余不同部门各种能源消费量的不确定性定为 ±20%。不同形态氮排放的不确定性见本节后续废气 N_2、NO_x、NH_3 和 N_2O 排放部分。

工业过程和能源系统的氮输出包括食品、饲料、化学氮肥、结构性和非结构性日用品、工业废水排放、废气排放和固体废弃物等去向。本指南逐个分析以上氮素输出的不确定性来源及不确定性范围的设定标准或方法。工业过程和能源系统氮输出项的不确定性如下：

1）食品。存在两种计算方法，方法 1 由 FAO 食物平衡表中的植物性食物和动物性食物蛋白质供应量乘以蛋白质氮转化系数获得。一种不确定性来自蛋白质氮转化系数。参照

《2005 年中国温室气体清单研究》，蛋白质氮转化系数为 16%，其范围为 15%~17%（国家发展改革委员会应对气候变化司，2014）。另一种不确定性来自 FAO 统计数据库关于不同食物蛋白质供应量的不确定性。方法 2 由作物籽粒产量乘以作物籽粒作口粮和食物的比例、畜禽活体出栏量乘以畜禽肉占活体比例、蛋奶及其制品产量和水产养殖系统水产品产量加和计算。该结果的不确定性来自各种食品产量和计算参数等的综合不确定性。作物籽粒产量不确定性见 4.5.1.2 节。畜禽出栏量和蛋奶产品氮量见 7.6.1 节。水产品产量见 8.6.1 节。作物籽粒作口粮和口粮去向参数来自少量文献基于社会调查的数据分析结果，其不确定性分析见 7.6.1 节作物籽粒饲料部分。有关畜禽肉产量不确定性见 7.6.1 节畜禽出栏部分。

　　2）饲料。存在两种计算方法，方法 1 计算的不确定性来源同食品氮输出方法 1 相同。方法 2 由作物籽粒产量乘以饲料比例及对应籽粒氮含量与畜禽养殖系统骨头和皮毛副产物作饲料部分的氮量加和计算。该计算不确定性来自作物籽粒作饲料、畜禽养殖系统骨头和皮毛副产物作饲料氮的综合不确定性。作物籽粒作饲料、畜禽养殖系统骨头和皮毛副产物的不确定性分析同食品氮输出方法 2 部分。此处还涉及畜禽养殖系统骨头和皮毛副产物作饲料的比例，该参数来自少量文献报道，无法确定其不确定性范围，可采用假定不确定性范围做法，定量该参数给相应结果带来的不确定性（Ma et al.，2014；Gao et al.，2018）。

　　3）化学氮肥。可由《中国统计年鉴》、《中国工业统计年鉴》、《中国农业年鉴》和各省级统计年鉴中的农用化肥氮施用量中的折纯氮量加复合肥乘以复合肥氮含量计算。折纯氮量和复合肥量的不确定性来自如前所述的统计数据的不确定性。复合肥氮含量参数及其不确定性见第 4 章。

　　4）日用品。包括结构性和非结构性工业产品。可由人工合成的合成纤维、人工制药、丁腈橡胶、合成洗涤剂、塑料、硝酸和炸药等工业产品的产量乘以对应的氮含量与生物合成工业产品棉花、麻类、烟叶、牛皮、羊皮、羊毛、蚕茧和木材家具等的产量乘以对应的氮含量加和计算。人工合成含氮工业品的产量可通过不同研究尺度的统计年鉴和《中国工业统计年鉴》获取。工业产品的氮含量数据来自国内外相关文献报道结果汇总，未能实现全部人工合成含氮工业品氮含量的本土化，可能给计算结果带来一定的不确定性。这类参数的不确定性范围可通过增加数据收集量来计算，也可通过给定可接受的经验范围，分析其不确定性给最终计算带来的不确定性（Ma et al.，2014；Huang et al.，2017；Gao et al.，2018）。不同生物合成含氮工业品的含氮量参数相对稳定，不确定性范围较小。该计算不确定性主要由各种生物合成工业产品的产量统计数据的不确定性所引起，如前所述。

　　5）工业废水氮排放。工业废水氮排放计算方法有 3 种。一是根据每生产单位产品的废水氮的排放量，乘以从统计部门获得的各类工业产品产量来估算。各类工业品产量年鉴统计数据，不确定性如前所述。单位产品生产废水氮的排放量根据国家污染普查结果估算，目前仅有少量文献采用这一方法进行计算。然而，不同年份间，随着生产技术、设备和污水处理过程、处理工艺的改进，单位产品废水氮排放量可能存在差异，少量文献估算结果可能存在一定的认知局限性。二是通过污水氨氮排放量乘以氨氮全氮比来计算污水氮排放量，污水氨氮排放量数据可通过年鉴获取，属统计数据不确定性范围。氨氮全氮比参照国家相关排污标准确定，而在实际排污过程中，在不同地区、不同处理现状、处理过程/工艺和工厂运行现状条件下，该参数可能不是固定不变的，因此，有关参数的准确性和地区适用性需要进一步验证。

6）废气 N_2 排放。废气 N_2 排放主要包括工业废水处理过程中的脱氮和化石燃料燃烧过程中的脱氮排放（Cui et al.，2013；Gu et al.，2015）。可根据每生产单位工业产品废水氮产生量和扣除污水处理 N_2O 排放后的氮移除率，乘以各类工业产品产量，再与各部门能源消费量乘以对应的 NO_x 排放因子及脱氮比例加和估算（Gu et al.，2015）。该计算不确定性来自各类工业产品产量统计数据、单位工业产品废水氮产生量和扣除污水处理 N_2O 排放后的氮移除率及各部门能源消费量和 NO_x 排放因子及脱氮比例。各类工业产品产量和各部门能源消费量来自如前所述的统计数据不确定性。单位工业产品废水氮产生量和扣除污水处理 N_2O 排放后的氮移除率来自少量文献，根据原环境保护部污染物普查结果的推算，有关该参数的不确定性存在较大的认知局限性。文献结果显示，我国污水处理的平均脱氮比例在30%~40%，其中有0.5%~1.25%的氮以 N_2O 形式排放（Cui et al.，2013；国家发展和改革委员会应对气候变化司，2014；Gu et al.，2015），因此，在脱氮排放计算过程中要扣除 N_2O 排放氮量。N_2O 排放比例参数的变化也将给废水 N_2 排放带来一定的不确定性。NO_x 排放考虑了不同年代 NO_x 的脱除比例，脱除的氮以 N_2 的形式排放到大气系统，该参数是基于少数研究结果及国内相关政策信息，进行的经验假设参数，通过研究结果与相关数据库结果比较，验证了参数的可靠性。但在不同地区间仍可能因处理过程、处理工艺和设备运行现状等存在一定的差异，所以该参数仍存在较大的认知局限性。

7）废气 NO_x 排放。由各部门化石能源消费量乘以对应的 NO_x 排放因子，再减去 NO_x 脱除比例计算（施亚岚，2014）。该计算的不确定性来自如前所述的化石能源消费统计数据、不同能源 NO_x 排放因子及脱除比例的不确定性。

8）NH_3 排放。由合成 NH_3 和化学氮肥产量乘以对应的 NH_3 排放因子，再与各种类型机动车辆的年均行驶里程乘以对应的 NH_3 排放因子加和计算（环境保护部科技标准司，2014）。合成 NH_3 和化学氮肥产量引起的不确定性来自统计数据。首先，合成 NH_3、化学氮肥生产过程、各类型交通源化石燃料燃烧过程中的 NH_3 排放因子来自环境保护部科技标准司2014年颁布的《大气氨源排放清单编制技术指南》，但究其根源这些参数主要来源于相关文献对国际文献参数的汇总，缺少我国实际生产过程中的 NH_3 排放因子（Huang et al.，2012），可能会给相关计算结果带来较大的不确定性。其次，工业过程和能源系统 NH_3 排放计算的不确定性来自各种类型机动车辆的年均行驶里程。本指南中通过收集相关文献资料，给出了我国各种类型机动车辆的年均行驶里程数（表12-10），并给出了收集数据的变化范围，可用于该计算过程的不确定性分析。

9）N_2O 排放。包括静止源和移动源 N_2O 排放、工业产品生产过程中 N_2O 排放和工业废水 N_2O 排放。因此，工业过程和能源系统 N_2O 排放的不确定性需先计算出各种来源的 N_2O 排放量的不确定性，再通过误差传递方法计算其综合不确定性。静止源 N_2O 排放由该部门各类型能源的能量消耗量乘以对应的排放因子计算。不确定性来自静止源（主要指电力部门的电站锅炉）各种能源形式的能量消费量和 N_2O 排放因子。电力部门的 N_2O 排放因子分为两种，一种是可以直接与各种类型能源能量消费量相乘的排放因子（kg N_2O–N TJ^{-1}）（国家发展和改革委员会能源研究所，2007）。能量消费量由能源消费量乘以对应的能值计算，能值为变化较小的属性参数，且已经过专家论证和认可（国家发展和改革委员会应对气候变化司，2014），因此，该计算的不确定性主要来自电力部门能源消费量，不确定性见废气 N_2 排放部分各部门能源消费量的不确定性。《2005 中国温室气体清单研究》中通过专题研究结果，给出了种类固体能源类型 N_2O 排放因子，将其不确定性估计为 50%。而对液体和气体燃料的 N_2O 排放因子则采用《1996 年 IPCC 清单指南》的缺省值。《1996 年 IPCC 清单指南》将静止源燃烧 N_2O 排放因子的不确定性范围推荐为平均值的 1/10～10 倍，不确定性估算范围设为 500%（国家发展和改革委员会能源研究所，2007）。电力部门的另一种不同类型能源 N_2O 排放因子与发电技术有很大关系。该过程的 N_2O 排放计算是在各种类型能源能量消费量的基础上，考虑各种发电技术消耗不同类型能源的比重，再乘以对应排放因子计算。该计算过程相比各种类型能源能量消费量直接乘以对应 N_2O 排放因子计算多考虑了发电技术比例。如果采用该方法计算电力部门的 N_2O 排放，也需考虑发电技术比例参数的不确定性给该计算带来的不确定性。参照《2005 中国温室气体清单研究》相关做法，本指南将各种发电技术的不确定性定为 50%（国家发展和改革委员会应对气候变化司，2014）。

移动源 N_2O 排放包括道路交通、铁路、水运和航空活动的能源消费 N_2O 排放。道路交通 N_2O 排放由某类车辆的年运营距离数乘以 N_2O 排放因子和铁路、航空及水运等部分的能源消费量乘以对应排放因子加和计算（国家发展和改革委员会应对气候变化司，2014）。移动源 N_2O 排放不确定性来自道路交通、铁路、水运和航空活动的能源消费 N_2O 排放的综合不确定性。道路交通 N_2O 排放不确定性来自各种类型机动车辆拥有量、年运营距离和 N_2O 排放因子不确定性。各种类型机动车辆拥有量和年运营距离可由相关统计数据获取，其不确定性来自统计数据。因我国实施的道路交通污染排放标准基本等同于欧洲标准，故各种车型 N_2O 排放因子采用了欧洲参数，但未给出参数的不确定性范围（国家发展和改革委员会应对气候变化司，2014）。铁路、水运和航空活动的 N_2O 排放通过各种交通技术下的能量消费量乘以对应的单位能量消费所带来的 N_2O 排放（kg N_2O-N TJ^{-1}）计算。该计算的一种不确定性来自各种交通技术下的能源消费量，来自统计数据不确定性；另一种不确定性来自单位能量消耗带来的 N_2O 排放量，该参数来自《2006 年 IPCC 国家温室气体清单指南》中的铁路机车、船舶和飞行器的 N_2O 缺省排放因子（国家发展和改革委员会应对气候变化司，2014）。

工业生产过程 N_2O 排放由相关工业产品产量活动数据乘以对应 N_2O 排放因子计算。活动数据包含己二酸和硝酸产量。我国缺少己二酸的产量统计数据，相关活动数据可通过部门咨询和企业实地调研的方式获取。参照《IPCC 国家温室气体清单优良作法指南和不确定性管理》，企业实地调研获取的数据不确定性为 2%，企业实地调研获得的 N_2O 排放因子的计算基于硝酸消耗量。根据《2006 年 IPCC 国家温室气体清单指南》，该排放因子的不确定性是 1%（IPCC，2006）。硝酸生产 N_2O 排放通过两种方法估算，一种方法是通过收集的国家和省级统计数据，乘以本指南给出的 2005 年全国硝酸生产的平均 N_2O 排放因子。国家和省级统计数据不确定性对计算造成的影响如前所述。2005 年全国平均 N_2O 排放因子的不确定性可根据硝酸产量和各种工艺 N_2O 排放因子及其不确定性通过误差传递方式计算。另一种方法是通过研究区域企业数据部门咨询或实地调查的方式获取，参照

《IPCC 国家温室气体清单优良作法指南和不确定性管理》，这类数据的不确定性为 2%（IPCC，2000），结合本指南给出的 N_2O 排放因子及其不确定性可计算最终估算值的不确定性。

工业污水 N_2O 排放由废水氮排放量乘以废水处理 N_2O 排放比例计算（国家发展和改革委员会应对气候变化司，2014；Gu et al.，2015）。不确定性来自废水氮排放量和废水处理 N_2O 排放比例。废水氮排放量无统计数据，根据活动数据获取程度，存在两种不同的工业废水氮排放计算方法（Cui et al.，2013，2016；Gu et al.，2015）。一种方法是通过各种工业产品产量乘以单位工业产品生产过程中的废水氮排放量。该方法计算的不确定性一方面来自各种工业产品产量统计数据，另一方面来自单位工业产品生产过程中的废水氮排放量，该参数为相关研究基于环境保护部公布的污染普查数据进行的推算值（Gu et al.，2015）。该参数的获取需对全部工业产品一一推算，不仅具有较大的工作量，且不同年代间随着生产技术、生产效率、污水处理水平和设备运行状态等的变化，参数可能会发生一定的变化，有关该参数的不确定性仍存在较大的认知局限性。另一种方法是根据《综合污水排放标准》（GB 8978—2002），认为污水排放中的总氮浓度是氨氮浓度的 2.5 倍，根据各级统计数据公布的工业废水排放中的氨氮量估算工业系统废水氮排放量（Cui et al.，2013；施亚岚，2014）。该方法的计算结果是从工厂内部排放出的污水中所包含的氮量，可看作工业产品生产过程中产生的已被内部污水处理后的废水氮排放。其不确定性来自工业污水氨氮排放量统计数据和总氮氨氮比参数。在获取工业废水氮排放量后，本指南借鉴《2005 中国温室气体清单研究》做法计算废水处理 N_2O 排放。即通过排放到水道、河流、湖泊或海洋的工业废水氮排放量乘以 N_2O 排放因子计算。该计算过程不确定性除以上所述的废水氮排放量不确定性外，还来自废水处理 N_2O 排放因子。如同《2005 中国温室气体清单研究》，该排放因子采用《2006 年 IPCC 国家温室气体清单指南》中的推荐缺省值 0.005 kg N_2O-N kg^{-1} N，具有较大的变化范围 0.0005 ~ 0.25 kg N_2O-N kg^{-1} N（国家发展和改革委员会应对气候变化司，2014）。

10）固体废弃物。受认知水平和文献资料所限，本指南中将来自农田系统的农产品和畜禽养殖系统的出栏畜禽及蛋奶产品等假设全部进入食品加工系统，经过加工处理后，再为人类系统提供植物性食物和动物性食物（Ma et al.，2012，2014；Gao et al.，2018）。同时将工业品生产过程中的固体废弃物产生量忽略（Cui et al.，2013；Gu et al.，2015），仅计算了食品加工过程中的固体废弃物产生量。而后将一定比例的畜禽骨头用于畜禽骨粉饲料，剩余部分进入固体废弃物系统。畜禽皮毛用于本系统内部的生物合成工业含氮品的生产，剩余部分进入固体废弃物系统。因此，本系统固体废弃物氮输出的不确定性首先来自相关假设，该方面的不确定性需通过进一步的专题研究来定量；其次，来自食品加工过程中的固体废弃物氮的计算过程，由作物收获物作口粮部分氮乘以非食物部分比例，与出栏畜禽活体量乘以畜禽骨头和皮毛副产物比例，扣除畜禽骨头和皮毛副产物作饲料部分，再乘以对应部位的含氮量加和计算。不确定性来自包括作物收获物氮量、收获物作口粮比例、口粮氮去向、出栏畜禽氮量、畜禽骨头和皮毛副产物比例及其作饲料和工业原料比例。作物收获物不确定性见 4.5.1.2 节。收获物作口粮和口粮氮去向比例不确定性见 12.5.1 节相关表述。出栏畜禽氮不确定性见 7.6.1 节。出栏畜禽骨头和皮毛副产物比例及其作饲料和工业原料比例不确定性见本节氮输出不确定性饲料部分相关表述。

12.6.2 减少不确定性的途径

不同子系统氮输入和输出的不确定性主要来自活动数据和相关计算参数。因此，减少和控制不确定性的途径主要是增加活动数据和相关计算参数的准确性或降低其不确定性。本系统中所涉及的活动数据，如工业合成氨量、化学氮肥产量、各种工业产品产量、各种类型机动车拥有量、各种能源实物消费量、林产品产量、作物籽粒产量、羊毛、蚕茧和硝酸产量等，一般来自国家、省级和市级等尺度的统计数据、行业公报或 FAO 的统计数据库。这类数据来源途径、缺失年份数据的填补及数据的不确定性范围设定标准见 7.6.2 节。另有部分活动数据如己二酸和硝酸等的产量及不同硝酸工艺的生产量等难以获取官方的统计数据，这类数据可通过实地调查的方式来获取。

计算过程中的转换参数一般通过收集国内外相关文献报道结果获取。本系统中的转换参数同样可以归为两类：一类转换参数如不同类型能源热能值和产品含氮量等，这些转换参数在不同研究尺度和不同年代的变化相对较小，通过少数文献报道即可获取和应用该类转换参数；另一类转换参数如各种类型机动车年均行驶里程，年运行距离，单位工业产品废水氮产生和排放量，废水脱氮比例，N_2O 排放，废气脱氮，以及 NH_3、N_2O 和 NO_x 排放因子等，这些转换参数的获取途径和不确定性范围确定方法等，详见 7.6.2 节。

参 考 文 献

高利伟.2009.食物链氮素养分流动评价研究——以黄淮海地区为例.保定：河北农业大学.

高祥照，马文奇，马常宝，等.2002.中国作物秸秆资源利用现状分析.华中农业大学学报，21（3）：242-247.

谷保静.2011.人类-自然耦合系统氮循环研究——中国案例.杭州：浙江大学.

国家发展和改革委员会能源研究所.2007.中国温室气体清单研究.北京：中国环境科学出版社.

国家发展和改革委员会应对气候变化司.2014.中国温室气体清单研究2005.北京：中国环境出版社.

环境保护部.2016.2015中国环境状况公报.北京：中国环境出版社.

黄晓虎，韩秀秀，李帅东，等.2017.城市主要大气污染物时空分布特征及其相关性研究.环境科学研究，30（7）：1001-1011.

贾顺平，毛保华，刘爽，等.2010.中国交通运输能源消耗水平测算与分析.交通运输系统工程与信息，10（1）：22-27.

李伟，傅立新，郝吉明，等.2003.中国道路机动车10种污染物的排放量.城市环境与城市生态，16（2）：36-38.

卢培利，张代钧，许丹宇.2004.废水生物脱氮中 N_2O 和 NO_x 的来源及生成机理.重庆大学学报，27（9）：102-108.

商务部，国家发展和改革委员会，公安部和环境保护部.2013.机动车强制报废标准规定.

施亚岚.2014.中国食物链活性氮梯级流动效率及其调控.北京：中国科学院大学.

施亚岚，崔胜辉，许肃，等.2014.需求视角的中国能源消费氮氧化物排放研究.环境科学学报，34（10）：2684-2692.

王宇，姜冬梅.2010.2005年中国硝酸生产过程温室气体排放清单.

许世伟，张建新，付强. 2008. 城市 WTP 脱氮除磷调控参数的研究. 给水排水，134：7-11.

中国环境科学研究院. 2008. 第一次全国污染源普查：工业污染源产生与排放系数手册. 北京：中国环境科学出版社.

Cubasch U D, Wuebbles D, Chen D, et al. 2013. Introduction//Stocker T F, Qin D, Plattner G K, et al. Climate Change 2013: The Physical Science Basis. Contribution of Working Group I to the Fifth Assessment Report of the Intergovernmental Panel on Climate Change. Cambridge: Cambridge University Press.

Cui S H, Shi Y L, Groffman P M, et al. 2013. Centennial-scale analysis of the creation and fate of reactive nitrogen in China (1910-2010). Proceedings of the National Academy of Sciences of the United States of America, 110 (6): 2052-2057.

Cui S H, Shi Y L, Malik A, et al. 2016. A hybrid method for quantifying China's nitrogen footprint during urbanization from 1990 to 2009. Environmental International, 97: 137-145.

Galloway J N, Townsend A R, Erisman J W, et al. 2008. Transformation of the nitrogen cycle: Recent trends, questions, and potential solutions. Science, 320 (5878): 889-892.

Gao B, Huang Y F, Huang W, et al. 2018. Driving forces and impacts of food system nitrogen flows in China, 1990 to 2012. Science of the Total Environment, 610-611: 430-441.

Gu B J, Ge Y, Ren Y, et al. 2012. Atmospheric reactive nitrogen in China: Sources, recent trends, and damage costs. Environmental Science and Technology, 46 (17): 9420-9427.

Gu B J, Chang J, Min Y, et al. 2013a. The role of industrial nitrogen in the global nitrogen biogeochemical cycle. Scientific Reports, 3 (9): 2579.

Gu B J, Leach A M, Ma L, et al. 2013b. Nitrogen footprint in China: Food, energy, and nonfood goods. Environmental Science and Technology, 47 (16): 9217-9224.

Gu B J, Ju X T, Chang J, et al. 2015. Integrated reactive nitrogen budgets and future trends in China. Proceedings of the National Academy of Sciences of the United States of America, 112 (28): 8792-8797.

Hao J, Tian H, Lu Y. 2002. Emission inventories of NO_x from commercial energy consumption in China, 1995-1998. Environmental Science and Technology, 36 (4): 552-560.

Huang W, Huang Y F, Lin S Z, et al. 2017. Changing urban cement metabolism under rapid urbanization—a flow and stock perspective. Journal of Cleaner Production, 173: 179-206.

Huang X, Song Y, Li M M, et al. 2012. A high-resolution ammonia emission inventory in China. Global Biogeochemical Cycles, 26, GB1030, doi: 10.1029/2011GB004161.

IPCC. 1996. Revised 1996 IPCC guidelines for national greenhouse gas inventories. Cambridge: Cambridge University Press.

IPCC. 1997. Intergovernmental Panel on Climate Change: Greenhouse Gas Inventory Reference Manual. Cambridge: Cambridge University Press.

IPCC. 2000. IPCC 国家温室气体清单优良作法指南和不确定性管理.

IPCC. 2006. Guidelines for national greenhouse gas inventories. Bracknell, UK, IPCCWGI technical support unit.

IPCC. 2007. Changes in atmospheric constituents and in radiative forcing//Solomon S, Qin D, Manning M, et al. Climate Change 2007: The Physical Science Basis, Contribution of Working Group I to the Fourth Assessment Report of the Intergovernmental Panel on Climate Change. Cambridge University Press, Cambridge, UK and New York, NY, USA, pp: 130-234.

Kato N, Akimoto H. 1992. Anthropogenic emissions of SO_2 and NO_x in Asia: Emission inventories. Atmospheric Environment. Part A. General Topics, 26 (16): 2997-3017.

Liu J, Diamond J. 2005. China's environment in a globalizing world. Nature, 435 (7046): 1179-1186.

Ma L, Ma W Q, Velthof G L, et al. 2010. Modeling Nutrient Flows in the Food Chain of China. Journal of Environmental Quality, 39 (4): 1279-1289.

Ma L, Velthof G L, Wang F H, et al. 2012. Nitrogen and phosphorus use efficiencies and losses in the food chain in China at regional scales in 1980 and 2005. Science of the Total Environment, 434 (18): 51-61.

Ma L, Guo J H, Velthof G L, et al. 2014. Impacts of urban expansion on nitrogen and phosphorus flows in the food system of Beijing from 1978 to 2008. Global Environmental Change, 28 (1): 192-204.

Pan Y P, Tian S L, Liu D W, et al. 2016. Fossil fuel combustion-related emissions dominate atmospheric ammonia sources during severe haze episodes: Evidence from ^{15}N-atable isotope in size-resolved aerosol ammonium. Environmental Science and Technology, 50 (15): 8049.

Shi Y L, Cui S H, Ju X T, et al. 2015. Impacts of reactive nitrogen on climate change in China. Scientific Reports, 5: 8118.

Tilman D, Clark M. 2014. Global diets link environmental sustainability and human health. Nature, 515 (7528): 515-522.

Tilman D, Balzer C, Hill J, et al. 2011. Global food demand and the sustainable intensification of agriculture. Proceedings of the National Academy of Sciences of the United States of America, 108 (50): 20260-20264.

Wu Y Y, Gu B J, Erisman J W, et al. 2016. $PM_{2.5}$ pollution is substantially affected by ammonia emissions in China. Environmental Pollution, 218: 86-94.

Zhang Q, Streets D G, He K B, et al. 2007. NO_x emission trends for China, 1995-2004: The view from the ground and the view from space. Journal of Geophysical Research, 112 (D22): D22306.

Zhang Y L, Cao F. 2015. Fine particulate matter ($PM_{2.5}$) in China at a city level. Science Reports, 5: 14884.

第13章　固体废弃物系统

13.1　导　　言

固体废弃物系统是收纳和处理人类在生产、生活和其他活动中产生的固态、半固态废弃物质的系统。随着经济的发展、人口的增长、城市化进程的加快和人民生活水平的提高，发展中国家的固体废弃物产量逐年增多，种类也日益复杂（Zhang et al.，2008；Chen et al.，2010；陶建格，2012；Xu et al.，2013），这种情况在中国更为显著（Zhu et al.，2009；Chen et al.，2010）。固体废弃物因其污染环境，危害公众健康，带来诸多社会和环境污染问题，已引起了全世界的关注（Giusti，2009；Pan et al.，2010）。在社会经济快速发展的同时，有效解决固体废弃物的处理问题已成为社会经济可持续发展的关键所在。

1979～2010年，我国市政固体垃圾产生量从$25.1×10^6$t增加至$158.1×10^6$t，平均每年增加6%（国家统计局，2011）。2015年，全国设市城市生活垃圾清运量达到$191.4×10^6$t（国家统计局，2016），且随着人们生活水平的不断提高，农村固体废弃物的处理也不容乐观（陶建格，2012）。同时，我国工业固体废弃物产生量近年来也飞快增长，据《2014中国环境状况公报》报道，2014年我国工业固体废物产生量达到$3256.2×10^6$t，与2007年相比翻了一番（中国环境状况公报，2007，2014）。此外，随着我国社会经济和城镇化的快速发展，城镇污水厂的数量和规模也在不断增加，污水处理过程中的污泥产量也在迅速增加（戴晓虎，2012；严迎燕，2016）。中国固体废弃物产生量迅速增加，产生量惊人，导致目前中国近2/3的城市面临垃圾围城的困境，且这个问题正在向农村地区蔓延（陶建格，2012；Xu et al.，2013）。如果不加以控制，将会引起更加严重的环境污染问题，严重威胁人们的生产、生活，危害公众身心健康，影响我国经济社会的可持续发展（陶建格，2012）。

此外，固体废弃物中的很多成分，如家庭生活中的厨余垃圾、纸张、金属、塑料、丝织品和污水处理产生的污泥等均含有不同比例的氮素（岳波等，2014；Xian et al.，2016；Wang et al.，2017a）。可以预见，随着固体废弃物产生量的增加，这部分氮素通量也会与日俱增。有关研究结果表明，1980～2010年，我国废弃物垃圾中所包含的氮量从0.3 Tg增加至5.7 Tg，其中，2010年废弃物氮量约占当年全国总氮投入量的9.2%（Gu et al.，2015）。然而，当前我国多数城市地区的固体废弃物处理形式比较单一，且地区间处理方式差异较大，大都以填埋或者焚烧等形式进行无害化处理，少有垃圾堆肥、作饲料和资源循环再利用。以往研究中有关废弃物氮的去向也主要关注垃圾填埋、焚烧、堆肥几个主要去向（魏静等，2008；Cui et al.，2013；Gu et al.，2015），少数研究考虑了垃圾填埋后的渗滤液排放氮（Gu et al.，2015），然而，有关垃圾填埋N_2O的排放可能由于排放量较小、文献报道较少和填埋N_2O产生及排放过程复杂等原因而被忽略（国家发展和改革委员会应对气候变化司，2014）。新的研究表明，城市生活垃圾填埋渗滤液已成为一个较大的 N_2O 排放源，N_2O 排放因子为垃圾渗滤液含氮量的 8.9% ~ 11.9%，远高于农田 N_2O 排放因子，且渗滤液氮含量极高；在不同填埋处理场垃圾填埋渗滤液 N_2O 排放贡献了总填埋产生 CO_2 当量的 45.6% ~ 72.8%（Wang et al.，2017a，2017b）。随着垃圾填埋量与日俱增，在今后的氮循环研究和活性氮评估工作中应对该部分 N_2O 排放引起足够的重视。此外，广大农村地区的生活垃圾因产生源相对分散、收集困难和位置偏远等未被市政环卫部门统一收集、清运和进行后续处理。这些问题均导致固体废弃物中包含的氮素流动方向比较单一，导致固体废弃物中隐含的大量可以循环利用的氮素滞留在环境介质中或以焚烧气体的形式损失到大气环境，进而引起水体、土壤污染和大气环境问题。

目前，国家已意识到固体废弃物排放带来的危害及其造成的大量资源浪费问题。因此，正在实施宏观调控，对固体废弃物实行 "减量化、资源化、无害化" 处理。有的地区，如厦门市已于 2017 年通过《厦门经济特区生活垃圾分类管理办法》，拟采取立法手段加强垃圾分类、资源循环。固体废弃物减量化是从污染源头抓起，减少固体废弃物产生量；固体废弃物资源化是在处理固体废弃物过程中，搞好分类回收和综合利用，变废为宝；固体废弃物无害化是强调垃圾无害化处理水平，在固体废弃物处置过程中，坚持高标准、严要求，防止发生二次污染（陶建格，2012）。除以上填埋和焚烧等主要处理方式外，固体废弃物的处理技术还包括堆肥、热解、微生物处理法和资源利用等（丛丽娜和郭英涛，2015）。厨余垃圾作饲料和污泥还田等技术可实现固体废弃物中包含的氮素再次进入氮素循环系统。随着垃圾分类和资源回收再利用的推广应用，这部分循环利用的氮将成为固体废弃物系统的又一种氮素基本去向。目前不同研究尺度对这部分氮素流动过程的定量研究相对较少。且不同城市发展水平、政策与法律法规体系和人们意识水平的差别等，导致不同城市固体废弃物处理方式和比例可能存在较大的差异。固体废弃物中隐含的氮素也随着不同处理方式而去向不同，进而对环境造成不同程度的影响。因此，全面评估我国及不同地区的固体废弃物系统氮素的来源和去向，以及其与氮素循环的关系和对氮素循环的影响，对协调社会经济发展与生态环境友好具有重要的指导意义。

本章基于分析固体废弃物系统氮的输入与输出，通过资料调研收集、整理，分析国内外的研究成果，对现阶段固体废弃物系统氮流动分析方法在我国的适用性进行系统整理与评估，在建立本土评估因子数据库的基础上，根据公开发表的文献资料与各类统计数据，结合活动数据等，建立了固体废弃物系统氮素流动分析方法，提出了固体废弃物系统氮素流动分析方法指南。

13.2　系 统 描 述

13.2.1　系统的定义、内涵及其外延

固体废弃物系统是收纳和处理人类在生产、生活和其他活动中产生的固态、半固态废弃物质的系统。固体废弃物的种类繁多，大体可分为工业废弃物、农业废弃物和生活废弃

物三大类。工业废弃物包括采矿废石、冶炼废渣、各种煤矸石、炉渣及金属切削碎块、建筑用砖、瓦和石块等;农业废弃物包括农作物的秸秆、牲畜粪便及畜禽宰杀后骨头和皮毛副产物等;生活废弃物,即生活垃圾,通俗地说,就是"垃圾"。此外,本指南中的固体废弃物还包括来自城市绿地系统的园林绿化垃圾、来自宠物系统的宠物垃圾填埋和来自污水处理系统的污泥等。固体废弃物处理的主要目的是达到无害化、减量化和资源化,主要途径是使固体废弃物中的可降解有机成分分解、可回收成分回收利用、惰性成分永久存放或埋藏。固体废弃物的处理方式主要有以下几种,即堆弃、卫生填埋、堆肥、焚烧及其他处理方式。

13.2.2　固体废弃物系统与其他系统间的氮交换

通过固体废弃物系统的内涵可以看出,该系统与其他系统之间的氮交换包括来自畜禽养殖系统的死淘畜禽尸体、宰杀畜禽不可利用的副产物、城市绿地系统的园林绿化垃圾、宠物系统的部分畜禽粪尿、人类系统的生活垃圾、家庭消费含氮工业品的废弃物和污水处理系统的污泥等;固体废弃物系统向其他系统的氮素输出主要包括园林绿化垃圾、生活垃圾、家庭消费含氮工业品的废弃物和污泥等以焚烧氮向大气排放,厨余和餐厨垃圾以堆肥形式进入农田或城市绿地系统,以饲料形式进入畜禽养殖系统,污泥堆肥归还到城市绿地系统,垃圾填埋 N_2O 排放到大气系统,垃圾渗滤液进入污水处理系统。剩余的生活垃圾、污泥和宠物粪便等填埋认为是在固体废弃物系统内部的氮积累。

13.3　固体废弃物系统氮素流动模型

本指南中固体废弃物系统氮素流动模型在氮素的投入和输出基础上建立。其中,氮输入包括畜禽产品、生活垃圾、工业品废弃物、园林绿化垃圾、宠物粪便垃圾和污泥 6 项(图 13-1)。氮输出包括堆弃、填埋、焚烧和堆肥 4 个途径。其中,填埋又可划分为渗滤液、脱氮、N_2O 排放、NH_3 挥发。垃圾焚烧后的去向可分为 N_2、NH_3、N_2O 和 NO_x 排放。垃圾堆肥过程中也会伴随一定量的 NH_3 挥发。

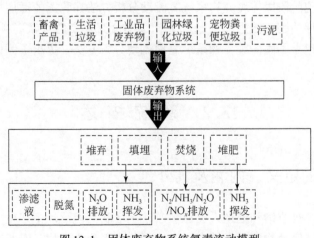

图 13-1　固体废弃物系统氮素流动模型

我国不同地区城市发展水平和固体废弃物处理方式等差别较大, 在确定本系统氮素流动模型时, 应紧密结合所在研究地域的具体情况, 根据当地氮素输入输出和活动数据水平特征, 在本指南的基础上因地制宜地选择科学、适当的固体废物系统氮素流动模型。另外, 随着经济、技术的发展、信息资料的完备和认知水平的不断提升, 可根据实际情况不断完善和更新本模型。

13.4　氮　素　输　入

根据固体废弃物系统氮素流动模型, 本系统氮输入指畜禽产品、生活垃圾、工业品废弃物、园林绿化垃圾、宠物垃圾填埋和污泥部分, 可采用以下计算公式。本节详细描述各个输入项的来源、计算方法、系数选取及活动数据的获取途径。

$$GT_{IN} = \sum GTIN_{AniProd} + GTIN_{SW} + GTIN_{HuInd} + GTIN_{UG} + GTIN_{Slud} \tag{13-1}$$

式中, GT_{IN} 表示固体废弃物系统氮输入量; $GTIN_{AniProd}$ 表示畜禽产品氮输入量; $GTIN_{SW}$ 表示生活垃圾氮输入量; $GTIN_{HuInd}$ 表示工业品废弃物氮输入量; $GTIN_{UG}$ 表示园林绿化垃圾氮输入量; $GTIN_{Slud}$ 表示污泥氮输入量。

13.4.1　畜禽产品

畜禽出栏宰杀后的骨头和皮毛副产物除部分骨头作动物骨粉饲料进入畜禽养殖系统、牛羊皮和羊毛进入工业过程和能源系统外, 剩余骨头和皮毛副产物则进入固体废弃物系统, 该部分固体废弃物的产生量已在 12.5.10.1 节计算, 可直接引用相应计算结果。此外, 动物饲养过程中瘟疫和疾病等导致的动物不同程度的非正常死亡尸体含氮量的总和也是畜禽产品输入固体废弃物系统的部分。被淘汰的畜禽, 如奶牛和蛋鸡等一般以肉畜和肉牛的形式宰杀后出售。因此, 被淘汰的畜禽氮不在固体废弃物系统进行计算。同时因获取有效参数的限制, 本指南主要估算肉牛、奶牛、猪、蛋鸡和肉鸡的死亡动物尸体氮。

13.4.1.1　计算方法

畜禽出栏宰杀后的骨头和皮毛副产物废弃物的氮量可通过骨头和皮毛副产物产生量减去循环利用部分的氮量来计算。可采用以下计算公式:

$$GTIN_{AniProd} = IDOUT_{SW} - \sum_{i=1}^{n} See_i \times R_i \times NF_i \times N_{See_i} + LSOUT_{Death} \tag{13-2}$$

式中, $GTIN_{AniProd}$ 表示畜禽产品氮输入量; $IDOUT_{SW}$ 见 12.5.10.1 节; See_i、R_i、NF_i 和 N_{See_i} 同 12.5.10.1 节; $LSOUT_{Death}$ 表示死淘畜禽尸体氮含量。

13.4.1.2　不同畜禽骨头和皮毛副产物占活体比例及氮含量

不同畜禽骨头占活体比例及骨头氮含量见 7.5.1.2 节。死亡畜禽尸体包含氮的估算见 7.5.11 节。

13.4.1.3　活动水平数据

该计算涉及活动数据为畜禽年均出栏量,获取途径见7.5.1.3节。

13.4.2　生活垃圾

生活垃圾氮指家庭生活垃圾中所包含的氮。需要指出的是,在垃圾未分类地区是家庭产生的所有混合垃圾量,在开展垃圾分类地区是扣除混合垃圾中的厨余垃圾所剩余的生活垃圾量。厨余垃圾和生活垃圾估算方法分别见10.5.9节和10.5.10节。

13.4.3　工业品废弃物

工业品废弃物指家庭消费的所有工业品固体废弃物包含的氮总和,估算方法见10.5.11节。

13.4.4　宠物粪便垃圾

宠物粪便垃圾氮指宠物系统的排泄物被当作垃圾进行收集填埋或者直接丢弃所包含的氮量。具体计算过程见11.5.2节。

13.4.5　园林绿化垃圾

城市绿地的草坪和树木修剪后的凋落物,包括乔木、灌木和草坪修剪三部分,被当作垃圾清扫进入固体废弃物系统。进入固体废弃物系统的园林绿化垃圾氮量的估算见9.5.1节。

13.4.6　污泥

污水处理系统产生的污泥,认为全部进入固体废弃物系统,而后再通过焚烧、堆肥和填埋等方式无害化处理。污泥估算方法见14.5.4节。

13.5　氮 素 输 出

根据固体废弃物系统氮素流动模型,本系统氮输出包含垃圾堆弃(主要指农村地区生活垃圾)、填埋、焚烧和堆肥4个去向。其中,填埋氮过程中伴随着垃圾渗滤液、渗滤液脱氮、填埋和渗滤液的N_2O排放和NH_3挥发,垃圾焚烧分为N_2、N_2O、NH_3和NO_x排放,堆肥分为堆肥产品的氮及堆肥过程中的NH_3排放等部分,可采用以下计算公式。本节详细描述各个输出项的计算方法、系数选取及活动数据的获取途径。

$$GT_{OUT} = \sum GTOUT_{Pile} + GTOUT_{Landfill} + GTOUT_{Lea} + GTOUT_{N_2O} + GTOUT_{NH_3} + GTOUT_{NO_x} + GTOUT_{N_2}$$
$$+ GTOUT_{Comp} \tag{13-3}$$

式中，GT_{OUT} 表示固体废弃物系统氮输出量；$GTOUT_{Pile}$ 表示固体废弃物堆放弃置氮输出量；$GTOUT_{Landfill}$ 表示固体废弃物填埋氮量，包括生活垃圾填埋和宠物粪尿填埋的氮量；$GTOUT_{Lea}$ 表示垃圾渗滤液排放的氮量；$GTOUT_{N_2O}$ 表示垃圾填埋、焚烧过程中的 N_2O 排放氮量；$GTOUT_{NH_3}$ 表示垃圾填埋、焚烧和堆肥过程中的 NH_3 排放氮量；$GTOUT_{NO_x}$ 表示垃圾焚烧过程中 NO_x 排放氮量；$GTOUT_{N_2}$ 表示垃圾焚烧过程中脱氮 N_2 排放氮量；$GTOUT_{Comp}$ 表示生活垃圾堆肥氮量。

13.5.1　垃圾堆弃

广大农村地区的生活垃圾未被环卫部门清运工作覆盖，这部分生活垃圾扣除餐厨垃圾作饲料部分后一般看作在农村地区弃置堆放。

13.5.1.1　计算方法

农村地区的生活垃圾堆放弃置氮输出量可由农村人均生活垃圾产生量乘以垃圾成分比例及其氮含量，计算出人均生活垃圾氮排放量，再乘以农村地区常住人口数，再扣除其中的餐厨垃圾作饲料氮计算。可采用以下计算公式：

$$GTOUT_{Pile} = \sum_{i=1}^{n} W_{Rur} \times R_{i,Rur} \times (1 - R_{Feed}) \times N_{SW_i} \times P_{Rur} \tag{13-4}$$

式中，$GTOUT_{Pile}$ 表示固体废弃物堆放弃置氮输出量；W_{Rur}、$R_{i,Rur}$、N_{SW_i} 和 P_{Rur} 同 10.5.10.1 节；R_{Feed} 表示农村地区餐厨垃圾作饲料比例。

13.5.1.2　农村地区餐厨垃圾作饲料比例

农村地区餐厨垃圾作饲料比例见表 7-4。

13.5.1.3　活动水平数据

该计算涉及的活动数据为农村生活垃圾产生量，无相关统计数据。通过农村人均生活垃圾产生量及农村常住人口数等计算获取，具体计算见 10.5.10.1 节。

13.5.2　垃圾填埋

目前，我国固体废弃物的主要处理方式有填埋、焚烧和堆肥及少量的资源循环再利用。固体废弃物输入到固体废弃物系统后，填埋垃圾所含的氮进入地表系统封存。填埋垃圾的氮是垃圾渗滤液、填埋 N_2O 和 NH_3 排放估算的活动数据。因此，此处先估算垃圾填埋的氮量。综合各系统垃圾输出氮去向，垃圾填埋包含城镇居民生活垃圾填埋、食品加工垃圾填埋、宠物粪便填埋、工业品废弃物氮填埋、绿化垃圾填埋和污泥填埋等。将不同来源的垃圾氮其他去向扣除后，计算填埋渗滤液氮、填埋 N_2O 和 NH_3 排放，剩余部分的氮看作固体废弃物系统的氮积累。

13.5.2.1　计算方法

垃圾填埋氮可通过以上各来源的填埋垃圾的氮加和来估算。可采用以下计算公式：

$$
\begin{aligned}
\mathrm{GTOUT_{Landfill}} = &\sum_{i=1}^{6} \mathrm{HMOUT_{SWUrban}} \times R_{\mathrm{SW,Landfill}} + \mathrm{IDOUT_{FW}} + \mathrm{PTOUT_{Exc}} \times R_{\mathrm{PT,Landfill}} \\
&+ \mathrm{HMOUT_{Indu}} \times R_{\mathrm{Indu,Landfill}} + \mathrm{UGOUT_{SW}} \times R_{\mathrm{UGSW,Landfill}} + \mathrm{WWOUT_{Slu}} \\
&\times R_{\mathrm{Slu,Landfill}}
\end{aligned}
\tag{13-5}
$$

式中，$\mathrm{GTOUT_{Landfill}}$表示固体废弃物填埋氮量；$\mathrm{HMOUT_{SWUrban}}$表示城市居民生活垃圾产生的氮量；$R_{\mathrm{SW,Landfill}}$表示生活垃圾填埋比例；$\mathrm{IDOUT_{FW}}$表示食品加工垃圾填埋的氮量，指畜禽养殖系统出栏畜禽宰杀后骨头和皮毛副产物扣除骨头作饲料和皮毛工业利用外的氮，具体计算过程见 7.5.1 节；$\mathrm{PTOUT_{Exc}}$表示宠物猫粪便产生的氮量；$R_{\mathrm{PT,Landfill}}$表示宠物猫粪便填埋率，本指南假设为 50%（Gu et al.，2015）；$\mathrm{HMOUT_{Indu}}$表示家庭消费工业氮产品废弃氮量；$R_{\mathrm{Indu,Landfill}}$表示家庭消费工业氮产品填埋比例，参照相关文献，本指南假设工业品废弃物填埋和焚烧的比例各为 50%（Gu et al.，2015）；$\mathrm{UGOUT_{SW}}$表示城市园林绿化垃圾产生的氮量；$R_{\mathrm{UGSW,Landfill}}$表示城市园林绿化垃圾填埋比例，假设城市园林绿化垃圾产生量减去园林绿化垃圾归还绿地后焚烧和填埋的比例分别为 50%（Gu et al.，2015）；$\mathrm{WWOUT_{Slu}}$表示污水处理系统污泥氮产生量，污泥估算方法见 14.5.4 节；$R_{\mathrm{Slu,Landfill}}$表示污泥氮填埋比例，见 14.5.4 节。

13.5.2.2　城市居民生活垃圾处理方式

《中国统计年鉴》统计了各省份及全国平均城市居民生活垃圾清运量及卫生填埋、堆肥和焚烧处理量；部分地级市也对城市生活垃圾清运量及不同处理方式处理量进行了相关统计；可结合人类系统城市居民生活垃圾成分比例（表 10-7），直接用于不同尺度各垃圾处理方式氮输出的估算。部分地市的环境统计数据也可以查询城市生活垃圾清运量，需对垃圾处理方式进行部门咨询和实地调研。此外，随着城市化进程中垃圾填埋场用地与城市建设用地之间的竞争，以及城市居民对垃圾填埋场的"邻避效应"等，适宜垃圾填埋场建设的可用地越来越少。一些城市和地区已开展或正在推行垃圾分类，可通过环卫部门调研的方式获取城市居民生活垃圾比例，估算城市居民生活垃圾分类量，未进行分类的垃圾再考虑具体填埋量；随着垃圾围城、占地及填埋场所填埋容量的逐日消减，加之新建填埋场所面临的众多问题，多数城市开始对生活垃圾进行焚烧处理。从全国尺度来看，2005 年垃圾焚烧比例仅有 9.8%，且主要分布在华东和华南地区（国家发展和改革委员会应对气候变化司，2014）。有关城市尺度垃圾焚烧比例，可通过部门调研方式获取，或对垃圾焚烧厂调研获取具体垃圾焚烧量，城市居民生活垃圾扣除分类量、焚烧量比例后即可看作垃圾填埋量比例。

13.5.2.3　活动水平数据

该计算涉及活动数据众多，包括出栏畜禽骨头和皮毛副产物量、园林绿化垃圾、城市生活垃圾产生量、宠物系统粪尿排泄量、工业品废弃物和污泥氮含量。以上活动数据已分别在 7.5.1 节、9.5.1 节、10.5.9 节、11.5 节、13.4.3 节和 14.5.4 节进行估算。此外，一些研究尺度可能涉及城市生活垃圾焚烧量，该数据可通过《中国城市统计年鉴》获取。

13.5.3　填埋渗滤液

渗滤液指垃圾在堆放和填埋过程中由于压实和发酵等物理、生物和化学作用，同时在降水及其他外部来水的渗流作用下产生的含有机或无机成分的液体（张贺，2014）。垃圾渗滤液中包含大量的氨氮、有机复合物和少量的硝态氮（Wang et al.，2014，2017a）。渗滤液一个重要的水质特征是氨氮含量高，且氨氮的浓度随垃圾填埋的年数及时间而不断增加，可达到几千甚至上万 $mg \cdot L^{-1}$ 量级，约占总氮含量的 90% 以上（张贺，2014）。目前，国内有关填埋渗滤液的研究主要集中在每天的渗滤液处理量和处理工艺及其污染物方面，而有关渗滤液的产生比例，如单位填埋渗滤液产生量参数少见报道。渗滤液的报道数据均为每天的渗滤液产生和处理数据。其主要原因是渗滤液的产生量与填埋量、填埋龄、垃圾含水量、降雨量和温度等参数密切相关（张贺，2014；Wang et al.，2014），垃圾的分解过程可以持续数年，因此，无法给出恒定的渗滤液参数。

13.5.3.1　计算方法

垃圾渗滤液氮可通过渗滤液产生量乘以渗滤液氮含量来估算。可采用以下计算公式：

$$GTOUT_{Lea} = \sum_{i=1}^{n} W_{i, Lea} \times N_{Lea} \tag{13-6}$$

式中，$GTOUT_{Lea}$ 表示垃圾渗滤液排放的氮量；$W_{i, Lea}$ 表示第 i 天的渗滤液产生量；N_{Lea} 表示填埋渗滤液总氮含量。

13.5.3.2　垃圾渗滤液氮含量

Wang 等（2014）对厦门市翔安区东部填埋场垃圾渗滤液研究结果表明，新产生和老化的渗滤液平均氨氮含量分别为（2029.6±120.8）$mg \cdot L^{-1}$ 和（2141.3±277.8）$mg \cdot L^{-1}$，硝态氮浓度分别为（14.5±4.7）$mg \cdot L^{-1}$ 和（14.1±11.3）$mg \cdot L^{-1}$。其后，Wang 等（2017a）又对厦门市东部和东孚镇及漳州市南靖县 3 个垃圾填埋场渗滤液进行了比较研究，结果表明，3 个垃圾填埋场的平均氨氮浓度分别为（2068.8±128.2）$mg \cdot L^{-1}$、（2127.2±277.8）$mg \cdot L^{-1}$ 和（1491.4±107.2）$mg \cdot L^{-1}$，硝态氮浓度分别为（16.9±1.7）$mg \cdot L^{-1}$、（14.1±11.3）$mg \cdot L^{-1}$ 和（276.7±19.8）$mg \cdot L^{-1}$，全氮浓度分别为（2448.5±265.9）$mg \cdot L^{-1}$、（2160.5±222.0）$mg \cdot L^{-1}$ 和（1875.3±43.0）$mg \cdot L^{-1}$。以往报道填埋的垃圾经过一段时间之后会分解释放活性氮，通过填埋场的渗滤液输送到地表水系统（丁宝红和陈之基，2006；王业耀等，2006；周海炳等，2006）。也有研究报道垃圾填埋场产生的氨氮浓度较高的渗滤液经由管道收集后接入市政污水处理管网进行处理（Gu et al.，2015）。而 2008 年我国发布实施了新修订的《生活垃圾填埋场污染控制标准》（GB 16889—2008），对垃圾

渗滤液中 BOD_5、COD_{Cr}、氨氮、总氮和重金属等指标提出了更严格的排放标准——氨氮和总氮的排放标准分别定为 25 mg·L^{-1} 和 40 mg·L^{-1}（代晋国等，2011）。参照以上标准，垃圾填埋场的渗滤液不经处理，直接排入地表水系统或者部分渗滤液进入污水处理系统不符合现有国家标准，因而假定垃圾填埋场渗滤液均经过处理达标后排放进入污水处理系统作进一步处理。按照国家渗滤液排放标准，渗滤液处理后的污水排放总氮量仅为渗滤液总氮产生量的 2% 左右，其他的氮分别通过好氧硝化和厌氧反硝化途径以含氮气体形式和污泥形式排放到其他系统（Wang et al.，2014）。参照《生活垃圾填埋场污染控制标准》（GB 16889—2008），本指南中假定排到污水处理系统处理后的填埋渗滤液总氮含量缺省为 40 mg·L^{-1}。而相关研究分析了我国垃圾渗滤液处理工程技术现状，得出目前仍缺少经济可行的技术以保证垃圾渗滤液的达标排放的结论。虽然生化处理技术与膜技术相结合可实现垃圾渗滤液达标排放，但由于工程投资大、运行成本高，很难在实际工程建设中广泛应用（代晋国等，2011）。因此，在实际的排放过程中处理后的垃圾渗滤液氮排放可能仍高于排放标准。在条件允许的情况下，可对研究区域内的垃圾渗滤液污水排放阶段氨氮和总氮含量进行部门咨询或实地取样和室内分析测定，以获取更加准确的垃圾渗滤液污水氮排放参数。

13.5.3.3　活动水平数据

本指南计算涉及的活动水平数据是垃圾渗滤液产生量，该数据可通过对垃圾填埋处理场的实地调研来获取。

13.5.4　固体废弃物处理 N_2O 排放

固体废弃物处理 N_2O 排放主要包括垃圾填埋后产生的 N_2O 排放，主要来自垃圾填埋堆和垃圾渗滤液两个部分（Wang et al.，2014；聂发辉等，2017；Wang et al.，2017a，2017b）。其量值约为森林、草地和农田系统 N_2O 排放的一个到多个数量级（Cai，2012；Rinne et al.，2005）。随着垃圾产生量的与日俱增，这部分 N_2O 排放量也在逐渐增加。鉴于此，国内一些研究开始重视城市不同垃圾填埋方式和垃圾渗滤液的 N_2O 排放监测，并给出了相应的排放因子，但相关数据还很有限。同时 N_2O 排放产生于固体废弃物的大部分处理过程，受处理类型和处理期间的条件影响，N_2O 排放量差异很大。此外，垃圾焚烧过程中会产生一定量的 N_2O 排放，然而，由于其排放量远小于焚烧过程中的 CO_2 排放，加之以往我国固体废弃物焚烧还处于起步阶段，焚烧处理的固体废弃物量还比较少，在《低碳发展及省级温室气体清单编制指南》和《2005 中国温室气体清单研究》中未将垃圾焚烧过程中的 N_2O 排放纳入核算范围（国家应对气候变化战略研究和国际合作中心，2013；国家发展和改革委员会应对气候变化司，2014）。随着垃圾产生量与填埋量的与日俱增和焚烧技术的推广应用，从完善活性氮循环角度出发，垃圾填埋和焚烧部分 N_2O 排放应被考虑在其中。有相关研究结果的区域或有与文献报道的 N_2O 排放相似垃圾处理方式的城市，可以对垃圾填埋和焚烧等过程的 N_2O 排放进行估算。

13.5.4.1　计算方法

固体废弃物系统 N_2O 排放量可通过填埋垃圾堆面积乘以单位面积 N_2O 排放因子（$mg N m^{-2} \cdot h^{-1}$）（贾明升等，2014；聂发辉等，2017）、垃圾渗滤液脱氮比例乘以渗滤液 N_2O 排放系数（Wang et al.，2014）和垃圾焚烧量乘以焚烧垃圾 N_2O 排放因子加和计算。可采用以下计算公式：

$$GTOUT_{N_2O} = GTOUT_{Landfill} \times EF_{Landfill,N_2O} + \sum_{i=1}^{n} W_{i,Lea} \times N_{Lea} \times EF_{Lea,N_2O}$$
$$+ GTOUT_{Burn} \times EF_{Burn,N_2O} \tag{13-7}$$

式中，$GTOUT_{N_2O}$ 表示垃圾填埋、焚烧过程中的 N_2O 排放氮量；$GTOUT_{Landfill}$ 表示垃圾填埋面积（m^2）；$EF_{Landfill,N_2O}$ 表示单位面积填埋垃圾的 N_2O 排放因子；$W_{i,Lea}$ 和 N_{Lea} 同式（13-6）；EF_{Lea,N_2O} 表示垃圾渗滤液的 N_2O 排放系数；$GTOUT_{Burn}$ 表示垃圾焚烧的氮量，焚烧垃圾包括生活垃圾焚烧、园林绿化垃圾焚烧、家庭消耗工业废弃品焚烧和污泥焚烧等；EF_{Burn,N_2O} 表示垃圾焚烧过程的 N_2O 排放因子。

13.5.4.2　不同废弃物处理方式 N_2O 排放因子

在全球范围内研究人员采用不同方法对位于不同地区、不同类型填埋场进行的研究结果表明，无论是单个填埋场还是不同填埋场之间的相互比较，填埋场 N_2O 释放通量的变动范围很大，其平均值在 $0.006 \sim 13.5$ $mg N m^{-2} \cdot h^{-1}$，跨度达 5 个数量级（贾明升等，2014）。相关研究报道了上海地区某市政垃圾填埋场（设计容量 3.8×10^6 m^3，填埋量为 1500 $t \cdot d^{-1}$），不同垃圾填埋期限、填埋深度、覆盖模式和填埋气收集系统下 5 个填埋平台的平均 N_2O 排放速率范围在 $0.895 \sim 3.583$ $mg N m^{-2} \cdot h^{-1}$，具有明显的季节变化特征，整个垃圾填埋场年排放 2.7 t N_2O；此外，通过其研究还发现 N_2O 排放速率与垃圾填埋龄有关，释放通量在填埋 $1 \sim 2$ 年后达到峰值，而后随着垃圾填埋龄增加呈下降趋势（聂发辉等，2017）。但研究人员只给出了垃圾填埋场 N_2O 排放通量范围，无法获取适用于指南计算需要的更加准确的不同季节 N_2O 平均排放通量或年均 N_2O 排放通量（$EF_{Landfill,N_2O}$）。也有研究通过对密闭和开放条件下的新鲜垃圾 N_2O 排放对比发现，密闭条件下的 N_2O 排放通量为（2.56 ± 0.56）$mg N kg$ 垃圾$^{-1}$，远高于开放条件下的（1.91 ± 0.34）$mg N kg$ 垃圾$^{-1}$（Wang et al.，2014）。但其试验结果仅是垃圾处理后 100 天内的情况，因此，不能以填埋垃圾量估算填埋场 N_2O 排放量。贾明升等（2014）对垃圾填埋场 N_2O 排放通量及测定方法研究进展的综合分析表明，我国不同土地类型填埋场 N_2O 平均排放通量范围为 $0.006 \sim 0.469$ $mg N m^{-2} \cdot h^{-1}$，平均通量为（0.173 ± 0.220）$mg N m^{-2} \cdot h^{-1}$。如前所述，垃圾填埋 N_2O 的排放与垃圾填埋龄有密切关系。因此，随着垃圾填埋场 N_2O 排放研究的增多，今后需收集国内有关填埋场 N_2O 排放方面的足够文献，整理出不同垃圾填埋类型和垃圾填埋龄的平均 N_2O 排放速率情况，用于该过程 N_2O 排放的估算。在条件允许的情况下，可通过专家咨询或实地测定的方式来获取研究区域内填埋场 N_2O 排放情况。

垃圾渗滤液 N_2O 排放系数也是估算垃圾填埋场 N_2O 排放的重要系数。填埋场的渗滤液在产生后一般经过收集进入填埋场内部的渗滤液处理系统，进行脱氮处理，其过程中的好氧硝化和厌氧反硝化过程会产生 N_2O 和 N_2 排放 (Ye et al., 2012; Wang et al., 2014)。然而，目前有关垃圾渗滤液处理 N_2O 排放和脱氮比例方面的研究较少。本指南假设垃圾渗滤液处理后的排放达到排污标准，以厦门市一个正在填埋进行中的垃圾渗滤液研究结果来看，渗滤液总氮排放量减去填埋场污水氮排放即可看作通过渗滤液生物处理过程脱除的氮。垃圾渗滤液氮含量和填埋场污水排放标准见 13.5.2 节。被脱除的氮中，8%~12% 以 N_2O 形式排放，剩余部分则认为以 N_2 形式排放到大气 (Wang et al., 2014; 2017a)。Wang 等 (2017a) 也给出了另一种垃圾渗滤液 N_2O 排放量参数，即考虑厦门市 367 万人口，人均垃圾填埋产生的渗滤液处理过程中的 N_2O 排放量为 8.55 g N_2O-N 人$^{-1}$·a^{-1}。其量值显著高于《2006 年 IPCC 国家温室气体清单指南》推荐的市政污水处理过程中人均 N_2O 排放默认值 3.2 g N_2O-N 人$^{-1}$·a^{-1} (IPCC, 2006)。可根据实际情况，采取两种不同的参数进行研究区域内的垃圾填埋场渗滤液 N_2O 排放的估算。但渗滤液 N_2O 排放与具体垃圾成分和渗滤液处理工艺等有密切关系。因此，不同地区和处理工艺下渗滤液 N_2O 排放系数可能存在一定的差异。采用少数文献的研究结果可能存在较大的认知局限性。在条件允许的情况下，可通过专家咨询或实地测定等方式来获取研究区域内的渗滤液 N_2O 排放情况，以丰富和完善固体废物系统氮素基本流动过程参数及降低估算不确定性。此外，需注意垃圾渗滤液被脱氮处理部分扣除 N_2O 排放的氮均视作以 N_2 的形式排放到大气系统，该通量也应被核算在垃圾填埋基本氮素流动过程中。

在国家温室气体清单研究和省级尺度的温室气体清单编制指南中未核算垃圾焚烧过程中的 N_2O 排放 (国家应对气候变化战略研究和国际合作中心, 2013; 国家发展和改革委员会应对气候变化司, 2014)。因此，缺少有关我国垃圾焚烧过程中的 N_2O 排放因子。IPCC 报告给出了生活垃圾焚烧过程中的 N_2O 产生量为 5~100 g·t^{-1} (Core et al., 2007)。因缺少国内垃圾焚烧 N_2O 排放方面的相关参数，国内有关生活垃圾焚烧过程中的温室气体排放研究采用了该参数，但存在较大的不确定范围 (何品晶等, 2011)。在有条件的情况下，可通过专家咨询或垃圾焚烧处理厂尾气实地采样和室内分析测试结合以获取更加准确的尾气含氮物质和气体排放参数。

13.5.4.3　活动水平数据

该计算涉及活动数据根据排放因子的获取分别是垃圾填埋量、填埋场堆体面积、垃圾渗滤液排放量和垃圾焚烧量。垃圾填埋量数据获取方式见 13.5.2.3 节。垃圾填埋渗滤液获取方式见 13.5.3.3 节。填埋场堆体面积可通过部门咨询、实地调研和测量的方式获取。垃圾焚烧量包括生活垃圾焚烧量、园林绿化垃圾焚烧量、工业品废弃物焚烧量和污泥焚烧量等。生活垃圾焚烧量获取方式见 13.5.2.3 节。园林绿化垃圾产生和焚烧量见 9.5.1 节。工业品废弃物焚烧比例见 10.5.11.2 节。污泥产生量和焚烧比例见 15.5.4 节。

13.5.5　固体废弃物系统 NH_3 排放

固体废弃物系统 NH_3 排放包括垃圾填埋堆 NH_3 排放、垃圾焚烧和堆肥过程中的 NH_3 排放 3 个来源 (Huang et al., 2012; 环境保护部科技标准司, 2014)。

13.5.5.1　计算方法

固体废弃物系统 NH_3 排放可由垃圾填埋、焚烧和堆肥量乘以对应的 NH_3 排放因子加和估算（环境保护部科技标准司，2014）。可采用以下计算公式：

$$GTOUT_{NH_3} = GTOUT_{Landfill} \times EF_{Landfill, NH_3} + GTOUT_{Burn} \times EF_{Burn, NH_3} + GTOUT_{Comp} \times EF_{Comp, NH_3}$$

$$(13-8)$$

式中，$GTOUT_{NH_3}$ 表示垃圾填埋、焚烧和堆肥过程中的 NH_3 排放氮量；$GTOUT_{Landfill}$、$GTOUT_{Burn}$ 和 $GTOUT_{Comp}$ 分别表示垃圾填埋、焚烧和堆肥量；$EF_{Landfill, NH_3}$、EF_{Burn, NH_3} 和 EF_{Comp, NH_3} 表示垃圾填埋、焚烧和堆肥 NH_3 排放系数。

13.5.5.2　固体废弃物系统 NH_3 排放因子

国家环境保护部科技标准司于 2014 年颁布了《大气氨源排放清单编制技术指南》，给出了固体废弃物系统不同处理方式的 NH_3 排放因子，见表 13-1。

表 13-1　不同固体废弃物处理方式 NH_3 排放因子　　　　单位：$kg\ NH_3\ t^{-1}$

处理方式	排放因子
填埋	0.560
焚烧	0.210
堆肥	1.275

13.5.5.3　活动水平数据

该计算的活动数据是不同垃圾处理方式下的垃圾填埋、焚烧和堆肥处理量。可通过《中国统计年鉴》、省市级统计年鉴获取城市生活垃圾填埋、焚烧和堆肥量，见 10.5.9.3 节。此外，被填埋、焚烧和堆肥的垃圾还包括除人类系统外，其他系统的垃圾来源，具体估算见 13.5.2.3 节活动数据选择部分。

13.5.6　垃圾 NO_x 排放

如前所述，随着垃圾围城、占地及填埋场所填埋容量的逐日消减，加之新建填埋场所面临的众多问题，多数城市开始对生活垃圾进行焚烧处理。从生活垃圾焚烧流程（图 13-2）可以看出，生活垃圾首先经过垃圾贮坑，排除渗滤液后进入焚烧炉内，同时排放的渗滤液进入污水处理系统，产生的污泥再进入焚烧炉焚烧。焚烧后的烟气经过处理后尾气排入大气（何品晶等，2011）。烟气处理过程中产生的飞灰和焚烧后的炉渣分别进入危险废物填埋场和卫生填埋场。纵观整个焚烧处理过程，涉及氮的流动过程包括贮坑渗滤液处理、渗滤液排放和污泥、尾气排放中包含的含氮颗粒物、NO_x 和 N_2O 等含氮物排放及飞灰和炉渣中所包含的氮。目前有关垃圾焚烧过程中的整个氮流动去向研究相对较少。有关研究假设

垃圾焚烧的氮以 NO_x 形式排放（Gu et al.，2015），但结合垃圾焚烧流程，这一做法可能会严重高估 NO_x 的排放及其后续经济和环境效益的评估。有关研究报道了生活垃圾焚烧过程中的 N_2O 排放（Core et al.，2007；何品晶等，2011）和 NH_3 排放（Huang et al.，2012；环境保护部科技标准司，2014）。目前，国内没有针对园林绿化垃圾、工业品废弃物可焚烧部分及污泥等进行单独焚烧处理，一般与生活垃圾混合焚烧，与生活垃圾数量相比，其产生量相对较小。因此，本指南中将以上几种焚烧物并入生活垃圾焚烧量中，采用统一的排放因子对垃圾焚烧过程中的含氮气体排放进行估算。由于焚烧过程中的 N_2O 和 NH_3 排放已分别在 13.5.4 节和 13.5.5 节计算，此处只进行垃圾焚烧过程中的 NO_x 排放计算。

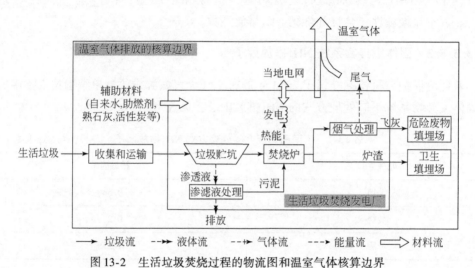

图 13-2　生活垃圾焚烧过程的物流图和温室气体核算边界

13.5.6.1　计算方法

垃圾焚烧 NO_x 排放可由垃圾焚烧量乘以 NO_x 排放因子估算。焚烧过程 N_2 排放可由焚烧垃圾含氮量扣除焚烧过程中 N_2O、NH_3 和 NO_x 等形态的氮排放量计算。可采用以下计算公式：

$$GTOUT_{NO_x} = \sum_{i=1}^{4} (HMOUT_{SW,Burn} + UGOUT_{SW,Burn} + HMOUT_{Indu,Burn} + WTOUT_{Slu,Burn})$$
$$\times EF_{Burn,NO_x}$$

$$(13-9)$$

式中，$GTOUT_{NO_x}$ 表示垃圾焚烧过程中 NO_x 排放氮量；$HMOUT_{SW,Burn}$ 表示生活垃圾焚烧氮量；$UGOUT_{SW,Burn}$ 表示园林绿化垃圾焚烧氮量，一般假设城市园林绿化垃圾产生量减去园林绿化垃圾归还绿地后焚烧和填埋的比例分别为 50%（Gu et al.，2015），园林绿化垃圾产生量见 9.5.1 节；$HMOUT_{Indu,Burn}$ 表示工业品废弃物焚烧氮量，相关研究假设工业品废弃物 50% 被循环再利用，剩余部分填埋和焚烧比例各占 50%（Baker et al.，2001；Gu et al.，2009，2015）；$WTOUT_{Slu,Burn}$ 表示污水处理产生污泥的焚烧氮量；EF_{Burn,NO_x} 表示垃圾焚烧 NO_x 排放因子。

13.5.6.2　垃圾焚烧 NO_x 排放因子

少数文献报道了垃圾焚烧过程中的 NO_x 排放系数为 $0.84\ kg \cdot t^{-1}$ 焚烧垃圾量,其范围为 $0.64 \sim 1.04\ kg \cdot t^{-1}$ (Tian et al., 2012;Qiu et al., 2014)。

13.5.6.3　活动水平数据

该计算涉及活动数据为垃圾焚烧量,包括生活垃圾焚烧、园林绿化垃圾焚烧、工业品废弃物焚烧和污泥焚烧等部分。各来源的垃圾焚烧量活动数据获取途径或计算方式分别见 13.5.2.2 节、13.5.8.2 节、9.5.1 节和 14.5.4 节。

13.5.7　固体废弃物处理脱氮

固体废弃物处理过程中的脱氮来源包括填埋渗滤液的反硝化脱氮和垃圾焚烧过程中的脱氮两部分。

13.5.7.1　计算方法

已如上述,垃圾焚烧 NO_x 排放可由垃圾焚烧量乘以 NO_x 排放因子估算。焚烧过程 N_2 排放可由焚烧垃圾氮量扣除焚烧过程中 N_2O、NH_3 和 NO_x 等形态的氮排放计算。可采用以下计算公式:

$$\begin{aligned}GTOUT_{N_2} = GTOUT_{Lea} \times R_{N_2} + \sum_{i=1}^{4} (HMOUT_{SW,Burn} + UGOUT_{SW,Burn} + HMOUT_{Indu,Burn} \\ + WTOUT_{Slu,Burn}) - SW_{Burn,NH_3+N_2O+NO_x}\end{aligned} \tag{13-10}$$

式中,$GTOUT_{N_2}$ 表示垃圾焚烧过程中脱氮 N_2 排放氮量;$GTOUT_{Lea}$ 同 13.5.3.1 节;R_{N_2} 表示垃圾填埋渗滤液脱氮比例;$HMOUT_{SW,Burn}$、$UGOUT_{SW,Burn}$、$HMOUT_{Indu,Burn}$ 和 $WTOUT_{Slu,Burn}$ 同 13.5.6.1 节;$SW_{Burn,NH_3+N_2O+NO_x}$ 表示垃圾焚烧过程中的 N_2O、NH_3 和 NO_x 等不同形态氮排放量之和,相关计算分别见 13.5.4 ~ 13.5.6 节。

13.5.7.2　填埋渗滤液脱氮比例和垃圾焚烧 N_2 排放因子

填埋渗滤液脱氮比例鲜有报道。本指南假设填埋渗滤液氮和填埋厂处理后的污水氮排放之间的差值是渗滤液脱氮量,见 13.5.3.2 节,扣除其中 8% ~ 12% 的氮以 N_2O 形式排放到大气系统后,剩余部分认为是填埋渗滤液脱氮的 N_2 排放量 (Wang et al., 2014, 2017a)。有关垃圾焚烧过程中的 N_2 排放系数未见报道。本指南中采用质量平衡原则,将垃圾焚烧氮量扣除焚烧过程中的 N_2O、NH_3 和 NO_x 排放后,看作 N_2 排放。垃圾焚烧过程中的不同气态氮排放因子如前各节所述。然而,不同地区燃烧设备水平、效率及运行状态差异可能导致排放因子发生变化。在有条件的情况下,可通过专家咨询或垃圾焚烧处理厂尾气实地采样和室内分析测试结合以获取更加准确的垃圾焚烧尾气含氮气体排放参数。

13.5.7.3　活动水平数据

该计算涉及活动数据为垃圾填埋渗滤液氮量和垃圾焚烧氮量。垃圾填埋渗滤液氮量和垃圾焚烧氮量计算方式分别见 13.5.3.1 节和 13.5.6.1 节。

13.5.8　垃圾堆肥

堆肥也是生物处理方法之一，是依靠自然界中广泛存在的细菌、放线菌和真菌等微生物，人为地、可控制地促进垃圾中可被生物降解的有机物向稳定腐殖质转化的生物化学过程，堆肥是垃圾无害化、稳定化的一种形式，可将垃圾中易腐有机物转化为有机肥料（国家应对气候变化战略研究和国际合作中心，2013）。随着国家宏观调控对固体废弃物实行"减量化、资源化、无害化"处理的原则和对垃圾分类、资源回收利用及循环经济的重视，越来越多的生活垃圾中的厨余垃圾、居民在外饮食餐厨垃圾、园林绿化垃圾和污水处理厂的污泥等被用于垃圾堆肥。其产品可用于农田施肥、园林绿化和森林等。

13.5.8.1　计算方法

垃圾堆肥氮可由以上几种来源的氮量加和计算。可采用以下计算公式：

$$\text{GTOUT}_{\text{Comp}} = \sum_{i=1}^{4} \text{HMOUT}_{\text{KW}} \times R_{\text{KW,Com}} \times \text{UGOUT}_{\text{SW}} \times R_{\text{UG,Com}} + \text{WTOUT}_{\text{Slu}} \times R_{\text{Slu,Com}}$$

$$(13\text{-}11)$$

式中，$\text{GTOUT}_{\text{Comp}}$ 表示生活垃圾堆肥氮量；HMOUT_{KW} 表示厨房垃圾产生的氮量，包括家庭厨余和在外饮食餐厨垃圾，见 10.5.9.1 节；UGOUT_{SW} 表示园林绿化垃圾产生的氮量；$\text{WTOUT}_{\text{Slu}}$ 表示污水处理系统污泥产生的氮量；$R_{\text{KW,Com}}$、$R_{\text{UG,Com}}$ 和 $R_{\text{Slu,Com}}$ 分别表示厨房垃圾、园林绿化垃圾和污泥堆肥比例。

13.5.8.2　餐厨垃圾、园林绿化垃圾和污泥堆肥比例

在国家尺度上，我国餐厨垃圾处理现状相比欧美、日本和韩国等国家和地区，尚处于比较原始的水平，城市居民生活垃圾主要与其他生活垃圾混合收运，然后同其他生活垃圾一起进入后续的处理厂。2013 年我国无害化的生活垃圾中填埋、焚烧和其他处理方式比例分别为 68.2%、30.1% 和 1.7%（闵海华等，2016）。我国城市生活垃圾处理方式可通过《中国统计年鉴》获取。然而，较早年份的年鉴仅统计了城市生活垃圾清运量，考虑当时垃圾焚烧处理较少，假设以填埋为主。而农村厨余垃圾，主要用于动物饲料、堆弃和堆肥3 种用途，20 世纪 80 年代 ~ 21 世纪初，农村厨余垃圾用途比例见表 13-2（魏静等，2008）。在此基础上，本指南假设了我国当前农村厨余垃圾去向比例参数。除家庭厨余垃圾产生外，城市餐厨垃圾来源还包括城市中餐饮业、学校、医院和企事业单位食堂。由于缺少专门用于收运餐厨垃圾的密闭车辆和收集容器，加之缺少相应的制度政策、管理混乱、政策执行难、处理手段粗放随意和宣传不到位等问题，中小城市餐厨垃圾主要流向：①私人收购，用作饲养生猪及提炼加工成地沟油，绝大多数餐馆的餐厨垃圾都被"泔水

"猪"的饲养户承包；②随意倾倒，其中部分未经任何处理直接倒入下水道，另有少数混入生活垃圾由环卫机构统一收集清运；③餐厨垃圾还存在一条具有暴利的"黑色价值链"——重新提炼泔水中的油脂，并混入市场进行销售。近年来，随着各级政府对餐厨垃圾管理问题的重视，针对餐厨垃圾处理出台了一些制度、政策，并投入了部分资金用于科学研究。这些措施对餐厨垃圾处理起到了积极的作用（舒翼等，2013）。然而，有关国家尺度城市餐厨垃圾去向多为描述性研究，无法获取具体比例参数。因此，本指南在国家和省级尺度只估算城市餐厨垃圾产生的氮量，不进行该部分氮去向估算。

表 13-2　不同年份农村厨余垃圾用途比例　　　　　　　　　　　　单位：%

年份	饲料	堆置	堆肥
1982	50	25	25
1992	50	25	25
2002	50	25	25
2010	50	25	25

随着餐厨垃圾（餐厨和厨余）量的大幅增加及其对环境污染和资源循环利用问题的重视，有关城市餐厨垃圾处理方面的研究越来越多。可通过文献收集研究区域厨余垃圾产生量及处理方式方面的数据。例如，有关文献报道了天津市、深圳市和上海市等城市的餐厨垃圾处理方式（胡贵平等，2006；张振华等，2007；李志，2009；季竹，2011），可采用此类参数用于相关城市餐厨垃圾的处理估算。可通过对多数城市餐厨垃圾处理去向求平均值的做法获取国家尺度餐厨垃圾处理参数及其不确定性范围。同时在条件允许的情况下，可通过生活垃圾和餐厨垃圾管理部门咨询及实地调研的方式获取有关餐厨垃圾产生量及其处理方式比例。

目前，有关园林绿化垃圾处置方法研究较少，Gu 等（2009，2015）在国家尺度氮负荷的研究中，假设园林绿化垃圾产生量减去归还绿地后，焚烧和填埋各占50%，国家和省级尺度相关研究可采用该参数。但随着园林绿化面积的增加，园林绿化垃圾产生量与日俱增。传统的园林绿化废弃物有两种处理方法，但焚烧和填埋处理方法不仅造成了资源的浪费，处理不当还会对环境造成污染，不适应循环经济的发展需求（刘敏茹等，2016）。随着国家对资源循环利用、环境污染和发展低碳城市等方面的重视，越来越多的城市开始重视园林绿化垃圾的利用，堆肥作为处理园林绿化废弃物循环利用的有效处理方法，已被广泛关注。然而，目前缺少园林绿化垃圾堆肥比例方面的报道，存在较大的认识局限性。在有条件的情况下，可通过部门咨询和实地调研的方式获取研究区域内的绿化垃圾处理方式。

有关污泥处理处理方式比例见 14.5.4 节。

13.5.8.3　活动水平数据

该计算涉及活动数据包括厨房垃圾量、园林绿化垃圾量和污泥量等。其获取途径或计算方法分别见 10.5.9.1 节、9.5.1.1 节和 14.5.4 节。

13.6　质量控制与保证

13.6.1　固体废弃物系统氮素输入和输出的不确定性

固体废弃物系统氮输入包括畜禽宰杀后的骨头和未被利用的皮毛副产物、死淘动物尸体、生活垃圾、餐厨垃圾（厨余垃圾和在外饮食餐厨垃圾）、工业品废弃物、园林绿化垃圾、宠物粪便和污水处理系统产生的污泥等。本指南逐个分析该系统氮输入的不确定性来源及不确定性范围的设定标准或方法。固体废物系统不同氮输入项的不确定性来源如下：

1）畜禽宰杀后的骨头和未被利用的皮毛副产物。通过出栏畜禽宰杀骨头和皮毛副产物量减去骨头作饲料和牛羊皮及羊毛量后的氮量估算。该计算涉及的活动数据包括畜禽出栏量、羊毛产量，均可从统计数据获取。统计数据不确定性范围较小，见第 7 章。涉及的计算参数包括骨头和皮毛副产物的比例、骨头作饲料比例和牛羊皮占皮毛副产物比例等。骨头和皮毛副产物比例来自文献参数，且该类参数属于相对稳定的属性参数，不确定性范围较小。而动物骨头作饲料比例来自少数文献报道，同时牛羊皮占皮毛副产物比例参数来自本指南的假设，牛羊皮和剩余无价值的副产物比例各占皮毛副产物的 50%。有关这两个参数的不确定性范围目前无法确定。可参照文献做法假设其不确定性范围为 20%（Ma et al.，2014；Gao et al.，2018）。

2）死淘畜禽尸体。通过动物年出栏或存栏量乘以死亡系数来计算。畜禽出栏和存栏量来自统计数据，不确定性相对较小。畜禽死亡系数来自相关文献报道，但本指南并未给出不同年代和地区之间的差异，固定统一的参数可能存在较大的认知局限性。

3）生活垃圾。不确定性来源分析见 10.6.1 节生活垃圾部分。

4）餐厨垃圾。不确定性来源分析见 10.6.1 节餐厨垃圾部分。

5）工业品废弃物。不确定性来源分析见 10.6.1 节工业品废弃物部分。

6）园林绿化垃圾。不确定性来源见 9.6.1 节园林绿化垃圾部分。

7）宠物粪便垃圾。由宠物粪便产生量乘以填埋比例计算。宠物粪便排泄氮不确定性来源见 11.7 节。国内缺少宠物粪便填埋系数研究，该填埋比例来自少数文献的假设参数（Gu et al.，2009，2015），存在较大的认知局限性。

8）污水处理系统产生的污泥。不确定性来源见 14.6 节。

固体废弃物系统氮输出包括农村地区生活垃圾堆弃，城市生活垃圾填埋渗滤液，填埋 N_2O 和 NH_3 排放，垃圾焚烧 N_2、N_2O、NO_x 和 NH_3 排放，以及堆肥氮和堆肥过程中 NH_3 排放等。垃圾填埋所包含的氮看作是固体废弃物系统内部的氮积累。本指南逐个分析该系统氮输出的不确定性来源及不确定性范围的设定标准或方法。固体废弃物系统不同氮输出项的不确定性来源如下：

1）垃圾堆弃。主要指农村地区的生活垃圾堆放弃置所含的氮量。由农村人均生活垃圾产生量乘以常住人口数，再乘以不同垃圾成分的氮量加和，扣除餐厨垃圾作饲料部分估算。该部分计算不确定性见 10.6.1 节垃圾处理部分相关表述。

2）垃圾渗滤液。通过垃圾渗滤液量乘以平均氮含量来计算。垃圾渗滤液来自填埋场实地调研数据，参照《国家温室气体清单优良作法指南和不确定性管理》，该类数据的不确定性相对较小，约为 2%。垃圾渗滤液氮含量数据来自少量垃圾渗滤液污染物分析研究结果。可通过增加文献收集做法，确定该参数的范围及其不确定性。

3）填埋 N_2 和 N_2O 排放。填埋 N_2 排放主要来自填埋渗滤液的反硝化脱氮过程。N_2O 排放来自填埋渗滤液 N_2O 排放和填埋堆 N_2O 排放两部分。填埋渗滤液脱氮由垃圾渗滤液初始排放减去处理后的渗滤液尾水排放氮之间的差值计算，其不确定性来自填埋场垃圾渗滤液量和渗滤液尾水排放氮含量。有关垃圾填埋渗滤液尾水氮含量设定为 2008 年我国发布实施的新修订的《生活垃圾填埋场污染控制标准》（GB 16889—2008）中的氮含量排放标准。该标准对垃圾渗滤液中 BOD_5、COD_{Cr}、氨氮、总氮和重金属等指标提出了更严格的排放标准——氨氮和总氮的排放标准分别定为 $25mg \cdot L^{-1}$ 和 $40 mg \cdot L^{-1}$（代晋国等，2011）。相关研究分析了我国垃圾渗滤液处理工程技术现状，得出目前仍缺少经济可行的技术以保证垃圾渗滤液的达标排放。虽然生化处理技术与膜技术相结合可实现垃圾渗滤液达标排放，但由于工程投资大、运行成本高，很难在实际工程建设中广泛应用（代晋国等，2011）。因此，在实际的排放过程中处理后的垃圾渗滤液氮排放可能仍高于排放标准。以国家排放标准作为渗滤液污水氮排放量还存在较大的认知局限性。在条件允许的情况下，可对研究区域内的垃圾渗滤液污水排放阶段氨氮和总氮含量进行部门咨询或实地取样和室内分析测定，以获取更加准确的垃圾渗滤液污水氮排放参数。垃圾渗滤液 N_2O 排放是通过垃圾渗滤液处理前氮含量减去处理后的渗滤液尾水氮含量之间的差值，乘以 N_2O 排放系数计算。垃圾渗滤液排放量不确定性如前所述。垃圾渗滤液初始氮排放浓度、垃圾渗滤液处理后的尾水排放氮浓度和垃圾渗滤液脱氮过程中的 N_2O 排放系数均来自个别城市垃圾填埋场的研究结果，或假设垃圾渗滤液污水排放达到国家相关标准，这一做法存在较大的不确定性和认知局限性。垃圾填埋堆 N_2O 排放通过填埋场堆体的面积乘以单位填埋面积 N_2O 排放因子计算。有关垃圾填埋堆的面积需要进行填埋场实地调研或测量，这类数据的不确定性误差相对较小，参照相关标准设为 2%。单位填埋面积 N_2O 排放因子来自文献对国内相关研究结果的综述分析（贾明升等，2014），通过该文献确定了平均数及其不确定范围。今后可通过类似做法，进一步收集该方面的数据，确定平均数和不确定性范围。同时在进行相关计算时，查阅文献是否有研究区域内的本地化参数可直接应用。

4）填埋 NH_3 排放。由垃圾填埋量乘以填埋 NH_3 排放因子估算。填埋垃圾包括城镇居民生活垃圾填埋、食品加工垃圾填埋、宠物粪便填埋、家庭日用品消费含氮工业品废弃氮填埋、园林绿化垃圾填埋和污泥填埋等。以上活动数据不确定性来源分别见人类系统、畜禽养殖系统、宠物系统、城市绿地系统和污水处理系统相关章节。固体废弃物填埋 NH_3 排放因子来自环境保护部科技标准司（2014）颁布的《大气氨源排放清单编制技术指南》。可参照文献做法假设其不确定性范围为 20%（Ma et al.，2014；Gao et al.，2018）。

5）垃圾焚烧 N_2、N_2O、NO_x 和 NH_3 排放。由垃圾焚烧量乘以相应的气态氮排放因子计算。垃圾焚烧物来源包括生活垃圾、园林绿化垃圾、家庭消费工业废弃品可焚烧部分及污泥焚烧等来源。国家尺度生活垃圾焚烧量来自统计数据，相对误差较小。较小研究尺度可通过部门咨询和实地调研方式获取垃圾焚烧处理厂焚烧量数据，参照相关标准，该类数据的不确定性范围为2%（IPCC，2000）。园林绿化垃圾焚烧量通过园林绿化垃圾乘以焚烧比例计算。园林绿化垃圾量不确定性分析见9.6.1节园林绿化垃圾部分。因缺少相关的园林绿化垃圾焚烧比例参数，本指南仍采用文献中的假设比例（Gu et al.，2015），该参数存在较大的不确定性和认知局限性。家庭日用品消费含氮工业品废弃氮量不确定性见10.6.1节。国内有关该方面的研究较少，因此，其焚烧比例参数同样来自园林绿化垃圾焚烧比例的文献假设参数。污泥氮含量不确定性见14.6节。污泥焚烧比例参数来自少量的文献报道，可能存在一定的认知局限性。垃圾焚烧的N_2O排放因子来自IPCC报告中有关垃圾焚烧N_2O排放的缺省值，并给定了相应的变化范围（Core et al.，2007）。焚烧NH_3排放因子来自环境保护部科技标准司（2014）颁布的《大气氨源排放清单编制技术指南》。相关研究将垃圾焚烧NH_3排放因子的不确定性设为20%（Qiu et al.，2014）。焚烧NO_x排放因子来自少量文献报道参数，并给出了其变化范围。N_2排放则采用质量平衡原则，由垃圾焚烧氮量扣除焚烧过程中的NH_3、N_2O和NO_x等形式氮排放计算，其计算不确定性来自垃圾焚烧量和3种不同形态氮排放，垃圾焚烧量、焚烧NH_3、N_2O和NO_x排放不确定性可分别定量，由误差传递方式计算垃圾焚烧N_2排放不确定性。

6）堆肥及堆肥NH_3排放。由厨房垃圾、园林绿化垃圾和污水处理厂的污泥堆肥氮加和与氨排放因子估算。涉及不确定性包括厨房垃圾、园林绿化垃圾和污泥产生量及其各自的堆肥比例。厨房垃圾不确定性见10.6.1节厨房垃圾部分。园林绿化垃圾不确定性见9.6.1节园林绿化垃圾部分。污泥产生不确定性来源同14.6节。厨房垃圾堆肥比例包括农村厨余垃圾堆肥比例，来自少量文献报道，且假定不同年代之间的厨余垃圾处理比例无变化，可能存在一定的认知局限性。城市厨余和餐厨垃圾堆肥比例参数通过部门咨询和实地调研的方式获取，该参数相对可靠，参照相关标准不确定性设为2%（IPCC，2000）。然而，尚缺少不同年代之间的城市厨余和餐厨垃圾堆肥的比例参数。以往城市餐厨垃圾未进行垃圾分类处理，混合生活垃圾收运和处理，因此，城市家庭厨余垃圾堆肥比例很小，甚至可以忽略。随着今后垃圾分类工作的开展，厨余和餐厨垃圾管理部门会对餐厨垃圾收运和处理处置方式进行详细的统计，可通过部门咨询获取该方面参数，这种方式获取的参数具有较高的可信度。堆肥过程NH_3排放因子来自环境保护部科技标准司（2014）颁布的《大气氨源排放清单编制技术指南》，可参照填埋NH_3排放因子不确定性假设该参数不确定性范围。

13.6.2　减少不确定性的途径

减少和控制城市固体废弃物系统氮输入和输出的不确定性途径，主要是增加活动数据和相关计算参数的准确性或降低其不确定性。本系统中所涉及的活动数据，如秸秆产量、城市和农村居民生活垃圾产量、餐厨垃圾产生量、城市园林绿化垃圾产生量和污泥产生量等，这些数据一般来自其他系统的氮输出，其减少不确定性的方法见各对应输出系统。

计算过程中的转换参数一般通过收集国内外相关文献报道结果或部门咨询和实地调研

方式来获取。本系统中的转换参数同样可以归为两类：一类参数如不同垃圾成分中氮含量等，在不同研究尺度和不同年代的变化相对较小，通过少数文献报道即可获取和应用该类参数；另一类参数如厨余垃圾去向比例、园林绿化垃圾去向比例和污泥不同处理比例等，这些参数会随着不同年代、研究区域和气候条件等差异而可能发生较大的变化。在具体研究过程中，首先收集本研究区域内的相关文献参数进行参数本土化，并给出其变化范围。在无本土化参数情况下，通过足够的文献参数收集，求取全国或区域性的平均数及其不确定性，并估算其给最终计算带来的不确定性影响，详见 7.6.2 节。

参 考 文 献

陈晓娟, 吕小芳, 2012. 浅谈城市污泥的处理、处置与资源化利用. 环境保护与循环经济, 32 (1)：41-45.

丛丽娜, 郭英涛. 2015. 固体废弃物处理技术研究进展. 环境保护与循环经济, 35 (2)：30-32.

代晋国, 宋乾武, 张玥, 等. 2011. 新标准下我国垃圾渗滤液处理技术的发展方向. 环境工程技术学报, 1 (3)：270-274.

戴晓虎. 2012. 我国城镇污泥处理处置现状及思考. 给水排水, 38 (2)：1-5.

丁宝红, 陈之基. 2006. 城市生活垃圾填埋场渗滤液生物脱氮处理技术新进展. 天津设计科技, (3)：54-59.

国家发展和改革委员会应对气候变化司. 2014. 中国温室气体清单研究 2005. 北京：中国环境出版社.

国家统计局. 2011. 中国统计年鉴. 北京：中国统计出版社.

国家统计局. 2016. 中国统计年鉴. 北京：中国统计出版社.

国家应对气候变化战略研究和国际合作中心. 2013. 低碳发展及省级温室气体清单编制.

何品晶, 陈淼, 杨娜, 等. 2011. 我国生活垃圾焚烧发电过程中温室气体排放及影响因素——以上海某城市生活垃圾焚烧发电厂为例. 中国环境科学, 31 (3)：402-407.

胡贵平, 杨万, 王芙蓉, 等. 2006. 深圳市厨余垃圾现状调查及处理对策. 环境卫生工程, 14 (4)：4-5.

环境保护部. 2007. 2007 中国环境状况公报.

环境保护部. 2014. 2014 中国环境状况公报.

季竹. 2011. 天津市餐厨垃圾管理现状及对策. 环境卫生工程, 19 (1)：25-26.

贾明升, 王晓君, 陈少华. 2014. 垃圾填埋场 N_2O 排放通量及测定方法研究进展. 应用生态学报, 25 (6)：1815-1824.

李志. 2009. 上海市餐厨垃圾管理现状及对策研究. 上海：上海交通大学.

刘敏茹, 郭华芳, 林镇荣. 2016. 园林绿化废弃物联合餐厨垃圾好氧堆肥的"推流"工艺及应用研究. 环境工程, 34 (S1)：743-746.

刘钊. 2016. 中国污泥处理处置现状及分析. 天津科技, 23 (4)：1-2.

闵海华, 刘淑玲, 郑苇, 等. 2016. 厨余垃圾处理处置现状及技术应用分析. 环境卫生工程, 24 (6)：5-7+10.

聂发辉, 周永希, 张后虎, 等. 2017. 生活垃圾填埋场 CH_4 及 N_2O 释放规律及影响因素研究. 环境科学学报, 37 (5)：1808-1813.

彭琦, 孙志坚. 2008. 国内污泥处理与综合利用现状及发展. 能源与环境, (5)：47-50.

史政达, 陈俊, 郑璐. 2015. 常州市污泥处理处置现状及规划策略. 中国给水排水, 31 (24)：30-33.

舒翼, 李佑智, 檀炎, 等. 2013. 中小型城市餐厨垃圾收运和处理模式探讨. 环境卫生工程, 21 (5)：32-34.

陶建格. 2012. 中国环境固体废弃物污染现状与治理研究. 环境科学与管理, 37 (11): 1-5.

王瑞, 王馨. 2010. 城市污水污泥的土地利用与填埋. 全国给水排水技术信息网年会论文集.

王业耀, 孟凡生, 汪太明. 2006. 垃圾渗滤液脱氮新方法综述. 环境保护科学, 32 (4): 10-12+16.

魏静, 马林, 路光, 等. 2008. 城镇化对我国食物消费系统氮流动及循环利用的影响. 生态学报, 28 (3): 1016-1025.

严迎燕. 2016. 浅谈我国城镇污水处理厂污泥处理处置现状. 广东化工, 43 (11): 204-205.

杨福玲. 2015. 西安市污水处理厂污泥处理与处置现状调查与后评价研究. 西安: 西安建筑科技大学.

岳波, 张志彬, 孙英杰, 等. 2014. 我国农村生活垃圾的产生特征研究. 环境科学与技术, 37 (6): 129-134.

张贺. 2014. 垃圾填埋场渗滤液处理技术研究. 武汉: 华中师范大学.

张廷洲, 晏威. 2015. 咸宁市城镇污水处理厂污泥处理现状及展望. 环境科学与技术, 38 (S2): 457-460.

张莹. 2013. 北京市污泥处理现状. 中国资源综合利用, 31 (6): 29-32.

张振华, 汪华林, 胥培军, 等. 2007. 厨余垃圾的现状及其处理技术综述. 再生资源研究, (5): 31-34.

周海炳, 张后虎, 郑学娟, 等. 2006. 垃圾填埋场渗滤液处理的研究进展. 江苏环境科技, 19 (S2): 142-144.

Baker L A, Hope D, Xu Y, et al. 2001. Nitrogen balance for the Central Arizona-Phoenix (CAP) ecosystem. Ecosystems, 4 (6): 582-602.

Cai Z C. 2012. Greenhouse gas budget for terrestrial ecosystems in China. Science China-Earth Science, 55 (2): 173-182.

Chen X, Geng Y, Fujita T. 2010. An overview of municipal solid waste management in China. Waste Management, 30 (4): 716-724.

Core W T, Pachauri R K, Reisinger A, et al. 2007. Climate change 2007: Synthesis report. Contribution of working groups I, II and III to the fourth assessment report of the intergovernmental panel on climate change. Geneva, Switzerland.

Cui S H, Shi Y L, Groffman P M, et al. 2013. Centennial-scale analysis of the creation and fate of reactive nitrogen in China (1910-2010). Proceedings of the National Academy of Sciences of the United States of America, 110 (6): 2052-2057.

Gao B, Huang Y F, Huang W, et al. 2018. Driving forces and impacts of food system nitrogen flows in China, 1990 to 2012. Science of the Total Environment, 610-611: 430-441.

Giusti L. 2009. A review of waste management practices and their impact on human health. Waste Management, 29 (8), 2227-2239.

Gu B J, Chang J, Ge Y, et al. 2009. Anthropogenic modification of the nitrogen cycling within the Greater Hangzhou Area system, China. Ecological Applications, 19 (4): 974-988.

Gu B J, Ju X T, Chang J, et al. 2015. Integrated reactive nitrogen budgets and future trends in China. Proceedings of the National Academy of Sciences of the United States of America, 112 (28): 8792-8797.

IPCC. 2000. IPCC 国家温室气体清单优良作法指南和不确定性管理.

IPCC. 2006. Guidelines for national greenhouse gas inventories. Bracknell, UK, IPCC WGI technical support unit.

Ma L, Guo J H, Velthof G L, et al. 2014. Impacts of urban expansion on nitrogen and phosphorus flows in the food system of Beijing from 1978 to 2008. Global Environmental Change, 28: 192-204.

Pan L Y, Lin T, Xiao L S, et al. 2010. Household waste management for a peri-urban area based on analysing greenhouse gas emissions for Jimei District, Xiamen, China. International Journal of Sustainable Development and World Ecology, 17 (4): 342-349.

Qiu P P, Tian H Z, Zhu C Y, et al. 2014. An elaborate high resolution emission inventory of primary air pollutants for the Central Plain Urban Agglomeration of China. Atmospheric Environment, 86: 93-101.

Rinne J, Pihlatie M, Lohila A, et al. 2005. Nitrous oxide emissions from a municipal landfill. Environmental Science and Technology, 39 (20): 7790-7793.

Tian H Z, Gao J J, Lu L, et al. 2012. Temporal trends and spatial variation characteristics of hazardous air pollutant emission inventory from municipal solid waste incineration in China. Environmental Science and Technology, 46: 10364-10371.

Wang X J, Jia M S, Chen X H, et al. 2014. Greenhouse gas emissions from landfill leachate treatment plants: A comparison of young and aged landfill. Waste Management, 34 (7): 1156-1164.

Wang X J, Jia M S, Zhang C L, et al. 2017a. Leachate treatment in landfills is a significant N_2O source. Science of The Total Environment, 596-597: 18-25.

Wang X J, Jia M S, Zhang H, et al. 2017b. Quantifying N_2O emissions and production pathways from fresh waste during the initial stage of disposal to a landfill. Waste Management, 63: 3-10.

Xian C F, Ouyang Z Y, Lu F, et al. 2016. Quantitative evaluation of reactive nitrogen emissions with urbanization: A case study in Beijing megacity, China. Environmental Science and Pollution Research, 23 (17): 17689-17701.

Xu L L, Gao P Q, Cui S H, et al. 2013. A hybrid procedure for MSW generation forecasting at multiple time scales in Xiamen City, China. Waste Management, 33 (6): 1324-1331.

Ye X, Guo X, Cui X, et al. 2012. Occurrence and removal of endocrine- disrupting chemicals in wastewater treatment plants in the Three Gorges Reservoir area, Chongqing, China. Journal of Environment Monitoring, 14 (8): 2204-2211.

Zhang Y G, Chen Y, Meng A H, et al. 2008. Experimental and thermodynamic investigation on transfer of cadmium influenced by sulfur and chlorine during municipal solid waste (MSW) incineration. Journal of Hazardous Materials, 153 (1-2): 309-319.

Zhu M H, Fan X M, Rovetta A, et al. 2009. Municipal solid waste management in Pudong New Area. Waste Management, 29 (3): 1227-1233.

第 14 章　污水处理系统

14.1　导　　言

我国是全球人口第一大国家，同时是全球第二大经济体。社会经济的快速发展对改善我国居民的福利具有重要作用，但是发展过程中的环境问题也日渐凸现。人类-自然耦合系统废氮移除能力的不足导致我国诸多居住区河流成为"黑河"及"臭河"，特别是城市内河道水体污染十分严重，对人类健康产生重大影响（环境保护部，2016）。量化我国居民区的点源氮污染并评估氮移除功能群的脱氮能力成为清洁、健康城市发展的关键。随着社会经济的发展，人类-自然耦合系统的氮通量会持续增加，特别是人类居住区的点源废氮排放（Gu et al.，2015）。最近研究表明，美国及我国东部海湾入海的氮污染源中，生活污水已经成为最主要的氮污染源之一（CBF，2003；Chen et al.，2017）。而且由于污水处理之后的出水排放中氮移除未达标，污水处理厂（wastewater treatment plant，WTP）逐步成为氮污染源之一，这使得量化和深入分析 WTP 在氮循环中的地位成为迫在眉睫的任务。

我国关于 WTP 的研究始于 20 世纪 80 年代。伴随着我国 WTP 的建设，相应的研究主要集中在其运行效果上，前期的研究主要关注污水中碳（BOD 和 COD 等）的去除处理（董文福和傅德黔，2008）。关于污水中氮的移除研究在二级 WTP 兴起之后才开始，主要涉及不同生化处理方法移除污水中氮的效果，如在发达国家流行的养分移除技术（nutrient reduction technology，NRT）或者生物养分移除（biological nutrient removal，BNR）技术（CBF，2003）。这些工作往往都在微生物和工程层面对氮循环过程展开研究，缺乏从系统层面对污水处理氮循环过程的关注，虽然有部分案例分析了我国个别地区污水处理在区域氮循环中的地位（谷保静等，2010），但是缺乏更大尺度的研究，特别是国家层面的分析。我国污水处理在人类-自然耦合系统氮污染减缓中的贡献急需量化，避免 WTP 像发达国家一样成为区域氮污染源。

14.2　系统边界

污水处理系统主要指处理生活污水的系统。由于工业污水的处理过程分散在每个企业进行，而且工业污水处理主要关注污水中碳和重金属的移除，活性氮的移除较少受到关注，将工业污水的内部处理归类到第 12 章讨论，同时工业污水处理往往和中水回用联系在一起，属于系统内循环。污水处理系统的边界是集中式的污水处理厂，所有进入到污水处理厂处理的污水氮为输入项，处理后的 N_2 挥发、尾水排放和底泥处理等为输出项。由于污水处理系统是一个处理系统，一般认为不存在系统氮积累。

14.3　污水处理系统氮素流动模型

污水处理系统指生活和生产过程中的废水进入污水处理系统进行净化的一个过程。其中，系统氮输入包括生活污水、城市雨水、垃圾填埋渗滤液；系统氮输出包括反硝化、污水收集和处理过程中的渗漏、处理之后向河流的排放及污泥处理。将城市雨水纳入到污水处理系统主要是大部分城市雨污不分流，城市雨水会随着污水收集管道进入到污水处理系统。对雨污分流的城市来说，城市雨水可以不纳入污水处理系统，而是直接进入地表水系统（图 14-1）。

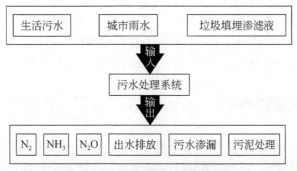

图 14-1　污水处理系统氮素流动模型

14.4　氮　素　输　入

本系统的氮输入涉及 3 个部分，即生活污水处理、城市雨水及垃圾填埋渗滤液处理。本节将详细阐述上述输入项的计算方法及活动数据选择。工业污水的处理不在此处考虑。

$$WT_{IN} = WTIN_{HM} + WTIN_{AT} + WTIN_{GT} \tag{14-1}$$

式中，WT_{IN} 为系统总输入氮量；$WTIN_{HM}$ 为生活污水处理氮量；$WTIN_{AT}$ 为城市雨水排入污水处理厂的氮；$WTIN_{GT}$ 为垃圾填埋渗滤液经处理排入市政污水处理系统的氮量。

14.4.1　生活污水

见 10.5.6 节。

14.4.2　城市雨水

见 18.5.1 节。

14.4.3　垃圾填埋渗滤液

见 13.5.3 节。

14.5　氮　素　输　出

本系统的氮输出包括五个部分，即污水处理过程中的反硝化脱氮、涉及 N_2 和 N_2O 排放、污水渗漏到地下水、污水处理之后的出水排放及污泥处理。

$$WT_{OUT} = WTOUT_{N_2} + WTOUT_{N_2O} + WTOUT_{NH_3} + WTOUT_{Lea} + WTOUT_{River} + WTOUT_{Sludge} \quad (14-2)$$

式中，WT_{OUT} 为系统总输出氮量；$WTOUT_{N_2}$、$WTOUT_{N_2O}$ 和 $WTOUT_{NH_3}$ 为污水处理过程中的 N_2、N_2O 和 NH_3 排放量；$WTOUT_{Lea}$ 为污水收集过程中的渗漏氮量；$WTOUT_{River}$ 为污水处理之后的出水排放氮量；$WTOUT_{Sludge}$ 为污水处理之后的污泥含氮总量。

14.5.1　污水渗漏到地下

污水管网在收集污水的过程中会发生渗漏，如污水管网的老化及接口部分的松弛等，在老城区渗漏的比例更高一点，在新城区会低一点。其计算公式如下：

$$WTOUT_{Lea} = WTIN \times WTOUT_{Lea,R} \quad (14-3)$$

式中，$WTOUT_{Lea}$ 为污水收集过程中的渗漏氮量；$WTIN$ 为污水处理的总氮量；$WTOUT_{Lea,R}$ 为污水收集过程中的渗漏率。研究表明，管道渗漏率平均为 9%（Gu et al.，2009），本指南推荐缺省值。

14.5.2　N_2O 排放

污水在处理过程中会有相当比例的氮发生反硝化产生 N_2O 而排放到大气中。N_2O 的排放比例往往取决于污水处理厂的处理技术水平，一般的一级和二级处理对氮的移除效率不高，需要三级处理中的活性污泥或者采用生物膜等技术才能较高比例地促进反硝化的发生。其计算公式如下：

$$WTOUT_{N_2O} = WTIN \times WTOUT_{N_2O,R} \quad (14-4)$$

式中，$WTOUT_{N_2O}$ 为污水处理过程中的 N_2O 排放量；$WTIN$ 为污水处理的总氮量；$WTOUT_{N_2O,R}$ 为污水处理时 N_2O 的排放比例，约为总氮输入的 1.25%（Ciais et al.，2013）。

14.5.3　NH_3 排放

污水中的活性氮主要是以铵态氮或者有机氮的形式存在，在污水收集及前期曝气处理的过程中会有部分的铵态氮或者有机氮转变为 NH_3 挥发。NH_3 的挥发量一般取决于污水的氮浓度、曝气的时间长短及曝气时的温度等。其计算公式如下：

$$WTOUT_{NH_3} = WT \times WTOUT_{NH_3,R} \tag{14-5}$$

式中，$WTOUT_{NH_3}$ 为污水处理过程中的 NH_3 排放量；WT 为污水总量；$WTOUT_{NH_3,R}$ 为污水处理时 NH_3 的排放速率，约为 $0.1\,g\,N\,m^{-3}$（Zhang et al.，2017）。

14.5.4　污泥处理

污水处理厂运行一段时间之后会产生部分污泥，其中也会含有部分的氮。

$$WTOUT_{Sludge} = Sludge \times WTOUT_{Sludge,N} \tag{14-6}$$

式中，$WTOUT_{Sludge}$ 为污水处理之后的污泥含氮总量；Sludge 为污水处理系统的污泥产生总量，一般每处理 $1m^3$ 的污水产生 125g 污泥；$WTOUT_{Sludge,N}$ 为污泥含氮量，一般为污泥重量的 2%。污泥去向包括污泥填埋、堆肥、焚烧、回用建材和弃置，其全国范围内的比例大概分别为 50%、16%、10%、9% 和 15%（Zhang et al.，2016）。

随着国家对环境污染问题的重视，有关城市污泥处置技术等方面的研究越来越多。在此背景下，可通过文献收集研究区域内污泥产生量及处理方式方面的数据。对有文献报道的地区可采用这些参数用于相关城市污泥处理处置氮估算。对一些缺少污泥处理技术参数的研究区域，在条件允许的情况下，可采用相关部门咨询和实地调研的方式来获取目标区域污泥的产生量及其处理方式比例。

14.5.5　污水处理排放

污水处理排放指污水处理厂出水中仍含有部分未被移除的氮。这部分氮一般采用出水氮浓度法来估算。

$$WTOUT_{River} = Effluent \times N_{Con} \tag{14-7}$$

式中，$WTOUT_{River}$ 为污水处理之后的出水排放氮量；Effluent 为污水处理厂排水总量，或者可以认为是污水处理总量；N_{Con} 为污水处理厂的出水总氮浓度，可以根据实际出水氮浓度测定来确定。如果测定值缺乏，同是达标排放，则一级 A 排放标准下 N_{Con} 为 $15\,mg\cdot L^{-1}$，一级 B 排放标准下 N_{Con} 为 $20\,mg\cdot L^{-1}$。如果污水处理厂未达标排放，则根据实际超标情况给出 N_{Con} 值。

14.5.6　N_2 排放

N_2 排放指污水处理过程中通过反硝化或者厌氧氨氧化作用脱除的氮。这部分氮一般可以采用差减法来计算。

$$WTOUT_{N_2} = WTIN - WTOUT_{River} - WTOUT_{N_2O} - WTOUT_{NH_3} - WTOUT_{Lea} - WTOUT_{Sludge} \tag{14-8}$$

式中，$WTOUT_{N_2}$ 为污水处理过程中的 N_2 排放量；WTIN 为污水处理的氮总量；$WTOUT_{River}$ 为污水处理之后的出水排放氮量；$WTOUT_{N_2O}$ 为污水处理过程中的 N_2O 排放量；$WTOUT_{NH_3}$ 为污水处理过程中的 NH_3 排放量；$WTOUT_{Lea}$ 为污水收集过程中的渗漏氮量；$WTOUT_{Sludge}$ 为污水处理之后的污泥含氮总量。式（14-8）右边几部分的氮通量可以通过本章各节的计算获得。

14.6　质量控制与保证

污水处理系统的氮流计算不确定性主要来自污水氮产生总量、处理时的氮移除率及处理之后的排放去向的不确定性。为了保障氮流计算的质量，本指南分别从几个关键氮流进行分析。

1）氮输入。污水氮产生总量主要受人口数量、人均氮消费量和污水处理率的影响，人口数量和污水处理率相对较为准确，而人均氮消费量误差较大，而且随着社会经济的发展，人均氮消费量会发生变化。因此，定期对人均氮消费量进行调研可以有效地保证污水氮通量的估算。

2）脱氮。污水氮处理时的移除率主要受污水处理技术和运行管理的影响，而同时移除率又会影响 N_2 排放、污泥处理及最终出水中的氮量。目前估算时没有明确地使用移除率这个参数，而是采用了出水氮浓度来作为替代。实际上有时随着污水含氮量的变化，处理后出水中的氮浓度可能会低于基于排放标准确定的达标排放浓度，这会造成高估出水氮排放量，而低估 N_2 排放量。相反，污水处理超标排放或者偷排等问题也的确存在，这会使得按照达标排放计算氮总去除率会低估出水氮排放量，而高估 N_2 排放量。因此，结合研究目标区域的实际情况，测定或者调查污水处理厂出水总氮的实际浓度，明确污水氮移除的真实情况，会大大降低相关计算带来的不确定性。同时，当污水处理技术发生改进时，要及时估算氮去除率的变化，这样可以保证污水处理时 N_2 和出水排放通量的估算精度。

3）氨挥发。氨挥发计算受污水处理总量和氨挥发系数的影响，污水处理总量相对较为准确，而氨挥发系数则存在较大的不确定性。氨挥发主要是一个物理过程，受自然条件影响较大，如气温、氧气含量和 pH 等因素。本指南推荐的氨挥发速率缺省值在不同地区可能存在很大的不确定性，主要是由于不同地区的污水含氮浓度不同，气温也存在差异，同时污水处理厂的管理方式可能也不同，如曝气的时间和频率等。因此，在条件允许的情况下，如果可以在当地根据实际情况去测定氨挥发速率，则会降低氨挥发总量估计的不确定性。

4）污泥排放。处理后的污泥去向很多。污泥去向的估算需要社会调查的结果，而且在不同时期和不同地区之间变化较大。因此，定期对污水处理厂进行调研会保证污水处理后氮去向的估算精度。

参 考 文 献

董文福，傅德黔 . 2008. 我国城市污水处理厂现状、存在问题及对策研究 . 环境科学导刊，27（3）：40-42.

谷保静，葛莹，朱根海，等 . 2010. 人类活动对杭州城乡复合系统陆源氮排海的驱动分析 . 环境科学学报，30（10）：2078-2087.

环境保护部 . 2016. 中国环境状况公报（1989-2016）. 北京：中国统计出版社 .

CBF（Chesapeake Bay Fundation）. 2003. Sewage treatment plants: The Chesapeake Bay watershed's second largest source of nitrogen pollution. New York: CBF Press.

Chen B H, Chang S X, Shu K L, et al. 2017. Land use mediates riverine nitrogen export under the dominant influence of human activities. Environmental Research Letters, 12 (9): 094018.

Ciais P, Sabine C, Bala G, et al. 2013. Climate Change 2013: The Physical Science Basis//IPCC. Contribution of Working Group I to the Fifth Assessment Report of the Intergovernmental Panel on Climate Change. Cambridge: Cambridge University Press.

Gu B J, Chang J, Ge Y, et al. 2009. Anthropogenic modification of the nitrogen cycling within the Greater Hangzhou Area system, China. Ecological Applications, 19 (4): 974-988.

Gu B J, Ju X T, Chang J, et al. 2015. Integrated reactive nitrogen budgets and future trends in China. Proceedings of the National Academy of Sciences of the United States of America, 112 (28): 8792-8797.

Zhang Q H, Yang W N, Ngo H H, et al. 2016. Current status of urban wastewater treatment plants in China. Environment International, 92-93: 11-22.

Zhang X, Wu Y, Liu X, et al. 2017. Ammonia emissions may be substantially underestimated in China. Environmental Science and Technology, 51 (21): 12089-12096.

第 15 章　地表水系统

15.1　导　言

地表水是生命支持系统的重要组成系统。水是生命之源，特别是地表水，对生物圈的正常运转和人类生存具有重大意义。人类活动已经在全球尺度上打破了氮的生物地球化学循环平衡，引起陆地生态系统氮通量增加了近 3 倍（Fowler et al.，2013）。氮通量的增加虽然为人类提供了大量的营养物质，但是对生命支持系统的正常功能也带来了严重的影响，特别是地表水系统（Erisman et al.，2013）。目前地表水中的氮富集带来的污染在全球范围内已经严重威胁了人类和生物圈的健康发展（Smith and Schindler，2009）。因此，研究地表水中氮的动态变化、深入了解环境氮污染的机理对完善全球氮循环的平衡机制及解决地表水氮污染带来的环境和健康问题具有重要的意义。据估算，全球每年约有 25% 的陆地生态系统的氮通过各种形式转移到海洋（Groffman et al.，2004）。例如，美国密西西比河流域的人类活动已经使大量的活性氮（Nr）进入密西西比河，进一步通过水循环进入墨西哥湾，从而造成有毒藻类的爆发，产生了大面积的"死亡地带"（Dodds，2006）。在我国类似的问题也十分严重，降水丰富的中国东部沿海地区近年来也有大量的 Nr 通过河流输入到东海，致使近海区域污染日益加剧（环境保护部，2016）。

国内关于地表水氮污染的研究始于 20 世纪七八十年代，主要集中在各个地区地表水体氮含量的测定工作，并据此制定国家相关的地表水水质标准（Ⅰ~Ⅴ类水质，氮浓度临界值为 0.2~2.0 mg N L^{-1}。一般认为，Ⅲ类水质以下的地表水为受污染水体）（环境保护部，2002）。随着我国工农业发展和人类生活污染排放的增加，地表水氮含量开始持续超标，导致了严重的如太湖污染事件和滇池污染事件等一系列的地表水严重富营养化问题（Guo，2007；Qin et al.，2007），而且一直持续到目前依然未彻底解决。国家在水污染治理方面已经投入了大量的资金，试图缓解水体氮污染问题，这些问题成为我国生态学家及相关领域研究人员面临的重大挑战。之前关于地表水氮污染的研究工作主要集中在各个地区或者流域内的独立研究，缺乏大尺度的工作及与其他系统之间的耦合。实际上地表水作为生命支持系统的主体之一，与人类-自然耦合系统各个功能群之间均存在紧密的联系，同时在不同尺度层次上的氮循环过程也存在关联性。这些特性决定了全面分析各个系统之间的氮流关系、整合不同尺度下的氮循环过程的全氮分析，对系统分析地表水氮循环机制、不同尺度层次上的氮平衡机制、根本缓解地表水氮污染问题及由此带来的环境和健康问题具有重要的意义。本章整合前面多个系统的氮循环过程，构建我国地表水氮循环的计算过程，并分析不同空间格局下氮通量的动态变化，为大尺度氮循环的平衡机制提供理论基础。同时耦合陆海的生物地球化学过程，为我国近海海洋环境的可持续发展提供政策性支持和建议。

15.2　系 统 边 界

本指南将地表水系统定义为研究区域内的所有河流、湖泊和湿地等具有地表流动淡水的系统。地表水系统是一个功能概念，不是一个区域概念。因此，地表水系统的边界定义为一个区域内所有具有地表水的地方，不一定连续分布，可以散落在研究区域的各个地方，两块地表水之间的无水地域不算作地表水系统。

15.3　地表水系统氮素流动模型

地表水系统的氮输入是其他系统活性氮流失到地表，包括农田径流和污水处理厂的排放等；地表水系统的氮输出主要包括农田灌溉、N_2 排放、N_2O 排放及排海输出。地表水系统的氮积累一般考虑为地表水体氮浓度的变化，如果氮浓度增加则积累为正，氮浓度减小则积累为负（图 15-1）。

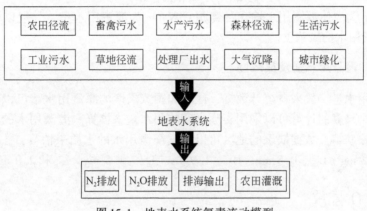

图 15-1　地表水系统氮素流动模型

地表水系统氮素流动的计算公式如下：

$$SW_{IN} = \sum_{i=1}^{10} SWIN_{Sub,i} \tag{15-1}$$

$$SW_{OUT} = SWOUT_{Irr} + SWOUT_{N_2} + SWOUT_{N_2O} + SWOUT_{Exp} \tag{15-2}$$

式中，$SWIN_{Sub,i}$ 为其他 10 个系统通过地表径流输入到地表水系统的氮量，包括农田径流、畜禽污水、水产污水、森林径流、草地径流、城市绿化、生活污水、工业污水和处理厂出水及大气沉降；$SWOUT_{Irr}$ 为农田灌溉用水输出的氮量；$SWOUT_{N_2}$ 为地表水中活性氮的脱氮过程，其比例约为 SW_{IN} 的 50%（Lofton et al.，2007；Zhao et al.，2015）；$SWOUT_{N_2O}$ 为 N_2O 排放；$SWOUT_{Exp}$ 为排海输出。

15.4　氮 素 输 入

地表水系统的氮输入来自其他 10 个系统，分别为农田、禽畜养殖、水产养殖、森林、草地、城市绿地、人类、工业过程和能源、污水处理和大气。其他不同系统向地表水系统的氮输入计算参考 4.5.2 节、5.5.2 节、6.5.2 节、7.5.8 节、8.5.5 节、9.5.2 节、10.5.5 节、12.5.5 节、14.5.5 节和18.5.1 节。

15.5　氮素输出

地表水系统的氮输出主要有 4 个去向，即农田灌溉、N_2 排放、N_2O 排放及排海输出。本节将详述这 4 个去向的计算过程。

15.5.1　农田灌溉

15.5.1.1　计算过程

农田灌溉氮输出指将地表水灌溉于农田输出的氮量，是地表水系统重要的氮输出项。

$$SWOUT_{Irr} = Water_v \times N_{Con} \tag{15-3}$$

式中，$SWOUT_{Irr}$ 为农田灌溉用水输出的氮量；$Water_v$ 为灌溉用水量，一般以体积单位来衡量；N_{Con} 为灌溉用水的氮浓度。

15.5.1.2　灌溉用水量及氮浓度

农田灌溉用水量一般来自统计数据，区域和国家尺度的灌溉用水量可以从国家统计年鉴获得，具体小尺度的计算可以采用实际真实的用水量来核算。灌溉用水的氮浓度可以用直接测定的方法获得。数据缺乏的地区可以根据灌溉用水的水质来估算，Ⅰ~Ⅴ类水的含氮量分别为 0.2 mg·L⁻¹、0.5 mg·L⁻¹、1.0 mg·L⁻¹、1.5 mg·L⁻¹ 和 2.0 mg·L⁻¹。

15.5.2　N_2O 排放

活性氮进入地表水系统后会发生硝化和反硝化作用，从而产生 N_2O 并排放到大气中。N_2O 排放在不同地区受水体温度和有机碳等因素的影响变异较大，但是之前也有很多区域尺度的工作来估算 N_2O 排放，其具体计算公式如下：

$$SWOUT_{N_2O} = SWIN \times SWOUT_{N_2O,R} \tag{15-4}$$

式中，$SWOUT_{N_2O}$ 为地表水氮流向河口或在湖泊中排放的 N_2O；SWIN 为地表水氮输入总量；$SWOUT_{N_2O,R}$ 为地表水氮移动到河口过程中 N_2O 的挥发比例，约为总氮输入的 1.25%（Ciais et al.，2013）。

15.5.3　排海输出

15.5.3.1　计算过程

排海输出指地表水中的活性氮最终通过河口排入近海的部分，这部分氮一般采用排海径流总量乘以入海径流的含氮量来计算。

$$SWOUT_{Exp} = Runoff \times N_{Con,discharge} \qquad (15\text{-}5)$$

式中，$SWOUT_{Exp}$ 为排海输出；Runoff 为河流排入海洋的总径流水量；$N_{Con,discharge}$ 为入海径流的含氮量。

15.5.3.2　活动水平数据

目前可通过 2015 年《中国环境状况公报》获取有关渤海、黄海、东海和南海等海域的直接排海污染物情况。具体目标区域的入海河流氮含量参数可通过文献资料、部门咨询和实地测定等方式获取。本指南通过文献资料收集整理了我国主要入海河流的多年平均径流量及平均入海全氮浓度（表 15-1）。

表 15-1　中国主要入海河流的多年平均径流量及平均入海全氮浓度

河流	水文测站	多年平均径流量/亿 m³	平均入海全氮浓度/（mg·L⁻¹）
辽河	铁岭	32.37	14.8
海河	海河闸	9.07	7.42
黄河	利津	331.2	11.65
淮河	蚌埠	264.1	—
长江	大通	9051	3.22
钱塘江	兰溪	167	—
闽江	竹岐	538	—
九龙江	漳州	119	3.22
珠江	石角/博罗	654.1	—

15.5.4　N₂ 排放

N₂ 排放指输入到地表水系统的活性氮经过反硝化和厌氧氨氧化过程，转化为 N₂ 并排放到大气的过程。由于反硝化作用和厌氧氨氧化过程存在极大的不确定性，较难直接估算 N₂ 的排放量，本指南采用差值法来估算 N₂ 的排放量。但是差值法比较难区分 N₂ 排放和地表水体底泥积累的活性氮量，这可能会带来不确定性。

$$SWOUT_{N_2} = SWIN - SWOUT_{Exp} - SWOUT_{N_2O} - SWOUT_{Irr} - SWACC \qquad (15\text{-}6)$$

式中，$SWOUT_{N_2}$ 为地表水氮流向河口或者在湖泊中发生脱氮排放的 N₂；SWIN 为地表水氮输入总量；$SWOUT_{Exp}$ 为通过地表水系统排入到近海的总氮量；$SWOUT_{N_2O}$ 为地表水氮流向河口或者在湖泊中排放的 N₂O；$SWOUT_{Irr}$ 为农田灌溉用水输出的氮量；SWACC 为地表水系统的氮积累总量。式（15-6）右边的氮通量可以通过本章节前述和后续部分的计算获得。

15.6　氮素积累

地表水系统的氮积累主要体现在地表水体氮浓度和水量的变化。根据地表水氮浓度和水量的乘积可以估算出特定年份地表水系统的总氮库存量，不同年份之间总氮库存量的差异即为当年的地表水系统氮积累量。具体的计算公式如下：

$$\text{SWACC}_i = \text{Volume}_i \times N_{\text{Con,SW},i} - \text{Volume}_{i-1} \times N_{\text{Con,SW},i-1} \tag{15-7}$$

式中，SWACC_i 为第 i 年地表水系统的氮积累总量；Volume_i 为第 i 年地表水系统总水量；$N_{\text{Con,SW},i}$ 为第 i 年地表水系统平均氮浓度。

地表水水量的估算包含目标区域内的主要的河流、湖泊和水库等地表水体，一般通过当地的水资源公报可以获得这些数据。这些主要地表水体的含氮量则可以通过当地的环境公报获取，或者在条件允许的情况下，可以自行开展水质监测。但是由于水体氮浓度在不同季节之间可能存在很大的差异，所以合理的取样监测时间间隔（至少每个月取一次样）可以降低水体含氮量的不确定性。

15.7　质量控制与保证

地表水系统的氮流分析主要涉及其他系统的氮素输入到地表水系统中，以及进入地表水系统之后的去向。其中，其他系统输入到地表水系统氮通量的质量控制在其他系统讨论，本章不做探讨。

1）农田灌溉。农田灌溉的计算主要取决于灌溉用水量及灌溉用水的含氮量。灌溉用水量一般来自统计数据或者调查数据，不确定性相对较小。而灌溉用水的含氮量数据往往容易缺失，特别是在较小的范围内计算时，这会带来很大的不确定性。在计算目标区域的农田灌溉带入的氮量时，核准灌溉用水的含氮量至关重要。

2）N_2O 排放。N_2O 主要来自排入地表水系统活性氮的硝化和反硝化过程，受总氮量以及自然条件如温度和 COD 含量的影响。目前采用总氮输入的 1.25% 作为估算方法，这遵循了 IPCC 的推荐指南。但是由于硝化和反硝化作用本身的极大不确定性，该比例的不确定性可能高达 50% 以上。降低 N_2O 排放比例的不确定性很难，这是由 N_2O 的排放机理本身决定的，但是核准排入地表水系统的总氮量可以有效地降低 N_2O 排放总量估计的不确定性。

3）排入海洋。排入海洋氮量的计算取决于入海径流量和入海径流的含氮量。入海径流量一般来自水利部门的监测数据，相对较为准确。而入海径流的含氮量往往缺乏较为全面的监测，部分监测站点仅有氨氮的监测数据，缺乏总氮的数据。虽然可以用氨氮和总氮的比例来估算，但是不同区域和不同年份之间差异极大，用氨氮的比例估算总氮往往失效。因此，在目标区域内补测或者找到总氮的浓度对估算排入海洋的氮量至关重要。

4）N_2 排放。N_2 排放的不确定性很大，这主要取决于 N_2 产生的途径，即反硝化和厌氧氨氧化。这两个过程都不稳定，而且找不到归一的方法来测算，即便是实地监测也存在巨大的不确定性。因此，本指南推荐差值法估算地表水系统的 N_2 排放量。但是差值法不能

区分 N_2 排放和地表水体底泥积累的活性氮量，因此，可能会高估 N_2 排放。然而，底泥积累之后也往往会再发生硝化和反硝化作用释放 N_2，因此，从动态平衡的角度来看，差值法大概可以捕获到 N_2 排放趋势。同时 N_2 排放测定结果显示，N_2 排放量一般占输入到地表水系统中总氮量的 40%～50%（Lofton et al.，2007；Zhao et al.，2015），可以用该比例来作为校验。

　　5）氮积累。地表水系统氮积累主要取决于地表水系统水量和地表水氮浓度的变化，水量的变化容易捕获，可以通过水文部门的监测数据来获得。但是地表水氮浓度的变化在不同年份之间较难捕获。这主要是由于地表水系统的空间异质性很大，较难准确地用样点的数据来表征总体的地表水含氮量变化。在这种背景下，尽可能多地获得地表水系统不同样点的氮浓度对估算总体的氮浓度变化至关重要。

参 考 文 献

环境保护部. 2002. 地表水环境质量标准（GB 3838—2002）.

环境保护部. 2016. 中国环境状况公报（1989-2016）. 北京：中国统计出版社.

Ciais P, Sabine C, Bala G, et al. 2013. Climate Change 2013：The Physical Science Basis//IPCC. Contribution of Working Group I to the Fifth Assessment Report of the Intergovernmental Panel on Climate Change. Cambridge：Cambridge University Press.

Dodds W K. 2006. Nutrients and the "dead zone"：the link between nutrient ratios and dissolved oxygen in the northern Gulf of Mexico. Frontiers in Ecology and the Environment, 4（4）：211-217.

Erisman J W, Galloway J N, Seitzinger S, et al. 2013. Consequences of human modification of the global nitrogen cycle. Philosophical Transactions：Brological Sciences, 368（1621）：1-9.

Fowler D, Coyle M, Skiba U, et al. 2013. The global nitrogen cycle in the twenty-first century. Philosophical Transactions of the Royal Society：Biological Sciences, 368（1621）：20130164.

Groffman P M, Law N L, Belt K T, et al. 2004. Nitrogen fluxes and retention in urban watershed ecosystems. E-cosystems, 7（4）：393-403.

Guo L. 2007. Doing battle with the green monster of Taihu Lake. Science, 317（5842）：1166.

Lofton D D, Hershey A E, Whalen S C. 2007. Evaluation of denitrification in an urban stream receiving wastewater effluent. Biogeochemistry, 86（1）：77-90.

Qin B Q, Xu P Z, Wu Q L, et al. 2007. Environmental issues of Lake Taihu, China. Hydrobiologia, 581（1）：3-14.

Smith V H, Schindler D W. 2009. Eutrophication science：where do we go from here? Trends in Ecology and Evolution, 24（4）：201-207.

Zhao Y, Xia Y, Ti C, et al. 2015. Nitrogen removal capacity of the river network in a high nitrogen loading region. Environmental Science and Technology, 49（3）：1427-1435.

第16章　地下水系统

16.1　导　　言

地下水是存在于地表以下岩（土）层空隙中的各种不同形式水的统称。地下水的形成和分布受地质、气候和水文等自然因素的控制。地下水主要来源于大气降水和地表水的入渗补给；同时其以地下渗流的方式补给河流、湖泊和沼泽，或直接注入海洋；上层土壤中的水分则以蒸发或被植物根系吸收后再散发形式进入大气，从而积极地参与地球水循环、溶蚀、滑坡和土壤盐碱化等过程。地下水系统是自然界水循环大系统的重要亚系统。地下水作为地球上重要的水体，与人类社会有着密切的关系。地下水的储存有如一个巨大的地下水库，以其稳定的供水条件、良好的水质，而成为农业灌溉、工矿企业及城市生活用水的重要水源，也成为人类社会必不可少的重要水资源，尤其是在地表缺水的干旱、半干旱地区。

我国地下水资源储量约为8122亿m^3，占水资源总量的1/3，与地表水资源的不重复量为1057亿m^3，占地下水总量的13%。南北方地下淡水天然资源分别约占全国地下淡水总量的70%和30%，差异明显。地下淡水可开采资源为3527亿m^3，其中，山区为1966亿m^3，平原区为1561亿m^3。我国地下水资源的分布存在明显的地区差异，昆仑山—秦岭—淮河一线，既是我国自然地理景观的重要分界线，也是我国区域水文地质条件和地下水区域分布存在明显差异的分界线，此线以南地下水资源丰富，以北地下水资源相对缺乏。

我国关于地下水硝酸盐浓度及主要来源的研究在全国不同省份均有开展，但是主要集中在农区的华北平原及东北地区（Gu et al.，2013）。前期的研究主要集中在利用地下水作为"肥料"来进行农业灌溉的可行性及其社会经济效益方面（孙大鹏等，2007；张庆忠等，2002）。随着地下水硝酸盐浓度的持续升高，其对人类健康的影响开始凸现（张庆乐等，2008）。在不同的地区开始报道有"癌症村"的出现，虽然可能由多种因素导致这种恶性的人类健康问题，但是饮用水中硝酸盐的富集开始被媒体和公众关注。目前我国主要是在区域尺度上研究地下水硝酸盐的来源及其动态变化，缺少大尺度的研究，特别是全国尺度的硝酸盐富集情况及其主要来源研究。当前迫在眉睫的课题之一是量化和评估我国地下水的氮循环过程及其与其他系统的关系。

本章采用地下水系统与其他系统之间的相关性来计算地下水中的硝酸盐富集量，这对进一步分析其对人类健康的潜在影响具有重要意义。其结果不仅可以服务于我国居民健康的可持续性，而且可以对研究大尺度氮循环过程及全球氮动态平衡的机制提供数据支持。

16.2　系统边界

地下水系统指一个地区所有的地下水组成的系统，其他系统会通过渗漏将活性氮输入到地下水中，除了灌溉抽水之外，地下水一般很少输出活性氮到其他系统，剩余的部分假设都积累在地下水中。地下水系统氮素流动模型如图 16-1 所示。

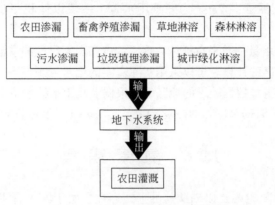

图 16-1　地下水系统氮素流动模型

16.3　地下水系统氮素流动模型

地下水系统氮素流动计算公式如下：

$$GW_{IN} = \sum_{i=1}^{7} GWIN_{Item,\,i} \tag{16-1}$$

$$GW_{OUT} = GWOUT_{Irr} \tag{16-2}$$

式中，$GWIN_{Item,i}$ 为其他系统向地下水渗漏或者地下填埋 Nr 的过程，包括农田渗漏、畜禽养殖渗漏、城市绿化淋溶、草地淋溶、森林淋溶、污水渗漏和垃圾填埋渗漏。输入地下水系统的氮除了灌溉抽水 $GWOUT_{Irr}$ 之外，会长期积累在系统中，这也是人类活动区地下水硝酸盐浓度升高的原因（Schlesinger，2009）。

16.4　氮素输入

地下水系统的氮输入主要指其他系统通过渗漏输入到地下水的活性氮量，主要涉及 7 个系统，即农田、草地、森林、畜禽养殖、城市绿地、固体废弃物和污水处理系统。这些系统向地下水系统的氮输入计算参考 4.5.2 节、5.5.2 节、6.5.2 节、7.5.7 节、9.5.2 节、13.5.3 节和 14.5.1 节。

16.5　氮素输出

地下水的氮输出主要是农田灌溉。在农区抽取地下水灌溉较为常见，是地下水开采的主要形式之一。除了地下水灌溉，地下水开采还被用于部分生活和工业用水，但是这些用途中往往不是利用里面的活性氮，反而需要较低的活性氮含量，如农村地区的浅层地下水用作饮用水源，或者部分工矿企业采用地下水作为工业用水。由于这部分地下水应用中的活性氮去向不明，在此不予考虑。

农田灌溉氮输出指利用地下水灌溉农田输出的氮量，是地下水系统重要的输出项。

$$GWOUT_{Irr} = Water_v \times N_{Con} \tag{16-3}$$

式中，$GWOUT_{Irr}$ 为农田灌溉；$Water_v$ 为灌溉用水量，一般以体积单位来衡量；N_{Con} 为灌溉用水的氮浓度。

农田地下水灌溉用水量一般来自统计数据，区域和国家尺度的灌溉用水量可以从国家统计年鉴获得，具体小尺度的计算时可以采用实际真实的用水量来核算。灌溉用水的氮浓度可以用直接测定的方法获得。数据缺乏的地区可以根据灌溉用水的水质来估算，Ⅰ~Ⅴ类水的含氮量分别为 2 mg·L^{-1}、5 mg·L^{-1}、20 mg·L^{-1}、30 mg·L^{-1} 和大于 30 mg·L^{-1}。

16.6　氮素积累

地下水系统的活性氮主要是以硝酸盐的形式存在，由于缺乏有机碳源，反硝化微生物的生长受到抑制，因而地下水系统中的硝态氮反硝化很微弱。此外，这些深处的硝酸盐无法被植物根系吸收，从而其长期积累在系统中。地下水系统的氮积累主要体现在地下水体氮浓度和水量的变化。根据地下水氮浓度和水量的乘积可以估算出特定年份地下水系统的总氮库存量，不同年份之间总氮库存量的差异即为当年的地下水系统氮积累量。具体的计算公式如下：

$$GWACC_i = Volume_i \times N_{Con,GW,i} - Volume_{i-1} \times N_{Con,GW,i-1} \tag{16-4}$$

式中，$GWACC_i$ 为第 i 年地下水系统的氮积累总量；$Volume_i$ 为第 i 年地下水系统总水量；$N_{Con,GW,i}$ 为第 i 年地下水系统平均氮浓度；$Volume_{i-1}$ 为第 $i-1$ 年地下水系统总水量；$N_{Con,GW,i-1}$ 为第 $i-1$ 年地下水系统平均氮浓度。

地下水水量的估算包含目标区域内的地下水体，一般通过当地的水资源公报可以获得这些数据。地下水体的含氮量则可以通过当地的环境公报获取。在条件允许的情况下，可以自行开展水质监测。

16.7　质量控制与保证

地下水系统的氮流分析主要涉及其他系统的氮素输入到地下水系统，这些氮通量的质量控制已在其他系统中讨论，本章不做探讨。

1）农田灌溉。农田灌溉的计算主要取决于灌溉用水量及灌溉用水的含氮量。灌溉用水量一般来自统计数据或者调查数据，不确定性相对较小。而灌溉用水的含氮量数据往往容易缺失，特别是在较小的范围内计算时，这会带来很大的不确定性。在计算目标区域的农田灌溉带入的氮量时，核准灌溉用水的含氮量至关重要。

2）氮积累。地下水系统氮积累主要取决于地下水系统水量和地下水氮浓度的变化，水量的变化容易捕获，可以通过水文部门的监测数据来获得。但是地下水氮浓度的变化在不同年份之间较难捕获。这主要是由于地下水系统的空间异质性很大，较难准确地用样点的数据来表征总体的地下水含氮量变化。在这种背景下，尽可能多地获得地下水系统不同样点的氮浓度对估算总体的氮浓度变化至关重要。

参 考 文 献

孙大鹏，孙宏亮，胡博. 2007. 浅论地下水中的氮污染. 地下水，29（1）：68-71.

张庆乐，王浩，张丽青，等. 2008. 饮水中硝态氮污染对人体健康的影响. 地下水，30（1）：57-59+64.

张庆忠，陈欣，沈善敏. 2002. 农田土壤硝酸盐积累与淋失研究进展. 应用生态学报，13（2）：233-238.

Gu B J, Ge Y, Chang S X, et al. 2013. Nitrate in groundwater of China: Sources and driving forces. Global Environmental Change, 23（5）: 1112-1121.

Schlesinger W H. 2009. On the fate of anthropogenic nitrogen. Proceedings of the National Academy of Sciences of the United States of America, 106（1）: 203-208.

第 17 章　近海海域系统

17.1　导　　言

　　近海海域或近岸海域是一个动态、开放、复杂而脆弱的生态系统，是全球变化和人类活动响应敏感的生态系统类型之一，并且具有突出的区位、资源和经济优势。近海海域是海-陆-气相互交汇地带，是水相-沉积相结合区，受其交互影响，近海海域存在各种耦合多变的物理、化学、生物及地质过程和演变机制，生态环境也较为敏感和脆弱（张晓玲等，2016；饶清华等，2017）。其中，氮素的各种循环过程非常复杂，甚至可能是海洋中最复杂的物质循环过程（Capone et al. , 2008）。其在全球生物地球化学循环中的作用已受到越来越多的关注（陈克亮等，2007）。氮是一切生命活动所必需的营养元素，也是海洋中最为重要的生源要素之一，对生物生产力和海洋生态环境有着至关重要的作用（Loh and Bauer, 2000；Lin et al. , 2012）。但过多的氮输入海洋生态系统中将会增加水环境富营养化的风险（Zhou et al. , 2008；Yu et al. , 2012），导致水质恶化，进而影响鱼类和珊瑚礁等的生长，严重时会形成海洋死区（Sutton et al. , 2011；Cubasch et al. , 2013）。全球范围内的研究表明，随着人口的不断增长和经济的快速发展，近几十年来，陆地系统向近海海岸带输送的氮量，随着入海河流中氮营养盐浓度的大幅度增加而明显增加（Meybeck and Vörösmarty, 2005；Bricker et al. , 2008；Sánchez et al. , 2008）。大量氮素的输入已经在许多河口海岸带引起了水体富营养化、温室气体排放、赤潮事件和海洋死区等全球性的环境问题（Seitzinger and Kroeze, 1998；Dalsgaard et al. , 2003；IPCC, 2007；Conley et al. , 2009；EPA, 2011；Sutton et al. , 2011；Ciais et al. , 2013）。这些问题成为国际地圈-生物圈计划（international geosphere-biosphere program, IGBP）研究的热点和前沿。掌握近海海域氮素的迁移转化和循环过程及其对环境的影响，对解决近海海域的环境污染问题有着十分重要的意义。

　　我国近海海域旷阔，资源丰富。大陆海岸线北起辽宁省的鸭绿江口，南达广西壮族自治区的北仑河口，长达 1.8 万 km。近年来，随着经济飞速发展，近海海域受人类活动影响巨大。大量的氮随着生活和工业污水、畜禽养殖污水、农业生产过程中化肥的流失、地表侵蚀和径流等进入内陆水体，随着河流输送到近海海域系统。河流源源不断地向海洋输送大量的溶解态及颗粒态氮，成为近海海域氮的主要来源。有关研究表明，1980 ~ 1989年，我国 3 条主要的河流长江、黄河和珠江向近海海域输送的可溶性无机氮含量逐年增加，平均每年输送氮量分别达 0.78 Tg、0.06 Tg 和 0.15 Tg（Duan et al. , 2000）。1980 ~ 2010 年，我国陆地生态系统向近岸海洋系统输送的活性氮量由 2.7 Tg 增加至 5.4 Tg，分别占当年全国新氮总投入量的 10.9% 和 8.8%（Gu et al. , 2015）。同时陆地生态系统损失到大气的氮，也会以大气干湿沉降的形式输送到近海海域系统。有关研究表明，我国陆地生态系统通过河流输送和大气沉降向近岸海洋系统输送的氮量逐年增加。1978～2010 年，两种形式向海洋输送的氮量从 4.7 Tg 增加至 7.1 Tg（Cui et al.，2013）。此外，沿海城市的污水直接排海也是我国陆地生态系统向近海海域的重要氮素输送途径。据不完全资料显示，2015 年，全国仅监测的 401 个日排污水量大于 100m³ 的直排海污染源，污水排放总量达 62.5 亿 t，其中含氨氮 1.5 万 t（中国环境质量公报，2015）。此外，我国近海海域水产养殖快速增长，1980～2015 年，我国海水养殖产量从 44.4 万 t 增加至 1875.6 万 t，增加了 40 多倍，年均增长率达 10.9%（国家统计局，2016）。同时海水养殖面积也在不断扩张，由 2007 年的 133.1 万 hm² 增加至 2015 年的 231.8 万 hm²，年均增长率达 9.3%（农业部渔业渔政管理局，2008，2016）。水产养殖不仅需要大量的饵料投入（张玉珍等，2003；Cui et al.，2013；Gu et al.，2015），且在饵料中需要配备一定量的氮肥，配比的氮肥约为饵料量的 20%（舒廷飞等，2002；Crab et al.，2007；Gu et al.，2015）。高量的饵料氮投入加之不断增长的近岸水产养殖面积，给近岸海水水质环境带来了巨大的冲击。有关结果表明，我国天然重要海洋渔业水域和海水重点养殖区域的前两位污染指标为无机氮和活性磷酸盐。其中，东海和南海部分养殖水域无机氮和活性磷酸盐超标相对较重（2015 年中国环境状况公报）。为减缓我国海洋环境污染问题，国家海洋局实施了海洋倾废许可排放制度，然而，即使实行倾废许可证，截至 2017 年 9 月年我国北海、东海和南海的疏浚物实际倾倒量仍为批准倾倒量的 1.4～6.0 倍（国家海洋局，2017a）。长期高负荷的氮素输入，超出了近海海域的承载能力，导致我国近岸局部海域海水环境污染严重。据《2015 年中国环境状况公报》报道，我国近海海域四类和劣四类海水比例高达 22%，其主要污染物是无机氮和活性磷酸盐。《2016 年中国海洋环境状况公报》报道，在开展监测的河口、海滩、滩涂湿地、珊瑚礁、红树林和海草床等典型海洋生态系统中，处于健康、亚健康和不健康的海洋生态系统分别占 24%、66% 和 10%，无机氮是海水污染的主要污染物。在所有监测的海湾生态系统中，除大亚湾外，均呈富营养化状态，无机氮含量劣于第四类海水水质标准（国家海洋局，2017b）。通过对 2011～2013 年《中国海洋环境状况公报》的相关数据分析，无机氮的污染主要分布在辽东湾、渤海湾、莱州湾、长江口、杭州湾、浙江沿岸和珠江口等近海海域，同时重度富营养化海域也集中在这些近岸区域（刘森，2016）。

以往有关我国氮素负荷和循环流动的研究，主要集中在陆地生态系统之间的氮流动、通量、损失和效率方面（Ma et al.，2012；Cui et al.，2013；Gu et al.，2015）。有关近海海域氮循环的研究主要估算陆地生态系统通过河流入海、陆源大气沉降和污水直排等形式的氮素输入量，对近海海域氮的最终去向研究略显不足（Cui et al.，2013；Gu et al.，2015）。有些研究则针对河口和海岸带的氮素循环和氮素流动等，如有研究以分子标记为主要手段总结了近海海域固氮、反硝化过程（龚骏等，2013）。林啸（2011）则研究典型河口沉积物-气界面氮的主要循环过程的速率测算、时空分布特征和影响因子。顾培培（2012）以我国典型黄河、长江及其河口为研究区域，发现 2010～2011 年黄河和长江溶存 N₂O 的平均值分别为（21.9±14.1）nmol·L⁻¹ 和（18.1±8.2）nmol·L⁻¹，在世界已报道的河流中处于较低水平；并初步估算了 2010～2011 年黄河向渤海输入 N₂O-N 的量约为 14.3 t·a⁻¹；同期长江向东海和黄海的 N₂O-N 输入量为 250 t·a⁻¹。随着我国对海洋生态文明建设和海洋污染防护与治理的重视及入海排污口环境监督管理的加强，综合整治入海河流、规范入海排污口设置、沿海城市总氮排放总量控制和重点海域排污总量控制制度等措施的施行，势必对我国不同区域陆地生态系统河流氮输入、近海河流氮输入和近海海域氮循环、转化和去向等产生一定的影响。然而，目前缺乏一套科学、准确、统一的技术方法和相应的技术指南，进行近海海域系统的氮素来源和去向的综合分析，难以反映我国近海海域系统氮素流动的自身特点，给全国和区域近海海域系统氮素的来源及去向估算带来了很大的不确定性，同时也对环境管理部门进行相关政策和措施的制定造成很大的困扰。因此，有必要对我国近海海域系统氮素的来源与去向进行全面的评估，其结果对我国沿海地区生态环境的可持续发展具有重要的指导意义。

　　本章基于分析近海海域系统氮的输入与输出，通过资料调研收集、整理，分析国内外的研究成果，对现阶段近海海域系统氮流动分析方法在我国的适用性进行系统整理与评估，在建立本土化评估因子数据库的基础上，根据公开发表的文献资料与各类统计数据，结合活动数据等，建立了近海海域系统氮素流动分析方法，提出了近海海域系统氮素流动分析方法指南。

17.2　系　统　描　述

17.2.1　系统的定义、内涵及其外延

　　近海海域系统的定义有两种，一种指陆域岸线向海洋延伸多少米，或者到多少米的等深线，一般指 20 m 等深线至海岸线的海域。另一种指直接邻接海岸的海。根据近海海域的定义及目前可收集到的海域面积等相关活动数据和计算参数，本指南倾向后一种定义，并将渤海、黄海、东海和南海四大海域并称为我国近海海域系统，将其面积看作我国近海海域面积，以外的海域称为远海。

17.2.2　近海海域系统与其他系统之间的氮交换

　　近海海域系统与其他系统之间的氮交换包括来自内陆水体系统、大气系统沉降氮、污水排放和生物固氮输入；近海海域系统向其他系统的氮输出则包括海水反硝化和 N_2O 向大气系统的氮排放、海洋捕捞水产品向人类系统氮输出和近海向远海的氮排放。本系统不考虑系统内部的氮积累，将所有输入减去已知的可以估算的氮输出后，认为剩余的氮量排放到远海系统。同时需要指出的是，本指南在计算水产养殖系统氮输入和输出时，已将近海海水养殖相关的氮输入和输出进行估算，在进行近海海域氮平衡计算时直接采用水产养殖系统的相关结果，而在具体的氮流动去向中，为避免重复计算，将近海养殖相关氮估算归并到水产养殖系统中。

17.3　近海海域系统氮素流动模型

近海海域系统氮素流动模型在氮素的输入和输出基础上建立。其中，氮输入包括大气沉降、内陆河流向近海海域的氮输送、近海海域的大气氮沉降、生物固氮和海水养殖系统氮输入。氮输出包括近海海域的脱氮、沉积物硝化和反硝化产生的 N_2O 气体、氨化过程中释放出来的氨、近海海域海水养殖和海洋捕捞水产品氮输出（已在水产养殖系统估算）及输出到远洋系统的氮（图 17-1）。需要指出的是，近海海域生态系统氮循环包括地球化学循环和生物循环，其中，浮游植物是近海海域系统氮生物循环的主要承担者，也是氮循环的关键环节。氮是浮游植物生长和代谢的必需元素，是浮游植物细胞内蛋白质、叶绿素和核酸等生命物质的组成元素，浮游植物的生长可以吸收各种形式的溶解态氮，主要包括溶解态无机氮和溶解态有机氮，适量的氮对浮游植物的生长具有促进作用（李顺兴，2005；李夜光等，2006）。在近海海域中具有固氮能力的蓝藻和细菌通过自身合成代谢过程，可以直接利用大气中的 N_2，成为近海海域系统的重要氮来源。部分溶解态有机氮在浮游植物繁盛期可以不经过细菌降解而直接被浮游植物吸收利用，使氮循环过程缩短（陈立民等，2003）。浮游植物吸收氮并转换氮的形态是近海海域氮循环过程中不可忽视的关键环节。蓝藻和细菌的生物固氮在生物固氮部分估算。浮游植物所吸收的氮主要来自海域生态系统内部，这部分氮被浮游植物固定后又被鱼类进食，因此，本指南中将浮游植物氮看作近海海域生态系统氮的内循环途径，不进行其通量的估算。如上所述，我国近海海域系统水体受到不同程度的氮污染，近海海域环境恶化，但受认知水平和文献资料所限，暂时无法核算出由近海海域系统内部海水氮浓度、水产品和动植物等的增加或减少引起的系统内部氮积累的变化。本指南将近海海域系统中可计算的氮输入和输出的差值看作是系统内部氮积累和向远海输入的活性氮库变化。

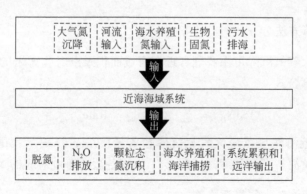

图 17-1　近海海域系统氮素流动模型

我国海岸线绵延，大陆岸线总长为 1.8 万 km，邻近海域从南到北依次为南海、东海、黄海和渤海，纵跨热带、亚热带和温带 3 个气候带，四季交替明显，沿岸入海河流众多，径流量受气候影响多变，河流水化学组成成分受自然因素和人类活动影响也存在较大差异。因此，在确定近海海域系统氮素流动模型时，应紧密结合所在地域的具体情况，根据当地氮素输入输出和活动数据水平特征，在本指南的基础上选择科学、适当的氮素流动模型。另外，随着经济、技术的发展，信息资料的完备和认知水平的提升，本模型可根据实际情况进行不断完善和更新。

17.4　氮素输入

根据近海海域系统氮素流动模型，该系统氮输入包括大气沉降、河流输入、污水排海、海水养殖输入和生物固氮等部分，可采用以下计算公式。本节详细描述各个输入项的计算方法、系数选取及活动数据的获取途径。

$$TS_{IN} = \sum TSIN_{Dep} + TSIN_{RivI} + TSIN_{AQIN-Sea} + TSIN_{BNF} + TSIN_{WWD} \tag{17-1}$$

式中，TS_{IN} 表示近海海域系统氮输入量；$TSIN_{Dep}$ 表示近海海域系统大气氮沉降输入量；$TSIN_{RivI}$ 表示河输入氮输入量；$TSIN_{AQIN-Sea}$ 表示海水养殖氮输入量；$TSIN_{BNF}$ 表示近海海域系统生物固氮输入量；$TSIN_{WWD}$ 表示近海海域系统污水排海氮输入量。

17.4.1　大气氮沉降

随着全球变化和人类活动的影响，大气污染物和沙尘向海洋的输送和沉降增强。大气沉降成为陆源污染物和营养物质向海洋输送的重要途径（Duce et al.，1991；张艳，2007）。人为活动产生的活性氮进入大气层后，在大气中转化，并随大气迁移，60% ~ 80% 的氮又通过沉降成为近海海域生态系统的重要营养源，进而影响生态系统的生产力和稳定性（Van，2002）。早期研究表明，大气沉降污染物质中的氮是控制生态系统物种组成、多样性、动态和功能的关键因素，也是影响海洋生产力的关键因素（Vitousek et al.，1997）。

17.4.1.1　计算方法

近海海域系统大气氮沉降可由我国各近海海域面积乘以对应海域的氮沉降速率加和计算。可采用以下计算公式：

$$TSIN_{Dep} = \sum_{i=1}^{4} Area_{i,Sea} \times Rate_{i,Dep} \tag{17-2}$$

式中，$TSIN_{Dep}$ 表示近海海域系统大气氮沉降输入量；$Area_{i,Sea}$ 表示我国各近海海域面积，本指南中指渤海、黄海、东海和南海；$Rate_{i,Dep}$ 表示各近海海域对应的氮沉降通量。

17.4.1.2　近海海域大气氮沉降速率

关于不同近海域大气氮沉降速率通量开展了较多的研究。研究结果表明，渤海和黄海海域大气氮沉降通量约为 1708 mg N m^{-2} · a^{-1}（Wang et al.，2002）。我国东部海域的大气干湿沉降通量约为 1904 mg N m^{-2} · a^{-1}（Zhang et al.，2007）。这些研究结果与相关研究报道的近海海域大气沉降氮通量（588 ~ 2072 mg N m^{-2} · a^{-1}）相符（Paerl，1997）。相关研究在全国百年尺度的氮负荷和梯级流动研究中，归纳总结了中国四大近海海域的氮沉降通量（表 17-1）（Cui et al.，2013）。

表 17-1　中国四大近海海域单位面积氮沉降速率　单位：mg N m^{-2}·a^{-1}

中国四大近海海域	渤海海域	黄海海域	东部海域	南部海域
单位面积氮沉降速率	1400~2100	1400~2100	840~1400	420~840

17.4.1.3　活动水平数据

该计算涉及的活动数据是近海海域面积。在我国百年尺度的氮素负荷和梯级流动研究中给出了我国四大近海海域的面积（表 17-2）（Cui et al.，2013）。此外，还可通过查询《中国统计年鉴》、《中国环境统计年鉴》及《中国环境状况公报》等公开资料获取。在条件允许的情况下，可采用遥感解译与 GIS 空间运算相结合的方法获取近海海域面积。

表 17-2　中国四大近海海域面积　单位：hm^2

中国四大近海海域	渤海海域	黄海海域	东部海域	南部海域
面积	7.70×10^6	3.80×10^7	7.52×10^7	3.52×10^8

17.4.2　河流输入

河流输入氮指地表水中的活性氮通过河口排入近海部分的氮。该部分氮的计算详见 15.5.3 节。

17.4.3　污水排海

以往在我国沿海地区存在生活污水和工业废水等污水通过入海排污口直排入海的现象。随着沿海地区城市经济的快速发展及人口的不断增长，生活污水和工业废水等污水直排入海量大增，导致了近海海域水质的严重污染，尤其是氮污染物的大量输入促进浮游植物的大量繁殖，在一定程度上提高了赤潮的发生频率，海洋环境状况已经不容乐观，面临着空前的挑战，严重影响了海洋资源的可持续利用和沿海城市经济的健康发展，越来越受到国内外的关注。近年来，国家逐步重视污水直排入海问题，要求入海污水需经过污水脱氮处理达标后，才获准排放入海。本指南将不同时期的污水直排入海和处理后的污水排放入海统称为污水排海。根据活动数据可获取性，污水排海氮输出有多种计算方法。

17.4.3.1　计算方法

（1）方法 1

污水排海氮输入可通过排海污水氨氮总量乘以全氮和氨氮比来估算。可采用以下计算公式：

$$\text{TSIN}_{\text{WWD}} = N_{\text{WW}} \times R_{\text{TN/NH}_4} \tag{17-3}$$

式中，TSIN_{WWD} 表示近海海域系统污水排海氮输入量；N_{WW} 表示污水排海氨氮总排放量；$R_{\text{TN/NH}_4}$ 表示污水中氨氮和全氮比同工业过程和能源系统工业污水排放部分，取 2.5。

（2）方法 2

有排海条件的区域，可通过文献资料、部门咨询和实地调研的方式获取研究区域内处理后的污水排放总量、排海比例，处理污水不同形式、形态氮含量数据。通过处理后的污水排放总量乘以其总氮含量，再乘以排海比例估算污水排放氮量。可采用以下计算公式：

$$\text{TSIN}_{\text{WWD}} = N_{\text{WW}} \times R_{\text{WWD}} \times R_{\text{TN/NH}_4} \tag{17-4}$$

式中，TSIN_{WWD} 表示近海海域系统污水排海氮输入量；N_{WW} 表示污水排海氨氮总排放量；R_{WWD} 表示污水排海比例；$R_{\text{TN/NH}_4}$ 同式（17-3）。

（3）方法 3

可由污水处理系统处理后的污水排放量乘以污水排海比例，再乘以对应污水排放氮含量计算。可采用以下计算公式：

$$\text{TSIN}_{\text{WWD}} = \text{Effluent} \times N_{\text{Con}} \times R_{\text{WWD}} \tag{17-5}$$

式中，TSIN_{WWD} 表示近海海域系统污水排海氮输入量；Effluent 表示污水处理厂入海排水总量，或者可以认为是污水处理总量；N_{Con} 表示污水处理厂的出水总氮浓度，详见 14.5.5 节；R_{WWD} 同式（17-4）。

17.4.3.2　污水排海比例及污水氨氮含量

在沿海区域或城市缺少污水排海氨氮量数据时，则需要处理后的污水总氮排放量或污水排放量乘以处理污水排海比例和排海污水氮含量，再乘以全氮/氨氮比来计算。污水排放全氮含量可参照 14.5.5 节。也可根据实际情况，选取当地涉及污水排海的污水处理厂进行年度或定期实地调查和取样分析获取处理后的污水排海量和排海污水氮含量的相关数据。同时可通过与相关水利和环境部门获取的数据比较，验证调研数据的可信度。

17.4.3.3　活动水平数据

国家尺度污水排海氮输入涉及活动数据是污水排海氨氮量，可通过《中国环境状况公报》获取。沿海区域或城市污水排海氮量估算活动数据是处理后的污水排放总量或排放氨氮量，该数据获取方式同 17.4.3.2 节中处理后污水排海比例。

17.4.4　海水养殖氮输入

海水养殖氮输入包括饵料氮、饵料配备氮肥和种苗投入，估算方法分别见 8.4.1 节、8.4.2 节和 8.4.5 节。

17.4.5　生物固氮

微生物的固氮作用在近海海域十分活跃，尤其是在海草草场、岩礁区和红树林区的沉积物中。早期研究认为，微生物固氮是控制海岸带环境初级生产力的重要因素（Ryther et al. ,1971；Eppley et al. , 1979）。但文献汇总结果表明，不同地区微生物固氮差别很大（表 17-3），对营养贫乏的热带海岸带微生物固氮可能是氮输入的主要来源（Orcutt et al. , 2001），如夏威夷 Kandohe 湾蓝细菌固氮量达 0.6 g N m^{-2} · a^{-1}（Hanson and Gundersen，1977）。在澳大利亚鲨鱼湾和太平洋的两个珊瑚岛区域，生物固氮量占总氮输入量的 56%~99%（Smith，1984）。但在人类活动输入氮量很高的河口等海岸带地区，微生物固氮所占比例较小。有关研究表明，Narragansett 湾沉积物固氮只占总氮输入量的 4%（Nixon，1981）。在日本 Vostok 湾的生物固氮速率仅为 0.03 g N m^{-2} · a^{-1}（Odintsov，1981）。

17.4.5.1　计算方法

近海海域系统生物固氮可由单位面积微生物固氮速率乘以海域面积计算（表 17-3）。可采用以下计算公式：

$$TSIN_{BNF} = Area_{i,Sea} \times R_{BNF} \tag{17-6}$$

式中，$TSIN_{BNF}$ 表示近海海域系统生物固氮输入量；$Area_{i,Sea}$ 同式（17-2）；R_{BNF} 表示近海海域单位面积生物固氮速率。

17.4.5.2　近海海域生物固氮速率

海洋环境中固氮微生物种群复杂，且多数集中在沉积物中。有关研究报道了我国近海海域蓝绿细菌、沉积物细菌和各菌属海龟草等的固氮速率，范围在 1.8~54.8 g N m^{-2} · a^{-1}（徐继荣等，2004）。通过 16SrRNA 基因分析的研究结果表明，蓝细菌、蓝藻的多个种群是我国近岸底栖环境中常见的固氮菌（龚骏等，2013）。综合内陆排污情况和海域氮素污染现状，我国近海海域系统属于人类活动氮素输入量相对较高的区域。结合相关文献报道，我国近海海域系统的微生物固氮速率和固氮量占总氮输入的比例应较小。基于目前收集到的相关文献研究结果，本指南暂推荐采用蓝绿细菌固氮速率作为计算我国近海海域系统生物固氮速率参数缺省值（表 17-3）。

表 17-3　不同近海海域及微生物固氮速率　　　　单位：g N m^{-2} · a^{-1}

地区或微生物	固氮速率	参考文献
夏威夷海区	76.0	Hanson and Gundersen（1977）
英国	0.002	Odintsov（1981）
日本海	0.13	Jens（1982）
切萨皮克湾	18.0	Tyler 等（2003）
蓝绿细菌	1.8~16.4	徐继荣等（2004）
沉积物细菌	29.2	徐继荣等（2004）
海龟草（真菌）	1.46~54.8	徐继荣等（2004）
海龟草（沉积物细菌）	7.3~29.2	徐继荣等（2004）

17.4.5.3　活动水平数据

该计算涉及的活动数据指海域面积，获取方式见 17.4.1 节。

17.5 氮素输出

根据近海海域系统氮素流动模型，该系统氮输出包括脱氮、N_2O 排放、颗粒态氮沉积、海水养殖和海洋捕捞、系统积累和远洋输出等去向，可采用以下计算公式。本节详细描述各个输出项的计算方法、系数选取及活动数据的获取途径。

$$TS_{OUT} = \sum TSOUT_{N_2} + TSOUT_{N_2O} + TSOUT_{PD} + TSOUT_{AQIN-SeaProd} + TSOUT_{Accu\&Ocean}$$

(17-7)

式中，TS_{OUT} 表示近海海域系统氮输出量；$TSOUT_{N_2}$ 表示近海海域系统反硝化脱氮的氮输出量；$TSOUT_{N_2O}$ 表示海水 N_2O 排放氮量；$TSOUT_{PD}$ 表示颗粒态氮沉积量；$TSOUT_{AQIN-SeaProd}$ 表示海水养殖和海水捕捞氮输出量；$TSOUT_{Accu\&Ocean}$ 表示系统积累和远洋输出氮量。

17.5.1 脱氮

大量的氮素输入到近海海域系统后，如同地表水体系统，也会发生反硝化脱氮作用。反硝化作用是近海海域系统氮素循环的关键过程。反硝化作用将无机氮转变成 N_2 扩散到大气，从而将沉积物、水体和大气联系起来。反硝化一方面使初级生产者可利用的氮减少，另一方面可以减轻河口、海岸带地区氮过多造成的富营养化。在近海海域系统中，铵态氮的硝化和生成的硝态氮的反硝化作用对高浓度氨起到解毒作用（Tuominen et al.，1998）。

17.5.1.1 计算方法

近海海域系统反硝化 N_2 排放量可通过系统氮素输入量乘以海水反硝化速率来计算。可采用以下计算公式：

$$TSOUT_{N_2} = \sum_{i=1}^{n} Area_{i,Sea} \times R_{N_2,i}$$

(17-8)

式中，$TSOUT_{N_2}$ 表示近海海域系统反硝化脱氮的氮输出量；$Area_{i,Sea}$ 表示近海海域面积，本指南中指渤海、黄海、东海和南海；$R_{N_2,i}$ 表示沿海区域 i 海域的脱氮速率。

17.5.1.2 沿海海域脱氮速率

有关全国尺度的氮流动研究中，采用全国平均的近海海域脱氮速率（6 $\mu mol \cdot m^{-2} \cdot h^{-1}$）进行计算，其范围在 3.2 ~ 7.5 $\mu mol \cdot m^{-2} \cdot h^{-1}$（王晓东，2007；Cui et al.，2013）。国内针对不同河口和海岸带开展了相对较多的海水反硝化脱氮研究，如大亚湾、胶州湾、长江口和珠江口等区域（表 17-4）（徐继荣等，2007；覃超梅等，2009；李佳霖等，2009；杨晶等，2011）。国外早期不同海岸带类型和不同区域的相关研究结果显示，近海海域海水反硝化脱氮速率具有较大地域差别（表 17-4）。因此，在一定的研究尺度上，应通过文献收集获取本区域、就近区域或类似条件下的海水仅硝化脱氮速率，以使计算参数本土化。在条件允许的情况下，可开展实地取样和室内分析的方法获取更加准确的计算参数，以减少研究海域脱氮 N_2 排放估算的不确定性。同时在国家尺度上，应通过收集更加全面的近海海域脱氮研究结果，求取平均数及其不确定性范围代表国家平均近海海域脱氮速率。

表 17-4　近海海域海水反硝化脱氮速率　　　单位：$\mu mol \cdot m^{-2} \cdot h^{-1}$

研究区域	反硝化速率	参考文献
大亚湾	0 ~ 5.8	徐继荣等（2007）
胶州湾	9.6 ~ 104	杨晶等（2011）
长江口	101 ~ 732	李佳霖等（2009）
珠江口	239.9 ~ 707.7	覃超梅等（2009）
盐沼	11	Ryther 和 Dunstan（1971）
海草场	20 ~ 90	Ryther 和 Dunstan（1971）
河口水相	0	Ryther 和 Dunstan（1971）
河口沉积物	100 ~ 300	Ryther 和 Dunstan（1971）
美国切萨皮克湾	20 ~ 739	Henriksen 和 Kemp（1988）
丹麦 Kysing Fjord 湾	3 ~ 1109	Hansen 等（1981）
芬兰 Finland 湾	1 ~ 9	Sloth 等（1992）
日本 Odawa 湾	54 ~ 111	Do-Hee et al 等（1997）

17.5.1.3　活动水平数据

反硝化脱氮速率以单位时间单位面积的排放量表示。因此，该计算涉及的活动数据是研究区域内的近海海域面积。在国家尺度上，本指南中我国近海海域面积指渤海、黄海、东海和南海四大海域面积，见 17.4.1 节。在沿海地区和城市尺度上可通过实地调研和遥感解译等手段获取近海海域面积数据。

17.5.2　N_2O 排放

有关研究表明，全球人为来源释放的 N_2O 中有超过 1/3 来自河流、河口和近海海域等环境（Seitzinger et al.，2000）。受人类活动不断加强引起的河流、河口和近海海域氮负荷的增加，提高了河口水体和沉降物中的硝化和反硝化速率，导致大量的 N_2O 排放。

17.5.2.1　计算方法

近海海域 N_2O 排放可由单位海域 N_2O 排放通量乘以对应海域面积估算。可采用以下计算公式：

$$TSOUT_{N_2O} = \sum_{i=1}^{n} Area_{i,Sea} \times EF_{i,N_2O} \tag{17-9}$$

式中，$TSOUT_{N_2O}$ 表示海水 N_2O 排放氮量；$Area_{i,Sea}$ 同式（17-8）；EF_{i,N_2O} 表示 i 沿海区域单位面积 N_2O 排放通量。

17.5.2.2 N₂O 排放速率

国内外一些文献报道了典型的河口和近岸滩涂 N_2O 排放通量的测定结果（表17-5）。可以看出，受地理位置和气候等原因的影响，近岸河口或海域的 N_2O 排放通量有很大的时空变化。分析文献收集获取的数据可以发现，河口湿地等的 N_2O 排放通量监测数据多数为研究区域内某一典型时段的监测结果，缺少全年尺度的全面系统的 N_2O 排放通量监测结果。受文献资料所限，本指南在文献荟萃分析过程中，将这些研究结果包含在内，进而获取了全国平均的近海海域 N_2O 排放通量及其变化范围。有条件的研究区域，可通过实地测定的方式获取研究区域内更加准确的计算参数。同时可丰富国内有关近海海域 N_2O 排放方面的参数数据库。

表 17-5　不同近海海域 N₂O 排放速率　　　　单位：$mg\ N\ m^{-2} \cdot h^{-1}$

研究区域	研究时段	N₂O-N 排放通量	参考文献
长江口潮滩	2004 年	0.12	王东启等（2006）
胶州湾	2007 ~ 2008 年	0.06	杨晶等（2011）
胶州湾	2003 年 5 月	0.052	许洁等（2005）
胶州湾大沽河河口	2009 ~ 2010 年	0.01	马晓菲（2011）
大亚湾	2004 年	0.066	徐继荣等（2007）
长江口	2008 年	0.014	赵静（2009）
海南东部海岸	2008 年 8 月	0.002	赵静（2009）
南海北部	2008 年 8 月	0.002	赵静（2009）
东海海域	2006 年 11 月 ~ 2007 年 3 月	0.022	郑立晓（2008）
海南近海海域	2007 年 8 月	0.010	郑立晓（2008）
桑沟湾海域	2006 年 4 月、7 月和 11 月 ~ 2007 年 1 月	0.001	郑立晓（2008）
胶州湾	2002 年 4 月、5 月和 11 月	0.008	张桂玲（2004）
大辽河河口	2007 年 5 月和 8 月	0.09	关道明等（2009）
长江入海口	2002 年，2006 年	0.02	Zhang 等（2010）
青岛南九水河河口	2005 ~ 2006 年	0.55	李峰（2007）
青岛李村河河口	2005 ~ 2006 年	0.81	李峰（2007）
黄海海域	2006 年 4 月和 8 月	0.009	张峰（2007）
长江口及邻近海域	2006 年 6 月、8 月和 10 月	0.015	张峰（2007）
渤海湾	2008 ~ 2009 年	0.73	Ma 等（2016）
闽江河口	2011 年	0.009	张永勋等（2013）
全国平均		0.13±0.25	

17.5.2.3　活动水平数据

同脱氮 N_2 排放计算类似，该计算涉及的活动数据是研究区域内的近海海域面积，获取途径见 17.5.1.3 节。

17.5.3　颗粒态氮沉积

水体环境中存在颗粒态氮和溶解性氮，主要包括有机和无机两种形态（Yoshimura et al.，2007；Suzuki et al.，2015）。总颗粒态氮包括有机颗粒态氮和无机颗粒态氮，无机颗粒态氮主要来源于河流悬浮颗粒的输入和生物残屑（Yu et al.，2012）。颗粒态氮占水体总氮的一定比例，是水环境氮负荷的主要影响因素，是海洋氮的重要来源（Shen et al.，2008；Yu et al.，2012；Duan et al.，2016）。

17.5.3.1　计算方法

近海海域颗粒态氮沉积可由陆地河流颗粒态氮输入量乘以颗粒态物质沉积系数计算（Milliman et al.，1985；Yu et al.，2012）。可采用以下计算公式：

$$\mathrm{TSOUT_{PD}} = \mathrm{TS_{RivI}} \times r_{PD} \times R_{PD} \tag{17-10}$$

式中，$\mathrm{TSOUT_{PD}}$ 表示颗粒态氮沉积量；$\mathrm{TS_{RivI}}$ 表示地表水系统向近海海域系统的氮输入量；r_{PD} 表示内陆河流输入氮中的颗粒态氮比例；R_{PD} 表示近海海域系统颗粒态氮沉积比例。

17.5.3.2　河流颗粒态氮比例及近海海域颗粒态氮沉积比例

相关研究报道了我国黄海北部近辽东半岛沿岸地区的颗粒态有机氮和无机氮占总氮比例（表 17-6）（Duan et al.，2016）。该研究表明，黄海北部颗粒态无机氮含量表现为西北部向中部减少的趋势，主要是受辽东半岛沿岸的内陆河流颗粒态无机氮的影响；而受生物活动和渤海输入的影响，黄海北部海域的西北部和南部可溶性颗粒有机氮含量较高。生物活动颗粒态氮主要来自浮游植物的生物固氮，该部分计算已在 17.4.5 节计算，为避免重复计算此处不考虑生物活动引起的颗粒态可溶性有机氮量，而海域内的相关输入可看作近海海域系统内部的氮流动，也不予考虑。因此，本指南假设内陆河流颗粒态无机氮含量约占内陆河流全氮输出量的 4.24%。有关文献报道了长江流域河口近海海域系统的沉积物量约占长江流域每年输入海域颗粒物总量的 57%（Yu et al.，2012）。这与相关研究得出的河口输入沉积物沉积比例相似（Milliman et al.，1985）。受文献资料所限，本指南推荐该参数为近海海域颗粒态氮沉积系数。

表 17-6　黄海北部海域颗粒态无机氮和全氮浓度

项目	颗粒态无机氮/（μmol·L^{-1}）	全氮/（μmol·L^{-1}）	颗粒态无机氮或全氮/%
平均值	0.43	10.04	4.24
最小值	0.01	0.61	1.64
最大值	1.75	19.72	8.85

17.5.3.3　活动水平数据

该计算涉及的活动数据为内陆河流氮输出，见15.5.3节。

17.5.4　海水养殖和海洋捕捞

海水养殖氮输出见8.5.1节，海洋捕捞氮输出见8.4.4节。

17.5.5　系统积累和远洋输出

系统氮积累指由近海海域系统内部海水氮浓度、水产品和动植物等的增加或减少引起的系统内部氮积累的变化。远洋输出氮指从我国近海海域，即本指南中的渤海、黄海、东海和南海海域输送到海域之外的海洋系统中的氮。受文献资料所限，本指南中暂时无法核算出近海海域系统内部氮累积，故采用质量平衡原则，将近海海域系统中可计算的氮输入和输出的差值看作是系统内部氮积累和向远洋输出的活性氮库变化。

17.5.5.1　计算方法

系统积累和远洋输出氮是按质量平衡原则由近海海域系统各项输入减去已估算出的氮输出后得到的剩余氮量（Cui et al.，2013）。可采用以下计算公式：

$$TSOUT_{Accu\&Ocean} = TS_{IN} - \sum (TSOUT_{N_2} + TSOUT_{N_2O} + TSOUT_{PD} + TSOUT_{AQIN-SeaProd})$$

$$(17-11)$$

式中，$TSOUT_{Accu\&Ocean}$表示系统积累和远洋输出氮量；TS_{IN}表示近海海域系统总氮输入；$TSOUT_{N_2}$、$TSOUT_{N_2O}$、$TSOUT_{PD}$和$TSOUT_{AQIN-SeaProd}$同式（17-7）。

17.5.5.2　活动水平数据

该计算涉及的活动数据包括近岸海域系统总氮输入量，包括大气氮沉降、河流输入、污水排海、海水养殖氮输入和生物固氮来源，计算方法见17.4.1～17.4.5节。此外，还包括近岸海域脱氮、N_2O排放、颗粒态氮沉积、海水养殖和海洋捕捞水产品氮，其计算方法见17.5.1～17.5.4节。

17.6　质量控制与保证

17.6.1　近海海域系统氮输入和输出的不确定性

近海海域系统的氮输入包括大气氮沉降、河流输入、污水排海、海水养殖氮输入和生物固氮等部分。海水养殖氮输入不确定性来源分析已在8.5.6.1节介绍。本指南分析除海水养殖氮输入之外的氮输入的不确定性来源及不确定性范围的设定标准或方法。近海海域系统不同氮输入项的不确定性来源如下：

1）大气氮沉降。通过沉降速率乘以对应海域面积计算。海域面积来自统计数据或文献报道，该数据相对准确，不确定性较小，本指南设为 2%。大气氮沉降速率来自文献报道，给出了不同海域的大气氮沉降变化范围。

2）河流输入氮。河流输入氮不确定性见 15.7 节。

3）污水排海氮。污水排海氮估算存在三种计算方法。方法 1 是通过国家环境统计数据中的污水排海氨氮量乘以污水全氮氨氮比计算。该方法的一种不确定性首先来自全氮氨氮比的假设参数，相关文献采用该方法（Cui et al.，2013；施亚岚，2014），但仍存在较大的认知局限性和不确定性。另一种不确定性来自国家环境统计数据中的污水排海氨氮量。方法 2 根据相关研究区域内的污水排海氨氮排放量乘以污水全氮氨氮比及其污水排海比例，该计算由污水排海氨氮排放量和污水全氮氨氮比引起的不确定性同方法 1，污水排海比例来自文献资料、部门咨询和实地调研，文献资料获取参数可通过设定不确定性范围评估该参数对整体计算不确定性的影响（Ma et al.，2014；Huang et al.，2017；Gao et al.，2018）。而部门咨询和实地调研获取的参数则相对准确，可信度较高，参照相关资料做法设定为 2%（IPCC，2000）。方法 3 的计算是根据污水处理厂污水排放量乘以污水排海比例，再乘以污水排放总氮含量计算。该方法的一种不确定性来自污水排放总量的统计数据不确定性和污水排海比例不确定性，污水排海比例不确定性如上所述。另一种不确定性来自污水排放总氮含量，该参数来自国家污水达标排放标准，而实际污水排放全氮含量并不可知，因此，存在一定的不确定性。在条件允许的情况下，可对该参数进行部门咨询或实地测定获取。

4）生物固氮。一般是通过单位面积的生物固氮速率乘以海域面积来估算。不确定性主要来自生物固氮速率，目前国内有关海洋生物固氮速率方面的研究相对匮乏。本指南根据国内外相关文献报道，结合我国近海海域实际情况，暂推荐蓝绿细菌固氮速率作为我国近海海域系统生物固氮估算参数的缺省值，可能存在较大的认知局限性。今后应重视该方面的相关研究及数据收集，通过文献荟萃分析的方法，给出我国近海海域生物固氮速率平均值及其不确定性，降低该参数给近海海域系统生物固氮估算带来的不确定性。

近海海域系统氮素输出包括脱氮、N_2O 排放、海水养殖和海洋捕捞氮输出、颗粒态氮沉积及系统积累和远洋输出等。海水养殖和海洋捕捞氮输出不确定性来源分析已在 8.6.1 节介绍。本指南逐个分析该系统其他氮输出的不确定性来源及不确定性范围的设定标准或方法。近海海域系统不同氮输出项的不确定性来源如下：

1）脱氮。国内有关不同地区海水脱氮的研究资料较多。目前，在国家尺度上，本指南采用相关文献的我国典型海域的监测结果平均数作为全国平均的海水脱氮速率，并给出了变化范围，乘以对应海域面积获取海水脱氮损失。但从收集到的不同海域脱氮速率结果来看，因地理位置差异，海水脱氮速率存在较大的变化范围。目前所采用的全国统一的海水脱氮速率可能存在较大的不确定性。且在不同年代，海水中氮污染物浓度变化、人类活动干扰和气候变化等因素，可能会引起海水脱氮速率的变化，进而会影响海水脱氮的计算结果。然而，由于认知水平、研究目的不同和收集的文献资料所限，本指南中的海水脱氮计算由固定的脱氮速率乘以研究区域海域面积得出，导致计算结果成为一个常数输出项，未能体现年代之间可能存在的海水脱氮量的变化。在条件允许的情况下，一方面可通过足够的文献收集，获取不同年代代表性的近海海域海水脱氮速率，以此体现海水脱氮量的年际变化；另一方面也可通过开展专题研究或专家咨询方式获取如农田施肥 N_2O 排放因子类似的百分比单位的海水脱氮速率，进而由海水总氮含量乘以脱氮比例计算海水脱氮输出氮量，以完善近海海域系统氮素基本流动过程计算参数。

2）N_2O 排放。由海域 N_2O 排放通量乘以海域面积估算。其不确定性主要来自近海海域 N_2O 排放通量参数。从表 17-5 可以看出，不同近海海域 N_2O 排放通量存在较大差异。本指南采用文献荟萃分析方法，获取了全国多个海域 N_2O 排放通量的平均值及其变化范围，作为全国海域 N_2O 排放的计算参数和不确定性来源。但本指南中文献收集数据有限，且多数测定结果仅是某个季节或典型时期的海–气界面的 N_2O 交换通量，数据的缺失可能给海域平均 N_2O 排放通量的计算带来较大的不确定性。今后需加强该数据的收集，以获取更加全面的海域 N_2O 排放数据，以增加该参数的准确性，减少海域 N_2O 排放估算的不确定性。同海域脱氮速率，由于研究目的不同，本指南收集到的近海海域 N_2O 排放文献数据也是单位面积上的 N_2O 排放通量，受文献资料所限，无法给出百分比单位的 N_2O 排放因子。该方面带来的不确定性及相应解决措施同海水脱氮部分。

3）颗粒态氮沉积。由内陆河流全氮输入量乘以颗粒态无机氮比例，再乘以近海海域颗粒态物质沉积系数计算。该计算不确定性来自内陆河流全氮输入不确定性，见 15.5.3 节。剩余不确定性来自河流输出氮中的颗粒态无机氮比例和近海海域系统颗粒态氮沉积系数。我国地域广阔，海岸带较长，不同河流所在区域人文活动、气候差异较大，不同河流颗粒态无机氮比例可能存在较大的差异。而本指南中给出的参数来自局部地区河口相关研究结果，同时存在一定的参数假设，因此，该参数仍存在较大的认知局限性，同时可能会给近海海域颗粒态氮沉积计算带来较大的不确定性。呼吁今后入海河口或近海海域地区颗粒态氮含量相关研究中能够给出内陆河流输出颗粒态氮占全氮比例系数。同样受文献资料所限，近海海域颗粒态氮沉积系数仅为我国长江口临近海域系统的颗粒物沉积系数，不同海域间可能存在一定的差异，有关该系数的不确定性存在较大的认知局限性。有关海洋氮循环方面的研究需加强颗粒态氮沉降方面的专题研究，以获取更加全面的颗粒态氮沉积系数，完善近海海域系统氮素基本流动过程计算参数。

4）系统积累和远洋输出。基于目前的认知水平和文献资料限制，未能获取有关近海海域向远海氮输出方面的参数。本指南中暂时无法核算出由近海海域系统内部海水氮浓度、水产品和动植物等的增加或减少引起的系统内部氮积累的变化。故采用质量平衡原则，由近海海域系统中可计算的氮输入和输出的差值看作是系统内部氮积累和向远海输出的活性氮库变化。具体计算由近海海域系统总氮输入减去已估算出的海水脱氮、海域 N_2O 排放、海水养殖和海洋捕捞水产品氮和颗粒态氮沉积等的差值估算。这一做法的不确定性首先来自系统总氮输入和各项已知输出的不确定性，见本章前节相关输入和输出的不确定性来源分析。该做法存在较大的认知局限性。随着认知水平的不断加深和文献资料的不断完善，需进一步将近海海域系统氮累积与远洋系统氮输出单独核算。

17.6.2　减少不确定性的途径

减少和控制近海海域系统氮输入和输出的不确定性途径，主要是增加活动数据和相关计算参数的准确性或降低其不确定性。本系统中所涉及的活动数据，如近海海域面积、污水排放氨氮量、海水养殖和海水捕捞水产品产量等，这些数据一般应优先选择官方的统计数据，在统计数据无法获取的情况下，通过部门咨询和实地调研的方式来补充数据。历史数据获取原则和缺失历史数据的补充方法等见 7.6.2 节。

计算过程中的转换参数一般是通过收集国内外相关文献报道结果或部门咨询和实地调研方式来获取。本系统中的转换参数主要包括不同海域氮素沉降速率、入海河流流量及氮含量、污水排海氮含量、生物固氮速率、海水反硝化脱氮速率、海域 N_2O 排放速率和颗粒物沉积率等，这些参数可能会随着不同研究区域、年代和气候条件等发生较大的变化。在具体研究过程中，首先通过收集研究区域内的相关文献参数进行本土化参数筛选，在有条件的情况下给出其变化范围。在无本土化参数的情况下，一方面可以通过足够的文献参数收集，求取全国或区域性的平均数及其不确定性，并估算其给最终计算带来的不确定性影响，详见 7.6.2 节；另一方面在条件允许的情况下，也可通过部门咨询、实地调研和取样分析等方式获取更加准确的计算参数。

参 考 文 献

陈克亮，朱晓东，王金坑，等.2007. 厦门市海岸带水污染负荷估算及测定. 应用生态学报，18（9）：2091-2096.

陈立民，吴人坚，戴星翼.2003. 环境学原理. 北京：科学出版社.

戴仕宝，杨世伦，郜昂，等.2007. 近 50 年来中国主要河流入海泥沙变化. 泥沙研究，（2）：49-58.

龚骏，宋延静，张晓黎.2013. 海岸带沉积物中氮循环功能微生物多样性. 生物多样性，21（44）：433-444.

顾培培.2012. 典型河流、河口溶存甲烷和氧化亚氮的分布、释放及产生和转化. 青岛：中国海洋大学.

关道明，赵化德，姚子伟.2009. 辽河口海域 N_2O 分布特征和海气通量研究. 海洋学报，31（1）：85-90.

国家海洋局.2017a. 海洋倾废管理情况信息表（2017 年 9 月）.

国家海洋局.2017b. 2016 年中国海洋环境状况公报.

国家统计局.2016. 中国统计年鉴. 北京：中国统计出版社.

环境保护部.2015. 2015 中国环境状况公报.

李峰.2007. 南九水河和李村河河口水–大气界面 N_2O 通量的研究. 青岛：中国海洋大学.

李佳霖，白洁，高会旺，等.2009. 长江口海域夏季沉积物反硝化细菌数量及反硝化作用. 中国环境科学，29（7）：756-761.

李顺兴，郑凤英，洪华生，等.2005. 氮磷营养盐与有机汞联合作用对微氏海链藻生长的影响. 海洋科学，（10）：38-41.

李夜光，李中奎，耿亚红，等.2006. 富营养化水体中 N、P 浓度对浮游植物生长繁殖速率和生物量的影响. 生态学报，26（2）：317-325.

林啸.2011. 典型河口区氮循环过程和影响机制研究. 上海：华东师范大学.

刘峰，董贯仓，秦玉广，等.2012. 黄河口滨海湿地 4 条入海河流污染物现状调查. 安徽农业科学，

40（1）：441-444.

刘淼 . 2016. 我国近海海水污染现状及评价 . 河北渔业，（9）：12-14.

刘晓南，吴志峰，程炯，等 . 2008. 珠江三角洲典型流域颗粒态氮磷负荷估算研究 . 农业环境科学学报，
　　27（4）：1432-1436.

马晓菲 . 2011. 胶州湾大沽河口湿地 N_2O、CH_4 排放规律研究 . 青岛：青岛大学 .

农业部渔业渔政管理局 . 2008. 中国渔业统计年鉴 . 北京：中国农业出版社 .

农业部渔业渔政管理局 . 2016. 中国渔业统计年鉴 . 北京：中国农业出版社 .

饶清华，李家兵，胡敏杰，等 . 2017. 亚热带河口潮滩湿地 N_2O 排放对氮硫增强输入的响应 . 环境科学学
　　报，4（6）：1-14.

施亚岚 . 2014. 中国食物链活性氮梯级流动效率及其调控 . 北京：中国科学院大学 .

沈志良 . 2004. 长江氮的输送通量 . 水科学进展，15（6）：752-759.

舒廷飞，温琰茂，汤叶涛 . 2002. 养殖水环境中氮的循环与平衡 . 水产科学，21（2）：30-34.

覃超梅，周怀阳，吴自军，等 . 2009. 珠江口淇澳岛海岸带反硝化作用研究 . 海洋科学，33（2）：74-79.

谭凌智，蒋静，张琦 . 2012. 长江干流上海段水质监测状况分析 . 人民长江，43（12）：50-52+56.

王东启，陈振楼，王军，等 . 2006. 夏季长江河口潮间带反硝化作用和 N_2O 的排放与吸收 . 地球化学，
　　35（3）：271-279.

王晓东 . 2007. 典型海区反硝化作用及影响因素研究 . 青岛：中国海洋大学 .

夏斌 . 2007. 2005 年夏季环渤海 16 条主要河流的污染状况及入海通量 . 青岛：中国海洋大学 .

徐继荣，王友绍，孙松 . 2004. 海岸带地的固氮、氨化、硝化与反硝化特征 . 生态学报，24（12）：
　　2907-2914.

徐继荣，王友绍，殷建平，等 . 2007. 大亚湾海域沉积物中的硝化与反硝化作用 . 海洋与湖沼，38（3）：
　　206-211.

许洁，张桂玲，张经，等 . 2005. 胶州湾水体中氧化亚氮的分布和海气交换通量研究 . 中国海洋大学学报
　　（自然科学版），（S2）：27-32.

杨晶，张桂玲，赵玉川，等 . 2011. 胶州湾河口潮滩沉积物中 N_2O 的产生和释放及其影响因素 . 环境科学
　　学报，31（12）：2723-2732.

张峰 . 2007. 黄海及长江口海域溶存氧化亚氮和甲烷的分布及海-气交换通量研究 . 青岛：中国海洋大
　　学 .

张桂玲 . 2004. 中国近海部分海域溶解甲烷和氧化亚氮的生物地球化学研究 . 青岛：中国海洋大学 .

张晓玲，刘永，郭怀成 . 2016. 湖滨河口湿地中磷的输移转化机制及截留效应研究进展 . 环境科学学报，
　　36（2）：373-386.

张艳 . 2007. 陆源大气含氮物质的传输与海域沉降 . 上海：复旦大学 .

张永勋，曾从盛，黄佳芳，等 . 2013. 人为干扰对闽江河口短叶茳芏湿地 N_2O 排放的影响 . 中国环境科
　　学，33（1）：138-146.

张玉珍，洪华生，陈能汪，等 . 2003. 水产养殖氮磷污染负荷估算初探 . 厦门大学学报（自然科学版），
　　42（2）：223-227.

赵静 . 2009. 长江和海南东部典型水体中溶存甲烷和氧化亚氮的分布与释放 . 青岛：中国海洋大学 .

赵迎春，郗艳娟 . 2016. 河北省唐山沿岸主要入海河流污染物特征研究 . 河北渔业，（10）：13-17.

郑立晓 . 2008. 中国近海部分典型海洋环境中溶存氧化亚氮的分布及海-气交换通量研究 . 青岛：中国海
　　洋大学 .

Bricker S B, Longstaff B, Dennison W, et al. 2008. Effects of nutrient enrichment in the nation's estuaries: A
　　decade of change. Harmful Algae, 8（1）：21-23.

Capone D G, Bronk D A, Mulholland M R, et al. 2008. Nitrogen in the marine environment (2nd edn). Amsterdam, NL, USA: Elsevier.

Ciais P, Sabine C, Bala G, et al. 2013. Carbon and other biogeosciencal cycles//Stocker T F, Qin D H, Plattner G K, et al. Climate Change 2013: The physical Science Basis. Contribution of Working Group I to the Fifth Assessment Report of the Intergovernmental Panel on Climate Change. Cambridge: Cambridge University Press.

Conley D J, Paer H W, Howarth R W, et al. 2009. Controlling eutrophication: Nitrogen and phosphorus. Science, 323 (5917): 1014-1015.

Crab R, Avnimelech Y, Defoirdt T, et al. 2007. Nitrogen removal techniques in aquaculture for a sustainable production. Aquaculture, 270 (1): 1-14.

Cubasch U D, Wuebbles D, Chen D, et al. 2013. Introduction//Stocker T F, Qin D, Plattner G K, et al. Climate Change 2013: The Physical Science Basis. Contribution of Working Group I to the Fifth Assessment Report of the Intergovernmental Panel on Climate Change. Cambridge: Cambridge University Press.

Cui S H, Shi Y L, Groffman P M, et al. 2013. Centennial-scale analysis of the creation and fate of reactive nitrogen in China (1910-2010). Proceeding of the National Academy of Sciences of the United States of America, 110 (6): 2052-2057.

Dalsgaard T, Canfield D E, Petersen J, et al. 2003. N$_2$ production by the anammox reaction in the anoxic water column of Golgo Dulce, Costa Rica. Nature, 422 (6932): 606-608.

Do-Hee K, Malsuda O, Yamamoto T. 1997. Nitrification, denitrification and nitrate reduction rates in the sediment of Hiroshima Bay, Japan. Journal of Oceanogr, 53: 317-324.

Duan L Q, Song J M, Yuan H M, et al. 2016. Distribution, partitioning and sources of dissolved and particulate nitrogen and phosphorus in the North Yellow Sea. Estuarine, Coastal and Shelf Science, 181: 182-195.

Duan S W, Zhang S, Huang H Y. 2000. Transport of dissolved inorganic nitrogen from major rivers to estuaries in China. Nutrient Cycling in Agroecosystems, 57 (1): 13-22.

Duce R A, Liss P S, Merrill J T R, et al. 1991. The atmospheric input of trace species to the world ocean. Global Biogeochemistry Cycles, 5 (3): 193-259.

EPA. 2011. Reactive Nitrogen in the United States: An analysis of inputs, flows, consequences, and management options. Washington, D C.

Eppley R W, Renger E H, Harrison W G. 1979. Nitrogen and phytoplankton production in southern Californian waters. Limnology and Oceanoger, 24 (3): 483-494.

Gao B, Huang Y F, Huang W, et al. 2018. Driving forces and impacts of food system nitrogen flows in China, 1990 to 2012. Science of the Total Environment, 610-611: 430-441.

Gu B J, Ju X T, Chang J, et al. 2015. Integrated reactive nitrogen budgets and future trends in China. Proceeding National Academy Sciences of the United States of America, 112 (28): 8792-8797.

Hansen J I, Heriksen K, Blackburn T H. 1981. Seasonal distribution of nitrifying bacteria and rates of nitrification in coast al marine sediments. Microbiological Ecology, 7 (4): 297-304.

Hanson R B, Gundersen K. 1977. Relationship between nitrogen fixation (acetylene reduction) and C : N ratio in a polluted coral reef system, Kaneohe Bay, Hawaii. Estuarine and Coastal Marine Science, 5 (3): 437-444.

Henriksen K, Kemp W M. 1988. Nitrification in estuarine and coastal marine sediments Nitrogen cycling in coastal marine environments. IEEE Computer Society Press, 33: 207-249.

Huang W, Huang Y F, Lin S Z, et al. 2017. Changing urban cement metabolism under rapid urbanization—a flow and stock perspective. Journal of Cleaner Production, 173: 179-206.

IPCC. 2000. IPCC 国家温室气体清单优良作法指南和不确定性管理.

IPCC. 2007. The physical science basis, contribution of working group I to Fourth Assessment Report of the Intergovernmental Panel on Climate Change, edited by Solomon S, Cambridge: Cambridge University Press.

Jons K. 1982. Nitrogen fixation in the temperate estuarine in tertidal sediments of the river lune. Limnology and Oceanography, 27 (3): 455-460.

Lin P, Guo L D, Chen M, et al. 2012. The distribution and chemical speciation of dissolved and particulate phosphorus in the Bering sea and the Chukchi-Beaufort Seas. Deep Sea Research Part II: Topical Studies in Oceanography, 81-84: 79-94.

LothA N, Bauer J E. 2000. Distribution, partitioning and fluxes of dissolved and particulate organic C, N and P in the Eastern North Pacific and southern oceans. Deep Sea Research Part I: Oceanographic Research Papers, 47 (12): 2287-2316.

Ma L, Guo J H, Velthof G L, et al. 2014. Impacts of urban expansion on nitrogen and phosphorus flows in the food system of Beijing from 1978 to 2008. Global Environmental Change, 28 (1): 192-204.

Ma L, Velthof G L, Wang F H, et al. 2012. Nitrogen and phosphorus use efficiencies and losses in the food chain in China at regional scales in 1980 and 2005. Science of the Total Environment, 434 (18): 51-61.

Ma X, Zhang G L, Liu S M, et al. 2016. Distributions and fluxes of nitrous oxide in lower reaches of Yellow River and its estuary: Impact of water-sediment regulation. Estuarine, Coastal and Shelf Science, 168: 22-28.

Meybeck M, Vörösmarty C. 2005. Fluvial filtering of land-to-ocean fluxes: From natural Holocene variations to anthropocene. Comptes Rendus Geosciences, 337 (1-2): 107-123.

Milliman J D, Shen H T, Yang Z S, et al. 1985. Transport and deposition of river sediment in the Changjiang estuary and adjacent continental shelf. Continental Shelf Research, 4 (1): 37-45.

Nixon S W. 1981. Remineralization and nutrient cycling in coastal marine ecosystems//Nielson B J, Gronin L E. Estuaries and Nutrients. New Jersey: Humanna Press.

Odintsov V S. 1981. Nitrogen fixation (acetylene reduction) in the digestive tract of some echinoderms from Vostok Bay in the Sea of Japan. Advances in Microbial Ecology, 5: 15-21.

Orcutt K M, Lipschultz F, Gundersen K, et al. 2001. A seasonal study of the significance of N fixation by Trichodesmium spp. at the bermuda Atlantic Time-Series study (BATS) site. Deep-Sea Research Part II: Topial Studies in Oceanography, 48 (8-9): 1583-1608.

Paerl H W. 1985. Enhancement of marine primary productivity by nitrogen enriched rain. Nature, 31: 747-749.

Paerl H W. 1997. Coastal eutrophication and harmful algal blooms: Importance of atmospheric deposition and groundwater as "new" nitrogen and other nutrient sources. Limnology and Ocenaography, 42 (5): 1154-1165.

Ryther J H, Dunstan W M. 1971. Nitrogen, phosphorus and eutrophication in the coastal marine environment. Sciences, 171 (3975): 1008-1031.

Sanchez G E, Pantoja S, Lange C B, et al. 2008. Seasonal changes in particulate biogenic and lithogenic silica in the upwelling system off Concepcion, Chile, and their relationship to fluctuations in marine productivity and continental input. Continental Shelf Reseach, 28 (18): 2594-2600.

Seitzinger S P, Kroeze C, Styles R V. 2000. Global distribution of N_2O emissions from aquatic systems: Natural emission and anthropogenic effects. Chemosphere-Global Change Science, 2 (3-4): 267-279.

Seitzinger S P, Kroeze C. 1998. Global distribution of nitrous oxide production and N inputs in freshwater and coastal marine ecosystems. Global Biogeochemistry Cycles, 12 (1): 93-113.

Shen Z L, Zhou S Q, Pei S F. 2008. Transfer and Transport of Phosphorus and Silica in the Turbidity Maximum Zone of the Changjiang Estuary. Estuarine, Coastal and Shelf Science, 78 (3): 481-492.

Sloth N P, Nielsen L P, Blackburn T H. 1992. Nitrification in sediment cores measured with acetylene inhabitation. Limnology and Oceanography, 37 (5): 1108-1112.

Smith S V. 1984. Phosphorus versus nitrogen limitation in the marine environment. Limnology and Oceanography, 29 (6): 1149-1160.

Sutton M A, Howard C M, Erisman J W, et al, 2011. The European Nitrogen Assessment: Source, Effects and Policy Perspectives. Cambridge: Cambridge University Press.

Suzuki M S, Rezende C E, Paranhos R, et al. 2015. Spatial distribution (vertical and horizontal) and partitioning of dissolved and particulate nutrients (C, N and P) in the Campos Basin, southern Brazil. Estuarine, Coastal and Shelf Science, 166: 4-12.

Tuominen L, Heinanen A, Kuparinen J, et al. 1998. Spatial and temporal variability of denitrification in the sediments of the Northern Baltic Proper. Marine Ecology Progress Series, 172 (8): 13-24.

Tyler A C, McGlathery K J, Anderson I C. 2003. Bexlthic algae control sediment-water column fluxes of organic and inorganic nitrogen compounds in a temperate lagoon. Limnology and Oceanography, 48 (6): 2125-2137.

Van B N. 2002. Nitrogen cycle natural organic tendency. Nature, 415 (6870): 381-382.

Vitousek P M, Aber J D, Peter M, et al. 1997. Human alternation of the global nitrogen cycle: Sources and consequences. Ecological Applications, 7 (3): 737-750.

Wang B D, Shan B, Zhan R, et al. 2002. Budget model of inorganic nitrogen in the Bohai and Yellow Sea. Marine Sciences, 26 (2): 33-36.

Yoshimura T, Nishioka J, Saito H, et al. 2007. Distributions of particulate and dissolved organic and inorganic phosphorus in North Pacific surface waters. Marine Chemistry, 103 (1-2): 112-121.

Yu Y, Song J M, Li X G, et al. 2012. Distribution, sources and budgets of particulate phosphorus and nitrogen in the East China Sea. Continental Shelf Research, 43 (15): 142-155.

Zhang G L, Zhang J, Liu S M, et al. 2010. Nitrous oxide in the Changjiang (Yangtze River) Estuary and its adjacent marine area: riverine input, sediment release and atmospheric fluxes. Biogeosciences, 7: 3505-3516.

Zhang G S, Zhang J, Liu S M. 2007. Characterization of nutrients in the atmospheric wet and dry deposition observed at the two monitoring sites over Yellow Sea and East China Sea. Journal of Atmospheric Chemistry, 57 (1): 41-57.

Zhou M J, Shen Z L, Yu R C. 2008. Responses of a coastal phytoplankton community to increased nutrient input from the Changjiang (Yangtze) River. Continental Shelf Research, 28 (12): 1483-1489.

第18章 大气系统

18.1 导　言

近地面大气系统一般指从地面以上到几千米高空的大气组成的系统，该系统是人类活动带来的活性氮（Nr）排放主要的存留区域及发生大气氮沉降主要的区域。这个区域也是人类和自然固氮过程的 N_2 提供库，固氮作用通过将近地面大气中的惰性 N_2 转化为 Nr 参与陆地生态系统的氮循环。在正常情况下，近地面大气中各种气体维持动态平衡的比例关系，使陆地生态系统健康运行，但是随着人类活动的加强，大气中 Nr 的浓度正逐步升高，带来一系列的环境和健康问题（Duh et al.，2008）。例如，N_2O 浓度的升高造成平流层 O_3 的消耗，从而加剧全球变暖的趋势（Davidson，2009）。NO_x 浓度的升高带来全球范围内的酸沉降，导致生物多样性降低及生态系统的破坏（Reay et al.，2008；Bobbink et al.，2010）。同时这些含氮化合物与其他化合物发生大气次生反应，形成光化学烟雾及大气灰霾等污染天气状况（Huang et al.，2014）。量化和评估近地面大气中 Nr 化合物的量值及来源，为削减其量值提供决策的数据依据，是当前的重要议题。

关于近地面大气的氮循环过程研究工作早已经开始，主要关注化石燃料及生物质燃烧带来的 NO_x 排放、农业施肥和人畜排泄物的 NH_3 释放（Aneja et al.，2009），以及各种生态系统过程和土地利用改变所带来的 N_2O 的释放（Fowler et al.，2013）。大气遥感和 ^{15}N 同位素技术被用来甄别这些 Nr 的不同来源，进一步采用对应的策略去削减这些污染气体的释放。但是由于不同手段对大气中含氮化合物的种类和分辨率的甄别情况不同，在精度方面存在很大差异。例如，大气遥感的手段虽然可以在大尺度上分辨含氮化合物的量值，但是只能甄别部分含氮化合物的量值（Clarisse et al.，2009），且无法知道这些化合物的来源，空间分辨率也较低，不能细化到局部尺度上，而且容易受气候条件的影响。^{15}N 同位素技术可以很好地弥补上述不足，在局部尺度上可以很好地分辨不同含氮化合物的来源，但是比较难以推广到大尺度，而且成本相对比较高（Townsend-Small et al.，2011）。为了在大尺度上解决遇到的上述困难，本指南采用 Nr 来源的质量平衡法进行氮污染的源汇计算，在不同尺度之间根据系统组成单位进行尺度缩放。这将会使本指南对不同尺度下大气中 Nr 量的估算更加精确。

我国是农业大国，每年通过农业活动会向大气中释放大量的 NH_3，不仅浪费了氮肥资源，也加重了大气的氮污染及后续的级联反应（Zhang et al.，2017）。快速的经济发展和城市化及相对较低的能源利用效率，导致我国化石燃料消费中释放了大量的 NO_x 到大气，特别是我国以煤炭（一种富氮燃料）为基础的能源结构，单位能源消耗会释放更多的 NO_x（Gu et al.，2012）。在我国偏远的农村地区依然采用秸秆柴薪等生物质作为生活能源，导致 NO_x 释放（Gu et al.，2015），加重了空气中颗粒微尘的量（$PM_{2.5}$）。在我国陆地生态系统氮通量不断增加的情况下，N_2O 的释放会随着硝化和反硝化反应的增加而增加释放量，进而将区域的氮环境效应扩展到全球（Erisman et al., 2013）。本章结合其他系统氮流动通量分析方法，提出大气系统氮流动分析方法指南。

18.2 系 统 边 界

大气系统指由一个地区的近地面大气组成的系统，接收其他系统的活性氮挥发，同时通过远距离传输和氮沉降向其他系统输出活性氮。系统氮输入包括 NH_3、NO_x、N_2O 和 N_2 挥发；系统氮输出包括大气氮沉降和输出到周边地区，如通过氮沉降输入到太平洋；系统的氮积累主要是 N_2O 的长期积累，以及 NH_3 和 NO_x 的短期积累。大气系统氮素流动模型如图 18-1 所示。

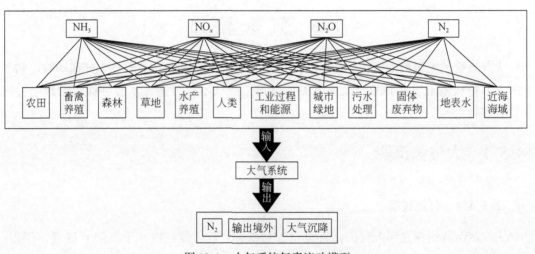

图 18-1 大气系统氮素流动模型

18.3 大气系统氮素流动模型

大气系统的氮素流动计算公式如下：

$$AT_{IN} = \sum_{i=1}^{12} ATIN_{Item, i} \tag{18-1}$$

$$AT_{OUT} = ATOUT_{Dep} + ATOUT_{Exp} \tag{18-2}$$

式中，AT_{IN} 是大气系统氮输入量；$ATIN_{Item, i}$ 是其他系统向大气排放的氮量，包括四种形态，即 NH_3、NO_x、N_2O 和 N_2，共来自 12 个系统，包括农田、畜禽养殖、森林、草地、水产养殖、人类、工业过程和能源、城市绿地、污水处理、固体废弃物、地表水和近海海域；AT_{OUT} 是大气系统氮输出；$ATOUT_{Dep}$ 是大气氮沉降；$ATOUT_{Exp}$ 是通过大气流动与周围区域交换的净氮量，如氮沉降到近海。N_2 是其他系统直接通过脱氮作用排放的 N_2，此处归为系统输出主要由于 N_2 为惰性气体，不再参与人类–自然耦合系统氮循环。系统氮积累为输入和输出的差值，包括全部的 N_2O，以及大气中 NH_3 和 NO_x 浓度变化的部分。

18.4　氮素输入

大气系统的氮输入来自 12 个系统，本指南中的宠物和地下水系统排放到大气系统的气态活性氮和 N_2 量很小，暂未列入。其他系统通过 NH_3、NO_x、N_2O 和 N_2 的排放向大气系统输送活性氮和 N_2。其中，NH_3 的挥发主要来自农田、畜禽养殖、水产养殖、草地、森林、人类、工业过程和能源、城市绿地、污水处理和固体废弃物系统。NO_x 排放主要来自工业过程和能源、农田、森林、草地、城市绿地、人类和固体废弃物系统；N_2O 和 N_2 的排放来自上述所有的 12 个系统。这些不同系统向大气系统的氮输入计算参考前述相应的各个章节。

18.5　氮素输出

大气系统的氮输出主要有 3 个去向，即 N_2 排放、大气氮沉降及通过大气流动输出到系统外。N_2 排放输出与 N_2 排放进入大气系统相等，此处不再赘述。本节将详述后两个去向的计算过程。

18.5.1　大气氮沉降

18.5.1.1　计算过程

大气氮沉降指挥发到大气的活性氮（NH_3 和 NO_x）以颗粒物（干沉降）或者溶于雨/雪（湿沉降）的形式降落到地面的过程。其计算公式如下：

$$ATOUT_{Dep} = Area \times N_{Dep} \tag{18-3}$$

式中，$ATOUT_{Dep}$ 是大气氮沉降；Area 是一个区域的总面积；N_{Dep} 是该区域内平均的单位面积氮沉降量。

18.5.1.2　单位面积氮沉降量

大气氮沉降速率或氮沉降通量一般指单位面积氮沉降量，可以采用地面收集测定的方式来估算，也可以通过大气氮沉降模型来测算，但是大气氮沉降模型往往需要地面实际的大气氮沉降测定数据，才能准确地估算总氮沉降量。目前，各地相关部门已建立了一个全国性的氮沉降监测网络（NNDMN），可同时定量大气活性氮的湿/混合和干沉降（Xu et al.，2015）。该监测网络由遍布全国的 43 个原位监测点组成，覆盖城市、农村（农田）和背景（沿海、森林和草地）地区。同时，各地市相关环保部门和科研单位也建立了自己的监测点。因此，在监测数据充足的情况下，通过大气氮沉降监测数据来估算大气氮沉降通量的方法可作为推荐方法在研究中采用。

由于大气氮沉降存在时空上的差异，高 NH_3 和 NO_x 排放的地区可能存在高的大气氮沉降。随着年际 NH_3 和 NO_x 排放的变化，氮沉降也会发生改变。因此，获取目标区域的大气氮沉降监测数据对估算氮沉降总量至关重要。

18.5.1.3 各个系统的氮沉降估算

氮沉降在多个系统中发生，包括农田、森林、草地、城市绿地、污水处理（城市雨污不分流导致不透水面的沉降被冲刷进入污水处理厂）、地表水系统、水产养殖和近海海域系统。参照 18.5.1.1 节的计算过程，上述各个系统的氮沉降由该系统的陆地或水面面积乘以该面积上的平均单位面积氮沉降来估算。其中，各系统的面积可以由统计数据或者遥感卫星的土地利用数据获取，而这些面积上的氮沉降则由自身或相近区域的氮沉降监测站提供。有条件的地区可以自行开展氮沉降的监测，以降低单位面积氮沉降误差带来的不确定性。

18.5.2 输出到区域外

通过大气流动输出到区域外的活性氮是一个区域的活性氮与周围区域之间的活性氮交换，如果通过大气流动输出到区域外的活性氮量大于输入到区域内的活性氮量，则该区域表现为大气活性氮净输出；反之，则为大气活性氮净输入。这部分氮一般采用差减法来计算。

$$ATOUT_{Exp} = ATIN - ATOUT_{Dep} - ATAcc \tag{18-4}$$

式中，$ATOUT_{Exp}$ 是通过大气流动与周围区域交换的净氮量；$ATIN$ 是 NH_3、NO_x 和 N_2O 排放的氮总量；$ATOUT_{Dep}$ 是大气氮沉降；$ATAcc$ 是区域内的大气氮积累。式（18-4）右边几部分的氮通量可以通过本章节其他部分计算获得。$ATOUT_{Exp} > 0$，表明向系统外输出活性氮；$ATOUT_{Exp} < 0$，表明系统外向本区域输入活性氮。

18.6 氮 素 积 累

18.6.1 计算过程

大气系统的氮积累主要包括 N_2O 的长期积累，以及 NH_3 和 NO_x 的短期积累。由于 N_2O 在大气中相对稳定，寿命可达 120 年左右，本指南认为，N_2O 排放后都积累在大气系统中，产生温室效应。NH_3 和 NO_x 在大气中的寿命从几天到几个星期，随后会沉降到地表或者输送到其他地区再发生沉降，本指南用空气中 NH_y（包括 NH_3 和 NH_4^+）和 NO_x 的年际浓度变化来表示氮积累。具体计算公式如下：

$$ATAcc = ATIN_{N_2O} + ATIN_{NH_3} \times \frac{\Delta C_{NH_y}}{C_{NH_y}} + ATIN_{NO_x} \times \frac{\Delta C_{NO_x}}{C_{NO_x}} \tag{18-5}$$

式中，$ATAcc$ 是区域内的大气氮积累；$ATIN_{N_2O}$ 是输入到大气系统的 N_2O；$ATIN_{NH_3}$ 是输入到大气系统的总 NH_3 量；C_{NH_y} 是当年大气中的 NH_y 平均近地面浓度；ΔC_{NH_y} 是与前一年相

比大气中 NH_y 平均近地面浓度变化，可以为正或负；$ATIN_{NO_x}$ 是输入到大气系统的总 NO_x 量；C_{NO_x} 是当年大气中的 NO_x 平均近地面浓度（或大气遥感柱浓度）；ΔC_{NO_x} 是与前一年相比大气中 NO_x 平均近地面浓度（或大气遥感柱浓度）的变化，可以为正或负。

18.6.2　大气活性氮浓度

大气中 NH_y 和 NO_x 的浓度有近地面浓度和柱浓度的区别，近地面浓度通过近地面的监测设备来获取，而柱浓度则通过大气遥感卫星的方式来获取。但是由于遥感卫星只能监测 NH_3 的柱浓度，不能获取 NH_4^+ 的柱浓度，而且受云雾和水汽影响较大，用大气遥感的数据来推测 NH_y 浓度变化误差较大。对 NO_x 来讲，近地面浓度监测和大气遥感的柱浓度监测均能较好地反映 NO_x 排放的变化，因此，可以两个同步采用。

18.7　质量控制与保证

大气系统的氮流分析主要涉及其他系统的氮素输入到大气系统，以及进入大气系统之后的去向。其中，其他系统输入到大气系统的氮通量及其质量控制在其他系统讨论，本章不做探讨。

1）大气氮沉降。大气氮沉降的计算取决于接收氮沉降的陆域或水域面积和大气氮沉降速率。陆域或水域面积可以通过统计测量或者遥感测量来估算，相对较为准确。但是大气氮沉降速率在区域之间和年份之间存在较大的差异。虽然可以通过建立沉降和排放之间的关系来辅助估算，但是缺乏沉降数据时，无法准确估算大气氮沉降速率，特别是 NH_3 挥发。同时大气氮沉降还受气候条件如风速温度的影响，即便是同样的 Nr 排放量，大气氮沉降也可能会相去甚远。因此，提高大气氮沉降的估算精度只能通过增加监测点的数量来进行。或者利用大气传输模型来进行沉降模拟，但是这种沉降模拟过程又取决于 Nr 排放，存在相互干扰问题。

2）氮积累。除了 N_2O 积累的不确定性在前面章节讨论之外，大气系统的氮积累主要取决于大气氮浓度的变化。大气氮浓度的监测方法有地面监测和大气遥感监测，地面监测在小范围内较为准确，但是可能涉及跨区域的横向传输问题。大气遥感在大范围内的监测相对准确，但是具体到某个区域时，可能存在较大的误差。而且大气遥感的年际之间的比较可能也存在较大的误差。

3）输出到系统外。输出到系统外的氮通量是通过差值计算出来的，其不确定性主要取决于其他几个氮通量的估算。同时可以通过大气传输模型来估算通过大气输出的氮量，这可以作为对输出到系统外氮通量的验证。

参 考 文 献

Aneja V P, Schlesinger W H, Erisman J W. 2009. Effects of agriculture upon the air quality and climate: research, policy, and regulations. Environmental Science and Technology, 43（12）: 4234-4240.

Bobbink R, Hicks K, Galloway J, et al. 2010. Global assessment of nitrogen deposition effects on terrestrial plant diversity: A synthesis. Ecological Applications, 20 (1): 30-59.

Clarisse L, Clerbaux C, Dentener F, et al. 2009. Global ammonia distribution derived from infrared satellite observations. Nature Geoscience, 2 (7): 479-483.

Davidson E A. 2009. The contribution of manure and fertilizer nitrogen to atmospheric nitrous oxide since 1860. Nature Geoscience, 2 (4): 659-662.

Duh J D, Shandas V, Chang H, et al. 2008. Rates of urbanisation and the resiliency of air and water quality. Science of the Total Environment, 400 (1-3): 238-256.

Erisman J W, Galloway J N, Seitzinger S, et al. 2013. Consequences of human modification of the global nitrogen cycle. Philosophical Transactions: Biological Sciences, 368 (1621): 1-9.

Fowler D, Coyle M, Skiba U, et al. 2013. The global nitrogen cycle in the twenty-first century. Philosophical Transactions of the Royal Society: Biological Sciences, 368: 20130164.

Gu B, Ge Y, Ren Y, et al. 2012. Atmospheric reactive nitrogen in China: Sources, recent trends, and damage costs. Environmental Science and Technology, 46 (17): 9420-9427.

Gu B, Ju X, Chang J, et al. 2015. Integrated reactive nitrogen budgets and future trends in China. Proceedings of the National Academy of Sciences of the United States of America, 112 (28): 8792-8797.

Huang R J, Zhang Y, Bozzetti C, et al. 2014. High secondary aerosol contribution to particulate pollution during haze events in China. Nature, 514 (7521): 218-222.

Reay D S, Dentener F, Smith P, et al. 2008. Global nitrogen deposition and carbon sinks. Nature Geoscience, 1 (7): 430-437.

Townsend-Small A, Pataki D E, Czimczik C I, et al. 2011. Nitrous oxide emissions and isotopic composition in urban and agricultural systems in southern California. Journal of Geophysical Research Biogeosciences, 116 (G1): 528-529.

Xu W, Luo X S, Pan Y P, et al. 2015. Quantifying atmospheric nitrogen deposition through a nationwide monitoring network across China. Atmospheric Chemistry and Physics Discussions, 15 (21): 18365-18405.

Zhang X, Wu Y, Liu X, et al. 2017. Ammonia emissions may be substantially underestimated in China. Environmental Science and Technology, 51 (21): 12089-12096.

第19章 中国氮素流动分析案例

中国是世界上最大的活性氮（Nr）生产国和消费国，工业氮肥的施用极大地促进了我国粮食产量的增加，然而，化肥的滥用造成了活性氮流失，工业和生活的 Nr 排放导致了空气污染和水体质量恶化。基于本指南系统氮素流动分析章节构建的方法论，本章结合中国国家尺度的人类活动水平，估算了自 1980 年以来中国氮素流动的时空变化格局，并基于氮素流动的研究结果探讨了我国粮食安全和环境保护等可持续发展议题。本章在部分计算过程做了简化与合并，目的在于清晰地展示本指南氮素流动分析的开展过程及潜在的分析用途。本指南构建了 15 个子系统的氮流动分析方法，但是由于目前近海子系统早年的数据还相对缺乏，本案例分析中仅对中国陆域内的 14 个子系统 1980~2010 年的氮素流动做了简单的计算和分析。本章计算的结果和简化的计算方法如果与前述各章存在差异，则以前面章节表述为准。本章的大部分内容已经于 2015 年发表在美国科学院院刊 *PNAS* 上，相关内容也可以参阅 *PNAS* 上的英文版本（Gu et al.，2015）。

19.1 案 例 背 景

自改革开放以来，活性氮在我国社会经济和环境变化中发挥了重要的作用。目前我国每年仅 Haber-Bosch 固氮输入的 Nr 通量就超过了 35 Tg N，约占全球的 30%，成为全球氮循环的热点区域（FAO，2017）。虽然这些 Nr 的大量使用对我国的工农业生产带来了巨大的推动作用，但是 Nr 使用过程中的低效和大量流失也给我国的环境和人类健康带来了严重的威胁（Gu et al.，2015）。Nr 向环境中的大量排放，使得我国主要的河流湖泊出现不同程度的富营养化，地下水中的硝酸盐浓度也急剧上升，威胁饮用水安全，特别是依靠浅层地下水作为饮用水源的地区（Guo，2007；Gu et al.，2013）。NH_3 和 NO_x 的大量排放加剧了我国的空气污染，与 SO_2 和挥发性有机化合物（volatile organic compounds，VOC）的排放结合形成了严重的 $PM_{2.5}$ 污染，按照世界卫生组织（World Health Organization，WHO）的清洁空气质量标准，我国主要城市的空气质量均不达标，这其中 NH_3 和 NO_x 的排放做了很大的贡献（Gu et al.，2014；Wu et al.，2016）。伴随着严重空气 Nr 污染的是高的大气氮沉降量，提高了我国自然生态系统的氮素营养，改变了生物物种组成，威胁我国的生物多样性保护（Liu et al.，2013）。同时，氮肥的过量施用导致我国农田土壤酸化，威胁农业的可持续发展（Guo et al.，2010）。

因此，合理利用 Nr 以增加粮食产量，同时保护人类健康和环境是我国目前面临的重大挑战，也具有重要的全球战略意义。为了最大化 Nr 的效益同时最小化其环境影响，美国和欧盟已经系统地对当地的 Nr 来源、通量及其影响进行了全面评估，并采取了相应的政策措施来缓解 Nr 污染带来的负面效应（Doering III et al.，2011；Sutton et al.，2011）。虽然我国的 Nr 通量远超美国和欧盟之和，Nr 的环境成本也十分巨大，但是尚未对 Nr 的负面效应进行全面、系统的评估，也没有系统性的针对策略来减缓 Nr 的环境污染。出现这些问题的根本原因之一是我国目前还缺乏系统性的氮素流动评估。之前的氮循环工作比较零碎，不同研究团队的结果差异较大，对某些重要的系统还缺乏认识，并且忽略了系统之间的一些重要联系。本指南分析了我国 Nr 利用及其环境污染现状，以明确我国氮素流动的基本特征，以期作为后续制定我国 Nr 可持续利用和管理政策的科学基础，推进在全国范围内 Nr 的可持续利用。

本章考虑的时间尺度是 1980 ~ 2010 年，涵盖了中国高速发展的时期，基本上可以体现我国社会经济发展对氮素流动的影响，以及氮素流动对我国社会经济环境变化的贡献。同时，大部分国内外的研究集中在 2010 年，因此，本指南选择 2010 年作为最近的年份来分析现状和空间格局，一方面使其与国际上其他国家的工作具有可比性，另一方面中国 2010 年至今的氮素流动没有发生特别明显的转折变化，基本上可以用 2010 年的数据来表征我国目前的氮素流动现状。

19.2　我国主要活性氮输入

在国家尺度上，Nr 的输入主要包括生物固氮、Haber-Bosch 工业固氮、化石燃料燃烧带来的 NO_x 排放及含氮产品的进口（主要是动物饲料）。闪电虽然也可以固定一部分的 Nr，但是其通量小于 $0.1\ Tg \cdot a^{-1}$，可以忽略不计。1980 ~ 2010 年，中国陆地生态系统的总氮输入量从 24.7 Tg N a^{-1} 增加至 61.3 Tg N a^{-1}，其中，工业固氮从 11.4 Tg N a^{-1} 增加至 37.1 Tg N a^{-1}。1980 ~ 2010 年，我国人类介导的生物固氮量（主要输入到农田系统）从 4.1 Tg N a^{-1} 增加至 4.6 Tg N a^{-1}，化石燃料燃烧的 NO_x 排放从 1.3 Tg N a^{-1} 增加至 6.6 Tg N a^{-1}，粮食进口从 1.5 Tg N a^{-1} 增加至 5.7 Tg N a^{-1}。我国工业固氮用作化肥的比例在 1980 年时约为 98%，到 2010 年时降低为 86%，剩余部分主要用作生产工业用品，如炸药和尼龙等（图 19-1）。

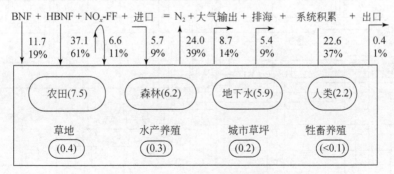

图 19-1　2010 年中国国家尺度氮平衡

BNF：生物固氮；HBNF：工业固氮；NO_x-FF：化石燃料燃烧的 NO_x 排放；进口：主要是食物等含氮产品。

图中括号内的数字为各个系统的 2010 年活性氮积累量，单位为 Tg

1980 年，我国人为源活性氮（除自然生态系统中的生物固氮之外的所有氮输入）在总氮输入中所占的比例为 74%，到 2010 年时该比例增加至 88%。上述输入的不确定性都很小。我国活性氮输入空间差异很大，总体上来说活性氮输入的分布与人口密度的分布接近，东部沿海地区输入量较高，西部地区输入量较低。

19.3　系统尺度氮循环过程

　　我国国家尺度上的活性氮输入后在 14 个系统中进行流动，随后再输出到我国陆地边界之外，或者通过反硝化转化为 N_2 退出系统氮循环。近海海域系统由于已经在我国陆地边界之外，本案例暂不讨论。1980 年和 2010 年所有 14 个系统中的氮素流动过程及其通量如图 19-2 所示。下面针对这 14 个系统氮循环的主要过程进行分系统描述。

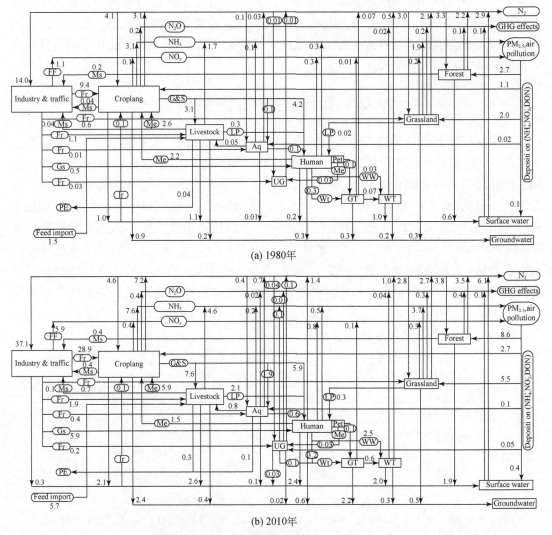

(a) 1980年

(b) 2010年

图 19-2　我国 14 个系统氮素流动过程及其通量

FF 为化石燃料燃烧；Ms 为材料；Fr 为化肥；Gs 为日用品；PE 为产品出口；Me 为有机肥；G&S 为籽粒和秸秆；
LP 为牲畜产品；Aq 为水产；UG 为城市绿地；Wt 为废弃物处理；GT 为垃圾处理；WW 为废水；WT 为废水处理。
单位为 $Tg \cdot a^{-1}$，通量小于 0.01 $Tg \cdot a^{-1}$ 的未列出；Industry & traffic：工业与交通；
Cropland：农田；Livestock：牲畜；Human：人类；Feed import：饲料进口；Grassland：草地；
Forest：森林；GHG effects：温室效应；$PM_{2.5}$：细颗粒物；air pollution：空气污染；
Deposition：氮沉降；Surface water：地表水；Groundwater：地下水

19.3.1 工业过程和能源系统

工业过程和能源系统是国家尺度氮循环中的一个重要的起始系统，大多数 Nr 的输入开始于工业过程和能源系统，然后在其他系统之间循环（图 19-3）。通过工业过程和能源系统输入的 Nr 从 1980 年的 12.5 Tg·a^{-1} 增加至 2010 年的 43.0 Tg N a^{-1}。1980~2010 年，尽管化石燃料燃烧带来的 Nr 输入增速更快（从 1.1 Tg N a^{-1} 增加至 5.9 Tg N a^{-1}），其重要性也越来越大，但是工业过程和能源系统最主要的 Nr 输入依旧是工业固氮。工业固氮带来的氮输入绝大部分被用作氮肥生产，剩余部分主要用来生产工业用品，如炸药和尼龙等制品，其通量 2010 年约为 5.9 Tg N a^{-1}。工业固氮用作化肥的比例在 1980 年时高达 98%，到 2010 年时该比例已经降低至 86%。除了工业过程和能源系统自身从系统外输入的 Nr 外，通过其他系统的循环也有一部分的 Nr 输入，主要是来自农田系统和畜禽养殖系统的材料加工（如棉花和皮革），2010 年总共为 1.1 Tg N a^{-1}。

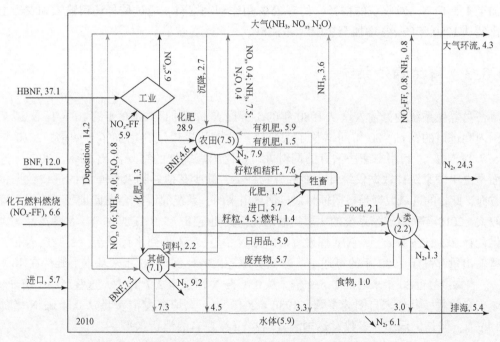

图 19-3 2010 年中国主要系统的氮流动通量（单位：Tg N a^{-1}）

19.3.2 农田系统

农田是最大的活性氮输入系统。化肥、有机肥和生物固氮是农田系统 3 个最主要的氮输入过程。1980~2010 年，这 3 种主要氮输入均呈现增加趋势，其中，化肥占总氮输入的比例从 49% 上升至 65%。尽管 Nr 的循环利用（人类和动物粪便，大气氮沉降和灌溉）对农田系统的总氮输入做出了有意义的贡献，但农田主要氮输入仍然来自工业化肥。2010

年，农田氮输出主要包括 Nr 挥发（8.1 Tg N a^{-1} 的 NH_3–N 和 NO_x–N），反硝化作用生成的 N_2（7.9 Tg N a^{-1}）和 N_2O 排放（0.4 Tg N a^{-1}），流向畜禽养殖系统的粮食和秸秆饲料（7.6 Tg N a^{-1}），进入人类系统的食物（4.5 Tg N a^{-1}）和燃料（秸秆，1.4 Tg N a^{-1}），到水产养殖等其他系统的食物（2.2 Tg N a^{-1}），流失到地表水和地下水系统（4.5 Tg N a^{-1}）。1980~2010 年,除了输出到人类系统的食物和燃料，其他的氮输出通量均增加了两倍以上。

　　1980~2010 年，农田的作物收获（包括籽粒和秸秆）量从 7.9 Tg N 增加至 18.1 Tg N，增加了一倍多，其中，籽粒占总收获量的 65% 左右。收获的籽粒中，用于人类粮食的比例在持续下降，从 1980 年的 52% 降低至 2010 年的 35%。表观上计算的人类消费比例低于传统的认识，这主要是因为本计算基于籽粒中的总氮量，而不是籽粒本身的总重量。上述以氮计算的比例低于以重量计算的比例的原因在于用作动物饲料的粮食比例增加，且用作动物饲料的粮食往往氮含量较高（如大豆和玉米），同时人类食用的小麦和大米往往也是经过脱壳之后的部分，而脱下来的麸皮则主要用作饲料，麸皮中的氮含量高于籽粒的氮含量。30 年来，虽然人类消费的粮食比例降低，但绝对量仍然在增加，每年从 2.7 Tg N 增加至 4.5 Tg N。对收获的秸秆，约有 25% 用作动物饲料，通过秸秆还田输入到农田土壤的比例从 1980 年的 7% 增加至 2010 年的 28%。

19.3.3　畜禽养殖系统

　　畜禽养殖系统的氮输入量从 1980 年的 5.9 Tg N a^{-1} 增加至 2010 年的 16.3 Tg N a^{-1}，包括国内和进口的饲料，30 年间增长了近两倍，这期间进口饲料增加了近四倍，2010 年达到 5.7 Tg N a^{-1}。利用平衡法估算的饲料进口量比国家统计的结果高出 10%~20%，这一方面是由于国家统计数据仅统计主要的谷物种类，缺少其他谷物及饲草等的进口数据；另一方面，此处的进口数据是根据饲料缺口估算出来的，系统的误差会在此堆积，造成不确定性较大。2010 年畜禽养殖系统的主要氮输出包括粪便还田（5.9 Tg N a^{-1}）、畜禽产品为人类提供食物（2.1 Tg N a^{-1}）、NH_3 挥发（4.6 Tg N a^{-1}）及流失到水体系统（3.3 Tg N a^{-1}），这些输出量都高于 1980 年的氮通量。畜禽粪便还田的比例近 30 年来基本上维持在 40%~50%。畜禽产品近 30 年来增加了 5.9 倍，从 0.4 Tg N 增加至 2.7 Tg N，这些产品中有 5%~11% 来自放牧，其他来自圈养畜禽。1980~2010 年，人均畜禽消费量从 0.4 kg N 增加至 1.8 kg N，但是仍低于大多数发达国家人均 4 kg N 左右的消费水平。

19.3.4　人类系统

　　1980~2010 年，人类系统的 Nr 输入量从 5.4 Tg N a^{-1} 增加至 15.4 Tg N a^{-1}，其中，人类的食品（农产品、牲畜和水产养殖）消费从 3.1 Tg N a^{-1} 增加至 7.4 Tg N a^{-1}（图 19-4），动物性产品比例由 14% 上升至 40%。除了食品之外，日用品的消费也呈现出急剧增加的趋势，工业（如炸药和尼龙）和农业（如棉和皮革）产品的氮通量从 1980 年的 0.5 Tg N a^{-1} 增加至 2010 年的 5.9 Tg N a^{-1}（图 19-4），这反映了中国近 30 年来的快速社会经济发展。虽然输入到人类系统的柴薪（秸秆）通量有所下降，但是家用的化石燃料急剧增加，2010

年通过化石燃料燃烧向大气中排放的 NO_x 增加了 0.7 Tg N a^{-1}。1980~2010 年，人类的粪尿产生量从 2.4 Tg N a^{-1} 增加至 6.4 Tg N a^{-1}，NH_3 挥发从 0.3Tg N a^{-1} 增加至 0.5 Tg N a^{-1}。粪尿产生量的增加导致从人类系统输入至固体废弃物系统的氮通量急剧增加，但是人类的粪尿还田量却从 2.2 Tg N a^{-1} 降低至 1.5 Tg N a^{-1}，表明人类系统与农田系统之间的氮素循环利用出现了脱钩现象。中国的食物供给中，约有 10% 发生了浪费，这些浪费的食物部分（0.3 Tg N a^{-1}）作为畜禽饲料被循环利用，特别是在农村地区，而其他部分则主要被作为垃圾填埋。生活用品往往具有较长的寿命，约有 2.2 Tg N a^{-1} 的含氮工业品和农业用品积累在人类系统中。

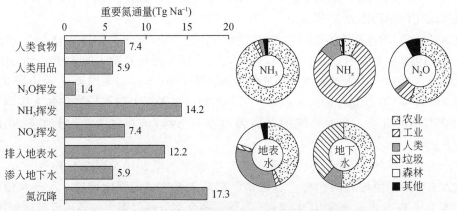

图 19-4　2010 年我国重要的氮通量及其来源

19.3.5　大气和水体系统

1980~2010 年，挥发到大气的 NH_3+NO_x 从 8.9 Tg N a^{-1} 增加至 21.6 Tg N a^{-1}，流失到地表水和地下水的 Nr 量从 4.9Tg N a^{-1} 上升至 18.1 Tg N a^{-1}（图 19-4），这反映了中国空气和水体污染的日趋严峻。尽管 NH_3 挥发占大气 Nr 总排放量的比例从 1980 年的 79% 下降至 2010 年的 66%，NH_3 仍然是目前最主要的大气 Nr 来源。2010 年，80% 以上中国排放的 NH_3+NO_x 沉降在中国的陆地上，约有超过 4 Tg N a^{-1} 的 Nr 离开中国，并顺风沉降到其他区域，这部分 Nr 沉降对西太平洋的 Nr 过程产生重大影响。与此相反，大部分流失到水体系统的 Nr 并没有再循环回到陆地生态系统氮循环，而是直接输出到近海或者积累在地下水中。仅有部分通过灌溉再次回到农田系统，2010 年灌溉氮流的通量约为 0.6 Tg N a^{-1}，而在 1980 年仅为 0.1 Tg N a^{-1}。2010 年，水体系统中约 6.1 Tg a^{-1} 的 Nr 通过反硝化作用转化为 N_2，0.1 Tg N a^{-1} 的 Nr 转化为 N_2O。

农业是我国 NH_3 的主要来源，贡献了近 90% 的 NH_3 挥发总量。NO_x 排放的主要来源则是化石燃料燃烧，农业土壤贡献了部分 NO 排放。N_2O 的挥发则是人类和自然来源各贡献一半左右，人类来源主要是农田系统，自然来源主要是森林系统（图 19-4）。对地表水系统来说，人类的生活污水排放和农业的氮流失各贡献 1/3，剩余部分则主要源自森林及其他系统。地下水氮积累主要来自农业渗漏、人类的污水渗漏及垃圾填埋场的渗滤液。

19.3.6　其他系统

除了农田、工业过程和能源、畜禽养殖、人类、大气和水体系统之外，其他系统与人类系统之间的联系较少，这些系统之间的氮通量也较小。森林系统的氮输入从 1980 年的 6.0 Tg N 增加至 2010 年的 12.4 Tg N。1986 年之前生物固氮是森林系统主要的氮输入类型，随后快速增加的大气氮沉降成为主要的氮输入类型，2010 年的大气氮沉降已经占总氮输入的 69%。约有一半输入森林系统的 Nr 积累在森林土壤或者森林立木中，这与估算的中国森林碳汇基本一致。森林氮输入中的 22% 左右通过径流损失到地表水系统，其他则主要通过反硝化作用转化为 N_2 和 N_2O。

近 30 年来，草地系统的氮输入增加了 68%，从 1980 年的 5.4 Tg N 增加至 2010 年的 9.0 Tg N。1980 年生物固氮是主要的草地氮输入类型，占总氮输入的 51%，到 2010 年时该比例降低至 32%，而大气氮沉降则持续增加，从 1980 年的 37% 增加至 2010 年的 61%。全国有 600 万 ~ 700 万 hm^2 的人工草地，为了增加产草量，人们平均每年向人工草地输入 0.6 ~ 0.7 Tg N 的氮肥。草地系统的总体氮盈余从 1980 年的 5.6 Tg 增加至 2010 年的 8.8 Tg N。

水产养殖系统的 Nr 输入从 1980 年的 0.2 Tg N 增加至 2010 年的 2.8 Tg N。2010 年时，饲料输入占水产总氮输入的 67%，其次是氮肥输入及人类的野生捕捞。水产养殖产品从 1980 年的 0.1 Tg N 增加至 2010 年的 1.5 Tg N，剩余部分的氮则主要通过反硝化作用损失，从 0.03 Tg N 增加至 0.7 Tg N。

19.4　活性氮的系统损失和积累

1980 ~ 2010 年，我国的活性氮损失从 15.6 Tg 增加至 38.9 Tg，大部分是以环境友好型的氮气的形式损失，但是通过大气环流和河流输出到下游的 Nr 从 5.4 Tg 增加至 14.2 Tg，同时 N_2O 排放从 0.6 Tg 增加至 1.4 Tg（图 19-4）。

1980 ~ 2010 年，中国的活性氮积累量明显增加（9.2 ~ 22.7 Tg），其中，大部分来自化肥的过量施用，致使大量的硝酸盐和有机氮积累在农田土壤中。同时，在森林系统中，大气氮沉降的大量增加，也使得土壤氮库和森林立木氮库增加。土壤氮的增加及垃圾填埋场的渗滤液增加进一步导致地下水氮积累的增加，这与文献报道的地下水氮污染日益严重的趋势基本一致。在人类系统中，氮积累主要是含氮结构性工业品，如家具的增加。

19.5　不　确　定　性

本指南的计算存在很大的不确定性，这些不确定性不仅存在于总体的氮通量的计算上，在系统水平上的氮通量计算中也存在很大的不确定性。其中，不确定性最大的氮流动通是自然生物固氮过程、反硝化及系统氮积累。缺乏对自然生物固氮的准确理解，致使采用平均固氮速率估算自然生物固氮通量时往往不确定性很大。反硝化作用具有类似的情况，由于反硝化过程对土壤环境条件的依赖性，土壤反硝化的发生速率和发生地点变异极大。同时，测定方法的局限性，造成反硝化的通量估算往往存在很大的不确定性。系统的氮素积累一般用系统的输入和输出之间的差值估算，所以各种氮素输入和输出的不确定性都累积在系统氮积累中，其不确定性也往往较大。

实物折算的氮通量不确定性一般较小，如氮肥输入、粮食收获、秸秆收获、灌溉输入和人类的食物消费等数据，这些数据一般来自国家或者地方统计数据，不确定性范围很小，一般认为<10%。氮素的流失和积累因为其受温度、湿度及管理等自然和人类因素的影响，变幅较大。但是，这些 Nr 的流失和积累可以通过环境中 Nr 通量的变化来进行验证，如大气氮沉降、卫星遥感观测到的大气柱浓度变化、河流氮的浓度变化，或者地下水中的硝酸盐积累浓度变化等。

19.6　与美国和欧盟的氮通量及其健康成本比较

本指南将中国的氮通量与美国和欧盟的最新结果进行了比较，发现氮通量在很多方面差异很大（表 19-1）。中国的人为源活性氮输入远高于美国和欧盟，向环境输入的活性氮量也相对较高，如排放到大气和水体的活性氮量（Doering III et al. ，2011；Sutton et al. ，2011）。中国通过工业固氮生产的活性氮量比美国和欧盟的总和还高，特别是化肥施用量。中国的 NH_3 排放量（14.2 Tg N a^{-1}）远高于美国或欧盟排放量（分别为 3.1 Tg N a^{-1} 和 3.2 Tg N a^{-1}），这些差异与中国的氮肥施用总量、施用方式及中国高的铵态氮沉降结果基本一致。相比较而言，自然生物固氮在中国与欧美之间差异较大，这种差异可能是估算方法不同所致，并不是这些地区的生物固氮真的存在这些差异。生物固氮在区域尺度上难以确定，而且区域之间存在巨大的差异，因此，在全球尺度上进行估算可能更为准确。

表 19-1　中国、美国和欧盟的主要氮通量及社会经济发展指标比较

氮通量及社会经济		中国	美国	欧盟
氮输入/(Tg N a^{-1})	自然生物固氮	7.1	6.4	0.5
	人为生物固氮	4.6	7.7	1.0
	工业固氮–化肥	32.0	10.9	11.4
	工业固氮–工业品	5.1	4.2	6.0
	化石燃料燃烧–NO_x	6.6	5.7	3.4
氮流失/(Tg N a^{-1})	N_2	24.3	—	11
	NH_3	14.2	3.1	3.2
	NO_x	7.4	6.2	3.5
	N_2O	1.4	0.8	0.7
	径流	12.2	4.8	10.5
	渗漏	5.9	4.2	—
	大气输出	8.7	—	2.3
	河流输出	5.5	1.9	4.5

续表

氮通量及社会经济		中国	美国	欧盟
氮积累/(Tg N a^{-1})	农田	7.5	0.8	-3.4
	森林	6.0	0.4	0.7
	草地	0.6	0.3	-0.03
	人类	2.2	—	—
	地下水	5.9	—	—
	水产养殖	0.3	—	—
	城市绿地	0.2	—	—
社会经济	国土面积/10^6 km^2	9.6	9.8	4.3
	人口/10^6 人	1341.3	310.4	500.4
	GDP/万亿（PPP，$ 2005)	9.1	13.1	13.8

资料来源：欧盟（Leip et al.，2011）；美国（Doering III et al.，2011）

注：PPP（purchasing power parity，购买力平价）

欧盟的 Nr 评估主要考虑环境中 Nr 增加之后对人体健康和经济发展的影响，其中，向大气中大量排放的活性氮每年可以造成约 260 万个生命年损失（即空气污染造成的人们早亡时长），这种损失主要与氮排放对 PM$_{2.5}$ 的形成贡献有关（Sutton et al.，2011）。向水体的 Nr 排放也会带来环境和健康效应，但是由于空间异质性太强，难以进行跨区域的比较，本章不予考虑。美国也开展了类似的研究，但是美国在估算活性氮的健康效应时直接采用货币化的手段开展，没有考虑生命年的中间过程。例如，Sobota 等计算得到美国人为活性氮污染每年带来的潜在健康和环境损失为 2100 亿美元（Sobota et al.，2015）。中国 NH$_3$ 和 NO$_x$ 排放量都高于美国和欧盟，同时中国的集约型农业和工业与中国人口聚集区的重合度远高于美国或欧盟，这可能造成更严重的 Nr 污染及健康问题。中国许多城市的 PM$_{2.5}$ 水平普遍较高，远高于欧美国家及世界卫生组织推荐的健康水平。通过比较发现，我国 2010 年向空气中排放的活性氮可能造成 1740 万个生命年损失，远高于欧盟的结果。

19.7　中国活性氮管理：挑战和机遇

19.6 节的讨论强调了中国活性氮带来的高环境健康成本。但是活性氮的增加也能带来好处，如我国农作物的产量 1980~2010 年增加了 148%，氮肥的大量施用对其具有很大的贡献。到 2010 年，中国人均年食物消费量达到 5.5 kg N，接近美国和欧盟 6~7 kg N 的水平。1980~2010 年，中国的食物消费中动物性食物比例从 14% 上升至 40%，增速远高于世界平均水平。然而，同期中国的氮肥利用效率急剧降低（以单位施氮量的粮食产量计）。尽管中国的粮食产量已经很高，但是饮食结构中动物性食物的增加使得中国成为全球最大的饲料进口国。2010 年，中国进口了 5.7 Tg N 的国际市场上的饲料，主要是大豆和玉米。中国人为活性氮输入和粮食生产的大幅增加并没有使中国实现粮食和饲料的自给自足。

我国对粮食和其他农产品的需求量将继续保持增加趋势，使得我国必须继续提高作物产量，来保证越来越富裕且不断增长的人口的粮食需求，并努力消除因大量进口动物饲料对粮食安全构成的威胁。同时，活性氮对环境和人类健康的损害必须降低到远低于目前的水平。由于我国活性氮输入对人类健康和环境带来的成本已经远超过粮食产量增加带来的收益，继续增加活性氮输入将对人类健康和环境安全造成更大的威胁。幸运的是，有许多潜在的可行途径能够减少活性氮的输入。一是饮食结构调整。降低未来人们饮食结构中动物蛋白的消费量，这种干预措施可以通过氮循环链条有效减少人为活性氮的投入。二是提高食物生产系统的氮素利用率（nitrogen use efficiency，NUE）。目前我国食物生产系统（包括农田、牲畜养殖和水产养殖）的 NUE 远低于美国和欧盟，具有较大提升空间。三是提高活性氮的循环利用率。由于我国的农田系统与畜禽养殖系统和人类系统的耦合度较低，2010 年中国畜禽排泄物和人类的废弃物总循环利用率分别仅为 43% 和 23%，提高活性氮的循环利用率可以有效地减少新氮的投入。这 3 个方面的调整可以让中国人为活性氮输入和流失降低一半以上，同时不降低或增加食物产出。

参 考 文 献

Doering III O C, Galloway J N, Theis T L, et al. 2011. Reactive nitrogen in the United States: An analysis of inputs, flows, consequences, and management options. EPA-SAB-11-013. USEPA Agency Science Advisory Board Integrated Nitrogen Committee, Washington, DC.

FAO. 2017. FAOSTAT: FAO Statistical Databases. Rome, Italy.

Gu B J, Ge Y, Chang S X, et al. 2013. Nitrate in groundwater of China: Sources and driving forces. Global Environmental Change, 23 (5): 1112-1121.

Gu B J, Ju X T, Chang J, et al. 2015. Integrated reactive nitrogen budgets and future trends in China. Proceedings of the National Academy of Sciences of the United States of America, 112 (28): 8792-8797.

Gu B J, Sutton M A, Chang J, et al. 2014. Agricultural ammonia emissions contribute to China's urban air pollution. Frontiers in Ecology and the Environment, 12 (5): 265-266.

Guo J H, Liu X J, Zhang Y, et al. 2010. Significant Acidification in Major Chinese Croplands. Science, 327 (5968): 1008-1010.

Guo L. 2007. Doing battle with the green monster of Taihu Lake. Science, 317 (5842): 1166.

Leip A, Achermann B, Billen G, et al. 2011. Integrating nitrogen fluxes at the European scale//Sutton M, Howard C M, Erisman J W, et al. The European Nitrogen Assessment: Sources Effects and Policy Perspectives. Cambridge: Cambridge University Press.

Liu X, Zhang Y, Han W, et al. 2013. Enhanced nitrogen deposition over China. Nature, 494 (7438): 459-462.

Sobota D J, Compton J E, Mccrackin M L, et al. 2015. Cost of reactive nitrogen release from human activities to the environment in the United States. Environmental Research Letters, 10 (2): 025006.

Sutton M A, Oenema O, Erisman J W, et al. 2011. Too much of a good thing. Nature, 472: 159-161.

Wu Y, Gu B J, Erisman J W, et al. 2016. $PM_{2.5}$ pollution is substantially affected by ammonia emissions in China. Environmental Pollution, 218: 86-94.